建设项目绿色施工组织设计

杨太华　主编

东南大学出版社
SOUTHEAST UNIVERSITY PRESS
·南京·

内容提要

本教材依据 GB/T 50502—2019《建筑施工组织设计规范》和 JGJ/T 188—2009《施工现场临时建筑物技术规范》等相关文件,并结合了当前建筑行业最新研究成果和工程实践资料编写而成。主要内容包括:工程施工组织设计原理、绿色施工方案设计、工程施工进度计划编制、工程施工平面图设计、工程施工资源配置、工程施工绿色安全设计、BIM 技术在施工组织设计中的应用、单位工程施工组织设计案例等。内容编排通俗易懂,具有很强的实用性、系统性,便于读者接受和掌握。

本书适合作为工程管理、工程监理、工程造价、土木工程等土建类专业学生的教学用书,也可作为相关专业及岗位培训教材或供土建工程有关技术、管理人员和研究生学习参考。

图书在版编目(CIP)数据

建设项目绿色施工组织设计/ 杨太华主编. —南京:东南大学出版社,2021.6

ISBN 978 - 7 - 5641 - 9556 - 4

Ⅰ. ①建…　Ⅱ. ①杨…　Ⅲ. ①建筑工程-工程施工　Ⅳ. ①TU7

中国版本图书馆 CIP 数据核字(2021)第 104471 号

建设项目绿色施工组织设计

Jianshe Xiangmu Lüse Shigong Zuzhi Sheji

主　　编	杨太华
出版发行	东南大学出版社
地　　址	南京市四牌楼 2 号　邮编:210096
责任编辑	夏莉莉
出 版 人	江建中
网　　址	http://www.seupress.com
经　　销	全国各地新华书店
印　　刷	南京玉河印刷厂
开　　本	787 mm×1092 mm　1/16
印　　张	21.25
字　　数	514 千字
版　　次	2021 年 6 月第 1 版
印　　次	2021 年 6 月第 1 次印刷
书　　号	ISBN 978 - 7 - 5641 - 9556 - 4
定　　价	59.00 元

本社图书若有印装质量问题,请直接与营销部联系。

电话(传真):025 - 83791830。

前 言
Preface

  绿色施工组织设计是以建设项目为对象编制的,用于指导项目绿色施工的技术、经济和管理的综合文件。建筑业作为国民经济的支柱产业,伴随着我国经济建设和改革开放事业的进一步发展而突飞猛进,相继建成了一大批标志性的工业、民用和公共基础设施项目,涌现出了大量现代建设科技成果和先进绿色的施工管理方法。国内外建设经验、教训和施工实践证明:建设工程基础设施的组成、规模、功能、质量和安全,与社会经济发展和生活水平密切相关,既有社会经济投入产出效益,又有社会和谐稳定的重要效果。正是因为城乡基础设施大量资金的投入,以及组织有效的开发、完善、更新、改造施工,才能够使建设项目取得成功,最终发挥其更大的经济和社会综合效益。

  工程施工组织设计是研究在市场经济条件下,工程项目施工阶段的统筹规划和实施科学管理客观规律的一门综合性边缘学科,它需要运用到建设法规、组织、技术、经济、合同、信息管理及计算机等各方面的专业知识,实践性很强。其研究对象主要是各种类型的施工项目,按不同结构层次分解为建设项目、单项工程、单位工程及分部分项工程等,是现代项目管理理论、方法原理在施工项目实施管理上的应用,主要任务是针对各种不同建设项目的特点,结合具体自然环境条件、技术经济条件和现场施工条件,从系统论观点出发研究其施工项目的组织方式、施工技术方案、施工进度计划、资源优化配置、施工平面设计等施工计划方法,探讨其绿色施工生产过程中技术、质量、安全、进度、资源、环境、信息等动态管理的控制措施,从而确保绿色高效地完成项目的施工任务,保证建设项目质量、安全、工期、成本目标的实现。

  本书结合作者长期从事工程项目管理实践经验和教学体会,广泛吸收了国内外最新的研究成果和工程案例,参考国内建筑施工企业先进的施工组织和管理方法,依据 GB/T 50502—2009《建筑施工组织设计规范》、JGJ/T 121—2015《工程网络计划技术规程》和 JGJ/T 188—2009《施工现场临时建筑物技术规范》等规范编写而成。通过系统地介绍工程绿色施工组织设计原理方法和绿色施工技术方案设计,讨论了项目施工阶段的各项管理工作的内容和措施,并附有施工组织设计案例。内容的编排通俗易懂,深入浅出,具有很强的实用性、系统性和先进性，便于读者接受和掌握。

本书由上海电力大学经济与管理学院杨太华教授主持编著，在教学资料的收集和整理过程中汪洋、赖小玲、张双甜、刘樱、孙建梅、王素芳、吴芸、侯建朝、谢婷等多位老师做了大量工作，使得各章节内容不断完善。本书在编写过程中，还得到了上海电力大学经济与管理学院潘华、张艺、胡伟等老师的支持，在此一并表示衷心的感谢！

本书可作为高等学校工程管理类专业和土木工程类专业的教材，也可作为各类工程建设、设计、施工、咨询等单位有关技术、经济、管理人员的参考书。由于编者的学术水平有限，书中错误之处难免，恳请读者给予批评指正。

作者

2020 年 8 月 于上海

目 录
Content

第 1 章 绪 论

1.1 绿色施工组织设计的概念

绿色施工作为建设项目全寿命周期中的一个重要阶段,是实现建筑业资源节约和节能减排的关键环节。2007 年原中华人民共和国建设部发布了《绿色施工导则》(建质〔2007〕223 号),2010 年住房和城乡建设部发布了《建筑工程绿色施工评价标准》(GB/T 50640—2010),2014 年发布了《建筑工程绿色施工规范》(GB/T 50905—2014),正式将绿色施工行为以政府文件形式进行规范,用于指导建设项目的绿色施工活动。绿色施工是指工程建设中,在保证质量、安全等基本要求的前提下,通过科学管理和先进技术,最大限度地节约资源和减少对环境负面影响的施工活动,实现节能、节地、节水、节材和环境保护("四节一环保")。实施绿色施工,应依据因地制宜的原则,贯彻执行国家、行业和地方相关的技术经济政策。绿色施工应是可持续发展理念在工程施工中全面应用的体现,绿色施工并不仅仅是指在工程施工中实施封闭施工,没有尘土飞扬,没有噪声扰民,在工地四周栽花、种草,实施定时洒水等,它还涉及可持续发展的各个方面,包括生态与环境保护、资源与能源利用、社会与经济的发展等内容。在 2010 年发布的《建筑工程绿色施工评价标准》(GB/T 50640—2010)规范中,建筑工程绿色施工组织设计是其中一项重要的评价指标。

按照《建筑施工组织设计规范》(GB/T 50502—2019)规定,绿色施工组织设计是对拟建工程的绿色施工活动实行科学规划和管理的综合性文件。其作用是通过绿色施工组织设计的编制,选择经济、合理、有效的施工方案、施工顺序,制定紧凑、均衡、可行的施工进度计划,拟订有效的技术组织措施,优化配置资源需用量与供应计划,节约使用劳动力、材料、机械设备、资金和技术等生产要素(资源),明确施工安排和部署,以及临时设施、材料、构件和机具的具体位置,合理、有效地利用施工现场的空间等,以提高项目绿色施工的经济效益和社会效益。

1.2 基本建设项目的构成和建设程序

基本建设简称基建,是指国民经济各部门以扩大生产能力和工程效益为目的的新建、扩建、改建工程的固定资产投资及其相关管理活动。该过程建设周期长、涉及范围广、协作环节多,是一项需要投入大量人力、物力的综合性经济生产活动,必须通过系统的规划、组织和实施才能实现。

1.2.1 建设项目的构成

建设项目指具有独立总体设计文件和设计总概算,并能按总体设计要求组织施工,工程完成以后可以形成独立生产能力或使用功能的工程项目。在工业建筑中,如一个工厂、一座矿山;民用建筑中如一所学校、一家医院等。

根据建设项目的构成,可以按其复杂程度由高到低分解为以下几类工程。

1. 单项工程

它是建设项目的组成部分。指具有独立设计文件和设计概算,并能独立组织施工,工程竣工以后能独立发挥生产能力或使用功能的工程项目。如工厂的生产车间、学校的教学楼、办公楼、试验或实训楼等。

2. 单位工程

它是单项工程的组成部分。指具有独立设计文件,能独立组织施工,工程竣工以后不能独立发挥生产能力和经济效益的工程。如一个车间中的土建工程、给排水工程、设备安装工程等。这一部分不能单独发挥生产功能,只有组合后才能共同发挥生产功能。当单位工程的建筑规模较大或具有综合使用功能,但由于工期较长或受多种因素影响而不能一次性建成,其已建成并能形成独立使用功能的部分可划分为子单位工程。

3. 分部工程

分部工程一般是按单位工程的部位、构件性质、使用的材料或设备种类等不同而划分的工程,它是单位工程的组成部分。可按单位工程的所属部位划分,如土建工程按所属的部位划分为土方工程、基础工程、楼地面工程等;也可按专业工种工程划分,如土建工程按工种工程划分为桩基础工程、砌体工程、混凝土结构工程等。但随着生产和生活条件要求的提高,建筑物内部设施也日趋多样化。新型材料的大量应用以及施工技术的发展等,使分项工程越来越多。因此按建筑物的主要部位和专业工种来划分分部工程已不适应要求。于是在分部工程中,按相近工作内容和系统再划分若干子分部工程。

4. 分项工程

分项工程是分部工程的组成部分,是组织施工最基本的作业单位。例如砖混结构房屋中的基础工程可划分为基槽土方开挖、浇筑混凝土垫层、砌砖基础等分项工程。

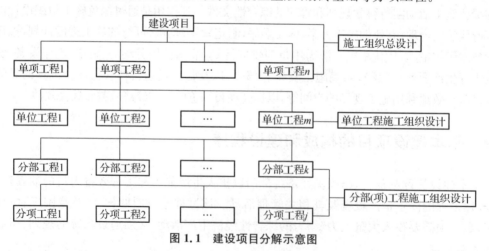

图 1.1　建设项目分解示意图

1.2.2　基本建设程序

基本建设程序,是指基本建设项目从规划、设想、选择、评估、决策、设计、施工到竣工、投产、交付使用的整个建设过程中各项工作必须遵循的先后顺序,是基本建设全过程及其客观规律的反映。在项目建设过程中,基本建设程序的各个环节必须得到严格执行,只有上一环节工作完成后方可转入下一环节,不能随意简化。严格执行基本建设程序能够有效地保证工程质量和提高投资效益,防止盲目重复建设造成资金的浪费和不良的社会影响。一般大中型建设项目的工程建设程序包括计划(决策)阶段、设计阶段、施工阶段和竣工验收阶段,如图1.2所示。

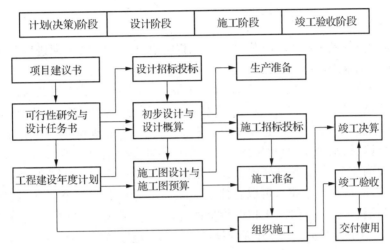

图1.2　工程建设程序示意图

1. 编制和报批项目建议书

项目建议书又称立项申请,是由企事业单位部门等根据国民经济和社会发展长远规划,国家的产业政策和行业地区发展规划以及国家有关投资建设方针政策,委托经过资质审定有资格的设计单位或咨询公司编报的,向政府提出要求建设某一具体项目的建议文件。项目建议书是项目建设程序的第一步,主要包括项目概况、初步选址及建设条件、规模和建设内容、投资估算及资金来源、经济效益和社会效益初步估算等内容。大中型新建项目和限额以上的大型扩建项目,在上报项目建议书时必须附上初步可行性研究报告。项目建议书获得批准后即可立项。

2. 编制和报批可行性研究报告

项目立项后即可由建设单位委托原编报项目建议书的设计单位和咨询公司进行可行性研究。可行性研究是从市场、技术、生产、法律(政策)、经济等方面对项目进行全面策划和论证的过程。它必须在对客观情况进行大量调查研究的基础上,通过全面细致的分析,做出不同方案的比较和选择,是保证项目决策的关键环节。可行性研究报告经有关部门的项目评估和审批,获得批准后即为项目决策。

3. 编制和报批设计文件

可行性研究报告获得批准后,项目的主管部门可指定、委托或以招标投标方式确定有资格的设计单位,根据项目建议书和可行性研究报告,按照国家有关政策、设计规范、建设标准、定额编制设计文件。根据不同的行业特点和项目要求,一般的工程项目可进行两阶段设计,即初步设计和施工图设计。初步设计在满足经济和技术要求的前提下提出选定方案的建设标准、设备选型、工艺流程、总图布置、结构方案、基础形式、水暖电等的实施方案和全部费用,是项目建设进一步准备和实施的依据。施工图设计则是用以指导建筑安装工程的施工、非标准设备的加工制造的详细和具体的设计,包括全项目性文件和建筑物、构筑物的设计文件等。相应编制初步设计总概算、修正总概算和施工图预算。而对于技术复杂且缺乏设计经验的建设项目,经主管部门指定可增加技术设计阶段,即进行初步设计、技术设计和施工图设计的三阶段设计。技术设计主要用以进一步解决初步设计阶段一时无法解决的重大问题。

4. 施工准备

施工准备工作的基本任务是分析并掌握工程特点、施工条件、工期进度和质量要求,在一定的施工准备期限内,合理配置施工资源,从技术、物资、人力和组织等诸方面为建设项目施工顺利进行创造一切必要条件。做好施工准备工作,对发挥人的积极因素,合理组织资源,加快施工进度,提高工程质量,节约工程材料和降低施工成本等方面,都有着十分重要的意义。项目施工前的准备工作首先需要组建筹建机构,完成征地和拆迁工作,落实施工现场的"三通一平"(路通、水通、电通和场地平整)工作,并根据工程实际情况落实设备和材料的供应,准备必要的施工图纸,并开展施工项目招标投标工作。以招标投标的方式选择施工队伍(或设备供应商、材料供应商),可以有效地提高工程质量、降低工程造价、改善投资效益、保证建设项目顺利实施。一般施工招标投标的程序如下:由建设单位或有资格接受委托的工程咨询单位编制招标文件,召开开标会议,组织评标、定标,发出中标通知书,签订承包(或供货)合同。施工招标投标的法律依据有《建筑法》《招标投标法》及其他法规、规定。施工准备工作通常包括技术准备、物资准备、劳动组织准备和施工现场准备等。

(1)技术准备。技术准备主要内容包括:熟悉、审查施工图,调查、收集、分析原始资料,编制施工图预算,编制施工组织设计。

(2)施工现场准备。施工现场准备工作根据设计文件和施工组织设计的有关要求进行。其主要内容包括工程测量控制坐标网、"三通一平"、搭设临时设施等。

(3)物资准备。物资准备要根据各种物资的需要量计划,分别落实货源、预制加工、组织运输、组织机械设备进场并试运转和安排必要的储备,以保证连续施工的需要。

(4)劳动组织准备。劳动组织准备工作主要内容有建立施工项目的劳务组织管理层和劳动组织形式,合理配置劳动力和进行现场安全教育、技术交底以及必要的岗位培训,持证上岗。

项目在报批开工前,必须由审计机关对项目的有关内容进行开工前审计。审计机关主要是对项目的资金来源是否正当,项目开工前的各项支出是否符合国家的有关规定,资金是否按有关规定存入银行专户等进行审计。新开工的项目还必须具备按施工顺序所需要的工程施工图纸,否则不能开始建设。

准备工作完成后,在公开招标前,编制项目投资计划书,按现行的建设项目审批权限进行报批。大中型建设项目和基础设施项目,建设单位申请批准开工要经国家发改委统一审核后编制年度大中型和限额以上建设项目开工计划并报国务院批准。部门和地方政府无权自行审批大中型和限额以上建设项目的开工计划。年度大中型和限额以上新开工项目经国务院批准,国家发改委下达项目计划的目的是实行国家对固定资产投资规模的宏观调控。

5. 建筑施工阶段

工程项目进入全面施工阶段后,质量控制、进度控制、投资控制成为重要的工作目标。

要抓好施工阶段的全面管理,施工前要认真做好施工图的会审工作,明确质量要求。施工中要严格按照施工图纸施工,如需变动,应取得设计单位的同意。严格遵守施工及验收规范、质量标准和安全操作规程,保证施工质量和施工安全。要按照施工顺序合理组织施工,地下工程和隐蔽工程,特别是基础和结构的关键部位,一定要验收合格才能进行下一道工序的施工。组织施工要以一定的生产关系(经济关系)为前提,把施工现场参与建筑产品生产的各单位及其生产要素有机地统一组织起来,进行有计划的均衡生产,以达到质量好、工期短、成本低的效果。为实现既定的目标,施工现场必须有严密的施工组织、科学的管理方法、得力有效的措施,并认真做好以下工作。

(1) 落实施工组织设计

施工组织设计实施过程,就是完成施工项目全部施工活动的全过程,只有认真落实与执行施工组织设计,方能发挥其指导和组织施工全过程的应有作用。

(2) 按施工计划科学地组织施工

根据施工组织设计所确定的施工方案中的施工方法和进度计划要求,科学地组织不同专业工种、不同材料和机械设备,在不同的地点与工作部位按既定的施工顺序和作业时间协调地从事施工作业。

(3) 施工过程的全面控制

施工过程的控制包括检查和调整两个方面。其内容要具体落实到各施工过程的进度、质量、成本和安全中,目的在于全面完成计划任务。施工活动是一个动态过程,可变因素太多,无论施工计划事先考虑多么周全、细致,在施工过程中总会出现不平衡状态,总会有与施工实际情况不一致、不协调的地方。因此,应随着施工过程的进展,定期进行检查,及时发现差距和问题,及时进行调整,以达到新的平衡,以期实现预定的目标,建立和健全正常的施工程序。

6. 生产准备

对于工业、商业及服务性建设项目,在施工竣工及验收前还要进行生产准备。生产准备是项目投产前由建设单位负责的一项重要工作,是工程试车总体规划的内容之一,是衔接建设和生产的桥梁,是建设阶段转入生产经营阶段的必要条件。建设单位应及早组织生产部门及聘请设计、施工、生产、安全等方面的专家,做好下列生产准备工作。

(1) 编制生产准备工作纲要,明确生产准备的总体要求、目标、任务和计划安排;

(2) 组建领导机构、工作机构,建立工作职责、工作标准、工作流程等相应规定;

(3) 招聘并培训各级管理人员、专业技术人员、技能操作人员,前期介入,参与设备的安装、调试和工程验收;

(4) 签订原料、材料、协作产品、燃料、水、电等供应及运输的协议;

(5) 进行工具、器具、备件等的制造或订货;

(6) 编制运营技术资料、图纸、操作手册等;

(7) 做好其他必要的生产准备。

7. 竣工验收

竣工验收是工程建设过程的最后一环,是全面考核基本建设成果、检验设计和工程质量的重要步骤,也是基本建设即将转入生产或使用的标志。对于政府投资的建设项目,竣工验收也是向国家交付新增固定资产的过程。竣工验收对促进建设项目及时投产、发挥投资效益及总结建设经验都有重要的作用。

根据国家现行规定,所有建设项目按照批准的设计文件所规定的内容和施工图纸的要求全部建成后,工业项目经负荷试运转和试生产考核能够生产合格产品,非工业项目符合设计要求,能够正常使用,都要及时组织验收。

建设项目竣工验收、交付生产和使用,应达到下列标准:①生产性工程和辅助公用设施已按设计要求建完,能满足生产要求;②主要工艺设备已安装,经联动负荷试车合格,构成生产线,形成生产能力,能够生产出设计文件中规定的产品;③生产福利设施能适应投产初期的需要;④生产准备工作能适应投产初期的需要。

建设项目竣工后,建设单位应当向环境保护行政主管部门申请该建设项目配套建设的环境保护设施竣工验收。环境保护设施竣工验收应当与主体工程竣工验收同时进行。

8. 运行与后评价

项目建成投产使用后,进入正常生产运营一段时间(大概2~3年)后,可对项目的生产能力或使用效益状况,产品的技术水平、质量和市场销售情况,投资回收、贷款偿还情况,经济效益、社会效益和环境效益等情况进行总结评价,并编制项目后评价报告。

1.3　建筑产品及其绿色施工的特点

1.3.1　建筑产品的概念

建筑业生产的各种建筑物或构筑物等统称为建筑产品。它与其他工业生产的产品相比,具备一系列特有的技术经济特点,这也是建筑产品与其他工业产品的本质区别。

1.3.2　建筑产品的特点

建筑产品的功能、平面与空间组合、结构与构造形式以及所用材料的物理力学性能等各不相同,决定了建筑产品具有不同的特点。其具体特点如下。

1. 固定性

一般的建筑产品均由自然地面以下的基础和自然地面以上的主体两部分组成(地下建筑全部在自然地面以下)。基础承受主体的全部荷载(包括基础的自重),并传给地基;同时将主体固定在地面上。建筑产品都是在选定的地点上建造和使用,与选定地点的土地不可分割,从建造开始直至拆除一般不能移动。所以,建筑产品的建造和使用地点在空间上是固定的。

2. 多样性

建筑产品不但要满足各种使用功能的要求,还要体现出地区的民族风格、物质文明和精神文明,同时也受到地区的自然条件诸多因素的限制,使建筑产品在规模、结构、构造、形式、基础和装饰等诸多方面变化纷繁,因此建筑产品的类型多样。

3. 庞大性

建筑产品无论是复杂还是简单,为了满足其使用功能,需要大量的物质资源,占据广阔的平面与空间,因而建筑产品的体形比较庞大。

4. 综合性

建筑产品是一个完整的实物体系,它不仅综合了土建工程的艺术风格、建筑功能、结构构造、装饰做法等多方面的技术成就,而且综合了工艺设备、采暖通风、供水供电、通信网络、安全监控、卫生设备等各类设施,具有较强的综合性。

1.3.3　建筑产品生产(施工)的特点

建筑产品地点的固定性、类型的多样性和体形庞大性三大主要特点,决定了建筑产品生产(施工)具有自身的特殊性。其具体特点如下。

1. 流动性

建筑产品地点的固定性决定了其生产的流动性。一般的工业产品都是在固定的工厂、车间内进行生产;而建筑产品的生产是在不同的地区,或同一地区的不同现场,或同一现场的不同单位工程,或同一单位工程的不同部位,组织工人、机械围绕着同一建筑产品进行生产。因此,建筑产品的生产在地区之间、现场之间和单位工程不同部位之间流动。

2. 单件性

建筑产品地点的固定性和类型的多样性决定了产品生产的单件性。一般的工业产品是在一定的时期里,统一的工艺流程中进行批量生产;而一个具体的建筑产品应在国家或地区的统一规划内,根据其使用功能,在选择的地点上单独设计和单独施工。即使是选用标准设计、采用通用构件或配件,也会由于建筑产品所在地区自然、技术、经济条件的不同,导致各建筑产品生产具有单件性。

3. 地区性

建筑产品的固定性决定了同一使用功能的建筑产品会因其建造地点的不同受到建设地区的自然、技术、经济和社会条件的约束,使其结构、构造、艺术形式、室内设施、材料、施工方案等方面均各异。因此,建筑产品的生产具有地区性。

4. 工期长

建筑产品的固定性和体形庞大的特点决定了建筑产品生产周期长。建筑产品体形庞大,使得最终建筑产品的建成必然耗费大量的人力、物力和财力。同时,建筑产品的生产全过程还要受到工艺流程和生产程序的制约,使各专业、工种间必须按照合理的施工顺序进行配合和衔接。又由于建筑产品地点的固定性,使施工活动的空间具有局限性,从而导致建筑产品生产具有生产周期长、占用流动资金大的特点。

5. 露天作业多

建筑产品的固定性和体形庞大的特点,决定了建筑产品生产露天作业多。因为体形庞大的建筑产品不可能在工厂、车间内直接进行生产,即使建筑产品生产达到了高度的作业化水平,也只能在工厂内生产其部分的构件或配件,仍然需要在施工现场进行总装配后才能形成最终建筑产品。因此建筑产品的生产具有露天作业多的特点。

6. 高空作业多

建筑产品体形庞大决定了建筑产品生产具有高空作业多的特点。特别是随着城市现代化的发展,高层建筑物的施工任务日益增多,使得建筑产品生产高空作业的特点日益明显。

7. 复杂性

从上述建筑产品生产的特点可以看出,建筑产品生产涉及面广。在建筑企业内部,它涉及工程力学、建筑结构、建筑构造、地基基础、水暖电、机械设备、建筑材料和施工技术等学科的专业知识,要在不同时期、不同地点和不同产品上组织多专业、多工种的综合作业。在外部,它涉及各个不同种类的专业施工企业,以及城市规划、征用土地、勘察设计、消防、环境保护、质量监督、科研试验、交通运输、银行财政、机具设备、物质材料、电、水、热、气的供应等社会各部门和各领域的复杂协作配合,从而使建筑产品生产的组织协作关系综合复杂。

1.4　施工生产要素和施工组织设计资料

1.4.1　施工生产要素

绿色施工组织设计需要考虑的一类重要资源就是施工生产要素。生产要素一般是指人的要素、物的要素及其结合因素,通常将劳动者和生产资料列为最基本的要素。建设项目施工(即建筑业产品生产)和一般工业制造业的产品生产有着共同的地方,那就是都需要生产要素(4M1E),即劳动主体——人(Man),施工对象——材料、半成品(Material),施工手段——机具设备(Machine),施工方法——技术工艺(Method),施工环境——外部条件(Environment)。另外,构成施工生产要素的还有资金(Money)、信息(Information)以及土地(Land)等资源。随着科学进步和生产发展,还会有新的生产要素进入生产过程,生产要素的结构也会发生变化。从建设项目管理的原理来说,绿色施工组织设计的任务就是要通过对施工生产要素的优化配置和动态管理进行科学规划,以实现施工项目的质量、成本、工期和安全管理目标,如图1.3所示。

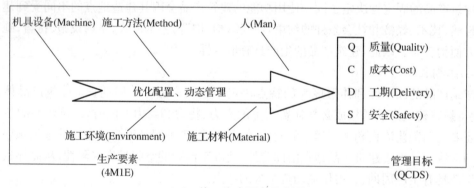

1.3　施工生产要素示意图

1. 施工劳动力

建设项目施工必须根据施工组织设计所确定的施工方案及施工进度计划的要求,组织劳动力投入现场施工。由于建筑生产活动属于劳动密集型行业,劳动力需求量比较大。我国改革开放以来,随着经济的持续快速发展,大量农村剩余劳动力向城市转移,形成了令人瞩目的建筑劳务群体。从事建筑业的农村建筑劳务,无论在建筑劳务总数当中,还是在建筑业从业总人数当中都占有相当大的比例。因此,必须了解建筑业劳动用工的特点、劳动力的来源,从而提出使用和管理要求。

1) 建筑业劳动用工的特点

就整个建筑行业来说,劳动用工的主要特点是需求量较大、波动明显、流动性强。

（1）需求量较大。建筑业是一个劳动密集型的行业，手工操作的工作量大。尽管工厂化、机械化和自动化程度的不断提高可以改变建筑业的生产方式，减少现场用工量，降低劳动强度，并且将其作为行业技术进步的方向予以重视，但从行业的生产特点来看，建筑行业仍然是吸纳劳动力最多的行业之一。

（2）波动明显。建筑业的生产规模受国家经济和社会发展政策的影响，取决于固定资产投资规模的大小。固定资产投资增加，建筑业的生产规模扩大，对劳动力的需求也就增多，反之亦然。

（3）流动性强。所谓流动性，即建筑业的劳动力可根据建筑市场的发展变化，在不同地区之间流动，随着国际经济的一体化和国内建筑市场的开放，跨地区、跨国界承担施工项目变得越来越普遍。

从工程项目对施工劳动力的需求来看，劳动用工又具有以下特点：

（1）配套性。建筑工程施工通常是由许多专业工种共同完成一个工程项目，诸如有泥工、木工、钢筋工、电焊工、混凝土工、粉刷工、油漆工等数十种之多。或者说，工程施工通常是先将工程的施工部位或内容分解成分部、分项工程，然后将其分别交给指定的专业或混合的劳动组织（班组或施工队）来完成施工作业。因此，施工承包单位的现场施工管理机构（通常称为施工项目经理部）在配备劳动力时，不论是由企业内部配备自有固定工人，还是通过建筑市场进行劳务分包，从总体上说都不是单个工人进行招募后定岗使用，而是成建制地配套招用，即劳务分包方式，以保持其工种的配套性、协调性。

（2）动态性。劳务作业工人应能根据施工进度计划所确定的施工时间进、出场作业，并能保持其计划设定的作业效率，在规定的期限内完成符合质量标准要求的施工任务，经过作业交工或交接验收之后，及时撤离施工现场，转移到其他施工现场。由于专业分工的原因，作业工人一般不需要从工程开工至竣工的整个施工时间都待在施工现场。

2）建筑业劳动用工的方式

自从建筑业管理体制进行改革，引入招标投标制和工程项目管理方法之后，施工企业在管理体制上已普遍实行管理层和作业层的"两层分离"。管理层承担施工项目管理。作业层实行作业管理和作业成本核算，并在项目经理部的指导、协调和监督下展开作业技术活动，对作业的质量、成本、工期和安全目标负责，从而使施工项目的劳动力优化配置和动态管理成为可能。

现阶段建筑劳动用工组织形式正逐步从零星化、松散型的个人承包制向有组织的劳务派遣和劳务企业形态发展，推行建筑业农民工劳务派遣制度，发展和壮大建筑劳务分包企业。这种成建制的劳务用工模式不仅实现了农村劳动力向城镇建筑业跨地区的有序转移，而且有利于提高建筑劳务的整体素质、维护建筑市场秩序。

2. 施工机械设备

施工机械设备、模具等是进行施工生产的重要手段，随着科学技术的发展，施工机械设备的种类、数量、型号越来越多，它对提高建筑业施工现代化水平发挥着巨大的作用。特别是现代化的高层、超高层建筑及隧道、地铁、水坝等大型土木工程的施工更离不开现代化的施工机械设备和装置。我国建筑企业的设备装备率呈逐年上升趋势，这也标志着我国建筑机械化的发展已经从手工操作、半机械化、部分工种工程机械化，逐步走上建筑工程综合机械化,我国建筑业企业技术装备指标如表1.1所示。

表 1.1 我国建筑业企业技术装备指标

年份	自有施工机械设备 年末总数量/台	自有施工机械设备 年末总功率/万 kW	自有施工机械设备 年末净值/万元	技术装备率 /(元/人)	动力装备率 /（kW/人）
2000	6 259 885	9 228.1	12 572 317	6 304	4.6
2001	7 022 174	10 251.7	15 062 491	7 136	4.9
2002	7 540 011	11 022.5	21 722 927	9 675	4.9
2003	8 001 782	11 712.4	24 039 576	9 957	4.9
2004	8 466 386	14 584.1	23 245 244	9 297	5.8
2005	8 798 527	13 765.6	25 037 702	9 273	5.1

资料来源:国家统计局,《中国统计年鉴》(2006),中国统计出版社。

大型工程所需要的施工机械设备、模具等种类及数量都很多。如何全面考虑各种类型的机械设备以形成最有效的配套生产能力,通常应结合具体工程的情况,根据施工经验和有关的定性、定量分析方法做出优化配置的选择方案。例如,大型基坑开挖时降低地下水设备的配置,挖土机与运土汽车的配置,主体工程钢模板配置的数量与周转使用顺序的设计等,都可以通过分析优化,使其在满足施工需要的前提下,配置的数量尽可能少,以使协同配合效率尽可能最高。

3. 建筑材料、构配件

建筑材料按其在施工生产中的地位和作用可分为主要材料、辅助材料、燃料和周转性材料等。

(1) 主要材料(包括原料)。构成产品主要实体的材料是主要材料,如建筑工程所消耗的砖、瓦、石料、水泥、木材、钢材等。

(2) 辅助材料。不构成产品实体但在生产中被使用、被消耗的材料是辅助材料,如混凝土工程中掺用早强剂、减水剂,管道工程的防腐用沥青等。

(3) 燃料。燃料是一种特殊的辅助材料,产生直接供施工生产用的能量,不直接加入产品本身,如煤炭、汽油、柴油等。

(4) 周转性材料。周转性材料是指不加入产品本身,而在产品的生产过程中周转使用的材料。它的作用和工具相似,故又称"工具性材料"。如建筑工程中使用的模板、脚手架和支撑物等。

从施工组织的角度,不仅要根据工程的内容和施工进度计划编制各类材料、半成品、构配件、工程用品的需要量计划,为施工备料提供依据,而且还需要从管理角度对材料、构配件的采购、加工、供应、运输、验收、保管和使用等各个环节进行周密的考虑。尤其应从施工均衡性方面考虑各类材料、构配件的均衡消耗,配合工程施工进度,及时组织材料、构配件有序适量地分批进场,进而控制堆场或仓库面积,节约施工用地。

4. 施工方法

施工方法不仅指施工过程中应用的生产工艺方法,还包括施工组织与管理方法、施工信息处理和协调方法等广泛的技术领域。

建筑工程目标产品的多样性和单件性的生产特点使施工生产方案具有很强的个性,如深基础高耸建筑、大跨度建筑等。另外,同类建筑工程的施工又是按照一定的施工规律循序展开的。因此,通常需将工程分解成不同的部位和施工过程,分别拟订相应的施工方案来组织施工,这又使得施工方案具有技术和组织方法的共性。例如,高层建筑物的地基与基础工程和桥墩、桥台的地基与基础工程,因工程性质、施工条件的不同,其施工方案总体上说是不相同的,带有明显的个性特征。但是,从施工过程分析,它们都包含桩基工程、土方工程和钢筋混凝土工程等施工工艺,运用类似的施工技术和组织方法,又有其共性的一面。通过这种个性和共性的合理统一形成特定的施工方案,是经济、安全、有效地进行工程施工的重要保证。

施工方案的主要内容包括确定合理的施工顺序和施工流向,主要分部分项工程的施工方法和施工机械,以及工程施工的流水组织方法。对于同一个工程,因其施工方案不同,会产生不同的经济效果,因此,需同时设计多种施工方案进行择优,其依据是要进行技术经济比较,技术经济比较又分定性比较和定量比较两种。

5. 绿色施工环境

绿色施工环境主要是指施工现场的自然环境、劳动作业环境及管理环境。由于建设项目是在事先选定的建设地区和场址进行建造,因此,施工期间将会受到所在区域气候条件和建设场地的水文地质情况的影响,受到施工场地和周边建筑物、构筑物、交通道路以及地下管道、电缆或其他埋设物和障碍物的影响,这是绿色施工组织设计重点考虑的内容之一。在施工开始前,制订施工方案时,必须对施工现场环境条件进行充分的调查分析,必要时还需补充地质勘查,取得准确的资料和数据,以便正确地按照气象及水文地质条件,合理安排冬季及雨季的施工项目,规划防洪排涝、抗寒防冻、防暑降温等方面的有关技术组织措施,制订防止邻近建筑物、构筑物及道路和地下管道线路等沉降或位移的保护措施。

绿色施工现场劳动作业环境,大到整个建设场地施工期间的使用规划安排,科学合理地做好施工总平面布置图的设计,使整个建设工地的施工临时道路、给排水及供热供气管道、供电通信线路、施工机械设备和装置、建筑材料制品的堆场和仓库、现场办公及生活或休息设施等的布置有条不紊、安全、通畅、整洁、文明,消除有害影响和相互干扰;小到每一施工作业场所的料具堆放状况,通风照明及有害气体、粉尘的防护措施条件的落实等。

建筑工程在施工阶段还会对周围环境产生影响,这是绿色施工组织设计重点关注的。如植被破坏及水土流失、对水环境的影响、施工噪声的影响、扬尘、各种车辆排放尾气、固体材料及悬浮物、施工人员的生活垃圾等。对施工现场主要环境因素的控制是绿色、文明施工的一个重要内容,也是企业实施 ISO14001 环境管理体系和 SA8000 社会责任体系的一项重要任务。因此,在绿色施工过程中要树立环境意识,审查环保设计,并制定环保措施,通过绿色施工,最终达到污染预防、达标排放和持续改进的目标。另外,一个建设项目或一个单位工程的施工项目通常由设计单位、施工承包商、材料设备供应商,以及政府监管部门、社区企业、周围居民等诸多利益相关者共同参与,相互间建立一个互助、双赢的和谐合作环境,是项目顺利进行与企业良性发展的重要条件。每个单位的诚信建设是和谐合作环境的基础,同时还要建立和协调好外部关系,确定它们之间的管理关系或工作关系。将这种关系做到明确而顺畅就是管理环境的重要问题。按照供应链管理的理论,充分运用合作伙伴关系原理,在分包发包的选择和分包合同条件的协商中注意管理责任和管理关系,包括协作配合管理关系的建立,以双赢或多赢为基础,为施工过程创造良好的组织条件和管理环境。

1.4.2 施工组织设计的资料

建设工程施工原始资料的调查研究是编制施工组织设计的基础,原始资料的差错可能会导致施工组织设计的严重错误,将给工程建设带来损失,所以必须引起重视。根据施工的需要,在实际调查工作开始之前,应首先制定详细的调查提纲,以使调查工作有目的、有计划地进行。对编制施工组织总设计需要的原始资料,在搜集时尤其要注意广泛和全面。为了取得这些资料,首先可向勘察、设计单位收集;其次还可以从当地有关部门和类似工程收集;最后还可以通过实地勘测和调查加以补充。将调查收集得到的资料整理、归纳后进行分析研究,对于其中特别重要的资料必须复查其数据的真实性、可靠性。

施工组织设计的资料调查通常包括自然条件的调查和社会经济条件的调查两大类。

1. 建设地区自然条件调查

(1)建设地区的地形和地质调查

调查地形与地质是为了合理布置施工总平面图,选择施工用地,估算平整场地的土方量,以及拟订地基处理方案和基础施工方法等。

调查的主要内容有:本工程所在位置及建设区域的地形图、城市规划图、建设控制基线及最近的水准点位置。

地质勘查资料有各层土的剖面图,流沙、滑坡、冲沟、地质的稳定性,地基土的强度结论,各项物理和力学指标,天然含水率、空隙比、塑性指数、最大冻结深度、地下古墓、空洞及其他构筑物等。

(2)建设地区的气象和地震调查

了解建设地区的气象是为了考虑防暑降温,选用冬期、雨期施工方法;确定工地排水,防洪防雷措施;布置临时设施、高空作业及吊装措施;了解地震资料是为了对地基及结构工程按照不同的震级规程施工。

调查的主要内容有:工程所在地的年平均、最高、最低气温及持续的时间;全年的降水量和雷暴雨日数,雨期持续时长;主导风向和频率,全年强风(≥8级)天数;建设地区的抗震设防烈度。

(3)建设地区的水文和水运

了解水文资料是为了考虑在基础施工时如何降低地下水位,如何选择基础施工方案,了解地下水的侵蚀性及施工注意事项;了解水运的资料是为了考虑临时供水和航运安排。

调查的主要内容有:地下水的最高、最低水位和时间、流向、流量和流速;地下水的水质;临近江河湖泊的距离和水质;洪水、枯水和平水的水位、流量;航道的深度和码头的位置。

2. 建设地区技术经济条件调查

(1)地方建筑生产企业调查

主要调查相应的建筑生产企业,如构件厂、木工厂、金属结构厂、骨料厂、建筑设备厂、砖瓦厂等。调查这些企业的生产能力、规模、技术条件、供货方式、产品价格等。

(2)各种材料情况调查

各种建筑材料的产地、质量、单价和运输方式、运输距离、运输费用等。

（3）交通运输条件调查

建设地区附近的铁路、公路、航运情况：铁路分布，附近车站位置，站场装卸能力，起重能力和存储能力，运输装卸的费用；附近公路等级，路面构造，路宽和完好程度，途经桥梁和涵洞的等级，允许最大载重重量；当地汽车修配厂的情况和能力；航道的封冻期，洪水、枯水、平水期，通航最大船只和吨位，取得船只的可能；码头、渡口的距离、道路情况。

（4）水、电、蒸汽的供应条件

建设项目由当地水厂供水的可能性，当地供水的水量、水压、水质、水费、管径以及可能连接的地点；自选当地江河水源的水质、水量、取水方式，水源至工地的距离；自选水井的水量、深度、管径；施工排水去向、距离和坡度，有无利用当地永久排水设施的可能；电源的位置、距离、引入可能、接线方式及地形情况；当地电力供应情况，停电的可能和次数，电费；如需自行发电，相应的设备、燃料情况，投资费用和可能性；当地的蒸汽供应情况，接管的地点、管径和埋深，到工地的距离和地形情况以及价格；建设、施工单位自有的锅炉数量、型号、能力及所需燃料；当地提供压缩空气、氧气的能力，至工地的距离。

（5）社会劳动力和生活设施的调查

当地劳动力供应的情况，包括技术水平、工资、来源、生活要求等，如为少数民族地区，还要考虑他们的风俗和习惯；建设工地的拆迁规模、费用和安置，需要在工地居住的人数和户数，可以作为工地临时办公和居住房屋的面积、结构、栋数；当地主、副食品的供应，文化教育、治安管理、医疗卫生机构情况；附近有无有害的污染企业，当地有无地方疾病。

调查以上的这些情况是为了合理选择建筑材料和构件等物资的供应和加工地点，贯彻就地取材的原则，尽量节省运输的费用，根据选定的地点拟订工地场外运输方案；还要落实工地所需的劳动力、水电和其他能源的来源，以及可供临时借用的房屋；相应的文化、娱乐和医疗卫生设施，从而确保工程施工的顺利进行。

1.5 施工组织设计类型和编制方法

施工组织设计是对施工活动实行科学管理的重要手段。其作用是通过施工组织设计的编制，明确工程的施工方案、施工顺序、劳动组织措施、施工进度计划及资源需用量与供应计划；明确安排和布置，明确临时设施、材料、构件和机具的具体布置位置，有效地使用施工场地，提高经济效益。

1.5.1 施工组织设计的分类

施工组织设计按照编制的主体、涉及的工程范围和编制的时间及深度要求，可以分为不同的类型，发挥不同的作用。

1. 按编制的主体分类

按编制的主体可分为建设单位（特别是大型项目的建设指挥部）编制的施工组织总设计（或称施工大纲），施工单位（包括施工总承包单位和分包单位）编制的施工组织设计、单位工程施工组织设计、分部分项工程施工组织设计等。

1）建设单位编制的施工组织总设计

建设单位（包括业主、开发商、建设指挥部等机构）为实施工程施工管理，组织施工投资、质量和进度目标的控制,安排现场平面布置,需要根据工程的建设工期和动用时间目标的要求,编制施工组织总设计文件,确定各主要工程的施工方案、资源及进度安排,明确施工的展开程序和总体部署,进而确定工程的投资使用计划,确定建设施工前期的全场性施工准备工作内容。

对于大型工业、交通和公共设施项目,工程施工管理体制和承发包模式具有多种形式,一般采用建设指挥部或筹建处的方式组织工程的实施,为了统筹规划施工方案,合理部署施工现场条件,充分利用社会资源,往往由建设指挥部或筹建处主持编制建设方施工组织总设计。如果建设单位委托工程监理单位进行工程施工管理(即建设监理或工程监理),监理规划文件也就成为组织和部署施工的技术经济文件的一部分,体现了建设方的施工组织总设计的要求.并通过施工合同条件的约束,使之成为承包商编制具体施工组织设计或施工项目管理规划的依据。

2) 施工单位编制的施工组织设计

施工单位根据工程施工合同所界定的施工任务,组织施工项目管理。其任务一是全面正确地履行工程施工承包合同,实现对发包方所要求的工程质量、交工日期及其他相关服务的承诺;二是通过施工管理的实施,实现施工企业的预期经济效益,即成本控制和效益目标,并确保施工过程的安全。因此,施工单位必须编制工程施工组织设计文件,并报监理单位或建设单位审批。

工程施工总分包是建筑业生产社会化的基本方式。施工总包单位对工程施工合同负责,分包单位对施工分包合同负责,包括专业工程分包、劳务作业分包和材料设备采购供应分包等。在施工总包方的施工组织设计指导下,分包方也要编制相应的分包施工组织设计文件,提交总包方审核和确认后,才能作为指导施工作业活动的依据。

建设单位、施工总承包单位和施工分包单位的施工组织设计文件,构成了工程施工系统的施工组织设计文件体系。它们之间既保持着总体与局部、综合与专业、指导与保证的内在联系,也反映着不同编制主体在共同目标下,实施自主管理,灵活运用技术能力和管理经验的考虑。

按编制主体分类的施工组织设计文件体系如图 1.4 所示。

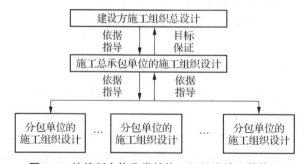

图 1.4　按编制主体分类的施工组织设计文件体系

2. 按编制的对象分类

施工组织设计按编制的对象分类,主要是指根据建设项目的分解结构分别编制不同层次、不同范围、不同深度的施工组织设计文件。

1) 工程施工组织总设计

工程施工组织总设计是以整个建设项目为对象进行编制的。一般是指大、中工业交通工程和公共基础设施工程，必须进行分期分批建设，确定施工总体部署的要求，以及各部分的衔接和相互关系，工程施工组织总设计对整个工程施工活动做出统筹规划、分步实施、有序展开的战略性规划。

2) 单位工程施工组织设计

单位工程一般是指具有独立设计文件可以单独组织施工安装活动的单体工程，即单个建筑物或构筑物。在工业建设项目中，单位工程是单项工程的组成部分，如某个车间是一个单项工程，则车间的厂房建筑是一个单位工程，车间的生产设备安装也是一个单位工程。而一般的民用建筑，则以一幢建筑物的土建工程(包括地基与基础、主体结构、地面与楼面、门窗安装、屋面工程和装修工程)和建筑设备安装工程(包括给水排水、煤气、卫生、工程、暖气通风与空调工程、电气安装工程和电梯)共同构成一个单位工程。

单位工程施工组织设计是建设项目或单项工程施工组织总设计的进一步具体化，直接用于指导单位工程的施工准备和现场的施工作业技术活动。

3) 主要分部分项工程的施工组织设计

在单位工程施工过程中，对于施工技术复杂、工艺特殊的主要分部分项工程，一般都需要单独编制施工组织设计。例如，深基坑工程、大型土方石方工程、大体积混凝土基础工程、现场预应力钢筋混凝土构件、钢结构网架拼装与吊装工程、玻璃幕墙工程等。

施工组织总设计是对整个建设项目的全局性战略部署，其范围广，内容比较概括，属规划和控制型；单位工程施工组织设计是在施工组织总设计的指导下考虑企业施工计划编制，针对单位工程，把施工组织总设计的内容具体化，属实施指导型；分部分项工程施工组织设计是以单位工程施工组织设计和项目部施工计划为依据编制的，针对特殊的分部分项工程，把单位工程施工组织设计进一步详细化，属实施操作型。因此，它们之间是同一建设项目不同广度与深度、控制与被控制的关系。它们的目标和编制原则是一致的，主要内容是相通的；不同的是编制对象和范围、编制的依据、参与编制的人员、编制的时间及所起的作用。

3. 按编制的时间和深度分类

施工组织设计文件编制的时间和深度要求是根据工程建设程序来决定的。建设项目或单项工程的施工组织总设计是在建设工程前期工作阶段编制，一般与初步设计或技术设计同步，用于指导建设项目或单项工程的施工总体部署，为工程项目施工招标的组织、发包方式和合同结构的选择等工作提供依据；单位工程和主要分部分项工程的施工组织设计一般是在施工图设计及审查完成后、工程开工前的施工准备期间进行编制的。

从工程施工承包单位的角度看，以中标签订承包合同为界，按照编制时间和深度要求，可分为投标前的施工组织设计(或技术标书)和中标后的施工组织设计(深化设计)。

1) 投标前的施工组织设计

投标前的施工组织设计(或技术标书)是投标单位在总工程师的主持下，根据招标文件的要求和所提供的工程背景资料，结合本企业的技术与管理特点，考虑投标竞争因素，对工程施工组织与管理提出的具体构想，其中重点是技术方案、资源配置、施工程序，以及质量保证和工期进度目标的控制措施等，它构成投标文件技术标书的一部分。而且，以其技术方案优势和特色体现施工成本的优势,并有力地支撑商务标书竞争力。

因此,投标前的施工组织设计既用于工程施工投标竞争,也为中标后深化施工组织设计提供依据。

2) 中标后的施工组织设计

中标后的施工组织设计一般由施工项目经理主持,组织施工项目经理部技术、质量、预算部门的有关人员在施工合同评审的基础上,根据施工企业所确定的施工指导方针和项目责任目标要求,编制详细的施工组织设计文件,并按企业内部规定的程序和权限进行审查批准后,报监理工程师审核确认,作为现场施工的组织与计划管理文件,予以贯彻落实。

由于施工合同界定的施工任务和范围不同,中标后的施工组织设计的范围应以施工合同为依据,必须在充分理解工程特点、施工内容、合同条件、现场条件和法规条文的基础上进行编制。

另外,对于大型项目、总承包的"交钥匙"工程项目,往往是随着项目设计的深入而编制不同广度、深度和作用的施工组织设计。例如,当项目按三阶段设计时,在初步设计完成后,可编制施工组织设计大纲(施工组织条件设计);技术设计完成后,可编制施工组织总设计;在施工图设计完成后,可编制单位工程施工组织设计。当项目按两阶段设计时,对应于初步设计和施工图设计,分别编制施工组织总设计和单位工程施工组织设计。施工组织设计按编制内容的繁简程度不同,可划分为完整的施工组织设计和简明的施工组织设计。

1.5.2 施工组织设计的内容

施工组织设计编制的内容应根据具体工程的施工范围、复杂程度和管理要求进行确定。原则上所编成的施工组织设计文件应能起到指导施工部署和各项作业技术活动的作用,对施工过程中可能遇到的问题和难点又有缜密的分析和对策措施,体现出其针对性、可行性、实用性和经济合理性。施工组织设计的一般内容包括工程概况和施工准备工作计划、施工方法和相应的技术措施、施工进度计划、施工平面图、劳动力和设备供应、工地施工业务的组织规划、主要经济技术指标的确定。

施工组织设计的内容就是根据不同工程的特点和要求,从现有施工技术出发,决定各类生产要素的结合方式。不同设计阶段编制的施工组织设计文件在内容和深度等方面各有不同,一般说来,施工组织总设计仅仅是概略的施工条件分析,提出创造施工条件和建筑生产能力配备的规划。而单位工程施工组织设计就要详尽得多。对于小型和熟悉的工程项目,施工组织设计的编制内容可以简化。

1. 施工组织总设计的内容

施工组织总设计通常包括如下的内容。

1) 工程概况及施工条件分析

工程概况包括:①工程的性质、规模;②建设单位、设计单位、监理单位;③功能和用途、生产工艺概要(工业项目);④项目的系统构成;⑤建设概算总投资、主要建筑安装工程量、建设工期目标;⑥规划建筑设计特点;⑦主要工程结构类型;⑧设备系统的配置与性能等。

施工条件分析主要包括:

①施工合同条件。如开、竣工时间目标,工程质量标准及验收办法,工程款支付与结算方式,工期及质量责任的承担与奖罚办法等。

②现场条件。如水文地质及气象条件,周围地上、地下建筑物、构筑物、道路管线等情况及保护要求与措施,场外道路交通、物料运输条件,施工期间可临时利用的建筑物、构筑物及设施,需要拆除和搬迁的障碍物和树木,施工临时供电、供水、排水、排污条件等。

③法规条件。如施工噪声控制,渣土运输与堆放的限制,交通管制,消防保安要求,环境保护与建设公害防治的法律规定等。

2) 施工总体部署

施工总体部署是一种战略性的施工程序及施工展开方式的总体构想策划,它包括:工程项目分期分批实施的系统划分,各期施工项目的组成;施工区段的划分和流向顺序的安排;施工管理组织系统的建立、合同结构和施工队伍相互关系与协调方式的确定;施工阶段的划分和各阶段的任务目标;开工前的施工准备工作项目及其完成的时间目标;施工展开阶段各专业施工的交叉、穿插和衔接关系及其工作界面的划分要求;配合主要施工项目所需要的技术攻关、技术论证,试验分析的相关工作的安排;施工技术物资,包括特种施工机械设备、装置及主要材料、构配件、工程用品等的采购、加工和运输工具的落实等。

总之,通过施工总体部署的描述,阐明施工条件的创造和施工展开的战略运筹思路,使之成为全部施工活动的基本纲领。

3) 施工总进度计划

施工总进度计划是指施工组织设计范围内全部施工项目的施工顺序及其进程的时间计划,它包括工程交工或动用的计划日期,各主要单位工程的先后施工顺序及其相互交叉搭接关系、建设总工期和主要单位工程施工工期,是指导各项分进度计划和物资供应计划的依据。

4) 主要施工机械设备及设施配置计划

在施工组织总设计中,要根据工程的特点、实物工程量和施工进度的要求,做好主要施工机械设备及各类设施配置的计划安排,包括各阶段施工机械设备的类型、需要数量的确定,施工现场供电、供水、供热等需要量的测算及配置方案,工地材料物资堆场及仓库面积的确定与安排,现场办公、生活等所需临时房屋的数量及配置、搭设方案,还包括施工现场临时道路及围墙的修建等,集中统一解决全场性施工的设施的配置问题。

5) 施工准备工作

施工准备工作包括技术准备、现场准备和资金准备等。其中,现场准备工作包括直接为工程施工服务的附属单位以及大型临时设施规划、场地平整方案、交通道路规划、雨期排洪、施工排水、施工用水、用电、供热、动力等的需要计划和供应实施计划。

6) 主要施工管理计划

主要施工管理计划包括施工进度、工程质量、安全生产、消防、绿色环境保护、文明施工、工程成本管理计划等。

7) 施工总平面图

工程施工对象用地范围内的现场平面布置图称为施工总平面图。在施工总平面图上用规定比例和专用图例标志出一切地上、地下的已有和拟建的建筑物、构筑物及其他设施的位置和尺寸;标志出施工临时道路,临时供水、供电、供热、供气管线;仓库堆场,现场行政办公及生产和生活服务设施,永久性测量放线标桩等的位置。

2. 单位工程施工组织设计的内容

单位工程施工组织设计是指导具体施工作业活动,实施质量、工期、成本和安全目标控制的直接依据。在工程实践中,人们把它的基本内容概括为施工方案、施工进度计划、施工平面图和施工组织架构。单位工程施工组织设计内容如图 1.5 所示。

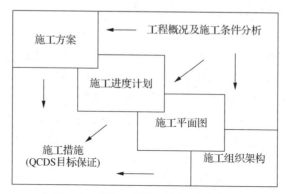

图 1.5　单位工程施工组织设计内容

1) 工程概况及施工条件分析

工程概况是对单位工程的建筑、结构、装修、设备系统的设计规格、特点和性质、用途等进行简明描述,包括施工项目的名称、性质、规模、结构类型、建筑特点、参与单位等信息。

施工条件分析除了具体描述单位工程的施工合同条件、现场条件和相关法规条件外,还要进一步分析履行合同风险、实施目标控制的重点和难点、有利和不利因素等。

2) 施工方案

施工方案是单位工程施工组织设计的核心,对于施工工艺选择、机械设备的布局、施工流向和顺序等确定、劳动力的组织安排和施工目标控制起决定性作用。

施工方案包括施工技术方案和组织方案两个方面。

(1) 施工技术方案。它着重解决施工工艺、方法、手段。例如,高层建筑施工常用的大模板、滑升模板、爬升模板施工工艺等,大型深基础施工常用的轻型井点、喷射井点等降低地下水的方法,深层水泥搅拌桩、连续墙、拉伸钢板桩等进行基坑围护的方法,土石方施工机械、泵送混凝土设备、垂直运输机械、工具式钢管脚手架等施工手段的配置问题等,均要通过施工技术方案的系统研究做出选择决定。

(2) 施工组织方案。它是为有效提高技术方案的具体实施效率和应用效果而进行的施工区段划分、作业流程和流向的设计、劳动力的组织安排及其工作方式的确定等。

一个完整的施工方案应该在技术和组织方面很好地结合起来,达到技术先进合理,经济适用,安全可靠。施工方案的表达除了用文字做出说明外,通常还需要使用一些工作原理简图、施工顺序框图、作业要领示意图等来直观明确地表达。

3) 施工进度计划

单位工程施工进度计划包括时间计划和劳动力、主要建筑材料、构配件、施工机械设备、模板、脚手架等资源计划,主要内容有计划工期目标的确定、施工作业活动顺序和流向的安排,工艺逻辑和组织逻辑的优化选择,各项施工作业持续时间、资源配置等。归纳起来说,关键的是两个问题:一是计划工期必须符合施工组织总设计规定的目标或施工合同规定的工期;二是进度计划必须建立在物质保证的基础上,满足施工人、财、物的供应要求。

4) 施工平面图

根据所需布置的内容,单位工程施工平面图大致可以分为两部分内容。一是在整个施工期间为生产服务、相对位置固定、不宜多次搬移的设施,如施工临时道路、供水供电管线、仓库加工棚、临时办公房屋等;二是随着各阶段施工内容的不同采取相应动态变化的布置方案,如基础阶段、结构阶段、装修阶段各有侧重点。

因此,单位工程施工平面图往往也习惯分为单位工程施工总平面图和单位工程阶段性施工平面图。前者着重解决一次固定后不再搬移的设施布置,并对各阶段性施工平面图的空间规划提供指导;后者则主要突出阶段性施工材料物资及机械设备、工器具的布置。当然,随着主体结构施工的进展,逐步形成多层次的立体平面空间,为后期建筑装修和设备安装创造立体空间条件。

5) 施工预算

施工预算是根据经济合理的施工方案及施工单位自己的施工定额编制的现场施工计划成本文件,为施工资源的配置和消耗提供依据。

一旦施工预算按工程部位和成本要素划分明确,则单位工程在施工中的材料采购、机械设备租赁、劳务分包等均可分别按照施工预算的标准利用市场竞争机制进行询价和采购,择优而用,并应按照施工预算进行限额领料、签发作业任务单,核算消耗和效率。

在实际施工过程中,大多将施工预算单独编制,独立于单位工程施工组织设计文件。

6) 施工措施

施工措施是指为贯彻落实施工方案、进度计划、施工平面图和预算成本目标,从技术、安全、质量、经济、组织、管理、合约(分包及采购等施工所必需的合同)等方面提出有针对性的、可操作的要求,用文字和必要的图表进行描述,以便于现场管理者和作业人员理解和掌握要领,使得质量、成本、工期、安全目标处于预控和过程受控状态,故也称之为目标保证措施。除此以外,还有针对专项工程的冬季或雨季施工措施。

7) 技术经济指标

施工组织设计中,技术经济指标是从技术和经济两个方面对设计内容所做的优劣评价。它以施工方案、施工进度计划、施工平面图为评价中心,通过定性或定量计算分析来评价施工组织设计的技术可行性、经济合理性。技术经济指标包括工期指标、质量和安全指标、劳动生产率指标、设备利用率指标、降低成本和节约材料指标等,是提高施工组织设计水平和选择最优施工组织设计方案的重要依据。

1.5.3　施工组织设计的编制方法

1. 施工组织总设计的编制方法

施工组织总设计是施工单位在施工前所编制的用以指导施工的策划设计。该设计针对施工全过程进行总体策划,是指导施工准备和组织施工的十分重要的技术、经济文件,是施工所必须遵循的纲领性综合文件。其编制依据应包括:中标文件及施工总承包合同;国家(当地政府)批准的基本建设文件;已经批准的工程设计文件、工程总概算;建设区域以及工程场地的有关调查资料,如地形、交通状况、气象统计资料、水文地质资料、物资供应状况、周边环境及社会治安状况等;国家现行规范、规程、规定以及当地的概算、施工预算定额、与基本建设有关的政策性文件(如税收、投资调控、环境保护、对于物资及施工队伍的市场准入规定等);设计单位提交的施工图设计供应计划。

施工组织总设计要从统筹全局的高度对整个工程的施工进行战略部署,因而不仅涉及范围广泛,而且要突出重点、提纲挈领。它是施工单位编制年度计划和单位工程施工组织设计的依据。施工组织总设计编制内容包括:工程概况、总体施工部署、主要工程项目施工方案、施工总进度计划、主要资源配置计划、施工准备工作、施工总平面布置图等。施工组织总设计由工程建设总承包单位负责编制。编制程序如图 1.6 所示。

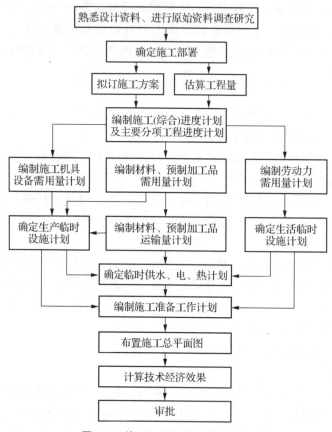

图 1.6　施工组织总设计编制程序

1) 工程概况的编写

工程概况及特点分析是对整个建设项目的总说明和总分析,是对整个建设项目或建筑群所做的一个简单扼要、突出重点的文字介绍。有时为了补充文字介绍的不足,还可以附建设项目总平面图,主要建筑物的平面、立面、剖面示意图及辅助表格。

(1) 建设项目与建设场地的特点

①建设项目特点。建设项目特点主要包括工程性质、建设地点、建设总规模、总工期、总占地面积、总建筑面积、分期分批投入使用的项目和工期、总投资、主要工种工程设备安装及其吨数、建筑安装工程量、生产流程和工艺特点、建筑结构类型、新技术新材料、新工艺的复杂程度和应用情况等。

②建设场地特点。建设场地特点主要包括地形、地貌、水文、地质、气象等情况,以及建

设地区资源、交通、运输、水、电、劳动力、生活设施等情况。

（2）工程承包合同目标

工程承包合同是以完成建设工程为内容的，它确定了工程所要达到的目标以及和目标相关的所有具体问题。合同确定的工程目标主要有以下 3 个方面。

①工期：包括工程开始、工程结束以及过程中的一些主要活动的具体日期等。

②质量：包括详细的工作范围、技术和功能等方面的要求，如建筑材料、设备、施工等的质量标准、技术规范、建筑面积、项目要达到的生产能力等。

③费用：包括工程总造价、各分项工程的造价、支付形式、支付条件和支付时间等。

（3）施工条件

施工条件主要包括施工企业的生产能力、技术装备、管理水平、主要设备、材料和特殊物资供应状况，土地征用范围、数量和居民搬迁时间等情况。

2）施工部署和施工方案的编写

施工部署是对整个建设项目全局做出的统筹规划和全面安排，主要解决影响建设项目全局的组织问题和技术问题。

施工部署由于建设项目的性质、规模和施工条件等不同，其内容也有所区别，主要包括项目经理部的组织结构和人员配备、确定工程开展程序、拟订主要工程项目的施工方案、明确施工任务划分与组织安排、编制施工准备工作计划等。

（1）项目经理部的组织结构和人员配备

绘制项目经理部组织结构图，表明相互之间信息传递和沟通方法，人员的配备数量和岗位职责要求。项目经理部各组成人员的资质要求应符合国家有关规定。

（2）确定工程开展程序

确定建设项目中各项工程施工的程序合理性是关系到整个建设项目能否顺利完成投入使用的重要问题。

对于一些大中型工业建设项目，一般要根据建设项目总目标的要求，分期分批建设，既可使各具体项目尽快建成，尽早投入使用，又可在全局上实现施工的连续性和均衡性，减少暂设工程数量，降低工程成本。至于分几期施工，各期工程包含哪些项目，则需要根据生产工艺的要求、建设部门的要求、工程规模的大小和施工的难易程度、资金、技术等情况由建设单位和施工单位共同研究确定。

对于大中型民用建设项目（如居民小区），一般也应分期分批建设。除考虑住宅以外，还应考虑幼儿园、学校、商店和其他公共设施的建设，以便交付使用后能及早发挥经济效益、社会效益和环境保护效益。

对于小型工业与民用建筑或大型建设项目的某一系统，由于工期较短或生产工艺的要求，不必分期分批建设，采取一次性建设投产。

在安排各类项目施工时，要保证重点、兼顾其他，其中应优先安排工程量大、施工难度大、工期长的项目；或按生产工艺要求，安排先期投入生产或起主导作用的工程项目等。

（3）拟订主要工程项目的施工方案

施工组织设计中要拟订一些主要工程项目的施工方案，这与单位工程施工组织设计中的施工方案所要求的内容和深度有所不同。前者相当于设计概算，后者相当于施工图预算。

施工组织总设计拟订主要工程项目施工方案是为了进行技术和资源的准备工作,同时也是为了能使施工顺利进行和现场的布局合理,它的内容包括施工方法、施工工艺流程、施工机械设备等。

施工方法的确定要考虑技术工艺的先进性和经济上的合理性;对施工机械的选择,应使主导机械的性能既能满足工程的需要,又能发挥其效能。

(4) 明确施工任务的划分与组织安排

在已明确施工项目管理体制、机构的条件下,且在确定了项目经理部领导班子后,划分施工阶段,明确参与建设的各施工单位的施工任务;明确总包单位与分包单位的关系,各施工单位之间协作配合关系;确定各施工单位分期分批的主导项目和穿插施工项目。

(5) 编制施工准备工作计划

要提出分期施工的规模、期限和任务分工;提出"三通一平"的完成时间;土地征用、居民拆迁和障碍物的清除工作,要满足开工的要求;按照建筑总平面图做好现场测量控制网;了解和掌握施工图出图计划、设计意图和拟采用的新结构、新材料、新技术、新工艺,并组织进行试验和试制工作;安排编制施工组织设计和研究有关施工技术措施;安排临时工程的设置;组织材料、设备、构件、加工品、机具等的申请、订货、生产和加工工作。

(6) 全场临时设施的规划

根据工程开展程序和施工项目施工方案的要求,对施工现场临时设施进行规划,主要内容包括:生产和生活性临时设施的建设;原材料、成品、半成品、构件的运输和储存方式;场地平整方案和全场排水设施;安排场内道路、水、电、气引入方案;安排场地内的测量标志等。

3) 施工总进度计划的编写

(1) 基本要求

施工总进度计划是施工现场各项施工活动在时间上和空间上的具体体现。编制施工总进度计划是根据施工部署中的施工方案和工程项目开展的程序,对整个工程的所有工程项目做出时间和空间上的安排。其作用在于确定各个建筑物及其主要工程和全工地性工程的施工期限及开、竣工的日期,从而确定建筑施工现场劳动力、材料、成品、半成品、构配件、施工机械的需要数量和调配情况,以及现场临时设施的数量、水电供应数量和能源的需要数量、交通的需要数量等。因此,正确地编制施工总进度计划是保证各项目以及整个建设工程按期交付使用,充分发挥投资效益,降低建筑工程成本的重要条件。

编制施工总进度计划的基本要求是保证拟建工程在规定的期限内完成,采用合理的施工方法保证施工的连续性和均衡性,发挥投资效益,节约施工费用。

要根据施工部署中拟建工程分期分批投产的顺序,将每个系统的各项工程分别划出,在控制的期限内进行各项工程的具体安排。建设项目的规模不大,各系统工程项目不多时,也可不按分期分批投产顺序安排,而直接安排总进度计划。

(2) 施工总进度计划的编制依据与原则

①施工总进度计划的编制依据

a. 经过审批的建筑总平面图、地质地形图、工艺设计图、设备与基础图、采用的各种标准图集等,以及与扩大初步设计有关的技术资料。

b. 合同工期要求及开、竣工日期。

c. 施工条件、劳动力、材料、构件等供应条件，分包单位情况等。

d. 确定的重要单位工程的施工方案。

e. 劳动定额及其他有关的要求和资料。

②施工总进度计划的编制原则

a. 合理安排施工顺序，保证在人力、物力、财力消耗最少的情况下，按规定工期完成施工任务。

b. 采用合理的施工组织方法使建设项目的施工保持连续、均衡、有节奏地进行。

c. 在安排全年度工程任务时，要尽可能按季度均匀分配建设投资。

（3）施工总进度计划的编制内容

施工总进度计划的编制内容一般包括：计算各主要项目的实物工程量；确定各单位工程的施工期限；确定各单位工程开、竣工时间和相互搭接关系，以及施工总进度计划表的编制。

（4）施工总进度计划的编制步骤

第一步，列出工程项目一览表并计算工程量。施工总进度计划主要起控制总工期的作用，因此项目划分不宜过细，可按确定的主要工程项目的开展顺序排列，一些附属项目、辅助工程及临时设施可以合并列出。

在列出工程项目一览表的基础上计算各主要项目的实物工程量。计算工程量可按初步（或扩大初步）设计图纸并根据各种定额手册进行计算。常用的定额资料有以下几种。

①每万元或十万元投资的工程量、劳动力及材料消耗扩大指标。这种定额规定了某一种结构类型建筑，每万元或十万元投资中劳动力、主要材料等的消耗数量。根据设计图纸中的结构类型，即可计算出拟建工程各分项工程需要的劳动力和主要材料的消耗数量。

②概算指标或扩大概算定额。查定额时，首先查找与本建筑物结构类型、跨度、高度相类似的部分，然后查出这种建筑物按定额单位所需要的劳动力和各项主要材料消耗量，从而推算出拟计算建筑物所需要的劳动力和材料的消耗数量。

③标准设计或已建房屋、构筑物的资料。在缺少上述几种定额手册的情况下，可采用与标准设计或已建成的类似房屋实际所消耗的劳动力及材料进行类比，按比例估算。但是，由于和拟建工程完全相同的已建工程是极为少见的，因此在采用已建工程资料时，一般都要进行折算、调整。

除房屋建筑外，还必须计算主要的、全工地性工程的工程量，如场地平整、铁路及道路和地下管线的长度等，这些可以根据建筑总平面图来计算。

将按上述方法计算的工程量填入统一的工程量汇总表中。

第二步，确定各单位工程的施工期限。单位工程的施工期限应根据建设单位要求和施工单位的具体条件（施工技术与施工管理水平、机械化程度、劳动力和材料供应等）及单位工程的建筑结构类型、体积大小和现场地形地质、施工条件、现场环境等因素加以确定。此外，也可参考有关的工期定额来确定各单位工程的施工期限。

第三步，确定各单位工程的开、竣工时间和相互之间的搭接关系。根据施工部署及单位工程施工期限，就可以安排各单位工程的开、竣工时间和相互之间的搭接关系。通常应考虑以下几个因素。

①保证重点、兼顾一般。在安排进度时，要分清主次，抓住重点，同时期进行的项目不宜

过多,以免分散有限的人力和物力。

②要满足连续、均衡的施工要求。应尽量使劳动力和材料、施工机械消耗在全工地上,达到均衡,避免出现高峰或低谷,以利于劳动力的调配和材料供应。

③要满足生产工艺要求,合理安排各个建筑物的施工顺序,以缩短建设周期,尽快发挥投资效益。

④要全面考虑各种条件的限制。在确定各建筑物施工顺序时,应考虑各种客观条件的限制,如施工单位的施工力量、各种原材料、机械设备的供应情况、设计单位提供图纸的时间、各年度建设投资数量等,对各项建筑物的开工时间和先后顺序予以调整。同时,由于建筑施工受季节、环境影响较大,经常会对某些项目的施工时间提出具体要求,从而对施工的时间和顺序安排产生影响。

第四步,安排施工总进度计划。施工总进度计划可以用横道图和网络图表达。由于施工总进度计划只是起控制性作用,而且施工条件复杂,因此项目划分不必过细。当用横道图表达施工总进度计划时,项目的排列可按施工总体方案所确定的工程展开程序排列。横道图上应表达出各施工项目开、竣工时间及其施工持续时间。

近年来,随着网络技术的推广,采用网络图表达施工总进度计划已经在实践中得到广泛应用。采用时间坐标网络图表达施工总进度计划,比横道图更加直观明了,还可以表达出各施工项目之间的逻辑关系。同时,由于网络图可以应用计算机进行计算和分析,便于对进度计划进行调整、优化、统计资源数量等。

（5）施工总进度计划的调整和修正

施工总进度计划表绘制完成后,将同一时期各项工程的工作量加在一起,用一定的比例画在施工总进度计划的底部,即可得出建设项目工作量的动态曲线。若曲线上存在较大的高峰和低谷,则表明在该时间内各种资源的需求量变化较大,需要调整一些单位工程的施工速度或开、竣工时间,以便消除高峰和填平低谷,使各个时间的工作量尽可能达到均衡。

4）各项资源需要量计划

（1）综合劳动力需要量计划

劳动力需要量计划是规划暂设工程和组织劳动力进场的依据。编制时首先根据工程量汇总表中分别列出的各个建筑物的主要实物工程量,查预算定额或有关资料,便可得到各个建筑物主要工种的劳动量,再根据施工总进度计划表中各单位工程分工种的持续时间,即可得到某单位工程在某段时间里的平均劳动力数量。按同样方法可计算出各个建筑物各主要工种在各个时期的平均工人数。将施工总进度计划表纵坐标方向上各单位工程同工种的人数叠加在一起并连成一条曲线,即为某工种的劳动力动态曲线图。其他工种也可用同样方法汇成曲线图,从而根据劳动力曲线图列出主要工种劳动力需要量计划表。

（2）材料、构件及半成品需求量计划

根据工程量汇总表所列各建筑物的工程量查定额或有关资料,便可得出各建筑物所需的建筑材料、构件和半成品的需要量。然后根据施工总进度计划表,大致算出某些建筑材料在某一时间内的需要量,从而编制出建筑材料、构件和半成品的需要量计划。这是材料供应部门和有关加工厂准备所需的建筑材料、构件和半成品并及时供应的依据。

（3）施工机具需要量计划

主要施工机具的需要量根据施工总进度计划、主要建筑物施工方案和工程量,并套用机械产量定额求得。辅助机械可根据建筑安装工程每十万元扩大概算指标求得。运输机具的需要量根据运输量计算。

5）施工总平面图的绘制

施工总平面图是拟建项目施工场地的总布置图。它是按照施工方案和施工总进度计划的要求,将施工现场的交通道路、材料仓库、附属企业、临时房屋、临时水电管线等做出合理的规划布置,从而正确处理全工地施工期间所需各项设施与永久性建筑以及拟建项目之间的空间关系。

（1）施工总平面图设计的原则

①尽量减少施工用地,少占农田,使平面布置紧凑合理。

②合理组织运输,减少运输费用,保证运输方便通畅。

③施工区域的划分和场地的确定应符合施工流程要求,尽量减少专业工种和各工程之间的干扰。

④充分利用各种永久性建筑物、构筑物和原有设施为施工服务,降低临时设施费用。

⑤各种临时设施应便于生产和生活需要。

⑥满足安全防火、劳动保护、环境保护等要求。

（2）施工总平面图设计的内容

①工程项目建筑总平面图上一切地上和地下建筑物、构建物及其他设施的位置和尺寸。

②一切为全工地施工服务的临时设施的布置,包括:施工用地范围、施工用的各种道路;加工厂、搅拌站及有关机械的位置;各种建筑材料、构件、半成品的仓库和堆场,取土弃土位置;行政管理用房、宿舍、文化生活和福利设施等;水源、电源、变压器位置,临时给排水管线和供电、动力设施;机械站、车库位置;安全、消防设施等。

③永久性测量放线标桩位置。许多规模巨大的建设项目,其建设工期往往很长。随着工程的进展,施工现场的面貌将不断改变。在这种情况下,应设置永久性的测量放线标桩位置,或按不同阶段分别绘制若干张施工总平面图,或根据工地的实际变化情况,及时对施工总平面图进行调整和修正,以便适应不同时期的需要。

（3）施工总平面图的设计方法

第一,场外交通的引入。设计全工地性施工总平面图时,首先应从大宗材料、成品、半成品、设备等进入工地的运输方式入手。当大批材料由铁路运入工地时,首先要解决铁路的引入问题;当大批材料由水路运入工地时,应首先考虑原有码头的运输能力和是否增设专用码头的问题;当大批材料由公路运入工地时,由于汽车线路可以灵活布置,因此一般先布置场内仓库和加工厂,然后再引入场外交通。

第二,仓库与材料堆场的布置。仓库与材料堆场通常考虑设置在运输方便、位置适中、运距较短及安全防火的地方,并应根据不同材料、设备和运输方式来设置。

①当采用铁路运输时,仓库应沿铁路线布置,并且要有足够的装卸作业面。如果没有足够的装卸作业面,必须在附近设置转运仓库。布置铁路沿线仓库时,应将仓库设置在靠近工地一侧,避免运输跨越铁路。同时仓库不宜设置在弯道或坡道上。

②当采用水路运输时,一般应在码头附近设置转运仓库,以缩短船只在码头上的停留时间。

③当采用公路运输时,仓库的布置比较灵活。一般中心仓库布置在工地中央或靠近使用的地方,也可以布置在靠近与外部交通连接处。水泥、砂、石、木材等仓库或堆场宜布置在搅拌站、预制场和加工厂附近;砖、预制构件等应该直接布置在施工项目附近,避免二次搬运。工业项目建筑工地还应考虑主要设备的仓库或堆场,一般情况下,较重设备应尽量放在车间附近,其他设备可布置在外围空地上。

第三,加工厂和搅拌站的布置。各种加工厂的布置,应以方便使用、安全防火、运输费用少、不影响建筑安装工程施工的正常进行为原则。一般应将加工厂与相应的仓库或材料堆场布置在同一地区,且多处于工地边缘。

①预制加工厂的布置。尽量利用建设地区永久性加工厂,只有在运输困难时才考虑现场设置预制加工厂,一般设置在建设场地空闲地带上。

②钢筋加工厂的布置。一般采用分散或集中布置。对于需要进行冷加工、对焊、点焊的钢筋或大片钢筋网,宜集中布置在中心加工厂;对于小型加工件,利用简单机具成型的钢筋加工,宜分散在钢筋加工棚中进行。

③木材加工厂的布置。应视木材加工的工作量、加工性质和种类决定是集中设置还是分散设置。

④混凝土供应站。根据城市管理条例的规定,并结合工程所在地点的情况,可选择以下方式:有条件的地区尽可能采用商品混凝土供应方式;若有些地区不具备商品混凝土供应条件,且现浇混凝土量大时,宜在工地设置搅拌站;当运输条件好时,宜采用集中搅拌;当运输条件较差时,宜采用分散搅拌。

⑤砂浆搅拌站。宜采用分散就近布置。

⑥金属结构、锻工、电焊和机修等车间。由于它们在生产上联系密切,应尽可能布置在一起。

第四,场内道路的布置。根据各加工厂、仓库及各施工对象的相对位置,考虑货物运转,区分主要道路和次要道路,进行道路的规划。

①合理规划临时道路与地下管网的施工程序。应充分利用拟建的永久性道路,提前修建永久性道路或先修路基和简易路面,作为施工所需的临时道路,以达到节约投资的目的。

②保证运输畅通。应采用环形布置,主要道路宜采用双车道,宽度不小于 6 m,次要道路宜采用单车道,宽度不小于 3.5 m。

③选择合理的路面结构。根据运输情况和运输工具的不同类型而定,一般场外与省、市公路相连的干线,宜建成混凝土路面;场区内的干线宜采用碎石级配路面;场内支线一般为砂碎石路面。

第五,临时设施布置。临时设施包括办公室、汽车库、休息室、开水房、食堂、俱乐部、厕所、浴室等。根据工地施工人数可计算临时设施的建筑面积。应尽量利用原有建筑物,不足部分另行建造。

一般全工地性行政管理用房宜设在工地入口处,以便对外联系;也可设在工地中间,便于工地管理。工人用的福利设施应设置在工人较集中的地方或工人必经之处。生活区应设在场外,距工地 500~1 000 m 为宜。食堂可布置在工地内部或工地与生活区之间。临时设施的设计应以经济、适用、拆装方便为原则,并根据当地的气候条件、工期长短确定其结构形式。

第六,临时水电管网及其他动力设施的布置。当有可以利用的水源、电源时,可以将水、电直接接入工地。临时的总变电站应设置在高压电引入处,不应放在工地中心。临时水池应放在地势较高处。

当无法利用现有水、电时,为获得电源,可在工地中心或附近设置临时发电设备;为获得水源,可利用地下水或地面水设置临时供水设备(水塔、水池)。施工现场供水管网有环状、枝状和混合式三种形式。过冬的临时水管必须埋在冰冻线以下或采取保温措施。消火栓应设置在易燃建筑物附近,并有通畅的出口和车道,其宽度不小于 6 m,与拟建房屋的距离不得大于 25 m,也不得小于 5 m,消火栓间距不应大于 100 m,到路边的距离不应大于 2 m。

临时配电线路的布置与供水管网相似。工地电力网,一般 3~10 kV 的高压线采用环状,沿主干道布置;380 V/220 V 低压线采用枝状布置。通常采用架空布置方式,距路面或建筑物不小于 6 m。

上述布置应采用标准图例绘制在总平面图上,比例为 1∶1 000 或 1∶2 000。上述各设计步骤不是独立的,而是相互联系、相互制约的,需要综合考虑、反复修改才能确定下来。若有几种方案时,应进行方案比较。

2. 单位工程施工组织设计的编制方法

单位工程施工组织设计是以单位(子单位)工程为对象编制的,用于规划和指导单位(子单位)工程全部施工活动的技术、经济和管理的综合性文件。

按照《建筑施工组织设计规范》(GB/T 50502—2019)的规定,单位工程施工组织设计编制的基本内容主要包括编制依据、工程概况、施工部署、施工进度计划、施工准备与资源配置计划、主要施工方案、主要施工管理计划、施工现场平面布置八大部分。过去习惯上称为"一案"——施工方案;"一图"——施工平面布置图;"四表"——施工进度计划表、机械设备表、劳动力表、材料计划表;"四项措施"——进度、质量、安全、成本。如果工程规模较小,可以编制简单的施工组织设计,其内容包括施工方案、施工进度计划、施工平面图,简称"一案一表一图"。

单位工程施工组织设计的工程项目各不相同,其所要求编制的内容也会有所不同,但一般可按以下几个步骤来进行。

第一步,收集编制依据的文件和资料,包括工程项目的设计施工图,工程项目所要求的施工进度和要求,施工定额、工程概预算及有关技术经济指标,施工中可配备的劳动力、材料和机械设备情况,施工现场的自然条件和技术经济资料等。

第二步,计算工程量,计算分部分项工程量。

第三步,编写工程概况,主要阐述工程的概貌、特征和特点以及有关要求等。

第四步,选择施工方案,主要确定各分项工程施工的先后顺序,选择施工机械类型及其合理布置,明确工程施工的流向及流水参数的计算,确定主要项目的施工方法等。

第五步,编制施工进度计划,其中包括劳动量和工作延续时间的计算、施工进度图表的绘制、对进度计划的调整优化等。

第六步，计算施工现场的各种资源需要量及其供应计划（包括各种劳动力、材料、机械及其加工预制品等）。

第七步，设计施工平面图。

第八步，拟订主要施工管理计划，主要有拟订进度控制、成本控制、质量保证及安全防火措施。

第九步，计算技术经济指标。

以上步骤可用如图1.7所示的单位工程施工组织设计的编制程序来表示。

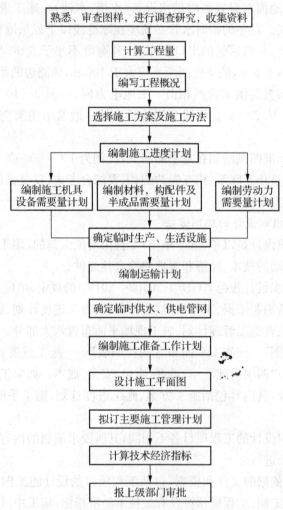

图1.7 单位工程施工组织设计的编制程序

1.6 施工组织设计的产生和发展

1.6.1 绿色施工组织设计发展现状

在新中国成立初期，我国推行计划经济体制下的国家基本建设管理模式，建设项目从立项到实施完成投入生产或使用，实行全面计划管理制度，施工组织设计制度就是这种计划管理制度的重要组成部分。从本质上说,在计划经济体制年代所形成的工程建设施工组织设计制度,是一种运用行政手段和计划管理方法来进行工程项目施工生产要素配置和管理的手段。

按照这种管理模式,首先在建设项目初步设计阶段,除了要求按深度要求完成工程本身的初步设计内容外,还要求设计主持单位提出配套的"项目施工条件"设计。例如,满足建设项目施工需要,提出开辟新的砂石开采基地建设计划,建立施工机械修配厂的计划,或建筑材料运输装卸码头的修建计划等。其次,在技术设计或扩初设计阶段,要求设计部门对整个建设项目的建设工期和施工总体部署提出规划,即完成"建设项目施工组织总设计"文件,为组织施工技术物资供应和调集施工队伍提供指导和依据。接着,当施工任务用行政指令分配到有关施工单位之后,被调集承担施工任务的单位还需要根据建设项目施工组织总设计的要求和目标,结合本单位的特点和具体条件,编制由本单位负责施工的全部工程项目或单项工程施工组织总设计,然后再根据工程的进一步分解和展开程序,编制直接用于指导现场施工的单位工程施工组织设计,主要分部或分项工程的施工组织设计等。

随着我国建设领域体制改革和对外开放的深入,市场经济体系已建立并走向完善,工程建设管理普遍实行项目法人责任制、招标投标制和多种合同形式的承发包模式,法律法规不断加强。施工组织设计的内涵已经发生了深刻的变化,从过去行政手段的计划管理方式逐步向以满足工程建设市场需求方向转变,最主要的是通过市场引入竞争机制来实现施工生产要素的配置和现场的生产布局,引入了大量现代化的管理理论和方法,并成为投标文件中技术标的主要组成部分。这种机制不论是编制内容的深度和广度,还是实施的作用和效果都取得了明显的进步,成为我国当前市场经济条件下工程建设的一项重要的、不可替代的法定技术制度。

施工组织设计文件包含了施工组织构架、施工总体部署和具体方案、施工生产进度计划、施工平面布置和各项技术组织措施等内容,是一个既有施工技术含量又有施工组织安排和控制措施的综合性技术和管理文件。在大型工程施工开始前,施工组织设计落实施工总体规划和现场部署,分析设计文件的可施工性;在工程招投标过程中,施工组织设计是编制投标报价和技术标书评定的重要依据,中标后还作为签订合同的组成部分;在施工准备工作阶段,施工组织设计又是指导物资采购、安排现场平面布置的蓝图;在工程施工阶段和竣工验收阶段,施工组织设计提供人力和物力、时间和空间、技术和组织方面的统筹安排,成为必不可少的生产组织和目标控制的专业手段。

根据 2007 年原建设部发布的《绿色施工导则》(建质〔2007〕223 号),2010 年住房和城乡建设部发布的《建筑工程绿色施工评价标准》(GB/T 50640—2010),以及 2014 年发布的《建筑工程绿色施工规范》(GB/T 50905—2014),建设项目绿色施工组织设计应该对绿色施工活动进行系统规划,形成可行的纲领性文件,以对项目的建设予以指导和管理。

绿色施工是可持续发展思想在工程施工中的应用体现,是绿色施工技术的综合应用。绿色施工技术并不是独立于传统施工技术的全新技术,而是用"可持续"的眼光对传统施工技术的重新审视,是符合可持续发展战略的施工技术。

绿色施工并不是很新的思维途径,承包商以及建设单位为了满足政府及大众对文明施工、环境保护及减少噪声的要求,为了提高企业自身形象,一般均会采取一定的技术来降低施工噪声、减少施工扰民、减少环境污染等，尤其在政府要求严格、大众环保意识较强的城市进行施工时，这些措施一般会比较有效。但是，大多数承包商在采取这些绿色施工技术时是比较被动、消极的，对绿色施工的理解也是比较单一的，还不能够积极主动地运用适当的技术、科学的管理方法以系统的思维模式、规范的操作方式开展绿色施工。事实上，绿色施工并不仅仅是指在工程施工中实施封闭施工，没有尘土飞扬，没有噪声扰民，在工地四周栽花、种草，实施定时洒水等这些内容，还包括了其他大量的内容。它同绿色设计一样，涉及可持续发展的各个方面，如生态与环境保护、资源与能源利用、社会与经济发展等。真正的绿色施工应当是将"绿色方式"作为一个整体运用到施工中去，将整个施工过程作为一个微观系统进行科学的绿色施工组织设计。绿色施工技术除了文明施工、封闭施工、减少噪音扰民、减少环境污染、清洁运输等外，还包括减少场地干扰，尊重基地环境，结合气候施工，节约水、电、材料等资源或能源，环保健康的施工工艺，减少填埋废弃物的数量，以及实施科学管理，保证施工质量等。

大多数承包商注重按承包合同、施工图纸、技术要求、项目计划及项目预算完成项目的各项目标，没有运用现有的成熟技术和高新技术充分考虑施工的可持续发展，绿色施工技术并未随着新技术、新管理方法的运用而得到充分的应用。施工企业更没有把绿色施工能力作为企业的竞争力，未能充分运用科学的管理方法采取切实可行的行动做到保护环境、节约能源。

1.6.2 建设项目施工组织设计的发展趋势

建设工程施工组织设计的发展伴随着施工技术和项目管理技术的发展而发展，是建设项目综合管理水平和绿色施工技术水平的标志。

随着项目管理由传统模式向变更管理模式升级，也促进了建设工程绿色施工组织设计面向项目决策支持的项目管理国际化、项目管理信息化和面向项目生命周期的项目集成化管理的现代发展趋势。因此，现代工程项目绿色施工组织设计的三大前沿研究方向，一是与国际项目管理接轨的国际化；二是施工组织设计的信息化；三是项目集成化的施工组织设计。这几个研究方向有一个共同点，即都以绿色高速发展的信息技术和网络技术为基础，通过网络平台实现建设工程绿色施工组织设计和管理。

1. 施工组织设计与国际接轨

随着人们对于环境问题越来越重视，绿色施工作为一种全新的施工模式被很多国家的接受，也是未来世界建筑业发展的趋势。

绿色施工组织设计与国际接轨，主要体现在我国改革开放的步伐进一步加快，中国经济不断地融入全球市场，中国企业走出国门在海外投资和经营的项目也在增加，许多项目要参与国际招标、咨询或 BOT 方式运作，绿色施工组织设计的国际化正形成趋势和潮流。特别是我国加入 WTO 后，行业壁垒下降，国内市场国际化，国内外市场全面融合，面对日益激烈的市场竞争，绿色施工组织设计的水平势必要与国际接轨，才能适应项目管理的国际化要求。欧美等发达国家在二十世纪八十年代就进入了循环经济时代，并且都制定了完善的激励及奖励措施，鼓励企业实施绿色施工。我国在绿色施工发展方面发展缓慢，当前我国经济进入新常态，建筑业只有不断改进技术和管理方法，发展节约型的绿色施工，才能在国内外激烈的市场竞争中占有份额。绿色施工能力的高低是建设单位在国内外建筑市场立足的决定性因素。

另一方面,随着项目管理国际化趋势的发展,大量现代管理科学的理论与方法被引入,并且有不少已经应用在工程施工组织设计和管理工作中,取得了明显的社会效益和经济效益。其中,建筑供应链管理、精益建设、并行工程等现代管理理论的基本原理和方法,对于提升工程施工组织设计和管理的理论水平,指导工程绿色施工组织设计和管理实践,无疑会有诸多启示和帮助。

2. 施工组织设计的信息化趋势

伴随着互联网走进千家万户,以及知识经济时代的到来,特别是建筑信息模型(Building Information Modeling)的广泛应用,绿色施工组织设计与管理的信息化已成必然趋势。21世纪的主导经济、知识经济已经来临,与之相应的绿色施工组织设计与管理也将成为一个热门前沿领域。知识经济时代的绿色施工组织设计与管理是通过知识共享,运用集体智慧提高应变能力和创新能力。目前西方发达国家的一些项目管理公司已经在施工组织设计和管理中运用了计算机网络技术,开始实现了建设工程施工组织设计和管理网络化、虚拟化。另外,许多项目管理公司也开始大量使用项目管理软件进行施工组织设计和管理,同时还从事施工组织设计和管理软件的开发研究工作。目前,我国住房和城乡建设部已发文将建设行业信息化作为未来绿色施工组织设计与管理的重要开发工作,并推荐 BIM 技术作为主要的应用方向。因此可以认为,BIM 技术在建设工程施工组织设计和管理中的应用将是推动建筑行业信息化和智能建造的重要趋势。

3. 项目集成化的绿色施工组织设计与管理

随着经济技术的发展,建设领域中工程项目的特征发生了变化,复杂大型群体工程不断涌现,例如长江三峡水利枢纽工程、跨区域特高压输电网的建设、核电站建设、北京奥运场馆建设工程、上海世博会园区建设工程等,这些群体工程建设环境动态多变,工程建设关联性强和各方利益互动性明显,各地区、各国文化相互交融于群体工程管理中等,使得大型群体项目绿色施工组织设计与管理具有不同于一般工程项目施工的典型的复杂性特征。

工程实践揭示,传统的单个工程绿色施工组织设计与管理的理论和方法面对大型群体工程日益会暴露其局限性和不适应性,必须对大型复杂群体项目的多项目管理技术和方法体系进行研究,尤其是利用复杂性理论对大型群体项目的特征进行分析,找出该类项目不同于传统项目的本质特征,利用集成化、系统工程、控制论和信息技术等理论、方法和手段进行集成化管理和系统性目标控制,是今后工程项目施工组织设计和管理研究的重点和难点。

本章思考练习题

1. 怎样理解绿色施工组织设计的含义?
2. 建设项目由哪些部分构成?
3. 分析建设施工的程序。
4. 怎样理解建筑产品的概念,有什么特点?
5. 施工生产要素和施工组织设计资料分别包括哪些内容?
6. 施工组织设计按编制对象分几类,分别包括哪些内容?
7. 怎样理解绿色施工组织设计的发展?

第 2 章　工程施工组织设计原理

本章将着重介绍建设项目生产的流水施工原理和方法，以及施工现场管理机构和人员配置等，分析和研究现实施工组织与计划管理的问题，以掌握施工组织设计的工作思路和基本方法。

2.1　流水施工组织设计概述

建设工程流水施工就是把工业生产中的"流水作业"应用于建设工程施工过程的组织和管理方式。"流水施工"来源于工业生产中的"流水作业"，但二者又有所区别。工业生产中，原料、配件或工业产品在生产线上流水作业，工人和生产设备的位置保持相对固定，而建筑产品生产过程中，工人和生产机具在建筑物的空间上进行移动，而建筑产品的位置是固定不动的。建设项目施工中的流水作业方式极大地促进了建筑业劳动生产率的提高，缩短了工期，节约了施工费用，是一种科学的生产组织方式。

流水施工是把同类型建筑物或同一幢建筑在平面上划分成若干个施工区段（施工段），组织具有密切关联的专业班组进行连续施工，依次在各施工区段上完成相同的工作内容，不同的专业队伍利用不同的工作面尽量平行施工的施工组织方式，其施工进度安排如图 2.1 所示。流水施工保证了各施工队（组）的作业活动和物资资源的消耗具有连续性和均衡性。由于建筑业的生产条件和资源配置方法与一般工业制造业有着不同的特点，所以建设工程的流水作业不像工厂生产那样定型，而是要结合具体工程的特点和施工条件，通过施工组织设计文件的编制，进行专门的流水施工设计，将各专业工种的作业技术活动有条不紊地组织起来，从而实现建筑产品的生产。

从投资的角度考虑，总是希望一个建设项目能在尽可能短的时间内建成，以发挥其投资的经济效益和社会效益。而建设项目的建设工期与整个项目的施工展开方式和开工顺序有关。为了正确选择施工展开方式和施工任务的组织方式，以满足建设工期的要求，必须了解不同施工展开方式的特点及其对建设工期的影响，掌握施工项目开工顺序的基本规律。

2.1.1　施工组织方式与顺序

建筑工程施工中常用的组织方式有三种：顺序施工、平行施工和搭接施工。通过对这三种施工组织方式的比较，可以更清楚地看到流水施工的科学性。

1. 顺序施工

顺序施工也称为依次施工，是按照建筑工程内部各分项、分部工程内在的联系和必须遵循的施工顺序，不考虑后续施工过程在时间和空间上的相互搭接，而依照顺序组织施工的方式。顺序施工往往是前一个施工过程完成后，下一个施工过程才开始，一个工程全部完成后，另一个工程的施工才开始。其施工进度表安排如图 2.1(a)所示。

以建筑物的群体工程为例,如果在一个建筑小区共拟建 m 幢房屋,依次施工是指先建好一幢房屋,再建第二幢房屋,依此类推。只需一个施工单位投入相应的人力物力(r)进行施工,这种方法虽然同时投入的劳动力和施工资源需要量少,现场设施简单,施工规模小,可以节省施工固定成本,但整个项目的建设工期长,如果一幢房屋的施工工期为 T_0,则建设总工期为 mT_0,如图 2.1(a)所示。

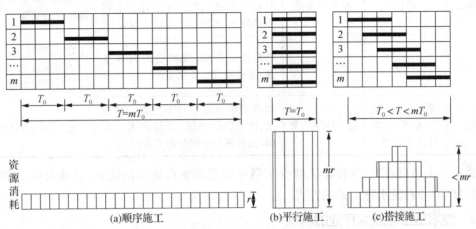

图 2.1　顺序、平行和搭接施工方法的比较

顺序施工的优点是:同时投入的劳动资源较少,机具、设备使用不是很集中,材料供应单一,施工现场管理简单,便于组织安排。

顺序施工的缺点是:劳动生产率低,工期较长,难以在短期内提供较多的产品,不能适应大型工程的施工。

2. 平行施工

平行施工是将一个工作范围内的相同施工过程同时组织施工,完成以后再同时进行下一个施工过程的施工组织方式。按照平行施工,所有 m 幢房屋同时开工,同时竣工。这样,建设总工期仅为一幢房屋的施工工期(r),但施工专业工作队(组)数目却大大增加,物资资源消耗集中(mr)。平行施工进度安排如图 2.1(b)所示。

平行施工的优点是:最大限度地利用了工作面,工期最短。

平行施工的缺点是:多个工作面同时开工,需要提供的专业工作队(组)数目成倍增加,物资资源消耗集中,从而造成施工组织安排和施工管理的困难,带来不良的经济效果。

3. 搭接施工

建设项目施工最常见的施工方法是搭接施工,它既不是将 m 幢房屋建筑依次地进行施工,也不是平行施工,是陆续开工,陆续竣工。这就是说,把房屋建筑的施工时间搭接起来,而其中有若干幢房屋处在同时施工状态,但形象进度各不相同。搭接施工有利于控制施工总规模,减少施工现场大型临时设备的数量,降低施工固定成本;同时,在合理划分施工任务的情况下,可使一个单位承建多幢房屋建筑(建筑产品)的施工,组织流水施工;克服平行施工方式中分别配置施工设施,各自调集施工人员和机械设备,增加进出场及安装与拆卸费用的弊端。搭接施工进度安排如图 2.1(c)所示。

4. 三种施工方式的比较

由上面分析可知,顺序施工、平行施工和搭接施工是组织施工的三种基本方式,其特点及适用的范围不尽相同,三者的比较如表 2.1 所示。

表 2.1　三种组织施工方式的比较

方式	工期	资源投入	评价	适用范围
顺序施工	最长	投入强度低	劳动力投入少,资源投入不集中,有利于组织工作。现场管理工作相对简单,可能会产生窝工现象	规模较小,工作面有限的工程适用
平行施工	最短	投入强度最大	资源投入集中,现场组织管理复杂,不能实现专业化生产	工程工期紧迫,有充分的资源保障及工作面允许情况下可采用
搭接施工	较短,介于顺序施工与平行施工之间	投入连续均衡	结合了顺序施工与平行施工的优点,作业队伍连续,充分利用工作面,是较理想的组织施工方式	一般项目均可适用

由表 2.1 可以看出,搭接施工综合了顺序施工和平行施工的优点,是建筑施工中最合理、最科学的一种流水施工组织方式。

2.1.2　流水施工与流水作业的区别

建筑生产流水施工的实质是,由生产作业队配备一定的机械设备,沿着建筑物的水平或垂直方向,用一定数量的材料在各施工段上进行生产,使最后完成的产品成为建筑物的一部分,然后再转移到另一个施工段上去进行同样的工作,所空出的工作面由下一施工过程的生产作业队采用相同的形式继续进行生产。如此不断地进行确保了各施工过程生产的连续性、均衡性和节奏性。

建设项目生产的流水施工来源于工业生产的流水作业,但二者之间又有所区别,流水施工具有如下主要特点。

(1) 生产工人和生产设备从一个施工段转移到另一个施工段,代替了建筑产品的流动。

(2) 建设项目流水施工既沿建筑物的水平方向流动(平面流水),又沿建筑物的垂直方向流动(层间流水)。

(3) 在同一施工段上,各施工过程既保持了顺序施工的特点,又最大限度地保持了平行施工的特点。

(4) 同一施工过程保持了连续施工的特点,不同施工过程在同一施工段上尽可能保持连续。

(5) 单位时间内生产资源的供应和消耗基本均衡。

2.1.3　流水施工的技术经济效果

流水施工的连续性和均衡性方便了各种生产资源的配置,使施工企业的生产能力得到充分发挥,劳动力、机械设备可以得到合理的安排和使用,进而提高了生产的经济效益和社会效益,具体归纳为以下几点。

(1) 便于施工中的组织与管理。流水施工的均衡性避免了施工期间劳动力和其他资源使用过分集中,有利于资源的组织和安排。

(2) 施工工期比较理想。流水施工的连续性保证各专业队伍连续施工,减少了间歇,充分利用工作面,缩短了工期。

（3）有利于提高劳动生产率。流水施工实现了专业化的生产,为工人提高技术水平、改进操作方法以及革新生产工具创造了有利条件,因而改善了工作的劳动条件,促进了劳动生产率的不断提高。

（4）有利于提高工程质量。专业化的施工提高了工人的专业技术水平和熟练程度,为推行全面质量管理创造了条件,有利于保证和提高工程质量。

（5）有效降低工程成本。由于工期缩短、劳动生产率提高、资源供应均衡,各专业施工队连续均衡作业,减少了临时设施数量,从而节约了人工费、机械使用费、材料费和施工管理费等相关费用,有效降低了工程成本。

2.1.4　流水施工的开展顺序

按照流水施工原理,各项流水作业的先后主次关系有其内在的规律性。长期的工程施工经验表明,正确合理的施工程序,应该按照先场外、后场内,先地下、后地上,先主体、后附属,先土建、后设备,先屋面、后内装的基本要求展开施工。

1. 先场外,后场内

工业建设项目或大型基础设施项目,应先进行厂区外部的配套基础设施工程施工,如材料物资运输所需要的铁路专用线、装卸码头、与国道连接的公路、变电站、围堤、蓄水库等,这些配套设施工程的建成可以为场区内部工程施工创造交通运输、动力能源供应等方面的有利条件。然后根据场外的条件布置对应的临时设施。

2. 先地下,后地上

地基处理、基础工程、地下管线和地下构筑物等工程,应按设计要求先行施工,到位后再进行地上建筑物和构筑物的施工,要避免和防止地下施工对上部主体工程地基的影响。当然,由于施工技术的发展,对于主体建筑物也有可能采用逆筑法施工,以克服施工场地拥挤,充分利用空间、利用先行完成的上部结构承载能力安装起重设备吊运土方,达到缩短工期甚至降低施工成本的良好效果,但这都必须建立在技术方案安全可靠、经济效果可行的基础上。

在地下工程施工中,对于埋置深度不同的基础,如不同的设备基础,设备基础与建筑物基础,管沟基础与其他地基基础之间,应注意先深后浅,以防止和避免深基础施工而扰动其他地基与基础的稳定性和承载能力。

3. 先主体,后附属

这里的主体工程是指主要建筑物,应该先行组织施工;附属工程可以认为是主体工程以外的其他工程,其广义的内容有主要建筑物的附属用房、裙房、配套的零星建筑,以及建筑物之外的室外总体工程,如道路、围墙、绿化、建筑小品等,它们在施工程序上的先后关系对充分利用施工场地、保证工程质量、缩短施工工期、降低工程施工成本都有重要的意义。

4. 先土建,后设备

土建工程和设备安装工程在施工过程中往往有许多交叉衔接,但在总体的施工程序安排上,应以土建工程先行开路,设备安装相继跟进,使二者配合紧密,相互协调。

设备安装工程既指建筑设备,如给水排水工程、煤气卫生工程、暖气通风与空调工程、电气照明及通信线路工程、电梯安装工程等,也包括工业建筑的生产设备安装工程。建筑设备安装应紧跟土建施工进度,相继穿插完成综合留洞和管线预埋,对于大型机器设备应在安装部位的土建工程围护封闭之前吊运至待装地点。土建施工要随时顾及设备安装的要求,注意设备基础的位置、标高、尺寸和预埋件的正确性,为设备就位安装创造条件;避免和防止土建装修中湿粉、铺粘和喷涂作业的施工垃圾粉尘对设备的污染。

5. 先屋面,后内装

建筑工程应在做好屋面防水层和楼面找平层之后,才能进行下层的室内精装修装饰工程,以免因雨天屋面渗漏而污染室内的墙面和楼地面。

2.1.5 流水施工的表示方法

流水施工的展开方式可以用线条型图表来直观简明地表达。因此,为了掌握流水施工的基本原理,先要了解常用线条型施工进度表的内容和表达形式。

1. 横线型施工进度表

横线型施工进度表(水平图表)的左边按照施工的先后顺序列出各施工部位(施工对象)施工活动(施工过程)的名称;右边是施工进度,用水平线段在时间坐标下画出工作进度线;右下方画出每天所需的劳动力(或其他物资资源)动态曲线,它是由施工进度表中各项工作的每天劳动力需要量按时间叠加而得到的。横线型施工进度表具有绘制简单,形象直观的特点,如图 2.2 所示。

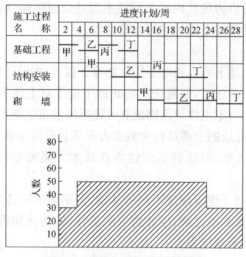

图 2.2　横线型流水施工进度表

2. 斜线型施工进度表

斜线型施工进度表(垂直图表)是将横线图中的工作进度线改为斜线表达的一种形式。一般是在表的左边列出施工对象名称,右边在时间坐标下画出工作进度线。斜线图一般只用于表达各项工作的连续作业,即流水施工的进度计划,它可以直观地反映出两相邻施工过程之间的流水步距,即先后两相邻施工过程在连续作业的条件下,依次开始施工作业的时间差。斜线型施工进度表的实际应用不及横线型施工进度表普遍,如图 2.3 所示。

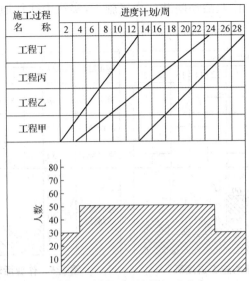

图 2.3 斜线型流水施工进度表

从图 2.2 和图 2.3 所表达的内容,可归纳出流水施工的要点如下。

(1) 全部施工对象划分为若干施工段,并确定施工作业活动的流向,如上图中的工程甲、乙、丙、丁为四个施工段,施工流向是先甲后乙,再丙到丁。

(2) 全部施工作业活动划分为若干施工过程(或工序),每一施工过程可以交给一个作业队组(专业的或混合的)完成规定的作业任务。并且根据规定的施工流向依次进行作业。

(3) 各施工过程在保证其工艺先后顺序的前提下进行搭接施工,并尽可能使每一施工过程都实现连续作业,避免因等待前一施工过程的完成而出现作业等待造成窝工损失。

(4) 根据以上要求组织流水施工作业的同时,应尽可能使施工进度计划的安排符合均衡施工的要求。均衡施工意味着施工物资资源投入的均衡性,即施工高峰与低谷期间的资源需要量都尽可能接近于平均需要量,无大起大落情况,以便控制施工现场各类设施配置的合理规模。

[例 2-1] 某三跨工业厂房的地面工程,施工过程分为:①填土夯实;②铺设垫层;③浇捣混凝土层,每一施工过程分为 A、B、C 三跨。根据工程量和劳动定额可计算各施工过程的持续时间和每天出勤人数,如表 2.2 所示。

表 2.2 工程量和劳动定额计算表

施工过程	人数/人	施工时间/d			
		A 跨	B 跨	C 跨	合计
填土夯实	30	3	3	6	12
铺设垫层	20	2	2	4	8
浇混凝土	30	2	2	3	7

[案例剖析]

按照上述条件,可安排两种不同的施工进度计划。图 2.4 和图 2.5 分别表示该项工程作业活动有间断的施工进度计划和作业活动均连续进行的施工进度计划,显然二者都是可行的。在理论上前者称为一般搭接施工,后者称为流水施工。流水施工在本质上也属于一般搭接施工的范畴。对于作业活动间断的搭接施工,实践中往往通过生产调度或安排缓冲工程的施工任务进行调节,以避免窝工情况的出现。

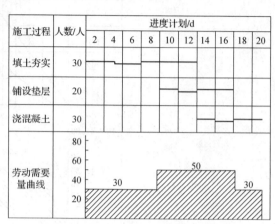

图 2.4　作业活动间断的施工进度表　　图 2.5　作业活动连续的施工进度表

通过以上对同一施工项目的两种不同进度安排方案的比较,可以看出,图 2.4 进度计划的施工高峰时期,每天需要劳动力 80 人,而低峰时期仅需要 20 人,相差比较悬殊。一般情况下施工现场的临时设施的配置数量要参照施工高峰的需要量来考虑,以满足施工的需要。因此,施工均衡性对节省施工成本有较大的影响。而图 2.5 所示的进度计划明显地改善了这种不均衡性。

必须指出,在实际组织施工、编制施工进度计划时,对于一个单位工程或群体工程,虽然没必要也不太可能按照理论方法过于细腻而准确地计算施工的资源需要量均衡性指标,进而去改善或调整施工方案和进度计划。然而,凭借长期施工的管理经验,尽可能追求施工均衡性,却是对施工组织管理工作的基本要求。

2.1.6　流水施工分类

流水施工的分类是组织流水施工的基础,其分类方法是按不同的流水特征进行划分的。

1. 按流水施工组织范围(组织方法)划分

根据组织流水施工的工程对象的范围大小,流水施工可以划分为分项工程流水施工、分部工程流水施工、单位工程流水施工和群体工程流水施工。其中,最重要的是分部工程流水施工,它是组织流水施工的基本方法。单位工程或群体工程的流水施工常采用分别流水法,它是组织流水施工的重要方法。

1) 分项工程流水施工

分项工程流水施工又叫施工过程流水或细部流水。在施工进度计划表上,它是一条标有施工段或施工队编号的水平或斜向进度指示线段。它是组织流水施工的基本单元。

2) 分部工程流水施工

分部工程流水施工又叫专业流水。它是在一个分部工程内部各分项工程(施工过程)之间组织起来的流水施工。在施工进度计划表上,它是一组标有施工段或施工队伍编号的水平或斜向进度指示线段。它是组织流水施工的基本方法。

3）单位工程流水施工

单位工程流水施工是在一个单位工程内部组织起来的流水施工。它一般由若干个分部工程流水组成。

4）群体工程流水施工

群体工程流水施工是在单位工程之间组织起来的流水施工。一般首先是针对其分部工程来组织专业大流水。

5）分别流水法

分别流水法是指将若干个分别组织的分部工程流水（专业流水或专业大流水），按照施工工艺的顺序和要求最大限度地搭接起来，组成一个单位工程或群体工程的流水施工。

2. 按流水施工节奏特征划分（针对专业流水或专业大流水）

根据流水施工的节奏特征，流水施工（主要指专业流水或专业大流水）可以划分为有节奏流水和非节奏流水，其中有节奏流水又可分为等节奏流水和异节奏流水，具体叙述见 2.3.3 和 2.3.4。

2.2　流水施工参数

2.2.1　组织流水施工的条件

1. 划分施工过程

划分施工过程就是把拟建工程的整个建造过程分解为若干个施工过程。划分施工过程的目的是对施工对象的建造过程进行分解，以便于逐一实现局部对象的施工，从而使施工对象整体得以实现。也只有这种合理的分解才能组织专业化施工和有效协作。

2. 划分施工段

根据组织流水施工的需要，将拟建工程在平面或空间上尽可能地划分为劳动量大致相同的若干个施工段。

3. 每个施工过程组织独立的施工班组

在一个流水组中，每个施工过程尽可能组织独立的施工班组，其形式可以是专业班组，也可以是混合班组。这样可使每个班组按施工顺序，依次、连续、均衡地从一个施工段转移到另一个施工段进行相同的操作。

4. 主要施工过程必须连续、均衡地施工

主要施工过程是指工程量较大、作业时间较长的施工过程。对于主要施工过程，必须连续、均衡地施工；对于其他次要施工过程，可考虑与相邻的施工过程合并。如不能合并，为缩短工期，可安排间断施工。

5. 不同施工过程尽可能组织平行搭接施工

根据施工顺序，不同的施工过程在工作面允许的条件下，除必要的技术和组织间歇施工外，应尽可能组织平行搭接施工。

2.2.2　流水施工参数

在组织流水施工时，用以表达流水施工在工艺流程、空间布置和时间安排等方面的特征和各种数量关系的参数,称为流水施工参数。流水施工参数按其性质的不同,分为工艺参数、空间参数和时间参数三种。

1. 工艺参数

在组织流水施工时,用以表达流水施工在施工工艺上开展顺序及其特征的参数,称为工艺参数。它包括施工过程和流水强度。

1) 施工过程

工艺参数中最有代表性的参数是施工过程(也称为工作、活动)。在组织工程项目流水施工时,将拟建工程项目的整个建造过程分解为若干个施工单元,其中每一个单元称为一个施工过程,一般用"n"表示。

施工过程数目的多少、粗细程度一般与下列因素有关。

(1) 施工计划的性质和作用。对建设项目群规模大、结构复杂、工期长的工程施工控制性进度计划,其施工过程可划分得粗些,综合性大些。对中小型单位工程或工期不长的工程施工实施性计划,其施工过程可划分细些,具体些,一般划分至分项工程。对月度作业计划,有些施工过程还可分解为工序,如安装模板、绑扎钢筋等。

(2) 施工方案及工程结构。厂房柱基础和设备基础挖土,如同时施工,可合并为一个施工过程;如先后施工,可分为两个施工过程。承重墙与非承重墙的砌筑也是如此。砖混结构、大墙板结构、装配式框架与现浇钢筋混凝土框架等不同结构体系,其施工过程划分和内容也各不相同。

(3) 劳动组织及劳动量大小。施工过程的划分与施工习惯有关。例如,安装玻璃、油漆施工可合也可分,因为有的是混合班组,有的是单一工种的班组。施工过程的划分还与劳动量大小有关。劳动量小的施工过程,当组织流水施工有困难时,可与其他施工过程合并。例如,垫层劳动量较小时可与挖土合并为一个施工过程,这样可以使各个施工过程的劳动量大致相等,便于组织流水施工。

(4) 劳动内容和范围。施工过程的划分与其劳动内容和范围有关。例如,直接在工程对象上进行的劳动过程可以划入流水施工过程,而场外劳动内容(如预制加工、运输等)可以不划入流水施工过程。

综上所述,在分解施工项目时要根据实际情况决定,粗细程度要适中。划分太粗,则所编制的流水施工进度不能起到指导和控制作用;划分太细,则在组织流水作业时过于烦琐。通常一个系统或子系统施工过程数在 20～30 个为宜。所有施工过程应大致按施工顺序先后排列,所采用的施工项目名称可参考现行定额手册上的项目名称。

2) 流水强度

某施工过程在单位时间内所完成的工程量,称为该施工过程的流水强度。流水强度可用式(2-1)计算求得。

$$V = \sum_{i=1}^{x} (R_i \cdot S_i) \tag{2-1}$$

式中:V——某施工过程的流水强度;

R_i——投入该施工过程中的第 i 种资源量(施工机械台数或人员数);

S_i——投入该施工过程中的第 i 种资源的产量定额;

X——投入该施工过程中的资源种类数。

2. 空间参数

在组织工程项目流水施工时,用以表达流水施工在空间布置上所处状态的参数,称为空间参数。空间参数一般包括施工段、施工层和工作面。

1) 施工段

在组织流水施工时,拟建工程在平面上划分为若干个劳动量大致相等的施工区段,这些区域称为施工段。施工段的数目一般以"m"表示。

划分施工段是为了组织流水施工,保证不同的施工班组能在不同的施工段上同时进行施工,并使各施工班组能按一定的时间间隔转移到另一个施工段进行连续施工,既消除等待、停歇现象,又互不干扰。

(1) 划分施工段的原则

①施工段的数目要合理。施工段过多会增加总的施工持续时间,而且工作面不能充分利用;施工段过少,则会引起劳动力、机械和材料供应的过分集中,有时还会造成"断流"的现象。

②各施工段的劳动量(或工程量)一般应大致相等(相差宜在 15％以内),以保证各施工班组连续、均衡地施工。

③施工段的划分界限要以保证施工质量且不违反操作规程要求为前提。例如,结构上不允许留施工缝的部位不能作为划分施工段的界限。

④当组织楼层结构的流水施工时,为使各施工班组能连续施工,上一层的施工必须在下一层对应部位完成后才能开始。即各施工班组做完第一段后,能立即转入第二段;做完第一层的最后一段后,能立即转入第二层的第一段。因此,每一层的施工段数 m 必须大于或等于其施工过程数 n,即

$$m \geqslant n \qquad\qquad (2-2)$$

当 $m=n$ 时,施工班组连续施工,施工段上始终有施工班组,工作面能充分利用,无停歇现象,也不会产生窝工现象,比较理想。

当 $m>n$ 时,施工班组仍是连续施工,虽然有停歇的工作面,但不一定是不利的,有时还是必要的,如利用停歇的时间做养护、备料、弹线等工作。

当 $m<n$ 时,因施工班组不能连续施工而窝工。因此,对一个建筑物组织流水施工是不适宜的,但是在建筑群中可与另一些建筑物组织大流水。

(2) 施工段划分部位

施工段划分的部位要有利于结构的整体性,应考虑到施工工程对象的轮廓形状、平面组成及结构构造上的特点。在满足施工段划分基本要求的前提下,可按下述情况划分施工段的部位。

①设置有伸缩缝、沉降缝的建筑工程,可按此缝为界划分施工段。

②单元式的住宅工程,可按单元为界分段,必要时以半个单元处为界分段。

③道路、管线等按长度方向延伸的工程,可按一定长度作为一个施工段。

④多幢同类型建筑,可以一幢房屋作为一个施工段。

2）施工层

所谓施工层，是指为满足竖向流水施工的需要，在建筑物垂直方向上划分的施工区段，常用"c"表示。施工层的划分视工程对象的具体情况而定，其目的是满足操作高度和施工工艺的要求。一般以建筑物的结构层作为施工层。但是，有时为方便施工，也可按一定高度划分一个施工层。例如，单层工业厂房砌筑工程一般按 1.2～1.4 m（即一步脚手架的高度）划分一个施工层。

特别提示：当无层间关系或无施工层（如某些单层建筑物、基础工程等）时，施工段数不受式（2-2）的限制，可按前面所述的划分施工段的原则进行确定。

3）工作面

施工工作面亦称工作前线，是指提供人工或机械进行操作的活动范围和空间。工作面的大小表明了施工对象上能安置多少工人操作或布置施工机械、设备的面积，反映相应工种的产量定额、建筑安装工程操作规程和安全规程等的要求，随各施工过程的性质、施工方法和使用的工具、设备不同而变化。工作面一般用"A"表示。

在流水施工中，有的施工过程在施工一开始，就在整个操作面上形成了施工工作面。例如，打桩、地基处理、开挖基槽等就属此类工作面，不受前面工作时间的约束。但是，也有一些工作面的形成是随着前一个施工过程的结束而形成的。例如，在现浇钢筋混凝土的流水作业中，支设模板、绑扎钢筋、浇筑混凝土等都是前一个施工过程的结束为后一个施工过程提供了工作面。在确定一个施工过程的工作面时，不仅要考虑前一施工过程可能提供的工作面的大小，还要符合安全技术、施工技术规范的规定以及劳动生产率等因素。总之，工作面的确定是否恰当直接影响流水施工的规模和速度。

表 2.3　有关房屋建筑工程主要工种的工作面参考数据表

工作项目	每个工作面	说明
砖基础	7.6 m/人	以 $1\frac{1}{2}$ 砖计，2 砖乘以 0.8，3 砖乘以 0.55
砖砌墙	8.5 m/人	以 1 砖计，$1\frac{1}{2}$ 砖乘以 0.71，2 砖乘以 0.57
混凝土柱、墙基础	8 m³/人	机拌、机捣
混凝土设备基础	7 m³/人	机拌、机捣
现浇钢筋混凝土柱	2.45 m³/人	机拌、机捣
现浇钢筋混凝土梁	3.2 m³/人	机拌、机捣
现浇钢筋混凝土墙	5 m³/人	机拌、机捣
现浇钢筋混凝土楼板	5.3 m³/人	机拌、机捣
预制钢筋混凝土柱	3.6 m³/人	机拌、机捣
预制钢筋混凝土梁	3.6 m³/人	机拌、机捣
预制钢筋混凝土屋架	2.7 m³/人	机拌、机捣
预制钢筋混凝土平板、空心板	1.91 m³/人	机拌、机捣
混凝土地坪及面层	40 m²/人	机拌、机捣

工作项目	每个工作面	说明
外墙抹灰	16 m²/人	—
内墙抹灰	18.5 m²/人	—
卷材屋面	18.5 m²/人	—
防水水泥砂浆屋面	16 m²/人	—
门窗安装	11 m²/人	—

3. 时间参数

在组织流水施工时,用于表达流水施工在时间安排上所处状态的参数,称为时间参数。一般有流水节拍、流水步距、工艺间歇、组织间歇和工期等。

1) 流水节拍

在组织流水施工时,每个专业施工班组在各个施工段上完成各自的施工任务所需要的工作持续时间,称为流水节拍,通常用 K_i 表示。

流水节拍的大小可以反映出流水施工速度的快慢、节奏强弱和资源消耗量的多少。根据其数值特征,一般将流水施工分为等节奏流水、异节奏流水和非节奏流水等施工组织方式。

影响流水节拍数值大小的因素主要有:工程项目施工时所采取的施工方案、各施工段投入的劳动力人数或施工机械台班数、工作班次以及该施工段工程量的多少。其数值的确定通常有三种确定方法:定额计算法、经验估算法、工期计算法。

①定额计算法

根据现有能够投入的资源(劳动力、机械台班和材料量)确定流水节拍,但须满足最小工作面的要求。流水节拍的计算式为式(2-3)和式(2-4)。

$$K_i = \frac{P_i}{R_i b} = \frac{Q_i}{S_i R_i b} \tag{2-3}$$

$$K_i = \frac{P_i}{R_i b} = \frac{Q_i H_i}{R_i b} \tag{2-4}$$

式中:K_i——某施工过程在某施工段上的流水节拍;

Q_i——某施工过程在某流水段上的工作量;

S_i——某施工过程的每工日(或每台班)产量定额;

R_i——某施工过程的施工班组人数或机械台班数量;

b——每天工作班数;

H_i——某施工过程采用的时间定额;

P_i——在一个施工段上完成某施工过程所需的劳动量(工日数)或机械台班量(台班数)。

②经验估算法

经验估算法是根据以往的施工经验进行估算。一般为了提高其准确程度,往往先估算出该流水节拍的最长、最短和正常(即最可能)三种时间值,然后据此求出期望时间值作为某专业工作队在某施工段上的流水节拍。经验估算见表达式(2-5)。

$$K_i = \frac{a + 4b + c}{6} \tag{2-5}$$

式中：K_i——某施工过程在某施工段上的流水节拍；

　　　a——某施工过程在某施工段上的最短估算时间；

　　　b——某施工过程在某施工段上的正常估算时间；

　　　c——某施工过程在某施工段上的最长估算时间。

这种方法多适用于采用新工艺、新方法和新材料等没有时间定额可循的工程项目。

③工期计算法

对某些施工任务在规定日期内必须完成的工程项目，往往采用倒排进度法计算流水节拍，具体步骤如下。

第一步，根据工期倒排进度，确定某施工过程的工作持续时间。

第二步，确定某施工过程在某施工段上的流水节拍。

若同一施工过程的流水节拍不相等，则用经验估算法进行计算；若流水节拍相等，则按式(2-6)进行计算。

$$K_i = \frac{T}{m} \tag{2-6}$$

式中：K_i——流水节拍；

　　　T——某施工过程的工作持续时间；

　　　m——某施工过程划分的施工段数。

若流水节拍根据工期要求来确定时，必须检查劳动力和机械供应的可能性，物资供应能否相适应。

(2) 确定流水节拍的要点

①施工班组人数应符合施工过程最少劳动组合人数的要求。例如，现浇钢筋混凝土施工过程包括上料、搅拌、运输、浇捣等施工操作环节，如果人数太少是无法组织施工的。

②要考虑工作面的大小或某种条件的限制。施工班组人数也不能太多，每个工人的工作面要符合最小工作面的要求。否则，就不能发挥正常的施工效率或不利于安全生产。工作面是表明施工对象上可能安置多少工人操作或布置施工机械场所的大小。主要工种的最小工作面可参考表2.3的有关数据。

③要考虑各种机械台班的效率(吊装次数)或机械台班产量的大小。

④要考虑各种材料、构件等施工现场堆放量、供应能力及其他有关条件的制约。

⑤要考虑施工及技术条件的要求。例如，不能留施工缝，必须连续浇筑的钢筋混凝土工程，有时要按三班制工作的条件决定流水节拍，以确保工程质量。

⑥确定一个分部工程各施工过程的流水节拍时，首先应考虑主要的、工程量大的施工过程的节拍(它的节拍最大，对工程起主要作用)，其次确定其他施工过程的节拍值。

⑦节拍值一般取整数，必要时可保留0.5 d(台班)的小数值。

2) 流水步距

在组织建设项目流水施工时，相邻两个专业施工班组先后进入同一施工段开始施工时的合理时间间隔，称为流水步距。流水步距通常以$b_{i,i+1}$表示(i表示前一个施工过程，$i+1$表示后一个施工过程)。

流水步距的大小对工期有着较大的影响。一般来说,在施工段不变的条件下,流水步距越大,工期越长;流水步距越小,则工期越短。

若参加流水施工的施工过程数为 n,则流水步距的数目为 $n-1$。

(1) 确定流水步距的原则

① 技术间歇的需要。有些施工过程完成后,后续施工过程不能立即投入作业,必须有足够的时间间歇,用 k_i 表示。例如,钢筋混凝土的养护、油漆的干燥等。

② 施工班组连续施工的需要。最小的流水步距必须使主要施工班组进场以后,不发生停工、窝工的现象。

③ 保证每个施工段的正常作业程序,不发生前一施工过程尚未完成,而后一个施工过程就提前介入的现象。

④ 组织间歇的需要。组织间歇是指由于考虑组织技术因素,两相邻施工过程在规定流水步距之外所增加的必要时间间歇,用 $Z_{i,i+1}$ 表示。

(2) 确定流水步距($b_{i,i+1}$)的方法

① 分析计算法。在组织流水施工中,如果同一施工过程在各施工段上的流水节拍相等,则各相邻施工过程之间的流水步距可按下式计算:

$$b_{i,i+1}=K_i+Z_{i,i+1}（当 K_i \leqslant K_{i+1} 时）\tag{2-7}$$

$$b_{i,i+1}=mK_i-(m-1)K_{i+1}+Z_{i,i+1}（当 K_i > K_{i+1} 时）\tag{2-8}$$

式中:K_i——第 i 个施工过程的流水节拍;

　　K_{i+1}——第 $i+1$ 个施工过程的流水节拍;

　　$Z_{i,i+1}$——第 i 个施工过程与第 $i+1$ 个施工过程之间的间歇时间。

② 累加数列取大差法。计算步骤如下。

第一步,根据专业工作队在各施工段上的流水节拍求累加数列。

第二步,根据施工顺序对所求的相邻两累加数列错位相减。

第三步,根据错位相减的结果确定相邻专业工作队之间的流水步距,即相减结果中数值最大者为流水步距。

(3) 确定流水步距案例解析

[例 2-2]　某项目由 4 个施工过程组成,分别由 A、B、C、D 4 个专业工作队完成,在平面上划分成 4 个施工段,每个专业工作队在各施工段上的流水节拍如表 2.4 所示,试确定相邻专业工作队之间的流水步距。

表 2.4　各专业工作队在各施工段上的流水节拍

工作队	施工段			
	①	②	③	④
A	4	3	2	3
B	3	3	3	2
C	3	2	2	2
D	2	2	3	3

[案例剖析]

①求各专业工作队的累加数列(提示:以专业工作队或施工过程为基准,按各施工段进行数列的累加)。

$$A:\quad 4\quad 7\quad 9\quad 12$$
$$B:\quad 3\quad 6\quad 8\quad 10$$
$$C:\quad 3\quad 5\quad 8\quad 10$$
$$D:\quad 2\quad 4\quad 7\quad 10$$

②错位相减(提示:指相邻两个施工过程之间的数列错位相减,如 A 只能跟 B、B 只能跟 C 等)。

A 与 B:

A		4	7	9	12	
B	−		3	6	8	10
相减结果		4	4	3	4	−10

舍弃负数,取最大值得流水步距 $b_{A,B}=4$。

B 与 C:

B		3	6	8	10	
C	−		3	5	8	10
相减结果		3	3	3	2	−10

舍弃负数,取最大值得流水步距 $b_{B,C}=3$。

C 与 D:

C		3	5	8	10	
D	−		2	4	7	10
相减结果		3	3	4	3	−10

舍弃负数,取最大值得流水步距 $b_{C,D}=4$。

③相邻专业工作队(4个)间的流水步距(3个)分别为 $b_{A,B}=4$,$b_{B,C}=3$,$b_{C,D}=4$。

3) 工艺间歇

根据施工过程的工艺性质,在流水施工组织中,除了考虑两相邻施工过程之间的流水步距外,必要时还需考虑合理的工艺间歇时间,如基础混凝土浇捣以后,必须经过一定的养护时间,才能继续后道工序——墙基础的砌筑;窗底漆涂刷后,必须经过一定的干燥时间,才能涂刷油漆等等,这些由工艺原因引起的等待时间称为工艺间歇时间。工艺间歇以 $G_{i,i+1}$ 表示。

4) 组织间歇

组织间歇是指施工中由于考虑组织技术的因素,两相邻施工过程在规定的流水步距以外增加的必要时间间隔,以便施工人员对前道工序进行检查验收,并为后道工序做必要的施工准备。如基础混凝土浇捣并经养护以后,施工人员必须进行墙身位置的弹线,然后才能砌基础墙;回填土以前必须对埋设的地下管道检查验收等等。组织间歇用 $Z_{i,i+1}$ 表示。

工艺间歇和组织间歇在具体组织流水施工时可以一起考虑,也可以分别考虑,但它们是两个不同的概念,其内容和作用也不一样。灵活应用工艺间歇和组织间歇的时间参数特点对于简化流水施工组织形式有特殊的作用。

5）工期

工期是指完成一项工程任务或一个流水施工所需的时间，一般可采用式（2-9）计算。

$$T = \sum b_{i,i+1} + T_n \qquad (2-9)$$

式中：$\sum b_{i,i+1}$——流水施工中各流水步距之和；

T_n——流水施工中最后一个施工过程的持续时间。

在流水施工中，存在工艺间歇、组织间歇、搭接施工时，其工期计算公式为

$$T = \sum b_{i,i+1} + T_n + \sum G_{i,i+1} + \sum Z_{i,i+1} \qquad (2-10)$$

式中：$\sum G_{i,i+1}$——流水施工中各施工过程之间的工艺间歇时间之和；

$\sum Z_{i,i+1}$——流水施工中各施工过程之间的组织间歇时间之和。

[例 2-3]　某工程划分为 A、B、C、D 4 个施工过程，分三个施工段组织流水施工，各施工过程的流水节拍分别为 $K_A = 2$ d，$K_B = 3$ d，$K_C = 5$ d，$K_D = 2$ d，施工过程 B 完成后需有 1 d 的工艺间歇。试求各施工过程之间的流水步距及该工程的工期。

[案例剖析]　根据上述条件及式（2-7）和式（2-8），各流水步距计算如下：

因 $K_A < K_B$，$Z_{A,B} = 0$，故 $b_{A,B} = K_A + (K_j - K_d) = 2$(d)；

因 $K_B < K_C$，$Z_{B,C} = 1$，故 $b_{B,C} = K_B + (K_j - K_d) = 3 + 1 = 4$(d)；

因 $K_C < K_D$，$Z_{C,D} = 0$，故 $b_{C,D} = mK_C - (m-1)K_D + (K_j - K_d) = 11$(d)；

由式（2-9）计算可得该工程的工期为：

$$
\begin{aligned}
T &= \sum b_{i,i+1} + T_n = b_{A,B} + b_{B,C} + b_{C,D} + mK_D \\
&= 2 + 4 + 11 + 3 \times 2 \\
&= 23\text{(d)}
\end{aligned}
$$

该工程的流水施工进度安排如图 2.6 所示。

2.3　流水施工组织方式设计

流水施工的前提是节奏，没有节奏就无法组织流水施工，而节奏是由流水施工的节拍决定的。建筑工程的多样性使得各分项工程的数量差异很大，要把各施工段上施工过程的工作持续时间都调整到一样是不可能的，多数情况是施工过程流水节拍不相等，甚至一个施工过程在各流水段上的流水节拍都不一样，因此形成了各种不同形式的流水施工。

2.3.1　流水施工分类

根据各施工过程流水节拍的不同，可分为非节奏流水施工和有节奏流水施工两大类，如图 2.7 所示。

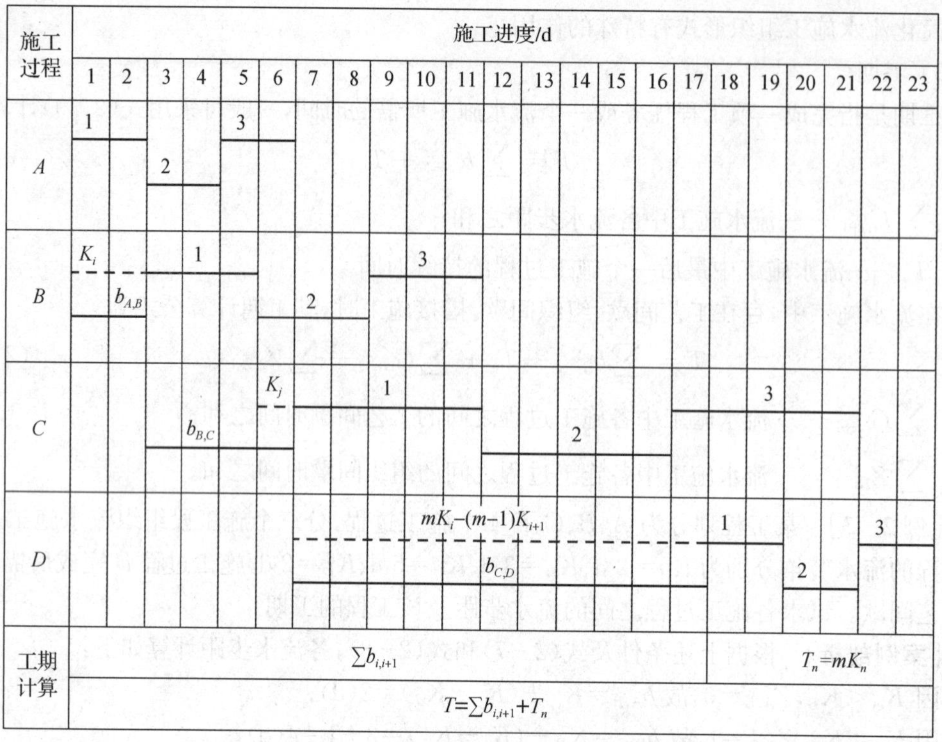

施工过程	施工进度/d
	1 2 3 4 5 6 7 8 9 10 11 12 13 14 15 16 17 18 19 20 21 22 23
A	K_i $b_{A,B}$ （工序：1、2、3）
B	1、2、3
C	K_j $b_{B,C}$ 1、2、3
D	$mK_i-(m-1)K_{i+1}$ $b_{C,D}$ 1、2、3
工期计算	$\sum b_{i,i+1}$ $T_n=mK_n$
	$T=\sum b_{i,i+1}+T_n$

图 2.6　某工程流水施工进度安排

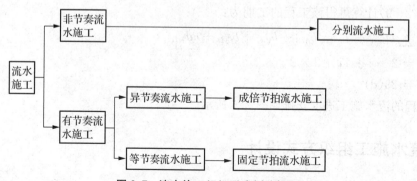

图 2.7　流水施工组织形式划分框图

从图 2.7 可知,流水施工分为非节奏流水施工和有节奏流水施工两大类。建筑工程流水施工中,常见的组织方式可进一步归纳为等节奏流水施工、异节奏流水施工和非节奏流水施工。按流水节拍可划分为固定节拍流水施工、成倍节拍流水施工和分别流水施工。

编制流水施工进度横道图,可以利用编制的建筑工程明细表,按照图 2.8 的步骤逐步深化,就可以完成一个单位工程流水施工进度图的编制。

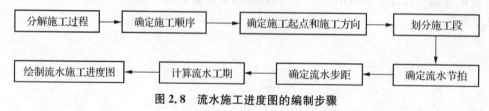

图 2.8　流水施工进度图的编制步骤

2.3.2　流水施工工期的计算

按照流水施工的要点,先通过一系列流水参数的计算才能具体进行流水施工进度计划的设计。从图 2.5 可以看出,当要求各项作业活动全过程必须连续进行而不出现间断时,流水施工工期等于各相邻施工过程流水步距与最后一个施工过程持续时间之和。

当有 n 个施工过程时,共有 $n-1$ 个流水步距。因此,工期可表达为:

$$T = \sum_{i=1}^{n-1} b_{i,j+1} + T_n \tag{2-11}$$

式中:T——流水施工工期;

$b_{i,i+1}$——流水步距;

T_n——最后一个施工过程的持续时间,即 $T_n = \sum_{i=1}^{m} t_i$。

如果考虑工艺间歇和组织间歇时间,则流水施工工期的计算公式可调整为

$$T = \sum_{i=1}^{n-1} b_{i,j+1} + T_n + \sum G_{i,j} + \sum Z_{i,j} \tag{2-12}$$

即:

$$T = \sum b_{i,j+1} + T_n + \sum G_{i,j} + \sum Z_{i,j} \tag{2-13}$$

式中:$\sum G_{i,j}$——一个专业流水组中全部工艺间歇的总和;

$\sum Z_{i,j}$——一个专业流水组中全部组织间歇的总和。

由于流水节拍的设定不同,等节奏流水、异节奏流水和非节奏流水等施工组织方式中流水步距的计算方法也不同。

2.3.3　等节奏流水施工

等节奏流水施工是指在有节奏流水施工中,各施工过程在各施工段上的流水节拍都相等的流水施工,也称为固定节拍流水施工或全等节拍流水施工。

1. 等节奏流水施工的特点

(1) 各施工过程的流水节拍均相等,有 $K_1 = K_2 = K_3 = \cdots = K_n =$ 常数。

(2) 施工过程的专业施工队数等于施工过程数,因为每一施工段只有一个专业施工队。

(3) 各施工过程之间的流水步距彼此相等,且等于流水节拍,即 $b_{i,i+1} = b = K_i$。

(4) 专业施工队能够连续施工,没有闲置的施工段,使得施工在时间和空间上都连续。

(5) 各施工过程的施工速度相等,均等于 mb。

2. 主要流水参数的确定

(1) 流水步距等于流水节拍,不再赘述。

(2) 施工段数 m 的划分

①以一层建筑为对象时,宜 $m=n$。

②多层建筑,有层间关系时:若无间歇时间,宜 $m=n$;若有间歇时间,为保证各施工过程的专业施工队都能连续施工,必须使 $m \geqslant n$。当 $m < n$ 时,每个施工层内施工过程窝工数为 $m-n$,若施工过程持续时间为 K,则每层的窝工时间 w 为:

$$w = (m-n)K = (m-n)b \tag{2-14}$$

若同一层楼内的各施工过程的工艺和组织间歇时间为 t_{x1}，楼层间的工艺和组织间歇时间为 t_{x2}，为保证施工专业队能连续施工，则必须使：

$$(m-n)b = t_{x1} + t_{x2} = \sum G_{i,j} + \sum Z_{i,j} \qquad (2-15)$$

$$m_{min} = n + \frac{t_{x1} + t_{x2}}{b} = n + \frac{\sum G_{i,j} + \sum Z_{i,j}}{b} \qquad (2-16)$$

$$T = (m+n-1)b + \sum G_{i,j} + \sum Z_{i,j} \qquad (2-17)$$

式中：$\sum G_{i,j}$——各施工过程和楼层间的工艺间歇时间之和；

$\sum Z_{i,j}$——各施工过程和楼层间的组织间歇时间之和。

3. 等节奏流水施工的组织步骤

(1) 确定项目施工起点流向，分解施工过程。

(2) 确定施工顺序，划分施工段（一般可取 $m=n$）。

(3) 确定流水节拍和流水步距。

(4) 计算流水施工工期。

(5) 绘制流水施工横道图。

4. 等节奏流水施工的适用范围

等节奏流水施工比较适用于分部工程流水（专业流水），不适用于单位工程，特别是大型的建筑群。因为等节奏流水施工虽然是一种比较理想的流水施工方式，它能保证专业班组的工作连续，工作面充分利用，实现均衡施工。但由于它要求划分的各分部、分项工程都采用相同的流水节拍，这对一个单位工程或建筑群来说往往十分困难且不容易达到。因此，实际应用范围不是很广泛。

5. 等节奏流水施工实例

等节奏流水施工必须通过把施工对象划分为工程量基本相等的若干个施工段，以及施工过程投入的机械设备和人员的合理配置等来实现。必须指出它只是专业流水组织的一种特例。

由于等节奏流水施工中所有施工过程流水步距之和等于 $(n-1)K$。最后一个施工过程的持续时间等于 mK，故工期可按式(2-18)计算：

$$T = (n-1)K + mK + \sum G_{i,j} + \sum Z_{i,j}$$
$$= (n-1+m)K + \sum G_{i,j} + \sum Z_{i,j} \qquad (2-18)$$

[例 2-4] 某住宅的基础工程施工过程分为：①土方开挖；②铺设垫层；③绑扎钢筋；④浇捣混凝土；⑤砌筑砖基础；⑥回填土。各施工过程的工程量及每一工日（或台班）产量定额如表 2.5 所示。

表 2.5　工程量及产量定额表

序号	施工过程	工程量	单位	产量定额	每段劳动量	人数(台数)	流水节拍 K
①	土方开挖	560	m³	65	—	1	2
②	铺设垫层	32	m³	—	—	—	—

续表

序号	施工过程	工程量	单位	产量定额	每段劳动量	人数（台数）	流水节拍 K
③	绑扎钢筋	7 600	kg	450	—	2	2
④	浇捣混凝土	150	m³	1.5	—	12	2
⑤	砌筑砖基础	220	m³	1.25	—	22	2
⑥	回填土	300	m³	65	—	1	—

[案例剖析]

分析表 2.5 所给的条件，可以看出铺设垫层施工过程的工程量比较少；回填土与土方开挖相比，数量少得多。因此，为简化流水施工的计算，可将铺设垫层与回填土这两个施工过程所需要的时间作为组织间歇来处理，各自预留一天时间，总的施工间歇时间为 $\sum Z_{i,j} = 2$ d。另外，考虑浇捣混凝土和砌筑砖基础之间的工艺间歇也留 2 天，即 $\sum G_{i,j} = 2$ d。这样，该基础工程的施工过程数可按 $n = 4$ 进行计算。

显然，这个基础工程要组织成等节奏流水施工，首先在施工段的划分上，应使各施工过程的劳动量在各段上基本相等。根据建筑的特征，可使房屋的单元分界划分成四个施工段，即 $m = 4$。接着，找出其中的主导施工过程，一般应取工程量较大或施工组织条件（即配备的劳动力或施工机械）已经确定的施工过程作为主导施工过程。本例土方开挖由一台挖土机完成，这是确定的条件，所以可以列为主导施工过程，其流水节拍为：

$$K = \frac{Qm}{S \cdot R} = \frac{Q}{m \cdot S \cdot R} = \frac{560}{4 \times 65 \times 1} \approx 2 \text{(d)}$$

其余施工过程可根据主导施工过程所确定的流水节拍 K 反算所需要的人数。

绑扎钢筋：

$$R_2 = \frac{Q_2}{m \cdot S_2 \cdot K} = \frac{7600}{4 \times 450 \times 2} \approx 2 \text{(人)}$$

浇捣混凝土：

$$R_3 = \frac{Q_3}{m \cdot S_3 \cdot K} = \frac{150}{4 \times 1.5 \times 2} \approx 12 \text{(人)}$$

砌筑砖基础：

$$R_4 = \frac{Q_4}{m \cdot S_4 \cdot K} = \frac{220}{4 \times 1.25 \times 2} = 22 \text{(人)}$$

根据计算所求得的施工人数后，应复核施工段的工作面是否能容纳得下（本例假设能容纳得下，复核从略）。

由此，可以根据等节奏流水施工工期计算公式算得：

$$T = (n + m - 1)K + \sum G + \sum Z = (4 + 4 - 1) \times 2 + 2 + 2 = 18 \text{(d)}$$

如果确认该计划工期能满足管理目标的要求，则可据此绘制出如图 2.9 所示的施工进度计划，用于指导现场施工作业安排。

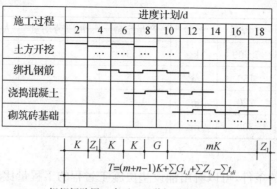

组织间歇用…表示；工艺间歇留空白表示

图 2.9　基础工程等节奏流水施工图表

［例 2－5］　某分部工程划分为挖土(A)、垫层(B)、基础(C)、回填土(D)4 个施工过程，每个施工过程分 3 个施工段，各施工过程的流水节拍均为 4 d，试组织等节奏流水施工。

［案例剖析］

(1) 由等节奏流水的特征可确定流水步距：

$$b = K = 4(\text{d})$$

(2) 计算工期。

$$T = (n + m - 1) \times K = (4 + 3 - 1) \times 4 = 24(\text{d})$$

(3) 用横道图绘制流水进度计划，如图 2.10 所示。

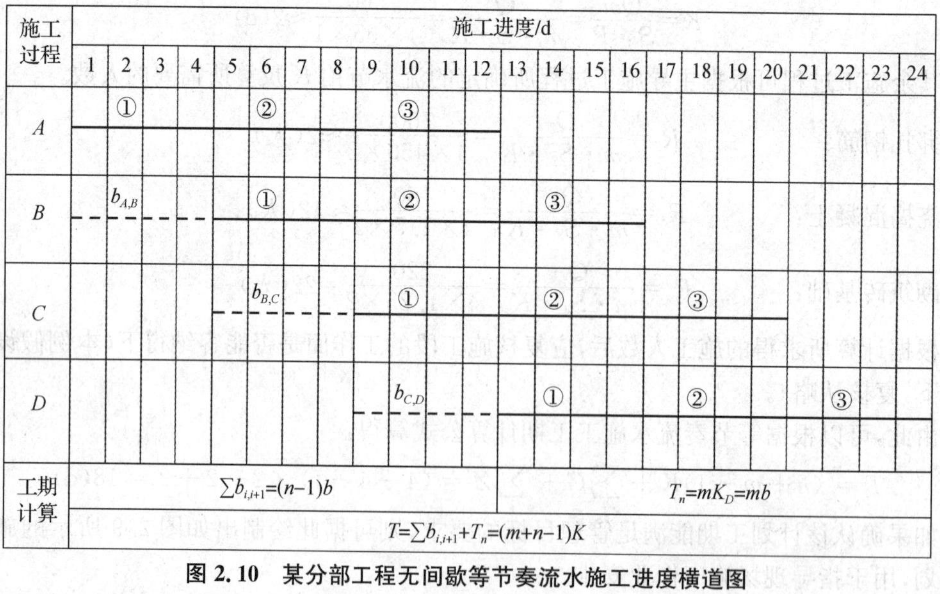

施工过程	施工进度/d																							
	1	2	3	4	5	6	7	8	9	10	11	12	13	14	15	16	17	18	19	20	21	22	23	24
A		①				②				③														
B		$b_{A,B}$				①				②				③										
C					$b_{B,C}$					①				②				③						
D						$b_{C,D}$				①				②				③						
工期计算	$\sum b_{i,i+1} = (n-1)b$												$T_n = mK_D = mb$											

$$T = \sum b_{i,i+1} + T_n = (m + n - 1)K$$

图 2.10　某分部工程无间歇等节奏流水施工进度横道图

［例 2－6］　某分部工程组织流水施工，由开挖基槽、绑扎钢筋、浇混凝土、基础砌砖 4 个施工过程组成，每个施工过程划分为 5 个流水段，流水节拍均为 4 d，无间歇时间。试确定流水段施工工期并绘制流水段施工进度横道图。

［解题分析］　本例属于无间歇时间与搭接时间的固定节拍流水施工问题。

［案例剖析］　由题意可知：施工段数 $m = 5$，施工过程数 $n = 4$，流水节拍 $K = 4$ d，流水步

距 $b=K=K_i=4$ d,间歇时间 $\sum G_{i,j}=\sum Z_{i,j}=0$ d。

故计算工期:

$$T=(m+n-1)b+\sum G_{i,j}+\sum Z_{i,j}$$
$$=(5+4-1)\times 4+0+0$$
$$=32(d)$$

按上述已知条件及解答可绘制成如图 2.11 所示的流水施工进度横道图。

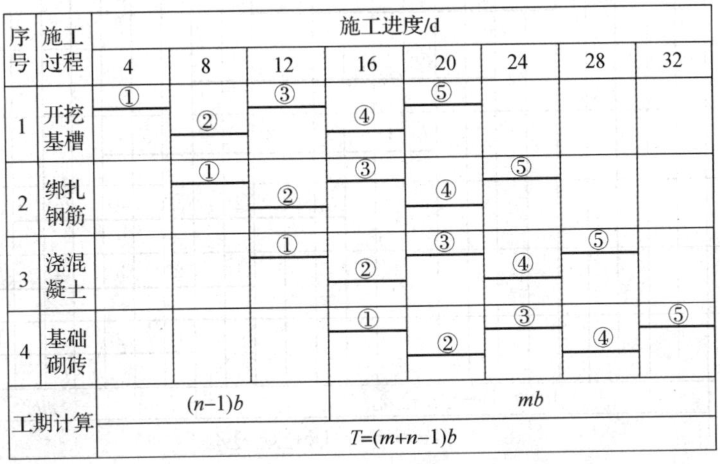

序号	施工过程	施工进度/d							
		4	8	12	16	20	24	28	32
1	开挖基槽	①	②	③	④	⑤			
2	绑扎钢筋		①	②	③	④	⑤		
3	浇混凝土			①	②	③	④	⑤	
4	基础砌砖				①	②	③	④	⑤
工期计算		(n−1)b			mb				
		T=(m+n−1)b							

图 2.11　某分部工程流水施工进度横道图

[**例 2-7**]　某分部工程组织流水施工,由 A、B、C、D 4 个施工过程来完成,划分为两个施工层(即二层楼层)组织流水施工,因施工过程 A 为混凝土浇筑,完成后需养护 1 d,且需层间组织间歇时间 1 d,流水节拍为 2 d。试确定施工段数,计算流水施工工期并绘制流水施工进度横道图。

[**特别提示**]　本例属于有间歇时间的固定节拍流水施工问题。

[**案例剖析**]　由题意可知:$K=b=2$ d,(混凝土养护)技术间歇 $G_j=1$ d,组织间歇 $Z_j=1$ d,施工过程数 $n=4$。

(1)确定施工段数目。

直接利用式(2-16),代入已知数据得:

$$m_{\min}=n+\frac{t_{x1}+t_{x2}}{b}=n+\frac{\sum G_{i,j}+\sum Z_{i,j}}{b}=4+\frac{1+1}{2}=5$$

(2)计算流水施工工期。

按式(2-17),因楼层数(r)为 2,有层间间歇 1 d,故变换式(2-17)得:

$$T=(m+n\times r-1)b+\sum G_{i,j}+\sum Z_{i,j} \qquad (2-19)$$

式中:r——楼层数目。

将各已知数据代入式(2-19),得:

$$T=(m+n\times r-1)b+\sum G_{i,j}+\sum Z_{i,j}$$
$$=(5+4\times 2-1)\times 2+1+1+1-0$$
$$=27(d)$$

（3）绘制流水施工进度横道图，如图 2.12 所示。

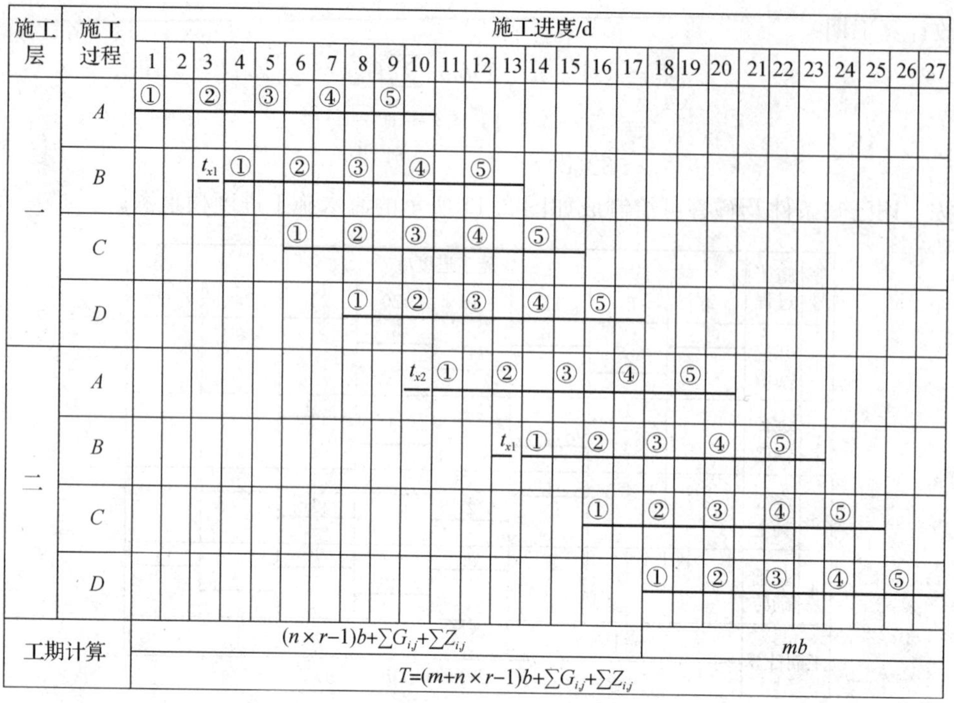

施工层	施工过程	施工进度/d																										
		1	2	3	4	5	6	7	8	9	10	11	12	13	14	15	16	17	18	19	20	21	22	23	24	25	26	27
一	A	①		②		③		④		⑤																		
	B			t_{x1}	①		②		③		④		⑤															
	C						①		②		③		④		⑤												
	D								①		②		③		④		⑤										
二	A											t_{x2}	①		②		③		④		⑤							
	B													t_{x1}	①		②		③		④		⑤					
	C																①		②		③		④		⑤			
	D																		①		②		③		④		⑤	
工期计算		$(n \times r-1)b+\sum G_{i,j}+\sum Z_{i,j}$																	mb									
		$T=(m+n \times r-1)b+\sum G_{i,j}+\sum Z_{i,j}$																										

图 2.12　某分部工程流水施工进度横道图

2.3.4　异节奏流水施工

异节奏流水施工又称为异节拍流水施工，是指同一施工过程在各施工段上的流水节拍相等，但不同施工过程的流水节拍不完全相等的一种流水施工方式。

1. 异节奏流水施工的特点

（1）同一施工过程在各施工段上的流水节拍相等，而不同施工过程的流水节拍不完全相等。

（2）相邻施工过程的流水步距不一定相等。

（3）施工过程数就是专业施工队数。

（4）每个专业工作队都能够连续施工，施工段可能有空闲时间。

2. 主要流水参数的确定

（1）流水步距 $b_{i,i+1}$ 可由前述的累加数列错位法或图上分析法求得，也可用下式求得：

$$b_{i,i+1}=K_i \quad (K_i \leqslant K_{i+1}) \tag{2-20}$$

$$b_{i,i+1}=mK_i-(m-1)K_{i+1} \quad (K_i > K_{i+1}) \tag{2-21}$$

（2）工期计算：

$$T = \sum b_{i,i+1} + mK_n + \sum G_{i,j} + \sum Z_{i,j} \tag{2-22}$$

式中：m——施工段数；

　　K_n——最后一个施工过程的流水节拍。

其余符号同前。

3. 异节奏流水施工的适用范围

异节奏流水施工方式适用于单位或分部工程流水施工,它允许不同施工过程采用不同的流水节拍。因此,在进度安排上比等节奏流水施工灵活,实际应用范围较广泛。

4. 异节奏流水施工实例

[例 2 - 8] 某基础工程有开挖基槽、绑扎钢筋、浇混凝土、基础砌砖 4 个施工过程,每个施工过程划分为 4 个施工段,每个施工过程的流水节拍均相等,分别是 1 d、2 d、2 d、1 d。试确定流水段的施工工期并绘制流水施工进度横道图。

[特别提示] 本例属于无间歇时间与搭接时间的异节奏流水施工问题。

[案例剖析] 由题意可知:$m=4$,$n=4$,K_i 分别为 1、2、2、1 d,$\sum G_{i,j} = \sum Z_{i,j} = 0$。

(1) 计算流水步距,按式(2-20)与式(2-21)得:

$$b_{1,2} = K_1 = 1(\text{d})$$
$$b_{2,3} = K_2 = 2(\text{d})$$
$$b_{3,4} = mK_i - (m-1)K_{i+1}$$
$$= 4 \times 2 - (4-1) \times 1 = 5(\text{d})$$

(2) 计算流水段施工工期,按式(2-22)得:

$$T = \sum b_{i,i+1} + mK_n + \sum G_{i,j} + \sum Z_{i,j}$$
$$= (1+2+5+4) \times 1 + 0 + 0$$
$$= 12(\text{d})$$

(3) 绘制流水施工进度横道图,如图 2.13 所示。

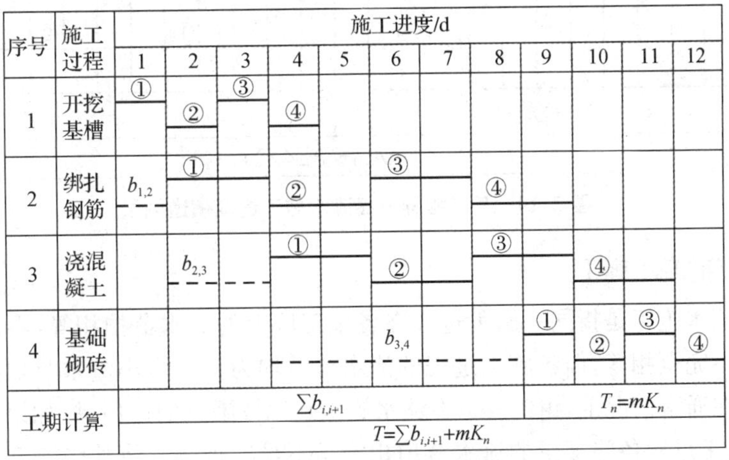

序号	施工过程	施工进度/d											
		1	2	3	4	5	6	7	8	9	10	11	12
1	开挖基槽	①	②	③	④								
2	绑扎钢筋	$b_{1,2}$	①	②			③		④				
3	浇混凝土		$b_{2,3}$		①		②		③		④		
4	基础砌砖					$b_{3,4}$				①	②	③	④
工期计算		$\sum b_{i,i+1}$							$T_n = mK_n$				
		$T = \sum b_{i,i+1} + mK_n$											

图 2.13 某基础工程流水施工进度横道图

[例 2 - 9] 某工程划分为 A、B、C、D 4 个施工过程,分 3 个施工段组织施工,各施工过程的流水节拍分别为 $K_A = 3$ d,$K_B = 4$ d,$K_C = 5$ d,$K_D = 3$ d;施工过程 B 施工完成后有 2 d 的技术间歇时间,施工过程 D 与 C 搭接 1 d。试求各施工过程之间的流水步距及该工程的工期,并绘制流水施工进度横道图。

[案例剖析]

(1) 确定流水步距。

根据上述条件及相关公式,各流水步距计算如下:

因为 $K_A < K_B$,所以

$$b_{A,B} = K_A = 3(d)$$

因为 $K_B < K_C$,所以

$$b_{B,C} = K_B = 4(d)$$

因为 $K_C > K_D$,所以 $b_{C,D} = mK_D - (m-1)K_C = 3 \times 5 - (3-1) \times 3 = 9(d)$

(2)流水工期计算。

$$T = \sum b_{i,i+1} + K_n + \sum Z_{i,j} - \sum t_{di}$$
$$= (3+4+9) + 3 \times 3 + 2 - 1$$
$$= 26(d)$$

(3)绘制施工进度横道图,如图 2.14 所示。

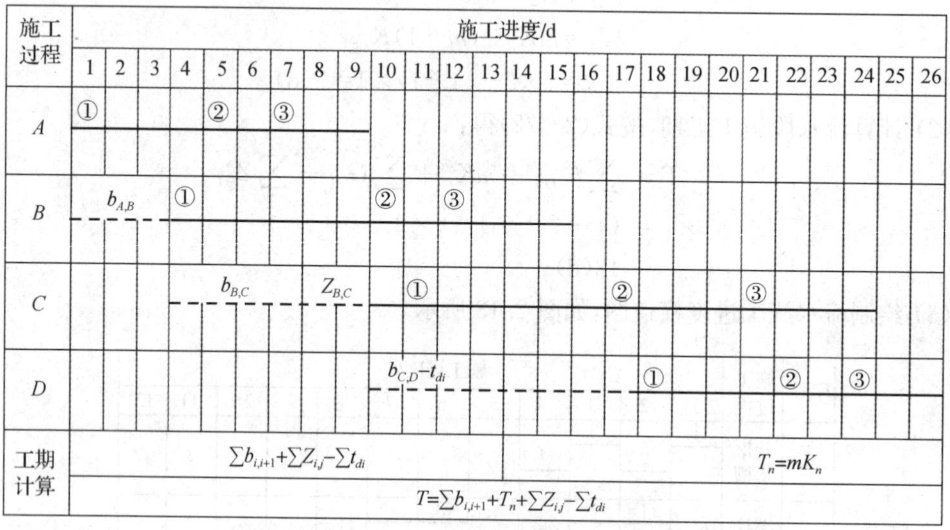

图 2.14 某工程异节奏流水施工进度横道图

2.3.5 成倍节拍流水施工

成倍节拍流水施工是指同一施工过程在各施工段上的流水节拍相等,不同施工过程之间的流水节拍不完全相等,但各施工过程的流水节拍均为其中最小流水节拍的整数倍的流水施工方式。在通常情况下,组织等节奏流水施工是比较困难的。但是,如果施工段划分合适,保持同一施工过程各施工段的流水节拍相等是不难实现的。使某些施工过程的流水节拍成为其他施工过程流水节拍的倍数,即形成成倍节拍流水施工。成倍节拍流水施工是固定节拍流水施工的一个特例。

根据一个施工过程中投入的施工队伍数量,成倍节拍流水施工可分为一般的成倍节拍流水施工和加快的成倍节拍流水施工。为了缩短流水施工工期,大多采用加快的成倍节拍流水施工方式。

1. 一般成倍节拍流水施工

一般成倍节拍流水施工是指同一施工过程在各施工段上的流水节拍相等,不同施工过程之间的流水节拍不完全相等,但各施工过程的流水节拍均为其中最小流水节拍的整数倍的流水施工方式。

（1）一般成倍节拍流水施工的特点

①同一施工过程在其各个施工段上的流水节拍均相等;不同施工过程的流水节拍不等,但其值为倍数关系;

②相邻专业工作队的流水步距不相等,其数值取决于前后两个施工过程的流水节拍的大小;

③假设每一施工过程采用一支专业工作队,那么专业工作队数等于施工过程数;

④各个专业工作队在施工段上能够连续作业,但施工段上有停歇。

（2）一般成倍节拍流水施工工期的计算

计算一般成倍节拍流水施工的工期主要在于求出各施工过程的流水步距$(b_{i,i+1})$,分析一般成倍节拍流水施工的规律,可得出流水步距的计算公式为:

$$b_{i,i+1} = \begin{cases} K_i, & K_i \leqslant K_{i+1} \\ mK_i - (m-1)K_{i+1}, & K_i > K_{i+1} \end{cases} \tag{2-23}$$

（3）一般成倍节拍流水施工工期计算实例

[**例 2 - 10**]　某施工企业承建四幢板式结构职工宿舍工程,施工过程分为:①基础工程;②结构安装;③室内装修;④室外工程。当一幢房屋作为一个施工段,并且所有施工过程都安排一个工作队或一台安装机械时,各施工过程的流水节拍如表 2.6 所示。

表 2.6　施工过程的流水节拍表

施工过程	基础工程	结构安装	室内装修	室外工程
流水节拍/d	$K_1 = 5$	$K_2 = 10$	$K_3 = 10$	$K_4 = 5$

根据表 2.6 中的资料可知,该工程适合组织成倍节拍流水施工。成倍节拍流水施工进度计划表如图 2.15 所示。

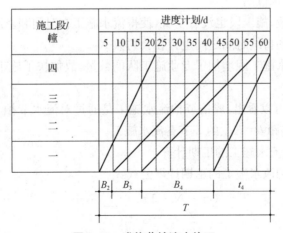

图 2.15　成倍节拍流水施工

其主要特征有:

①各施工过程的流水节拍成一定的倍数,其进展速度快慢不同。节拍小的,进展速度

快;节拍大的,进展速度慢;

②各施工过程在各流水段上的流水节拍相等,在进度表上各施工过程的进度线斜率始终不变。

本例中各施工过程之间的流水步距计算如下:

因为$K_1 < K_2$,$b_{1,2} = K_1 = 5(d)$

$\quad K_2 < K_3$,$b_{2,3} = K_2 = 10(d)$

$\quad K_3 > K_4$,$b_{3,4} = mK_3 - (m-1)K_4 = 4 \times 10 - 3 \times 5 = 25(d)$

从而求得该工程的流水工期为:

$$T = \sum_1^3 b_{i,i+1} + t_n + \sum G + \sum Z = (5 + 10 + 25) + 4 \times 5 + 0 + 0 = 60(d)$$

2. 加快成倍节拍流水施工

由于一般成倍节拍流水施工中,各施工过程流水节拍不等,造成施工空间上多处有空闲,引起工期较长。所以通过增加施工队伍的方式,充分利用闲置工作面,可以达到加快施工进度的目的。

1)加快成倍节拍流水施工的特点

(1)同一施工过程在各施工段上的流水节拍均相等,即 $K_j = K_i$,不同施工过程在同一施工段上的流水节拍之间存在一个最大公约数,各流水节拍等于该最大公约数的不同整倍数,即 K = 最大公约数$(K_1, K_2, \cdots, K_i)$。

(2)各专业施工队伍之间的流水步距彼此相等,且等于流水节拍的最大公约数 b。

(3)每个施工过程的班组数等于本施工过程流水节拍与最小流水节拍的比值,同时专业施工队总数 N 大于施工过程数 n。

$$n_i = \frac{K_i}{K_{\min}} \tag{2-24}$$

式中:n_i——某施工过程所需的班组数;

$\quad K_{\min}$——最小流水节拍。

(4)能够连续作业,施工段也没有空置,使得流水施工在时间和空间上都连续。

(5)各施工过程的持续时间之间也存在公约数 K_0。

(6)加快成倍流水施工因增加了专业施工队的数量,故加快了施工过程的速度,从而缩短了总工期。

从上述特点分析可以看出:成倍节拍流水施工是通过对流水节拍大的施工过程相应增加班组,使它转换为步距 $b = K_{\min}$ 的等节奏流水施工。

2)加快成倍节拍流水施工的工期计算

(1)加快成倍节拍流水施工的工期计算公式:

$$T = (m + N - 1)b + \sum G_i + \sum Z_i \tag{2-25}$$

式中:m——施工段数目;

$\quad N$——专业工作队总数目;

$\quad b$——流水步距,流水步距等于流水节拍最大公约数 K_0。

其余符号同前。

当流水施工对象有施工层,并且上一层施工与下一层施工存在搭接关系,如第二层第一施工段的楼板施工完成后才能进行第三层第一施工段的砌砖,则施工层的成倍节拍流水施工工期计算公式如下:

$$T = (N \cdot n' - 1)b + mK_n + \sum G_{i,j} + \sum Z_{i,j} \qquad (2-26)$$

式中:n'——施工层数目;

　　K_n——最后一个施工过程的流水节拍。

　　其余符号同前。

其中,专业工作队总数目 N 的计算步骤如下。

①计算每个施工过程的专业工作队数目,即:

$$n_i = \frac{K_i}{b} \qquad (2-27)$$

式中:n_i——第 i 个施工过程的专业工作队数目;

　　K_i——第 i 个施工过程的流水节拍。

②计算专业工作队总数目:

$$N = \sum n_i \qquad (2-28)$$

(2)加快成倍节拍流水施工的工期计算的步骤如下。

第一步,确定施工段数目。

第二步,确定流水步距,流水步距等于流水节拍最大公约数 K_0。

第三步,确定各专业工作队数目。

第四步,确定专业工作队总数目 N。

第五步,计算流水施工工期:

$$T = (m + N - 1)b + \sum G_i + \sum Z_i \qquad (2-29)$$

3) 加快成倍节拍流水施工的工期计算实例

[例 2 - 11]　某工程项目的分项工程由支模板、绑扎钢筋、浇筑混凝土 3 个施工过程组成,其流水节拍分别为 9 d、6 d、3 d,在平面上划分为 6 个施工段,采用成倍节拍流水施工组织方式。确定该工程成倍节拍流水施工工期,并绘制其流水施工进度横道图。

[特别提示]　本例属于成倍节拍流水施工的工期计算,无施工层、无间歇时间。

[案例剖析]　由题意可知:$m=6$,$n=3$,K_j 分别为 9、6、3 d,$\sum G_i = \sum Z_i = 0$。

(1)确定流水步距:$b =$ 最大公约数$(9,6,3) = 3$ d。

(2)确定各专业工作队数目。

支模板:　　　　　　　　$n_1 = \dfrac{K_1}{b} = \dfrac{9}{3} = 3$(个)

绑扎钢筋:　　　　　　　$n_2 = \dfrac{K_2}{b} = \dfrac{6}{3} = 2$(个)

浇筑混凝土:　　　　　　$n_3 = \dfrac{K_3}{b} = \dfrac{3}{3} = 1$(个)

(3)确定专业工作队总数目:

$$N = \sum n_i = 3 + 2 + 1 = 6(个)$$

(4) 计算流水施工工期:

$$T = (m + N - 1)b + \sum G_i + \sum Z_i$$
$$= (6 + 6 - 1) \times 3 + 0 + 0$$
$$= 33(\text{d})$$

(5) 绘制该工程的加快成倍节拍流水施工进度横道图,如图 2.16 所示。

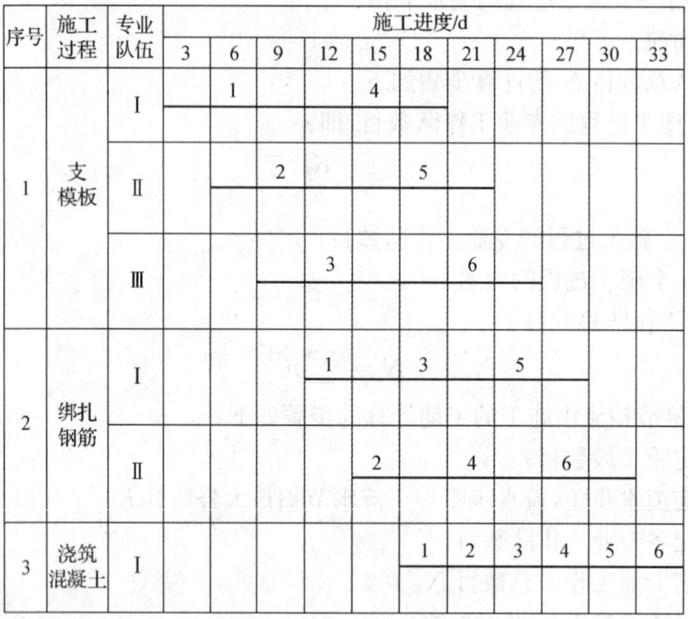

序号	施工过程	专业队伍	施工进度/d										
			3	6	9	12	15	18	21	24	27	30	33
1	支模板	I		1			4						
		II			2			5					
		III				3			6				
2	绑扎钢筋	I					1		3		5		
		II						2		4		6	
3	浇筑混凝土	I							1	2	3	4	5	6

图 2.16　某工程的加快成倍节拍流水施工进度横道图

2.3.6　非节奏流水施工

非节奏流水施工是指在组织流水施工时,全部或部分施工过程在各个施工段上的流水节拍不相等的流水施工,又称为分别流水施工。各施工过程在各施工段上的流水节拍无特定规律,由于没有固定节拍、成倍节拍的时间约束,因此,进度安排上既灵活又自由,它是在工程实践中最常见、应用较普遍的一种流水施工组织方式。

1. 非节奏流水施工的特点

(1) 各施工过程在各施工段上的流水节拍不全相等,无固定规律。

(2) 相邻施工过程之间的流水步距一般不相等,且差异较大。

(3) 每个施工过程在每个施工段上均由一个专业施工队独立施工,专业工作队数等于施工过程数。

(4) 每个专业施工队能够在施工段上连续作业,但有的施工段之间可能有空闲时间。

2. 非节奏流水施工的适用范围

由上述特点可以看出,非节奏流水施工不像固定节拍流水施工和成倍节拍流水施工那样受到很大约束,即允许流水节拍自由,从而决定了流水步距也较自由,又允许空间(施工段)的空置。因此,它能适应各种规模、各种结构形式、各种复杂工程的工程对象,所以也成了管理人员组织单位工程流水施工的最常用的方式。

3. 流水步距的确定

在非节奏流水施工中,通常采用"累加数列错位相减取大差法"计算流水步距。由于这种方法是由潘特考夫斯基首先提出的,故又称为潘特考夫斯基法。这种方法简捷、准确,易于掌握。

4. 非节奏流水施工的工期计算

(1)非节奏流水施工的工期 T 计算公式如下:

$$T = \sum b_{i,i+1} + \sum K_n + \sum G_i + \sum Z_i \qquad (2-30)$$

式中: $\sum b_{i,i+1}$ —— 所有流水步距之和,流水步距按"取大差法"计算;

$\sum K_n$ —— 最后一个施工过程(或专业工作队)在各施工段上的流水节拍之和;

其余符号同前。

(2)非节奏流水施工的工期计算步骤如下:

第一步,求各施工过程流水节拍的累加数列。

第二步,相邻两施工过程的累加数列进行错位相减求得差数列。

第三步,在差数列中取最大值求得流水步距。

第四步,根据分别流水施工工期计算公式进行工期的计算并绘制横道图。

5. 非节奏流水施工的工期计算实例

[**例 2 - 12**] 在例 2 - 1 中,厂房地面工程由 3 个施工过程组成,分为 A、B、C 3 个施工段进行流水施工。作业时间如表 2.7 所示。流水步距 b 的计算可采用累加错位相减取大差法,具体步骤如下。

为方便起见,将 3 个施工过程名称分别用甲、乙、丙表示。其计算步骤为:

第 1 步列表,列出各施工过程的作业时间表(表 2.7)。

第 2 步累加,即将各施工过程的作业时间分别累计(表 2.8)。

表 2.7 作业时间 单位:d

施工过程	施工段		
	A	B	C
甲	3	3	6
乙	2	2	4
丙	2	2	3

表 2.8 作业时间累计表 单位:d

施工过程	施工段		
	A	B	C
甲	3	6	12
乙	2	4	8
丙	2	4	7

第 3 步错位减,即将以上各施工过程的累计作业时间错位相减,由此可得 $n-1$ 个差数数列。如:

施工过程甲－乙   施工过程乙－丙

甲   3   6   12   乙   2   4   8
乙   －   2   4   8   丙   －   2   4   7
　　　3   4   8   －2   　　　2   2   4   －3

第 4 步取大差。在各列差数中取其中最大值，即为该相邻两施工过程的流水步距。如在以上的甲减乙差数数列中，最大值 8 即是施工过程甲和施工过程乙的流水步距 $b_{1,2}$。同理可知 $b_{2,3}=4$。

由此，可以确定图 2.5 所提供的各施工过程作业时间表，各施工过程连续作业情况下的流水施工工期为：

$$T = \sum_{1}^{3} b_{i,i+1} + t_n = (b_{1,2} + b_{2,3}) + t_3 = (8+4) + 7 = 19(\text{d})$$

[例 2－13] 某工程项目的分项工程有支模板、绑扎钢筋、浇筑混凝土 3 个施工过程组成，分为 4 个施工段进行流水施工，施工流向按施工段①至④的顺序进行，其流水节拍如表 2.9 所示。试计算该工程的流水施工工期，并绘制其流水施工横道图。

表 2.9   流水节拍

施工过程编号	施工过程名称	施工段			
		①	②	③	④
Ⅰ	支模板	2	3	2	1
Ⅱ	绑扎钢筋	3	2	4	2
Ⅲ	浇筑混凝土	3	4	2	2

[特别提示] 本例属于非节奏流水施工的工期计算，无间歇时间与搭接时间。

[案例剖析]

(1) 计算各施工过程流水节拍的累加数列。

施工过程Ⅰ   2   5   7   8
施工过程Ⅱ   3   5   9   11
施工过程Ⅲ   3   7   9   11

(2) 相邻两施工过程的累加数列进行错位相减求得差数列。

施工过程Ⅰ－Ⅱ

Ⅰ   2   5   7   8
Ⅱ   －   3   5   9   11
相减结果   2   2   2   －1　－11

施工过程Ⅱ－Ⅲ

Ⅱ   3   5   9   11
Ⅲ   －   3   7   9   11
相减结果   3   2   2   2   －11

(3) 在差数列中舍弃负数，取最大值分别求得流水步距。

施工过程Ⅰ、Ⅱ的流水步距：$b_{\text{Ⅰ,Ⅱ}} = \max\{2,2,2,-1,-11\} = 2(\text{d})$

施工过程Ⅱ、Ⅲ的流水步距：$b_{Ⅱ,Ⅲ}=\max\{3,2,2,2,-11\}=3(\mathrm{d})$

（4）计算工期并绘制横道图。

该工程的非节奏流水施工横道图如图 2.17 所示。

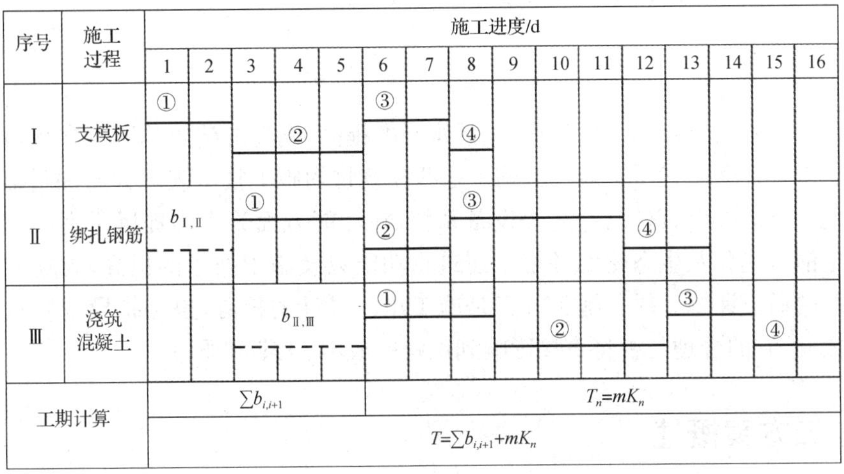

序号	施工过程	施工进度/d															
		1	2	3	4	5	6	7	8	9	10	11	12	13	14	15	16
Ⅰ	支模板	①		②			③		④								
Ⅱ	绑扎钢筋	$b_{1,Ⅱ}$		①			②		③				④				
Ⅲ	浇筑混凝土			$b_{Ⅱ,Ⅲ}$			①		②					③		④	
工期计算		$\sum b_{i,i+1}$					$T_n=mK_n$										
		$T=\sum b_{i,i+1}+mK_n$															

图 2.17　某工程的非节奏流水施工横道计划图

本章思考练习题

1. 组织施工的方式有哪几种？它们各有什么特点？

2. 流水作业的实质是什么？组织流水施工的条件是什么？

3. 组织流水施工的步骤是什么？

4. 施工段划分的基本要求是什么？

5. 什么是流水节拍、流水步距？流水节拍如何确定？

第3章　绿色施工方案设计

随着工程技术的进步和人民生产、生活水平的提高,新建的建筑物不论在规模上还是在功能上都是以往任何时代所不能比拟的。这些建筑物的施工技术表现为超深基础、大跨度、高耸以及现代化的办公、保安、消防等设备系统,在功能方面为人类提供了高雅、舒适、安全的生产和生活智能化及生态化的环境。建筑物功能以及施工技术的提高,为施工方案的制订提出了新的研究课题。绿色施工方案是施工组织设计的核心,也是指导现场施工作业的主要文件之一,它的合理与否将直接影响到工程的成本、工期和质量。

3.1　施工方案概述

建筑物功能要求和质量标准的提高,促进了建筑施工技术手段的不断进步。为了应对基础的埋深,就要掌握深基础的土壁维护、地下水排放、土方开挖、基坑周围变形控制以及建筑物地下空间开发和利用;为了应对大跨度施工,就需要网架、薄壳、悬索、斜拉等特殊结构的施工技术,还要掌握大量新颖、轻质材料的施工工艺;为了应对建筑物的高耸,就要解决高耸结构安装、模板、脚手架、垂直运输系统、施工测量技术、施工误差检测、大型构件的提升等一系列技术问题;为了应对现代化的机电设备系统安装,就要掌握现代信息技术。施工技术的进步为施工方案的内容、制订过程和步骤、关键技术路线和动态控制与管理提出了新的要求。

合理选择施工方案是单位工程施工设计中决策性的重要环节。在工程建设的不同阶段及不同过程,施工方案编制的内容不尽相同,深度也不同。在项目建设的前期,施工方案编制较为笼统;在项目建设期间,施工方案编制要详细和具体,涉及的施工方案基本内容有施工流向、施工顺序、施工方法、施工机械的选择以及施工措施、专项施工安全设计、现场环境保护和文明施工等,对打桩、基坑开挖、降低水位、上部结构钢筋施工、模板施工和混凝土浇捣、钢结构吊装、管线铺设、玻璃幕墙安装、内墙粉刷等各个方面都要做出施工技术和组织管理方面的安排。尤其是大型工程和施工技术复杂及难度大的工程,应对其施工技术方案进行系统性考虑,确定并形成施工关键技术路线。

施工方案主要包括如下内容。

(1)施工流向。施工流向是指施工活动在空间上的展开与进程。对单层建筑要定出分段施工在平面上的流向;对多层建筑则是在竖向方面定出分层施工的流向。

(2)施工顺序。施工顺序是指分部工程(或专业工程)以及分项工程(或工序)在时间上展开的先后顺序。分项工程(或工序)之间施工顺序的确定是为了按照施工的客观规律组织施工,在保证施工质量与安全的前提下充分利用空间,争取时间,实现缩短工期的目的。

(3)施工方法和施工机械。施工方法和施工机械的选择是紧密相关的,它们是从技术上解决分部分项工程的施工手段。施工方法和施工机械的选择在很大程度上受结构形式和建筑特征的制约。结构选型和施工选案是不可分割的,一些大型工程往往在结构设计阶段就要考虑施工方案,并根据施工方法确定结构计算模式。

(4) 专项施工安全设计。也称分部分项工程安全施工组织设计,针对每项工程在施工过程中可能发生的事故隐患和可能发生安全问题的环节进行预测并进行对应部署,采取技术上和管理上的措施,消除或控制施工过程中的不安全因素,防范事故发生。《中华人民共和国建筑法》第三十八条规定,对专业性较强的工程项目,应当编制专项安全施工组织设计。《建设工程安全生产管理条例》第二十六条规定,对达到一定规模的危险性较大的分部分项工程,比如基坑支护与降水工程、土方开挖工程、模板工程、起重吊装工程、脚手架工程、拆除工程、爆破工程等应编制专项安全施工方案。

(5) 施工现场环境保护和文明施工。它是绿色施工组织设计的关键,可以保持作业环境的整洁卫生,减少施工粉尘、废水、废气、固体废弃物、噪声和振动等对周围居民和环境的影响,保证职工的安全和身体健康,是施工方案的主要内容之一。

(6) 关键技术路线。它是指在大型、复杂工程中对工程质量、工期、成本影响较大,施工难度较大的分部分项工程中所采用的施工技术方法和途径,它包括施工所采取的技术指导思想、综合系统施工方法以及重要的技术措施等。

(7) 施工方案的深化与完善。对施工方案的编制和实施的管理是一个动态过程。施工方案的编制从粗到细,由浅到深,随着工程的进展,不断修订,逐步完善。

3.2　施工方案设计步骤

近年来,由于工程管理体制改革和引入国际惯例的需要,施工方案的编制过程也发生了一些变化,一是表现在项目建设的前期已开始编制施工方案;二是表现在施工单位在投标前编制施工方案,中标后继续深化方案。项目建设前期的项目策划和可行性研究中包含施工方案,即在项目建设的前期就已考虑工程施工技术的可行性和经济的合理性;投标过程中的施工方案属于技术标,工程规模和施工技术难度越大,工程施工方案在评分标准中所占比重就越大,对评标的影响就越大。由于投标前往往时间比较紧张,工程资料不够齐全,所编制的施工方案仅限于关键技术部分和核心部分,以显示企业的技术能力,目的在于取得施工承包合同。待工程中标后,施工方案还需要进一步深化和完善。施工方案设计步骤如图 3.1 所示。

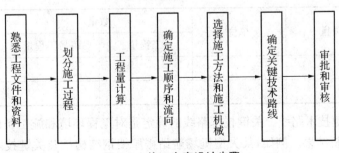

图 3.1　施工方案设计步骤

（1）熟悉工程文件和资料。制订施工方案之前，应广泛收集工程有关文件及资料，包括政府的批文、有关政策和法规、业主方的有关要求、设计文件、技术和经济等方面的文件和资料。当缺乏某些技术参数时，应进行工程实验以取得第一手资料。

（2）划分施工过程。划分施工过程是进行施工管理的基础工作，也是用现代信息技术控制施工的基础工作。施工过程划分的方法可以与项目分解结构（PBS）、工作分解结构（WBS）结合进行。房屋建筑工程施工任务 WBS 图如图3.2所示。项目划分施工过程以后，就可对各施工过程的技术方案进行分析。

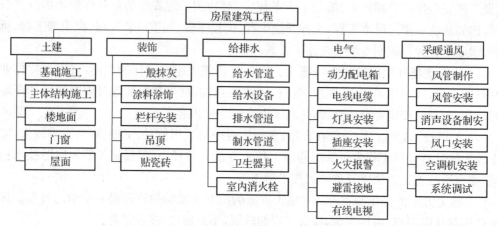

图 3.2　房屋建筑工程施工任务 WBS 图

（3）工程量计算。计算工程量应结合施工方案按工程量计算规则来进行。

（4）确定施工顺序和流向。施工顺序和流向的安排应符合施工的客观规律，并且处理好各施工过程之间的关系和相互影响。

（5）选择施工方法和施工机械。拟订施工方法时，应着重考虑影响整个单位工程施工的分部分项工程的施工方法，对于常规做法的分项工程则不必详细拟订。

在选择施工机械时，应首先选择主导工程的机械，然后根据建筑工程特点及材料、构件种类配备辅助机械，最后确定与施工机械相配套的专用工具设备。垂直运输机械的选择是一项重要的内容，它直接影响工程的施工进度，一般根据标准层垂直运输量来编制垂直运输量表，然后据此选择垂直运输方式和机械数量，再确定水平运输方式和机械数量。最后布置运输设施的位置及水平运输路线。垂直运输量表如表 3.1 所示。

表 3.1　垂直运输量表

序号	项目	单位	数量		需要吊次
			工程量	每吊工程量	

（6）确定关键技术路线。关键技术路线的确定是对工程环境和施工条件及各种技术方案选择的综合分析结果。例如，某大型机场航站楼屋架钢结构吊装关键技术路线的形成是经过多方案的比较和组合优化，最终主楼和高架道路连续三跨大跨度钢结构形成"屋架节间

地面拼装,柱梁屋盖跨端组合,区段整体纵向移位"的施工关键技术路线;大跨度、大吨位、超长距离结构(1400 m)的登机长廊形成了"地面组装,四机抬吊,高位负荷,远程吊运"的关键技术路线。

大型工程关键技术难点往往不止一个,这些关键技术既是工程施工的难点也是施工的重点,关键技术实施路线正确与否直接影响工程施工的质量、安全、工期和成本。施工方案的制订应紧紧抓住施工过程中各关键技术路线的制订,例如深基坑的开挖及支护体系、高耸结构混凝土的输送及浇捣、高耸结构垂直运输、结构平面复杂的模板体系、大型复杂钢结构吊装、高层建筑的测量、机电设备的安装和装修交叉施工安排等。

(7) 施工方案的审批和审核

根据施工方案管理程序,施工方案编制完成后,需要经过审批和审核两道程序才具有指导意义。施工方案管理程序如图 3.3 所示。

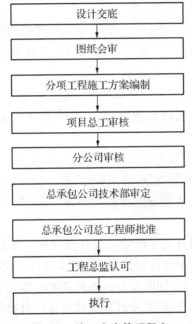

图 3.3　施工方案管理程序

施工方案审核的重点内容如下。

(1) 施工方案的合规性。承包单位的报批手续和申报程序是否符合要求。

(2) 施工程序的科学性。工期安排是否符合施工合同规定的开工、竣工日期;施工流向是否合理,在平面和立面上要考虑施工的质量保证与安全保证;考虑交付使用的先后顺序;适当分区分段,与材料、构件的运输方向不发生冲突等;施工的连续性和均衡性,机械设备和材料供应是否落实;体现主要工序相互衔接的合理安排等。

(3) 施工方法的可行性。施工方法应力求科学、先进、节约。符合国家颁布的施工验收规范和质量检验评定标准有关规定,满足施工条件和施工工艺要求,施工方法与选择的施工机械及划分的流水段相适应,施工质量保证措施是否可靠等。

(4) 施工组织制度的完备性。承包单位的质量保证体系是否健全;项目经理及技术负责人等的执业资格、技术和管理能力是否足够；安全施工、事故防范、消防、卫生、环保、文明施工等管理制度是否齐备。

（5）施工机械的合理性。施工机械选择应遵循切实需要、实际可能、经济合理的原则。审核内容包括技术条件、经济条件。技术条件是指技术性能、工作效率、工作质量、能源耗费、劳动力数量、使用安全性和灵活性、通用性和专用性、维修的难易程度、耐用程度等。经济条件是指施工机械的原始价值、使用寿命、使用费用、维修费用等。

3.3 施工组织机构设计

3.3.1 责任机构

施工方案的编制和实施的管理是一个动态过程，从粗到细，由浅到深。随着工程的进展分别由业主、设计和施工单位负责进行修订和完善。

工程策划或可行性研究阶段的施工方案是由编制可行性研究报告的单位负责编写，一般由设计单位或咨询单位负责编制。施工方案针对非常规的特殊工艺、新型技术、重要分部工程的关键技术方法的可行性进行论证。

在设计阶段，施工方案一般由设计单位负责编制。施工方案的内容主要从施工的角度说明工程设计的技术可行性与经济合理性，论述拟建工程在规定期限与建设地点的条件下对施工方法的影响。

在施工组织总设计中，施工方案一般由总承包单位编制。施工组织总设计是指导施工的全局性的文件，包括施工区域的划分，施工顺序、总进度计划的制订，劳动力、材料、机械设备的安排以及主要施工技术与质量安全保证措施等，可作为单位工程以及分部分项工程施工方案编制的依据。

单位工程施工设计及分部分项工程施工设计是在施工单位技术部门的指导下，由项目部负责编制的。此时的施工方案应比较详细，并切实可行。编制过程中可采用滚动编制的方法，即先施工的分部分项工程在图纸及其他条件具备的情况下先编制，后施工的分部分项工程的施工方案，待该部分施工的图纸及其他条件具备的时候陆续编制。

由承包单位项目部负责编制的施工方案，由上一级技术部门负责审批，重要的施工方案由总承包公司总工程师批准，最后报总监理工程师批准认可。施工方案管理程序，如图3.3所示。

3.3.2 施工组织机构设计

根据工程的实际需要，施工单位现场管理组织机构一般由项目经理、项目副经理、项目总工程师、专业责任工程师组成。项目经理负责对工程的领导、指挥、协调、决策等重大事宜，对工程的进度、成本、质量、安全和现场文明负全部责任。其中，项目经理对上级公司负责，其余人员对项目经理负责。施工项目经理部设有工程部、技术部、物资部、经营部、办公室等。施工现场组织机构框架如图3.4所示。

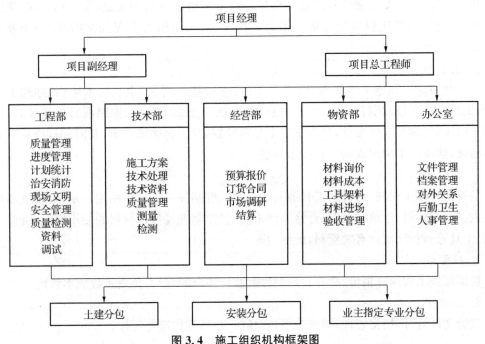

图 3.4 施工组织机构框架图

施工单位现场管理组织机构各部门的职责如下。

1. 项目经理

组织项目部开展工作,对工程进行全面管理,对工程施工全面负责,及时、准确地对工程质量、施工进度、资源调配、重大技术措施等做出管理决策;对工程进度、质量、安全、成本和场容场貌等进行监督管理,对施工中出现的问题及时解决;协调与业主指定分包专业公司配合及交叉作业等工作;组织制订各项管理制度及各类管理人员职责权限。

2. 项目副经理

协助项目经理协调各职能部门工作及各专业公司之间、总包与分包之间的关系,组织施工生产,主持编制季、月、周施工生产计划,对施工过程中劳动力、机械、材料进行平衡调度,对重点分部分项部位的技术、安全、质量措施执行情况进行检查,保证施工进度与质量,确保安全文明施工。

3. 项目总工程师

主持编制和审核施工组织设计施工方案、技术措施,并组织实施和检查施工组织设计(施工方案)、技术措施执行情况,对关键工序进行技术交底;负责编制质量工作计划、技术工作计划、技术工作总结,负责技术管理和质量管理工作;主持技术攻关,负责科技成果推广应用和技术革新,提交技术成果;指导和检查试验取样、送检工作及技术资料归档、搜集、整理工作;及时解决施工中存在的技术问题,审核不合格材料处理意见,组织不合格项目原因分析,负责施工过程控制,落实和执行不合格品纠正措施。

4. 工程部

负责制订生产计划,完成工程统计,组织实施施工现场各阶段平面布置及平面管理,对分包单位进行施工安排部署;负责制订阶段性施工进度计划并检查落实情况,保证总进度计划按预期目标实现,对已完工程的成品保护制订专项措施并组织实施,责任到人;收集整理各种施工记录,贯彻执行质量保证体系有关程序文件,组织落实现场文明施工、企业形象设计。

5. 技术部

编制和贯彻工程施工组织设计、施工工序,进行技术交底,组织技术培训,办理工程变更,收集整理工程技术资料档案;组织材料检验、试验及施工试验;编制项目质量计划,检查监督工序质量、调整工序设计,负责施工全过程控制,对不合格品评审,及时制订质量纠正及预防措施,解决施工中出现的一切技术问题。

6. 物资部

负责工程施工材料及机械、工具的购置、运输,编制并实施材料使用计划;负责进场物资的堆放、标识、保管、发放;参加不合格品评审;监督控制现场各种材料的使用情况;维修保养机械、工具等;收集、整理有关资料,做好台账。

7. 经营部

负责编制工程预算报价、决算;合同管理,监督按合同履约;负责工程成本管理。

8. 办公室

负责文件管理、档案管理;对外关系;现场保卫;后勤供应等工作。

3.4 施工方案的制订

在施工方案的制订过程中,首先要研究施工区段的划分、施工流向和程序的确定,并结合施工方法和施工机械设备的选择,再考虑劳动组织的安排等问题。

3.4.1 施工区段的划分

现代工程项目规模较大,时间较长,为了达到平行搭接施工、节省时间的目的,需要将整个施工现场分成平面上或空间上的若干个区段,组织工业化流水作业,在同一时间段内安排不同的项目、不同的专业工种在不同区域同时施工。

划分施工区段是为了适应流水施工的需要,但在单位工程上划分施工段时,还应注意以下几点要求:

(1)要有利于结构的整体性,尽量利用伸缩缝或沉降缝、平面有变化处、留槎而不影响质量处及其他可留施工缝处等作为施工段的分界线。

(2)要使各施工段工程量大致相等,一般组织等节拍流水施工,使劳动组织相对稳定,各班组能连续均衡地施工,减少停歇和窝工。

(3)施工段数应与施工过程数相协调,尤其在组织楼层结构流水施工时,每层的施工段数应大于或等于施工过程数,段数过多可能延长工期或使工作面过窄;段数过少则无法流水作业,出现劳动力窝工或机械设备停歇现象。

(4)分段的大小应与劳动组织或机械设备及其生产能力相适应,以保证足够的工作面,便于操作和提高生产效率。

按照不同工程类型划分施工区段的原则,可以做如下划分:

(1)大型工业项目施工区段的划分

大型工业项目按照产品的生产工艺过程划分施工区段,一般可以划分为生产系统、辅助系统和附属生产系统。对应的每个区段由一系列的建筑物组成。因此,把每个区段的建筑工程分别称之为主体建筑工程、辅助建筑工程及附属建筑工程。

例如,某热电厂工程由 16 个建筑物和 16 个构筑物组成,分为热电站和碱回收站两组建筑物和构筑物。现根据其生产工艺系统要求,又可将其分为四个施工区段:

第一施工区段:汽轮机房、主控楼和化学处理车间等;

第二施工区段:贮存罐、沉淀池、栈桥、空气压缩机房、碎煤机室等;

第三施工区段:黑液提取工段、蒸发工段、仪器维修车间等;

第四施工区段:燃烧工段、苛化工段、泵房及钢筋混凝土烟囱等附属工程。

某单层装配式工业厂房施工段划分示意图如图 3.5 所示。图中,生产工艺的顺序如图中罗马数字所示。从施工角度来看,从厂房的任何一端开始施工都是一样的,但是按照生产工艺的顺序进行施工,可以保证设备安装工程分期进行,从而达到分期完工、分期投产,提前发挥基本建设投资的效益。所以在确定各个单元(跨)的施工顺序时,除了应该考虑工期、建筑物结构特征等问题以外,还应该很好地了解工厂的生产工艺过程。

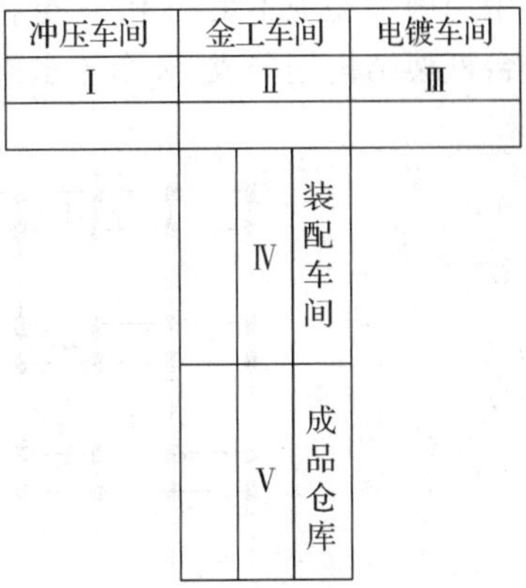

冲压车间	金工车间	电镀车间
I	II	III

（其下方竖向为：II 对应装配车间 IV，其下为成品仓库 V）

图 3.5　单层装配式工业厂房施工段划分示意图

(2) 大型公共工程项目施工区段的划分

大型公共工程项目是按照其设施功能和使用要求来划分施工区段的。

例如,飞机场可以分为航站工程、飞行区工程、综合配套工程、货运食品工程、航油工程、导航通信工程等施工区段;火车站可以分为主站层、行李房、邮政转运、铁路路轨、站台、通信信号、人行隧道、公共广场等施工区段。

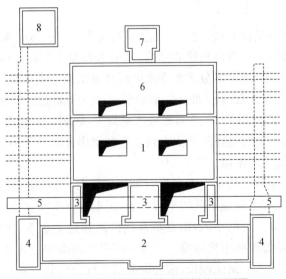

图 3.6　某铁路新客站施工段划分平面图

图 3.6 为某铁路新客运站工程的平面示意图。该工程分两期施工,共八个项目。第一期,车站南广场为五个项目,即图中 1、2、3、4、5 部分;第二期,车站北广场三个项目,即图中 6、7、8 部分。为了在建造新客站的同时确保老客站正常使用,将原有部分铁路拆除,先建车站南广场,车站北广场仍处于正常运行状态。车站南北广场开工时间相差 17 个月,施工先由 1 部分开始,以确保 17 个月后南北返场。

南车站广场分为五个施工区段(1—5),北车站广场分为三个施工区段(6—8)。其中:1 为 2 号—5 号站台;2 为南进厅;3 为 F、G、H 长廊;4 为东西出口厅;5 为 1 号站台;6 为 6 号—7 号站台;7 为北进厅;8 为北出口厅。

在各个施工区段施工过程中,为了确保均衡施工,解决人员、机械、材料、模具等过分集中与施工场地不足的矛盾,再将各施工区段划分成若干个流水施工段。例如,将 2—5 号站台框架结构划分成 12 个流水施工段,如图 3.7 所示。

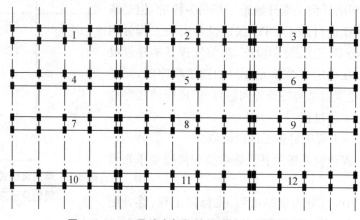

图 3.7 2—5 号站台框架结构流水施工段划分

(3) 民用住宅及商业办公建筑施工区段的划分

民用住宅及商业办公建筑可按照其现场条件、建筑特点、交付时间及配套设施等情况划分施工区段。

例如,某框架剪力墙结构大楼,地上 13 层,建筑面积 31 105 m²,采用后压浆浇筑桩复合地基加平板式筏基,楼面采用双向板梁肋结构,基础底板厚 1 350 mm,设 1.2 m 宽后浇带。根据施工条件及工期要求,地下部分水平方向沿后浇带将地下室底板(厚 1.35 m)划分为两个段,先施工 A1 段,再施工 A2 段,如图 3.8(a)所示;地下、地上竖向及地上水平方向沿逆时针方向划分成四个流水 A1、A2、A3、A4,形成流水施工,如图 3.8(b)所示。

对于独立式商业办公楼,可以从平面上将主楼和裙房分成两个不同的施工区段,从立面上再按层分解为多个流水施工段。

在设备安装阶段,也可以按垂直方向进行施工段划分,每几层组成一个施工段,分别安排水、电、风、消防、安保等不同施工队的平行作业,定期进行空间交换。

又例如,某工程为高层公寓小区,由 9 栋高层公寓和地下车库、热力变电站、餐厅、幼儿园、物业管理楼、垃圾站等服务用房组成。公寓小区总平面图如图 3.9 所示。由于该工程为多栋建筑楼标号群体工程,工期比较长,按合同要求 9 栋公寓分三期交付使用,即每年竣工 3 栋。3 栋高层配备 1 套大模板组织流水施工,适当安排配套工程。

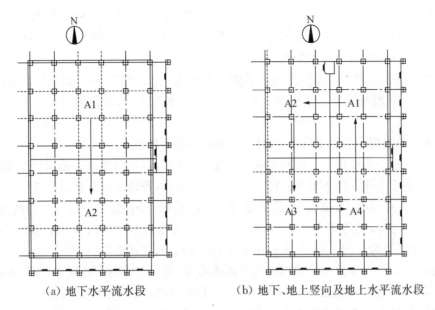

（a）地下水平流水段　　　（b）地下、地上竖向及地上水平流水段

图 3.8　某框架剪力墙结构大楼施工区段划分示意图

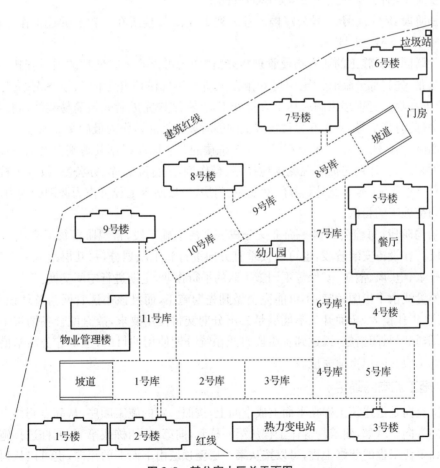

图 3.9　某公寓小区总平面图

地下车库以每一库为一大流水段,各段又按自然层分3层进行台阶式流水作业。一期车库从5号库开始(为3号楼开工创造条件),分别向7号库及1号库方向流水作业;二期车库从8号库向11号库方向流水作业。

第一期高层公寓为3、4、5号楼;第二期高层公寓为6、1、2号楼;第三期高层公寓为9、8、7号楼。在结构阶段每幢公寓楼平面上又分成五个流水施工段,常温阶段每天完成一段,5天完成一层。

该工程的总体部署为四个阶段,具体施工流向的部署如下:

第一阶段:地下车库施工。按照先地下后地上的原则,以及公寓竣工必须使用车库的要求,先行施工地下车库。地下车库以每一库为一大流水段,各段又按自然层分3层进行台阶式流水施工。车库面积大、基底深,为尽量缩短基坑暴露时间,整个车库又分为两期施工。第一期为1—7号库,先施工5号库(为3号楼开工创造条件),然后向1号库和7号库方向流水施工。第二期为8—11号库,从8号库向11号库方向流水施工。

第二阶段:3号、4号、5号公寓楼。这3幢楼临街,先行完成对市容观瞻有利,故作为首批竣工对象。3号楼、4号楼地下室在车库两侧,可在车库施工期间穿插进行。

在此阶段,热力变电站应安排施工,因其系小区供热供电的枢纽,须先期配套使用,而且该设备安装工期长,这一点应予以足够的重视。

第三阶段:6号、1号、2号公寓楼。考虑到1号、2号楼所在位置的拆迁工作比较困难,故开工顺序为6号→1号→2号。

此阶段同时要施工的还有物业管理楼,此楼作为可供施工时使用的项目安排。由于施工用地紧张,先将部分临时设施用房安排在准备于第四阶段开工的7号、8号、9号楼位置上,故要求在物业管理楼出图后尽早安排开工,并在结构完成后只做简易装修,利用其作为施工用房(此时将7号、8号、9号楼位置上的临时设施拆除),作为最后交工栋号。

第四阶段:9号、8号、7号公寓楼。这3栋楼的开工顺序根据其地基上的临时设施房拆除的条件来决定,计划先拆除混凝土搅拌站、操作棚,后拆除仓库、办公室,故开工栋号的顺序为9号→8号→7号。此外,餐厅、幼儿园、门房、垃圾站等工程可作为调剂劳动力的部分,以达到均衡施工的目的。

在结构阶段,每幢公寓楼平面上又分成五个流水施工段,常温阶段每天完成一段,5天完成一层。在设备安装阶段,也可以按垂直方向进行施工段划分,每几层组成一个施工段,分别安排水、电、风、消防、安保等不同施工队的平行作业,定期进行空间交换。

室外管线由于出图较晚,不可能完全做到先期施工,而且该小区管网为整体设计,布设的范围广、工作量大,全面开工不能满足公寓分期交付使用要求,故宜配合各期竣工栋号施工,并采取临时封闭措施,以达到各阶段自成系统分期使用的目的,但每栋公寓基槽范围内的管线施工应在回填土前完成。

3.4.2 施工流向的确定

施工流向是指建筑工程在平面上或空间上,按照一定的施工顺序,从起点到终点进行施工展开的方向。例如,建筑物群体工程从第一栋起,向第二、四栋或第三、五栋进行施工的方向。又如单位工程的装修工程,可以按从第一层至顶层由下而上的流向;也可以从顶层至底层由上而下的流向进行施工。施工流向的合理确定将有利于扩大施工作业面,组织多工种平面或立体流水作业,缩短施工周期和保证工程质量。

施工流向的确定是工程施工方案设计的重要环节,应当经过不断优化。确定施工流向一般应考虑以下几个因素:生产使用的先后,适当的施工区段划分,与材料、构件、土方的运输方向不发生矛盾,适应主导施工过程(工程量大、技术复杂、占用时间长的施工过程)的合理施工顺序,以及保证工人连续工作而不窝工。

通常情况下,应以工程量较大或技术上较复杂的分部分项工程为主导工程(序)安排施工流向,其他分部分项随其顺序依次安排。在多层建筑及高层建筑施工中,往往将主体结构、围护结构、室内装饰装修按一定的流水施工顺序施工,这样既能满足部分层先行使用的要求,又能从整体上缩短施工周期。例如砖混结构住宅建筑中,通常以墙体砌筑为主导工序合理安排施工流向,其他工序如立模、扎筋、浇混凝土、楼板等则随后依次施工。工业建筑往往按生产使用上的需求顺序安排施工段或施工部位。如多跨单层工业厂房通常从设备安装量大的一跨先行施工(指构件预制、吊装),然后施工其余各跨,这样能保证生产设备的安装有足够的时间。

对于民用建筑装饰工程,有两种可选的施工流向。

1. 自上而下的施工流向

自上而下的施工流向就是待主体工程完工之后,装饰工程从顶层到底层依次逐层向下进行,如图 3.10 所示。其优点是可以使房屋主体工程完工后有一定的沉降期;已做好屋面防水层,可防止雨水渗漏。这些都有利于保证装饰工程质量,同时,由上而下清理现场比较方便。但装饰工程不能提前插入,工期较长。

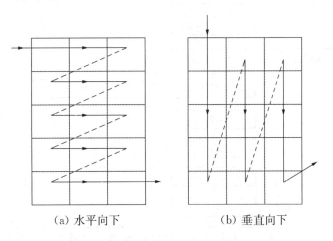

　　　　(a) 水平向下　　　　　　　　(b) 垂直向下

图 3.10　自上而下的施工流向

2. 自下而上的施工流向

自下而上的施工流向是在主体工程安装若干层楼板之后,装饰工程提前插入,与主体工程交叉施工,由底层开始逐层向上。为了防止雨水或施工用水渗漏,一般楼板应灌缝或做好楼地面后,下面抹灰工程才能开始。如图 3.11(a)和(b)所示。其优点是由于装饰工程提前插入,可缩短工期,能扩大工作面;缺点是劳动力集中,垂直运输量集中,应采取严密的安全措施,确保施工安全,通常成本有所提高。

以上两种施工流向可根据工期要求、结构特征、气候变化、垂直运输机械和劳动力的情况等具体条件选用。

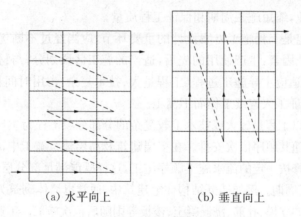

（a）水平向上　　　　　（b）垂直向上

图 3.11　自下而上的施工流向

3.4.3　施工顺序的确定

施工顺序是指施工项目内部各施工区段的相互关系和先后次序,也可以指一个单位工程内部各施工工序之间的相互联系和先后顺序。施工顺序的确定不仅有技术和工艺方面的要求,也有组织安排和资源调配方面的考虑。

按照建筑工程各分部工程的施工特点施工顺序一般分为地下工程、主体结构工程、建筑安装工程、装饰与屋面工程四个阶段。图 3.12 是某电信大楼总体施工顺序。

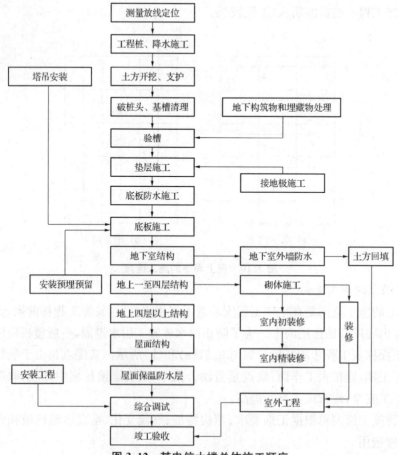

图 3.12　某电信大楼总体施工顺序

1. 地下工程

地下工程是指室内地坪(± 0.000)以下所有的工程。

浅基础的施工顺序为:清除地下障碍物→软弱地基处理(需要时)→挖土→垫层→砌筑(或浅筑)基础→回填土。其中基础工程常有砖基础和钢筋混凝土基础(条基或片筏基础)。在砖基础的砌筑中,有时要穿插进行地梁的浇筑,砖基础的顶面还要浇筑防潮层。钢筋混凝土基础则包括支撑模板→绑扎钢筋→浇筑混凝土→养护→拆模。如果基础开挖深度较大、地下水位较高,则在挖土前尚应进行土壁支护和降水工作。

桩基础的施工顺序为:降水井、工程桩、水泥粉煤灰碎石桩(CFG)→土方开挖、土钉支护→破桩头、验桩、垫层→防水、底板工程→地下室结构。

2. 主体结构工程

主体结构工程常用的结构形式有混合结构,装配式钢筋混凝土结构(单层厂房居多),现浇钢筋混凝土结构(框架、剪力墙、筒体)等。

混合结构的主导工程是砌墙和安装楼板。混合结构标准层的施工顺序为:弹线→砌筑墙体→浇过梁及圈梁→板底找平→安装楼板(浇筑楼板)。

装配式结构的主导工程是结构安装。单层厂房的柱和屋架一般在现场预制,预制构件达到设计要求的强度后可进行吊装。单层厂房结构安装可以采用分件吊装法或综合吊装法,但基本安装顺序都是相同的,即:吊装柱→吊装基础梁、连系梁、吊车梁等,扶直屋架→吊装屋架、天窗架、屋面板。支撑系统的安装穿插在其中进行。

现浇框架、剪力墙、筒体等结构的主导工程均是现浇钢筋混凝土。标准层的施工顺序为:弹线→绑扎墙体钢筋→支墙体模板→浇筑墙体混凝土→拆除墙模→搭设楼面模板→绑扎楼面钢筋→浇筑楼面混凝土。其中柱、墙的钢筋绑扎在支模之前完成,而楼面的钢筋绑扎则在支模之后进行。

其中,墙模安装主要施工工艺流程:施工缝清理→放线→焊限位→安设门洞口模板→安装内侧模板→安装外侧模板→调整固定→预检;顶板模板支设主要施工工艺流程:搭设满堂脚手架→安装主龙骨→安装次龙骨→铺板模→校正标高→加设立杆水平拉杆→预检。

例如,某酒店工程地下3层,地上53层,建筑面积约11万 m²。地下部分采用主楼顺作、裙楼逆作(待主楼地下室完成后再施工)施工工艺。其中顺作区基坑面积约5 000 m²,逆作区基坑面积约2 000 m²,裙楼开挖深度12.0 m,主楼开挖深度13.8 m,局部电梯井深坑开挖深度18.1 m。围护结构采用800 mm厚地下连续墙(主裙楼分界部位采用钻孔灌注桩),墙深26 m,设三道钢筋混凝土水平支撑。酒店工程主体结构半逆作法施工程序如图3.13所示。

3. 建筑安装工程

建筑安装工程包括给排水、电气及空调与通风安装等部分。其中,给排水安装包括给水管道、污水管道、雨水管道及空调凝结水管道;电气部分有强电、弱电及消防联动控制系统;通风与空调安装工程分空调系统、防排烟系统。

给排水安装工程主要包括生活给水管道系统、热水管道系统、排水管道系统、雨水排水系统。给排水安装工程施工顺序为从下向上进行施工:主管→干管→支管→试压→油漆→保温→与设备连接;给水设备安装施工顺序:按设计图进行基础验收→放线→设备拖运吊装→设备就位→设备校正→清洗→装配→单机试车。

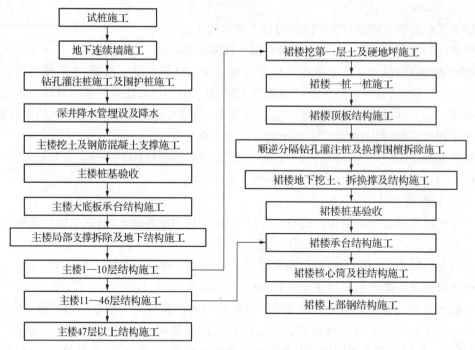

图 3.13 某酒店工程主体结构半逆作法施工程序

排水管道安装的工艺流程:安装准备→预制加工→干管安装→立管安装→支管安装→卡件固定→封堵洞口→闭水试验→通水试验→通球试验→竣工验收。

电气安装主要包括电气照明系统、电气动力及防雷接地系统部分。电气安装工程的主要分项由线管、线盒的预留预埋,线槽和桥架的安装,管内穿线,电缆敷设,金属母线槽的安装,照明器具安装,配电箱(柜)的安装,设备接线,防雷接地安装,电气系统调试等组成。电气安装施工顺序:安装准备→管路预制加工→箱盒定位→管路连接→穿带铁丝→扫管→带护口→穿线→托盘安装→电缆敷设→配电箱安装→设备接线→照明器具安装→系统调试。

空调系统主要包括空调水系统、空调送风系统、消防排烟系统、送排风系统部分,其施工顺序:风管、法兰、支吊架制作→支架安装→风管安装→通风设备安装→风管保温和防腐→风口安装→系统调试→通风空调系统竣工验收。

4. 装饰与屋面工程

一般的装饰及屋面工程包括抹灰、勾缝、饰面、喷浆、门窗扇安装、玻璃安装、油漆、屋面、找平、屋面防水层等。其中抹灰和屋面防水层是主导工程。

装饰工程没有严格规定的顺序。同一楼层内的施工顺序一般为地面→天棚→墙面,有时也可采用天棚→墙面→地面的顺序。又如,内外装饰施工,二者相互干扰很小,可以先外后内,也可先内后外,或者二者同时进行。

卷材屋面防水层的施工顺序是铺保温层(如需要)→铺找平层→刷冷底子油→铺卷材→撒绿豆砂。屋面工程在主体结构完成后开始,并应尽快完成,为顺利进行室内装饰工程创造条件。

例如,某商办大楼由主楼和裙房组成。根据工程特点及工期要求,拟在该工程中实行平面分段、立体分层、同步流水的施工方法,做到均衡施工,按建筑总平面布置将施工区域划分为两个区:Ⅰ区——主楼;Ⅱ区——裙房。

本工程施工流向既要考虑业主的使用要求(施工后期边施工边营业),也要满足施工组织和技术上的要求。施工流向采用分阶段控制的原则。

(1)基础阶段。先施工Ⅱ区的基础工程桩和基坑围护桩,再施工Ⅰ区的桩工程。土方开挖也按该流向进行,地下室底板及墙板施工要求在Ⅱ区完成地下两层后再开始地下Ⅰ区的施工,以防止Ⅰ、Ⅱ区基坑不同深度交界处土体的位移。

(2)结构阶段。待Ⅰ、Ⅱ区地下部分完工后,两区同时开始±0.000 以上的结构施工。在Ⅰ区四层以上的结构施工时,进行Ⅰ、Ⅱ区四层以下的粗装饰工程。四层以上的主楼结构施工以每五层为一个结构验收批量,结构验收后可插入装饰工程施工,以缩短工期。

(3)装饰阶段。Ⅱ区裙房结构完成后,自上而下进行室内粗装饰,Ⅰ区的粗装饰在结构阶段插入施工。待Ⅰ区结构封顶后由上而下地进行室内外精装饰,Ⅰ区主楼每五层自上而下进行立体交叉的流水施工,在同一层内按卫生间→卧室→走廊的施工流向进行施工。外装饰及设备安装均采用自上而下的流向。

3.5　施工技术方案的选择

正确地选择施工方法和施工机械是制订施工方案的关键。各个项目施工过程均可以采用各种不同的方法进行施工,而每一种方法都有其各自的优点和缺点,施工管理者的任务在于从若干可能实现的施工方法中,选择适用于本工程的先进、合理、经济的施工方法,达到降低工程成本和提高劳动生产率的预期效果。在编制施工方案时,施工方法和施工机械的选择主要应综合考虑工程特点、工期长短、资源供应条件、现场施工条件及施工企业技术素质和技术装备水平等因素。

选择施工方法主要是针对工程的主要施工项目而言,在进行此项工作时要注意突出重点、抓住关键。凡采用新工艺、新技术和对工程的施工质量起关键作用的项目,技术较为复杂、工人操作不够熟练的工序,均应详细具体地拟订施工方法和技术措施。反之,对于常规做法和工人较为熟练的分项工程,则不必详述。

3.5.1　基坑工程施工

1. 降水施工方案的选择

土方工程中的降水施工方法有集水井和井点降水两种。集水井降水方法比较简单、经济,对周围影响小,因而应用较广。但当基坑开挖深度较大,地下水的动水压力和土的组成有可能引起流沙、管涌、坑底隆起和边坡失稳时,则宜采用井点降水。井点降水法有轻型井点、喷射井点、射流泵井点、电渗井点、管井井点和深井泵法等几种。

降水方法和设备的选择,通常先根据水文地质条件和要求的降水深度初步确定几种降水施工方案,再根据工程特点、对周围建筑物的不利影响程度、工期、技术经济和节能等条件对初选方案进行筛选,最终确定切实可行的降水施工方案。

[例 3-1]　某大酒店降水施工方案的选择。该工程所在地地势低,暴雨时常有积水,实际挖土深度大,地下水位高,土壤含水率在 50% 左右,其垂直渗透系数均为 10^{-7}。根据土质为淤泥质土和要求的降水深度为 14 m,初步考虑了三种降水方案。

方案一:轻型井点降水。因单层轻型井点的降水深度只能达到 6 m 左右,在淤泥质土中要达到 14 m 的降水深度必须采用多级井点才能满足要求,但该工程与周围建筑物之间的距离非常近,因此无法设置多级井点,故无法采用。

方案二:喷射井点深降水。可以满足 14 m 降水深度的要求,但由于其影响范围大,因降水引起的地面沉降不易控制,紧邻的建筑房龄又多在 60 年以上,故也不宜采用。

方案三:喷射井点浅降水。可降水至 8 m 左右,但根据地质构造情况,8 m 以下为含水率较小且渗透系数也很小的厚达 16 m 的黏土层,可将此土层视为不透水层,因此基本上可以满足降水深度的要求,此方案降水时间短,影响范围小。

结论:选用方案三,即喷射井点浅降水作为降水施工方案。方案实施后,形成了挡水帷幕,较好地控制了降水引起的地面沉降。

选定某一方案后还常常采取一些辅助措施来提高选定方案的实施效果。本例中,由于 8 m 以下为 16 m 厚的黏土层,渗透系数很小,因此结合了电渗来提高降水效果。基坑开挖时,另设排水明沟和集水井,在垫层下设置连通的道渣盲沟,及时将明水用泵排出。

不同的降水方案对周围建筑物有不同程度的影响,施工时常采取一些措施来减小或消除这些不良影响,以确保工程施工的安全。本例在打入喷射井点的同时,设置了管长 12 m 的回灌井点来预防降水导致的地面沉陷。

实施效果:方案实施后形成了挡水帷幕,较好地控制了降水引起的地面沉降。土壤含水率降低约 11%,土壤容量略有提高,内摩擦角(Φ)提高一倍,内聚力(C)提高约 70%,降水速率也较快,两周后即达到 8 m 的降水深度。

2. 土方开挖施工方案的选择

土方开挖方案一般在与降水方案和支护方案共同考虑后加以确定。基坑工程的开挖主要有人工开挖和机械化开挖两种方式。除了一些小型基坑、管沟和基坑底的清理等土方量较小的施工采用人工开挖,一般均采用机械化施工。

主要的施工机械有:推土机、反铲挖土机、拉铲挖土机、抓斗(铲)、运土汽车等。开挖时通常根据土的种类、机械的性能、水文地质条件、施工条件和施工要求等来选择施工机械。

例如,反铲挖土机一般适用于开挖一类至三类的砂土和黏土,主要用于开挖停机面以下的土方,挖掘深度的参数取决于所选机械的性能,通常与运土汽车配合使用。抓铲则适用于开挖较松的土,对施工面狭窄而深的基坑、深槽、深井等特别适用,还可用于挖取水中的淤泥、装卸碎石等松散材料。

不同的工程由于工程特点、要求的挖土深度、水文地质条件、地下设施埋设情况、土方工程施工工期、支护结构类型、质量要求、施工条件、施工区域的地形、周围环境和技术经济等条件的不同,其开挖的方法也不同,通常有整体大面积开挖和分层、分块流水开挖等方法。例如,某工程为一群体建筑,周围建筑、管线密集,基础埋设于淤泥质粉质黏土和淤泥质黏土之内,建筑物占地面积占整个基地的 74%,基础挖土深度不一,层次多,高差大,如图 3.14 所示。

针对上述工程特点,难以采用整体大面积开挖,只能采用分层、分块流水开挖的施工方法,如图 3.15 所示。开挖时,以液压反铲挖土机为主,抓斗和人工挖土配合,桩间土和修整时以人工为主。为有利于支护结构,有的部位采用盆式挖土和抽条式挖土。基坑开挖后,有时会出现土体回弹变形过大、边坡失稳、桩产生位移和倾斜等问题,这往往是在制订施工方

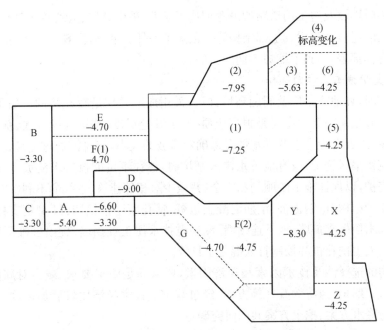

图 3.14 某工程基础开挖流水段划分与挖土标高

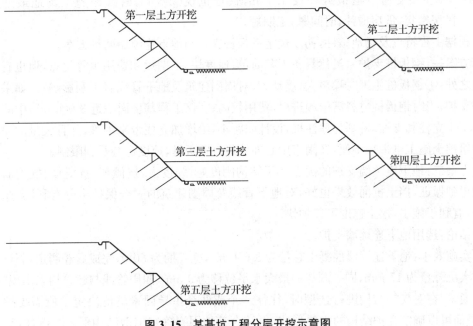

图 3.15 某基坑工程分层开挖示意图

案时考虑不周造成的。例如,某大厦基坑开挖,12 m 深的基坑没有采用分层开挖而是一次开挖,开挖至一半时,160 多根支护桩中有 80 多根发生位移,甚至断裂,最大位移达 25 m 左右。本例由于采用分层、分块流水开挖,使一次开挖基坑面积较小,因此便于支护,较易控制基坑外的土体位移,有效地保护了邻近建筑物、道路和地下管线的安全。

实施效果:解决了标高不一、多层次同时施工的困难,缩小了一次基坑开挖面,为解决场内设备材料临时堆放及施工用道路的设置创造了条件;采用分层、分块流水开挖,挖一块,完成一块,逐渐连成整片,为后续上部结构施工创造了条件。最终,实现了地下地上平面流水、立体交叉的总体部署,达到了缩短工期的目的。

3. 基坑支护施工方案的选择

开挖基坑时,如地质条件及周围环境许可,采用放坡开挖是较经济的。如条件许可,应首先选择放坡开挖。施工中主要是根据土质、基坑开挖深度、基坑开挖方法、基坑开挖后留置时间的长短、附近有无土堆及排水情况来确定边坡的大小,有时需通过边坡稳定验算来确定。但在建筑密集区施工,或有地下水渗入基坑时,往往不可能按要求的坡度放坡开挖,需要进行基坑支护,以保证施工的顺利和安全,并减少对相邻建筑、管线的不利影响。

常用的支护结构有:钢板桩、钢筋混凝土板桩、钻孔灌注桩挡墙、H 型钢支柱(或钢筋混凝土桩支柱)、木挡板支护墙、地下连续墙、深层搅拌水泥土桩挡墙、旋喷桩帷幕墙、SMW 工法、土层锚杆、人工挖孔桩和预制打入混凝土桩等。

支护结构的选择涉及技术因素和经济因素,要从满足施工要求、减少对周围的不利影响、施工方便、工期短、经济效益好等方面,经过慎重的技术经济比较后加以确定,而且支护结构选型要与降水方案、挖土方案共同研究确定。

例如,某宾馆基坑支护方案的选择。该工程地处闹市区,建筑物覆盖面积约占整个场地的 94%,与主要交通干道最近处仅 1.7 m,最远也仅 7.3 m,管线距施工场地最近点仅50 cm,民房密集,危房成片,时间紧,工期短。

根据工程特点及场地条件,初步选定钢板桩支护与地下连续墙两种方案。

方案一:钢板桩支护。虽然具备工艺简单、速度快、工期短和费用少等优点,但也有几点不利之处:①钢板桩施工时噪声大,震动大,对周围建筑及地下管线有不利影响;②如采用钢板桩支护,当时钢板桩材料需依赖进口,费用较高;③该工程基坑面积近 3 000 m²,中间势必增加不少立柱和支撑,桩基为灌注桩,设计间距小,给增加立柱带来困难,并且大量的立柱和支撑给挖土施工也带来不便,在闹市中心即使可打钢板桩,速度也会受到限制。

方案二:地下连续墙支护的优点在于结构刚度好,强度大,抗倾覆、抗滑动、抗管涌等性能能得到保证,挡土抗涌效果也好,对地下管线及周围建筑的安全保护十分有利,支撑系统简单,有利于施工,挖土速度可以加快。

结论:选用地下连续墙支护。

实施效果:地下连续墙混凝土总量为 3 600 m³,施工期为 80 d,完成后经测定,邻近建筑物最大沉降量为 17 mm,同一测点的最大水平位移为 6 mm,四周管线与建筑均未出现问题。

通常,在对支护结构进行选型时,往往一个或两个主导因素就已决定了所需支护的特点,进而可以确定支护结构的主要形式,再结合其他因素确定辅助结构形式。例如,某大厦所在地周边上水管、雨水管、电话、电力、煤气等管线密布,其中电力管线又是几个重要部门的主要线路,因此施工中的首要考虑因素是保护管线安全,故不宜选用井点降水与钢板桩支护方法。工程实际施工采用了刚度较大、抗弯能力强、变形相对较小的钻孔灌注桩。因该种支护结构的挡水效果较差,故又与挡水效果较好的旋喷桩帷幕墙组合使用,前者抗弯,后者挡水,施工后效果良好。

3.5.2 桩基础工程施工

高层建筑的荷载大,大多采用桩基、箱基或者桩基加箱基的形式。桩基础是一种常用的深基础形式,按桩的受力情况分为端承桩和摩擦桩,按桩的施工方法分为预制桩和钻孔灌注桩。

1. 预制桩

预制桩的施工方案主要是根据土质、桩的类型、桩长和重量、布桩密度、打桩的顺序、现场施工条件、对周围环境的影响等因素确定的,通常与降水、开挖、支护施工方案联合考虑。

常见的沉桩方法有锤击法、静力法、振动法、水冲法等。

锤击法是最常用的打桩方法,有重锤轻击和轻锤重击两种,但对周围环境的影响较大;静力法适用于软土地区工程的桩基施工;振动法沉桩在砂土中施工效率较高;水冲法沉桩是锤击沉桩的一种辅助方法,适用于砂土和碎石土或其他坚硬的土层。施工时应根据不同的情况选择合理的沉桩方法。

根据不同的土质和工程特点,施工中打桩的控制主要有两种:一是以贯入度控制为主,桩尖进入持力层或桩尖标高作参考;二是以桩尖设计标高控制为主,贯入度作参考。确定施工方案时,打桩的顺序和对周围环境的不利影响是两个主要考虑的因素。打桩的顺序是否合理直接影响打桩的速度和质量,对周围环境的影响更大。根据桩群的密集程度,可选用下列打桩顺序:①由一侧向单一方向逐排打设;②自中间向两个方向对称打设;③自中间向四周打设,如图 3.16 所示。

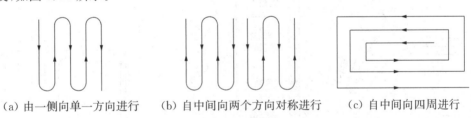

(a) 由一侧向单一方向进行　　　(b) 自中间向两个方向对称进行　　　(c) 自中间向四周进行

图 3.16　打桩顺序

打桩施工往往对周围环境造成不利影响,除震动、噪声外,还有土体的变形、位移相形成超静孔隙水压力等,在沉桩后期有时地面会发生新的沉降,因此在施工中常采取一些措施减少或预防沉桩对周围环境的不利影响,如设置砂井和防震沟等。在打桩过程中,对防护目标应设点进行监测。

2. 钻孔灌注桩

在高层建筑中,钻孔灌注桩是应用最广泛的桩基。钻孔灌注桩能适应地层的变化,无须接桩,施工时无振动、无挤土、噪音小,宜于在建筑物密集地区使用,但其操作要求严格,施工后需一定的养护期,不能立即承受荷载。钻孔灌注桩按成孔工艺的不同主要有干作业成孔灌注桩、泥浆护壁成孔灌注桩、锤击沉管灌注桩、振动沉管灌注桩、挖孔灌注桩、爆扩灌注桩等。

施工中通常要根据土质、地下水位等情况选择不同的施工工艺和施工设备。干作业成孔灌注桩适用于地下水位较低,在成孔深度内无地下水的土质。目前,常用螺旋钻机成孔,亦有用洛阳铲成孔的。不论地下水位高低,泥浆护壁成孔灌注桩皆可适用,多用于含水量高的软土地区。锤击沉管灌注桩宜用于一般黏性土、淤泥质土、砂土和人工填土地基。振动沉管施工法有单打法、反插法和复打法,单打法适用于含水量较小的土层;反插法和复打法适用于软弱饱和土层,但在流动性淤泥以及坚硬土层中不宜采用反插法。大直径人工挖孔桩采用人工开挖,质量易于保证,即使在狭窄地区也能顺利施工。当土质复杂时,可以边挖边用肉眼验证土质情况,但人工消耗大,开挖效率低且有一定的危险。爆扩灌注桩适用于地下水位以上的黏性土、黄土、碎石土以及风化岩。

不同的成孔工艺在施工过程中需要着重考虑的因素不同,如钻孔灌注桩要注意孔壁塌陷和钻孔偏斜,而锤击沉管灌注桩则常易发生断桩、缩颈、桩靴进水或进泥等问题。如出现问题,则应采取相应措施予以补救。

目前,我国的高层建筑都有工期紧、质量要求高、要求对周围环境影响小的特点,许多工程中采用了将预制桩和灌注桩的施工工艺相结合的预钻孔打桩工艺,既解决了打桩对周围环境不利影响较大的问题,也解决了钻孔灌注桩施工工期较长的问题。

例如,某工程采用桩基加箱基,桩长 38.6 m,桩断面 450 mm×450 mm,共 174 根。该工程施工时,先用长螺旋钻钻孔 10 m 深,然后放入钢筋混凝土预制桩,用锤击至设计标高。邻近建筑物、工程地质及沉桩流水顺序如图 3.17 所示。

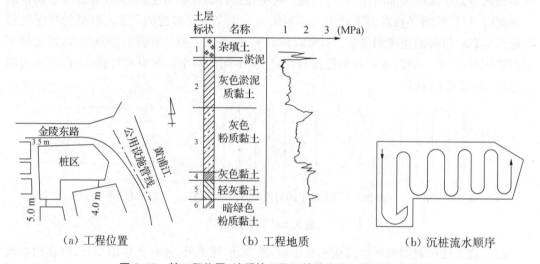

图 3.17 某工程位置、地质情况及沉桩流水施工情况示意图

实施效果:

(1)地表变形。东侧地表隆起 10 cm,水平位移 8~10 cm;西侧建筑物附近只隆起 2 cm 左右,水平位移 3~4 cm;北侧为道路,隆起 10~11 cm;南侧建筑物附近隆起与水平位移均为 4.5 cm,上述数值与附近采用打入法沉桩的工程相比,地面隆起减少 80%。

(2)深层变形。最大的深层变形发生在地下 24 m 处,变形约 11 cm,与打入法沉桩的工程相比,变形减少 50%。

(3)超静孔隙水压力。桩区中心地下 24 m 处,超静孔隙水压力最高,与深层变形相适应。与打入法沉桩工程的孔隙水压力相比,平均减少 60%。

(4)邻近建筑物的变形,桩区西侧的建筑物向北位移 2 cm,向西位移 4 cm;桩区南侧的一建筑物,向西位移 1.5 cm,向南位移 3.8 cm。这些建筑物均距桩区较近,原有的裂缝无明显扩展。此外,邻近的地下管线和交通干道等设施均未受损。

3.5.3 大体积混凝土结构施工方案

大体积混凝土结构在工业建筑中多为设备基础,在高层建筑中多为又厚又大的桩基承台或基础底板等,这类结构由外荷载引起裂缝的可能性很小,而由于水泥水化过程中释放的水化热引起的温度变化和混凝土收缩产生的温度应力和收缩应力是其产生裂缝的主要原因。

选择大体积混凝土结构的施工方案时主要考虑三方面的内容:一是应采取防止产生温度裂缝的措施;二是合理的浇筑方案;三是施工过程中的温度监测。为防止产生温度裂缝,应着重在控制混凝土温升、延缓混凝土降温速率、减少混凝土收缩、提高混凝土极限拉伸值、改善约束和完善构造设计等方面采取措施。大体积混凝土结构的浇筑方案需根据结构大小、混凝土供应等实际情况决定。一般有全面分层、分段分层和斜面分层浇筑等方案。

对不同的工程,由于工程特点、工期、质量要求、施工季节、地域、施工条件的不同,采用的防止产生温度裂缝的措施和混凝土的浇筑方案、温度监测设备和监测方法也不相同。例如,某国际贸易中心建筑面积 12.5×10^4 m²,地上 50 层,地下 2 层,合同工期仅 26 个月。主楼承台底板为超厚大体积混凝土,最厚处 4.8 m,总体积 1.1×10^4 m³,一次性浇筑。

1. 防止温度裂缝产生的措施

(1) 选用不同的水泥、掺和料、外加剂进行了大量的试验,确定了合理的配合比。

(2) 控制混凝土的出机温度和浇筑温度的措施如下。①出机温度控制:该工程施工时正值高温季节,白天环境温度达 35 ℃,为进一步降低混凝土的出机温度,在中心搅拌站打了一口深井,用井水搅拌混凝土,并用编织袋覆盖砂石,防止太阳直接照射。通过实测各原材料的温度,计算出混凝土的出机温度为 26.95 ℃,有效地降低了混凝土的总温升。②浇筑温度控制:尽量缩短混凝土的运输时间,及时卸料,泵管用麻袋包裹以防阳光曝晒而升温,输送泵、搅拌台全部搭棚以防阳光照射,现场用编织袋遮阳。通过这些措施,现场测定混凝土浇筑温度为 30 ℃。

(3) 在混凝土初凝前,密实压光,较好地控制了混凝土表面龟裂,减少了混凝土表面水分的散发,促进了养护。

(4) 采用保温、保湿养护方法。

2. 混凝土浇筑方案的选择

通过计算,为防止产生施工冷缝,必须达到每小时混凝土供应量 121 m³。为此采取了现场搅拌与商品混凝土相结合,利用 20 辆输送车、6 台输送泵一次性浇筑,共用时为 136 h。浇筑时采用斜面分层法,并对浇筑后的混凝土进行二次振捣,如图 3.18 所示。

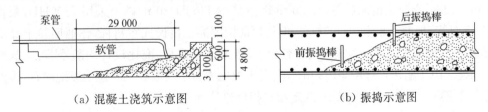

(a) 混凝土浇筑示意图　　　　　　　(b) 振捣示意图

图 3.18　某工程混凝土浇筑示意图

3. 混凝土温度监测

混凝土测温应在不同部位埋设温度传感器,利用电脑进行监测记录,实行从浇筑到养护期满全过程的跟踪监测。共布置 18 组 72 个测温点,从混凝土浇筑后 6 h 开始测温,每 2 h 测一次,温差超过允许值时立即采取加强养护的措施。实施效果:应用上述施工方案在底板混凝土养护期满后,混凝土内实外光,28 d 强度达到要求,质量良好。

3.5.4 混凝土运输方案

混凝土运输分为地面运输、垂直运输和楼面运输三种。

混凝土地面运输,如采用商品混凝土且运输距离较远时,我国多用混凝土搅拌运输车;混凝土如来自工地搅拌站,则多用载重约 1t 的小型机动翻斗车,近距离亦用双轮手推车,有时还用皮带运输机和窄轨翻斗车。混凝土垂直运输多用塔式起重机、混凝土泵、快速提升斗和井架。混凝土楼面运输以双轮手推车为主,亦用小型机动翻斗车,如用混凝土泵则用布料机布料。

不产生离析现象、保证浇筑时规定的坍落度和在混凝土初凝前能有充分时间进行浇筑和捣实是选择混凝土运输方案的三个决定因素。在已选择确定的混凝土运输方案中,运输道路要平坦,运输工具要不吸水、不漏浆,且运输时间、距离有一定限制,以防止产生分层离析,如已产生离析,在浇筑前要进行二次搅拌。

高层建筑施工中混凝土的浇筑量非常大,有时几千立方米甚至上万立方米的混凝土要求一次浇完,这就需要选择一个合理的施工方案来保证混凝土供应、运输和浇筑的顺利进行,从而达到缩短工期、确保施工质量的目的。

在目前高层建筑的施工中单纯使用塔式起重机已远远不能满足施工的要求,因而混凝土泵得到了广泛的应用。选择混凝土泵时,应根据工程结构特点、施工组织设计要求、泵的主要参数、混凝土浇筑量及技术经济比较来选择混凝土泵的型号和台数。在选择混凝土泵的设置处时,要保证设置处场地平整,道路通畅,距离浇筑点近,便于配管、排水、供水、供电方便,且在混凝土泵作用范围内不得有高压线等,施工中选择的混凝土泵如不能满足一泵到顶,可采用接力泵的方式进行输送,但接力泵的设置位置应使上、下泵的输送能力匹配,设置处的楼面应进行验算,必要时需加固。

例如,某工程建筑物总高度 121.80 m,全现浇钢筋混凝土结构,混凝土全部采用商品混凝土供料和现场泵送施工工艺,每层框筒柱、剪力墙、核心筒、梁、板及楼梯一次浇捣,标准层每层混凝土浇筑量 380 m³ 左右。

施工中采用二泵二布,地面场地上设置两台混凝土固定泵 BSA2100HD 和 BSA1408D,理论上计算都能满足 100 m 以上的泵送能力,考虑到施工中可能出现的多种相关情况,如供料不均匀、商品混凝土的品质等,在 80 m 以下采用 1408D,80 m 以上采用 2100HD,泵管选用 Φ125 泵管,地面上水平 30 m 左右,出料口前接混凝土机械式布料杆,作业回转半径最大可至 9.5 m,最小为 4 m。为满足可泵性,商品混凝土的品质、配比设计均随季节、浇筑高度适时调整。由于输送管选用 Φ125 mm,混凝土配比中石子均取 5~25 连续级配碎石,楼面布料规定浇筑顺序为先竖向后水平,规定布料机停机位置。

3.5.5 施工垂直运输机械的选择

高层建筑施工中垂直运输作业具有运输量大、机械费用高、对工期影响大的特点。施工的速度在一定程度上取决于施工所需物料的垂直运输速度。垂直运输体系一般有下列组合：

　　(1) 塔式起重机＋施工电梯。

　　(2) 塔式起重机＋混凝土泵＋施工电梯。

　　(3) 塔式起重机＋快速提升机(或井架起重机)＋施工电梯。

　　(4) 井架起重机＋施工电梯。

　　(5) 井架起重机＋快速提升机＋施工电梯。

　　选择垂直运输体系时,应全面考虑以下几个方面因素:①运输能力要满足规定工期的要求;②机械费用低;③综合经济效益好。

　　从我国的现状及发展趋势看,采用"塔式起重机＋混凝土泵＋施工电梯"方案的越来越多,国外情况也类似。

　　1. 塔式起重机的选择

　　塔式起重机在建筑施工中,尤其是在高层建筑施工中得到广泛的应用,用于物料的垂直与水平运输和构件的安装。塔式起重机的形式按照行走结构分为固定式、轨道式、轮胎式、履带式、爬升式(内爬式)和附着式。高层建筑施工中使用较多的是爬升式和附着式。

　　选择塔式起重机型号时,应先根据建筑物的特点选定塔式起重机的类型;再根据建筑物的体形、平面尺寸、标准层面积和塔式起重机的布置情况计算塔式起重机必须具备的幅度和吊钩高度;然后根据构件或容器加重物的重量,确定塔式起重机的起重量和起重力矩;根据上述计算结果,参照各种型号塔式起重机的技术性能参数确定所用的塔式起重机的型号。实际应多做一些选择方案,以便进行技术经济分析,从中选择最佳方案。最后,再根据施工进度计划、流水段划分和工程量、吊次的估算,计算塔式起重机的数量并确定其具体的布置。

　　按上述步骤进行塔式起重机选择时,还应深入考虑一些其他因素。有时这些因素甚至决定了选择方案。如对附着式塔式起重机应考虑塔身锚固点与建筑物相对应的位置,以及平衡臂是否影响塔架正常回转;对内爬式塔式起重机应考虑支撑结构是否满足受力要求;多台塔式起重机同时作业时,要处理好相邻塔式起重机塔身的高度差,以防止发生碰撞;塔式起重机安装时还应考虑其顶升、接高、锚固和完工后的落塔、拆卸和塔身节的运输等。在高层建筑施工中,应充分发挥塔式起重机的效能,避免大材小用,应降低台班费用,提高经济效益。

　　2. 外用施工电梯的选择

　　外用施工电梯又称人货两用电梯,是一种安装于建筑物外部,用于施工期间运送施工人员和建筑器材的垂直提升机械,分为单塔式和双塔式,我国主要采用单塔式。高层建筑施工时,应根据建筑体型、建筑面积、运输量、工期及电梯价格、供货条件等选择外用施工电梯。要求其参数(载重量、提升高度、提升速度)满足要求、可靠性高、价格便宜。外用施工电梯的位置应便于人员上下和物料集散;由电梯出口至各施工处的平均距离应最近;便于安装附墙装置;接近电源,有良好的夜间照明。输送人员的时间约占总运送时间的 $60\%\sim70\%$,因此,要设法解决工人上下班运量高峰时的矛盾。在结构、装修施工进行平行交叉作业时,人货运输最为繁忙,应设法疏导人货流量,解决高峰时的运输矛盾。

　　例如,某工程垂有运输机械的选择。该工程的垂直运输具有高、大、多、重的特点:①楼高达 420.5 m;②运输量大,仅钢结构总吨位就达 15 500 t,剪力栓钉 580 000 套,高强螺栓

400 t,金属压型板 185 000 m²;③吊运品种多;④构件重,最大构件重达 22.4 t。

针对上述特点,选用了 2 台 M440D 塔吊作为钢结构吊装、大型设备和材料的垂直运输机械,选用 1 台 154EC 塔吊作为钢筋混凝土结构施工的垂直运输机械,选用 4 台 ALIMA-RK 作为施工人员、小型设备和材料的垂直运输机械。

根据工程的结构特点,将 2 台 M440D 起伏式塔吊布置在两对复合巨型柱之间,如图 3.19所示。M440D 塔吊具有起吊半径可大可小,吊臂可低可高以及起重量大的特点,其最大工作半径为 52.5 m,最小工作半径为 4.14 m,最大起重量为 44 t。塔吊的这一特点方便了施工,能极大地提高施工速度,但是对建筑结构的作用力也较大,这给塔吊的安装和爬升带来了很大的困难。解决上述困难有两种方案可供选择,一是采用内爬与附着相结合的方式安装和爬升塔吊;二是采用纯内爬式爬升塔吊。

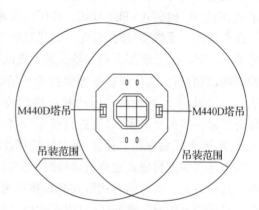

（a）主楼施工时塔吊的布置　　　　　　　（b）M440D 塔吊布置平面示意图

图 3.19　某工程塔吊布置示意图

方案一:采用内爬与附着相结合的方式安装和爬升塔吊,即将复合巨型柱间作为塔吊内爬的垂直通道,并将塔吊通过水平支撑附着于核心筒体上。这样塔吊的垂直荷载由复合巨型柱承担,其水平荷载则直接通过水平支撑传递给核心筒体。该方案受力路线明确,能最大限度地减少复合巨型柱的受力和变形,确保复合巨型柱结构的安全,是非常安全可靠的。但是,这一方案也具有很大的缺陷,它给塔吊的安装和爬升带来很大困难。复合巨型柱距核心筒体剪力墙达 9.475 m,塔吊水平支撑长达 10 m 以上,杆件过长、过重,安装和爬升极为不便,上部楼板施工后更为不便,这将延长塔吊的安装和爬升时间,进而影响施工速度。

方案二:采用纯内爬式爬升塔吊。塔吊的安装和爬升不用水平支撑能够大大简化塔吊安装和爬升作业程序,缩短塔吊安装和爬升时间。然而决定这一方案是否可行的关键是复合巨型柱能否承受塔吊的作用力,必须对结构进行力学分析。

结论:经过对结构的力学计算,方案二是可行的。施工采用了纯内爬式爬升塔吊的方案。

3.5.6　脚手架

在高层建筑施工中,脚手架的用量大、要求高、技术较复杂,对人员安全、施工质量、施工速度和工程成本都有重大影响,所以需要专门的计算和设计,必须绘制脚手架施工图。高层建筑施工常用的脚手架有扣件式钢管脚手架、碗扣式钢管脚手架、门型组合式脚手架、外挂脚手架等。高层建筑施工搭设的脚手架,其面积要能满足工人操作、材料堆放和运输需要;要有足够的稳定性,施工期间不变形、倾斜、摇晃;搭拆简便,便于多次使用,因地制宜,就地取材。选择脚手架的依据主要有:

(1) 工程特点,包括建筑物的外形、高度、结构形式、工期要求等。

(2) 材料配备情况,如是否可用拆下待用的脚手架或是否可就地取材。

(3) 施工方法,是斜道、井架还是采用塔吊等。

(4) 安全、坚固、适用、经济等因素。

在高层建筑施工中经常采用如下方案:裙房或低于 30～50 m 的部分采用落地式单排或双排脚手架;高于 30～50 m 的部分采用外挂脚手架。外挂脚手架的种类非常多,目前,常用的主要形式有支撑于三角托架上的外挂脚手架、附壁套管式外挂脚手架、附壁轨道式外挂脚手架和整体提升式脚手架等。有些施工单位,根据工程特点自行设计适合于施工的外挂脚手架。

例如,某工程主体为框筒结构,地上 22 层,1～3 层为裙房,标准层柱断面不同,层高也各异,并设有凹凸挑檐。

按传统搭设方法,高层建筑外脚手架为单、双排外架,由底层升至顶层;或采用单、双排外挂脚手架。采用单、双排外脚手架,用料多、材料资金周转慢,外檐装修拆改工艺复杂;采用单、双排外挂脚手架用料虽少,但升架时间较长。整体提升式脚手架可克服上述两种脚手架工艺的不足,且省料,结构简单,提升时间短,能满足结构、装修阶段的施工要求。

结论:选用由承重桁架和双排钢管脚手架组成的整体提升式外挂脚手架,采用 Φ48 mm×3 mm 普通脚手架管和标准扣件搭设。

实施效果:节省了脚手架的搭设时间和劳动力,能够同时满足结构、装修工程的分段提升,对工程流水作业、加快进度有良好的促进作用,经济效益显著。

3.6　施工技术及组织措施的制订

应在严格执行施工验收规范、检验标准、操作规程的前提下,针对工程施工特点,制订下述措施。

1. 技术措施

对新材料、新结构、新工艺、新技术的应用,对高耸、大跨度、重型构件以及深基础、设备基础、水下和软弱地基项目,均应编制相应的技术措施。其内容包括:

(1) 需要表明的平面、剖面示意图以及工程量一览表。

(2) 施工方法的特殊要求和工艺流程。

(3) 水下及冬雨期施工措施。

(4) 技术要求和质量安全注意事项。

(5) 材料、构件和机具的特点、使用方法及需用量。

2. 质量措施

质量措施可从以下几方面来考虑:

（1）确保定位放线、标高测量等准确无误的措施。

（2）确保地基承载力及各种基础、地下结构施工质量的措施。

（3）确保主体结构中关键部位施工质量的措施。

（4）确保屋面、装修工程施工质量的措施。

（5）保证质量的组织措施（如人员培训、编制工艺卡及质量检查验收制度等）。

3. 安全措施

保证安全施工的措施可从下述几方面来考虑：

（1）保证土石方边坡稳定的措施。

（2）脚手架、吊篮、安全网的设置及各类洞口、临边防止人员坠落的措施。

（3）外用电梯、井架及塔吊等垂直运输机具拉结要求和防倒塌措施。

（4）安全用电和机电设备防短路、防触电的措施。

（5）易燃易爆有毒作业场所的防火、防爆、防毒措施。

（6）季节性安全措施，如雨期的防洪、防雨，夏期的防暑降温，冬期的防滑、防火等措施。

（7）现场周围通行道路及居民保护隔离措施。

（8）保证安全施工的组织措施，如安全宣传、教育及检查制度等。

4. 降低成本措施

应根据工程情况，按分部分项工程逐项提出相应的节约措施，计算有关技术经济指标，分别列出节约工料数量与金额数字，以便衡量降低成本的效果。其内容包括：

（1）合理进行土石方平衡，以节约土方运输及人工费用。

（2）综合利用吊装机械，减少吊次，以节约台班费。

（3）提高模板精度，采用整装整拆，加速模板周转，以节约木材或钢材。

（4）混凝土、砂浆中掺外加剂或掺和料（如粉煤灰、硼泥等），以节约水泥。

（5）采用先进的钢筋焊接技术（如气压焊），以节约钢筋。

（6）构件及半成品采用预制拼装、整体安装的方法，以节约人工费、机械费等。

5. 现场绿色文明施工措施

文明施工或场容管理一般包括以下内容：

（1）施工现场围栏与标牌设置，出入口交通安全，道路畅通，场地平整，安全与消防设施齐全。

（2）临时设施的规划与搭设，办公室、宿舍、更衣室、食堂、厕所的安排与环境卫生。

（3）各种材料、半成品、构件的堆放与管理。

（4）散碎材料、施工垃圾的运输及防止各种环境污染。

（5）成品保护及施工机械保养。

（6）完善各种节能、节水、防尘和安全保护设施。

3.7 施工方案的技术经济分析

施工方案是否可行，一个重要的指标就是该方案的技术经济效果是否令人满意，因此，在选择合理、可行的技术方案之前，需要对该施工方案进行技术经济分析。施工方案的技术经济分析包括定性分析和定量分析。前者一般是优缺点的分析和比较。例如,施工操作上的难易程度和安全可靠性;为后续工程提供有利施工条件的可能性;对冬季、雨季施工带来的困难程度;利用现有施工机械和设备的情况;能否为现场文明施工创造有利条件等。定量的技术经济分析一般是计算出不同施工方案的劳动力及材料消耗、工期长短及成本费用等来进行比较。施工方案具体的分析指标和比较内容如下。

3.7.1　施工方案的评价指标

施工方案的技术经济评价涉及技术、经济及效果等许多指标因素。这些指标因素中有一些具有确定性,如工期、费用等可以定量表示,而有一些具有不确定性,如技术上是否可行,安全可靠性如何等只能靠经验去估计,从而导致了定量时的模糊性。因此,在施工方案的评价中,常常需要将评价决策中许多相关的定量和定性的指标因素有机地结合起来综合考虑。寻求多目标的最优解,评价施工方案优劣的指标有工期、成本、劳动消耗量、主要材料消耗、投资额等。在进行施工方案评价时,同一方案的各项指标一般不可能达到最优,不同方案之间的指标不仅有差异,有时还有矛盾,这时应根据具体条件和预期目标来进行调整。

(1)工期指标。当要求工程尽快完成以便尽早投入生产或使用时,选择施工方案就要在确保工程质量、安全和成本较低的条件下,优先考虑缩短工期。工期指数 t 按下式计算:

$$t = \frac{Q}{v} \qquad (3-1)$$

式中:Q——工程量;

v——单位时间内计划完成的工程量(如采用流水施工,即流水强度)。

(2)劳动消耗量指标。它能反映施工机械化程度和劳动生产率水平。通常,在方案中劳动消耗量越小,机械化程度和劳动生产率越高。劳动消耗量 N 包括主要工种用工 n_1、辅助用工 n_2 以及准备工作用工 n_3,即:

$$N = n_1 + n_2 + n_3 \qquad (3-2)$$

劳动消耗量的单位为工日,有时也可用单位产品劳动消耗量(工日/立方米、工日/吨等)来计算。

(3)成本指标。成本指标可以综合反映采用不同施工方案时的经济效果,一般可用降低成本率 r_c 来表示:

$$r_c = \frac{C_0 - C}{C_0} \qquad (3-3)$$

式中:C_0——预算成本;

C——所采用施工方案的计划成本。

(4)主要材料消耗指标。反映若干施工方案的主要材料节约情况。

(5)投资额指标。当选定的施工方案需要增加新的投资时,如需购买新的机械设备,则需设增加投资额的指标。

3.7.2　施工方案的评价方法

施工方案评价方法是指依据工程施工方案的特点,应用评价理论对施工方案的技术性、经济性、效果性等状态进行综合衡量的方法,包括评价方式、决策模型或步骤等,是一种典型的多目标、多准则的决策。常用的评价方法有以下几种:

1. 综合费用法

综合费用法是针对拟订的若干方案,如果能满足技术可行性的要求,则认为综合费用最小的方案为最优方案。该方法的优点是操作简便、直观,适用于施工技术不是很复杂的工程施工项目;缺点是只考虑费用问题,没有考虑施工方案本身的优劣。

2. 灵敏度分析法

灵敏度分析法是在项目评价和决策中常用的一种不确定性方法,可以用来确定一个或多个因素的变化对目标的影响程度。通过模拟结果中的施工工期、费用和效率,对模拟参数中的施工机械设备、工人数量进行灵敏度分析,得到优化的施工方案。

灵敏度分析法存在一些缺点:一是不能自动寻优,必须将多个模拟结果进行人工的综合分析,寻优过程复杂、烦琐、费时,不便于分析多个施工方案;二是寻优结果受主观影响比较大,分析结果会因分析人不同而不同,没有一个统一的评价目标和评价准则;三是只能寻求在其他施工条件不变的条件下,某一个因素变化对工期、费用的影响,不能进行多因素同时变化的比较,优化结果具有一定的局限性,可能会产生局部最优解。

3. 线性加权法

当施工方案之间不存在相互制约时,常用线性加权综合评价法:若 $A_1,A_2,A_3,\cdots,A_n$ 为 n 个备选方案;$X_1,X_2,\cdots,X_m$ 为 m 个评价指标;$W_1,W_2,\cdots,W_m$ 为 m 个评价指标的权重;V_{ij} 是第 j 个备选方案 A_j 关于第 i 个评价指标 X_i 的价值评分($i=1,2,\cdots,n$),则各备选方案的综合评价值为:

$$S_j = \sum_{i=1}^{m} W_i V_{ij} \quad (j=1,2,\cdots,n) \tag{3-4}$$

最优值为 S^*,即

$$S^* = \max\left\{ \sum_{i=1}^{m} W_i V_{ij} \right\} = \max\{S_j\}$$

即当 X_i 为贡献指标时,从 S_j 中选取的一个最大值对应的方案为最满意方案。

线性加权法适用于各评价指标间相互独立的场合。若各评价指标间不独立,"和"的结果就难以反映客观实际,特别是线性加权法可使各评价指标间得到线性的补偿,任一指标值的减少都可以用另一些指标的增量来维持综合评价水平的不变。

4. 价值工程法

价值工程法中的"价值"是作为某种产品或作业所具有的功能与获得该功能的全部费用的比值,涉及价值、功能和成本三个基本要素。

$$V=F/C \tag{3-5}$$

式中:V——价值(Value),反映研究对象的功能与费用的匹配程度;

F——功能(Function),指研究对象满足某种需求的程度,即效用;

C——成本(Cost),指研究对象所投入的资源,即费用。

价值工程法的优点是不但可以选出最优方案,而且可以发现方案的缺陷所在,指明改进的方向,不断进行优化和完善。其缺点是分析过程复杂、烦琐。

运用价值工程法评价施工方案,实质就是针对施工方案的功能和成本提出问题、分析问题、解决问题的过程。基本工作程序:对象选择及信息资料收集→功能系统分析→功能评价→方案创造与评价→检查、评价与验收。

5. 模糊层次综合法

模糊层次综合法以模糊数学、层次分析理论、数理统计理论、计算机技术为理论基础对多种因素制约的事物或对象做出总体评价。基本思路是结合工程施工实际,在广泛听取专家意见的基础上,建立完整合理的层次结构图,再分析各评价指标在整个评价系统中所占的权重,最后求解出各方案对应的总评判值,并以此确定方案的优劣排序。

建立完整合理的层次结构图是保证决策正确的前提条件。决策者在建立层次评价图时,应首先充分熟悉并掌握工程施工资料,广泛听取意见。在听取意见后再进一步修正、完善评价指标,以确保评价的客观可靠。模糊层次综合法涉及赋权的问题。权重的计算方法很多,如德尔菲法、区间打分法、定性排序定量转换法等。

[例 3-2]　运用价值工程法分析某水闸公路桥工程 60 m 跨长大孔板梁安装的 4 个施工方案(A、B、C、D)。各施工方案的主要施工方法及计划造价如表 3.2 所示。现从施工安全、施工工期、施工质量、施工费用及技术可行性 5 个方面对施工方案进行评价,设各因素所占权数(k_i)分别为 0.2、0.15、0.2、0.2 和 0.25,目标工期 55 天,投标价 68 万元。

表 3.2　各施工方案主要施工方法及计划造价

方案	主要施工方法	计划工期	计划造价
A	一般分块安装	50 d	52 万元
B	大部分采用整体安装,小部分采用分块安装	46 d	57 万元
C	用龙门起重机每两块对合安装	52 d	55 万元
D	用龙门起重机整体式安装	39 d	65 万元

(1) 功能分析与评价

根据实践经验,确定该施工方案的施工安全、施工工期、施工质量、节约费用、技术可行性 5 个方面的功能;通过分析信息资料,确定上述功能的量化指标计算公式,并由专家确定权数。功能量化指标及权数如表 3.3 所示;各施工方案的功能评价结果如表 3.4 所示。

表 3.3　功能量化指标及权数

序号	功能	量化指标(公式)	权数
1	施工安全 α_1	近几年用此方法施工的无事故率	k_1
2	施工工期 α_2	(目标工期-施工工期)/目标工期×100%	k_2
3	施工质量 α_3	工程优良率	k_3
4	节约费用 α_4	(投标价-计划造价)/投标价×100%	k_4
5	技术可行性 α_5	近几年类似工程拟采用此方案的成功率	k_5

表 3.4　各施工方案的功能评价

方案	施工安全	施工工期	施工质量	节约费用	技术可行性
A	80	9	75	23.5	80
B	85	16	85	16.2	88
C	92	5	91	19.1	92
D	88	29	87	4	90

功能综合评价指标：

$$R = k_1\alpha_1 + k_2\alpha_2 + k_3\alpha_3 + k_4\alpha_4 + k_5\alpha_5 \qquad (3-6)$$

各施工方案的功能评价总分及功能系数计算结果如表 3.5 所示。

表 3.5　各施工方案的功能评价总分及功能系数

方案	施工安全		施工工期		施工质量		节约费用		技术可行性		总分	功能系数
	α_1 (0.20)	得分	α_2 (0.15)	得分	α_3 (0.20)	得分	α_4 (0.20)	得分	α_5 (0.25)	得分		
A	80	16.0	9	1.35	75	15.0	24	4.80	80	20.0	57.15	0.232 7
B	85	17.0	16	2.40	85	17.0	16	3.20	88	22.0	61.61	0.250 9
C	92	18.4	5	0.75	91	18.2	19	3.80	92	23.0	64.15	0.261 3
D	88	17.6	29	4.35	87	17.4	4	0.80	90	22.5	62.65	0.255 1

（2）成本分析

以成本系数作为指标，考察各施工方案的工程造价。

成本系数＝各施工方案的工程造价/各方案工程造价之和

各功能的成本系数计算结果如表 3.6 所示。

表 3.6　成本系数及价值系数计算表

方案	功能系数	成本系数	价值系数	选择方案
A	0.232 7	0.227 1	1.02	
B	0.250 9	0.248 9	1.00	
C	0.261 3	0.240 2	1.09	√
D	0.255 1	0.283 8	0.90	
合计	1.000 0	1.000 0	—	

（3）方案选择

对各备选方案运用价值工程量化指标逐一进行评价，算出价值系数，选取价值系数最大者即为最优方案。从表 3.6 可以看出，C 方案价值系数最大，选择 C 方案的原因不仅是因为报价较低，而且施工安全、技术可靠等综合指标也较好。实践证明，计算结果与实际情况相符，取得了预期的效果。

本章思考练习题

1. 怎样理解施工方案的含义？
2. 简述编制施工方案的步骤。
3. 怎样划分施工区段？
4. 举例说明怎样确定建筑工程施工流向。
5. 描述逆作法地下工程施工程序。
6. 怎样设计大体积混凝土施工方案？
7. 施工方案设计的技术经济评价方法有哪些？各有什么特点？

第4章　工程施工进度计划编制

任何项目施工组织都是从制订施工计划开始。施工进度计划是施工组织设计的中心内容之一，是建设工程按合同规定的期限交付使用的重要保证，也是有效协调施工活动、保证施工活动顺利进行的最重要措施。制订施工进度计划的目的是控制和节约时间，而项目施工的主要特点之一，就是有严格的时间期限要求，由此决定了施工进度计划在施工组织中的重要性。基本进度计划要说明哪些工作必须于何时完成和完成每一任务所需要的时间，也要能表示出每项活动之间的逻辑关系。

4.1　施工进度计划概述

施工计划是组织为实现一定施工目标而科学地预测并确定未来的行动方案。任何施工计划都是为了解决三个问题：一是确定施工组织目标；二是确定为达成施工目标的行动时序；三是确定施工行动所需的资源比例。

施工进度计划是施工过程的时间序列和作业进程速度的综合概念，是在确定工程施工工期目标和施工方案基础上，根据相应完成的工程量和各种资源供应条件，对各项施工过程的施工顺序、起止时间和相互衔接关系以及所需的劳动力和各种技术物资的供应所做的具体策划和统筹安排，从而保证施工项目能够在合理的工期内，尽可能以较低的成本完成较高的质量目标。

4.1.1　施工进度计划类型和作用

1. 施工进度计划类型

施工进度计划是一个多层次、多平面、多功能、多主体组成的复杂系统。根据不同的划分标准，施工进度计划有不同的种类，组成了一个互相关联、相互制约的计划体系，施工进度计划的种类和施工组织设计相适应。

（1）按计划内容来分，有目标性时间计划与支持性资源进度计划。针对施工项目本身的时间进度计划是最基本的目标性计划，它确定了该项目施工的工期目标。为了实现这个目标，还需有一系列支持性资源进度计划，如劳动力使用计划、机械设备使用计划、材料构配件和半成品供应计划等。

（2）按计划时间长短来分，有总进度计划与阶段性计划。总进度计划是控制项目施工全过程的，阶段性计划包括项目年、季、月、旬、周施工进度计划等。

（3）按计划表达形式分，有文字说明计划与图表形式计划。前者用文字说明各阶段的施工任务，以及要达到的形象进度要求；后者用图表形式表达施工的进度安排，有横道图、斜线图、网络图等。

（4）按项目组成分，有总体进度计划与分项进度计划（单位工程进度计划）。总体进度计划是针对施工项目全局性的部署,一般比较粗略,施工总进度计划包括建设项目(企业、住宅区等)的施工进度计划和施工准备阶段的进度计划。它按生产工艺和建设要求,确定投产建筑群的主要和辅助的建筑物与构筑物的施工顺序,相互衔接和开、竣工时间,以及施工准备工程的顺序和工期;分项进度计划(单位工程进度计划)是针对项目中某一部分(单位工程)或子项目的进度计划,一般比较详细。单位工程施工进度计划是总进度计划有关项目施工进度的具体化,一般土建工程的施工组织设计还应考虑各专业和安装工程的施工时间。

(5) 按计划的功能区分,可分为控制性施工进度计划、实施性施工进度计划和作业性施工进度计划。控制性施工进度计划是整个项目施工进度控制的纲领性文件,是组织和指挥施工的依据,比较宏观;而实施性施工进度计划是具体组织施工的进度计划,它必须非常具体,指导分部、分项工程的作业;而作业性施工进度计划主要针对施工作业队伍所从事的施工工序来编制。

(6) 按计划编制的主体分,有业主方(包括项目总承包、监理)、规划设计方、施工承包方、物资供应方等各方面的施工进度计划。其中,施工承包方所编制的与施工进度有关的计划包括施工企业的施工生产计划和建设工程项目施工进度计划。

施工企业的施工生产计划属企业计划的范畴。它以整个施工企业为系统,根据施工任务量、企业经营的需求和资源利用的可能性等,合理安排计划周期内的施工生产活动,如年度生产计划、季度生产计划、月度生产计划和旬生产计划等。

建设工程项目施工进度计划属工程项目管理的范畴。它以每个建设工程项目的施工子系统,根据企业的施工生产计划的总体安排和履行施工合同的要求,以及施工的条件(包括设计资料提供的条件、施工现场的条件、施工的组织条件、施工的技术条件),资源(主要包括人力、物力、财力、条件等)和资源利用的可能性,合理安排一个项目施工的进度。

施工企业的施工生产计划与建设工程项目施工进度计划虽属两个不同系统的计划,但是二者是紧密相关的。前者针对整个企业,而后者则针对一个具体工程项目,计划的编制有一个自下而上和自上而下的往复多次的协调过程。

2. 施工进度计划的作用

施工进度计划是工程施工的基础。计划就如同航海图或行军图,必须保证有足够的信息,决定下一步该做什么,并指导项目组成员朝目标努力,最终使项目由理想变为现实。其作用具体表现为如下六个方面:

(1) 可以确立施工机构内部各成员及工作的责任范围和地位以及相应的职权,以便按要求去指导和控制施工活动,减少风险。

(2) 可以促进施工单位和各设计单位、施工单位之间的交流与沟通,增加顾客的满意度,使项目各项施工工作协调一致,并在协调关系中了解哪些是关键因素。

(3) 可以使各岗位组成员明确自己的奋斗目标,实现目标的方法、途径及期限,并确保以时间、成本及其他资源需求的最小化实现项目目标。

(4) 可作为分析、协商及记录施工范围变化的基础,也是约定时间、人员和费用的基础。这样就为施工的跟踪控制过程提供了一条基线,可用以衡量进度,计算各种偏差,及制定预防或整改措施,便于对变化进行管理。

(5) 可以了解结合部在哪里,从而想方设法使结合部减到最少,并以标准格式记录关键性的施工资料,以备他用。

（6）可以把叙述性报告的需要减少到最低量。用图表的方式将计划与实际工作做对照,使报告效果更好。这样也可以提供审计跟踪,并把各种变化写入文件,提醒各施工单位及业主针对这些变化做好应对准备。

4.2 施工进度计划编制

4.2.1 施工进度计划的表达方法

施工进度计划通常可用横道图或网络图表示。如图4.1所示为某三跨车间地面混凝土工程以横道图表示的施工计划,该计划由地面回填土、铺垫层和浇混凝土三个施工过程组成,分为 A、B、C 三个施工段组织搭接施工。图中左边表示工作名称,也可以反映工程量、生产组织、定额等资料,右边在相应工作位置画出一系列横道线,以表明工作起止时间和空间关系。它直观易懂,编制比较容易,所以一直沿用至今,但它不能明确表达工作间的逻辑关系,不能直接进行计算,不便于计划优化和调整。因此,横道图只适用于小而简单的施工计划,对大而复杂的项目施工计划与控制就有困难了。

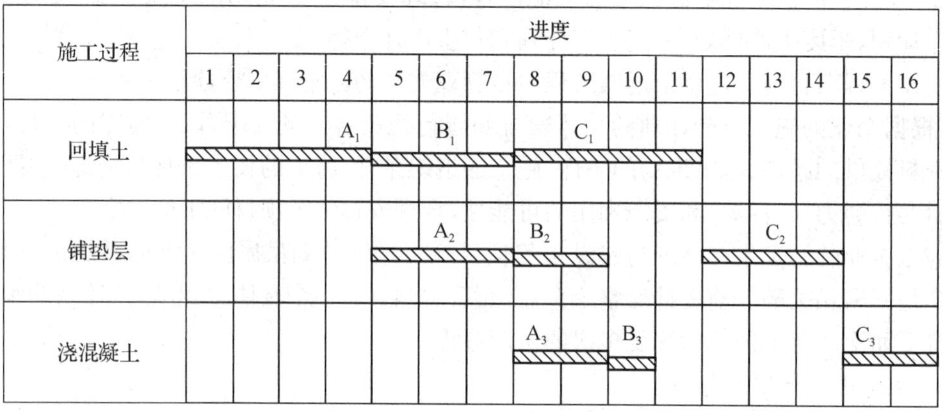

施工过程	进度															
	1	2	3	4	5	6	7	8	9	10	11	12	13	14	15	16
回填土				A_1		B_1			C_1							
铺垫层						A_2		B_2					C_2			
浇混凝土								A_3		B_3					C_3	

图 4.1　横道图施工计划

图4.2为某三跨车间地面混凝土工程的双代号网络图的表示形式,该图逻辑关系比较清楚,能够经过计算确定各项工作的时间参数及关键工作,适用于表达大中型施工项目进度计划。

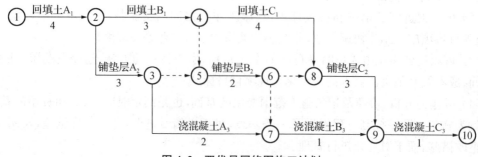

图 4.2　双代号网络图施工计划

究竟应该采用哪一种进度计划方法,主要应考虑下列六种因素:

(1) 工程的规模大小。很显然,小工程应采用简单的进度计划方法,大型工程内部关系众多,为了保证按期按质达到施工目标,就需考虑用较复杂的进度计划方法。

(2) 工程的复杂程度。这里应该注意到,工程的规模并不一定总是与其复杂程度成正比。例如,修一条高速公路,规模虽然不小,但并不太复杂,可以用较简单的进度计划方法。而建造一幢现代化智能化办公楼,会涉及很复杂的步骤和很多专业知识,可能就需要较复杂的进度计划方法。

(3) 工程的紧急性。在工程急需进行阶段,特别是在开始阶段,需要对各项工作发布指示,以便尽早开始工作,此时,如果用很长时间去编制进度计划就会延误时间。

(4) 对工程细节掌握的程度。如果在开始阶段工程的细节无法掌握,只能用横道图概略地表示。随着工程的不断深化,再用网络图表示详细的工作内容。

(5) 关键事项的数量。如果项目进行过程中只有一二项工作需要花费很长时间,其他工作机动时间相对比较多,那么,只需将少数关键事项安排妥当,其他次要工作就不必编制详细复杂的进度计划了。

(6) 技术力量和设备。如果没有计算机软件,关键线路法(CPM)和计划评审技术(PERT)进度计划方法有时就难以应用。而如果没有受过良好训练的技术人员,也无法胜任用复杂的方法编制进度计划的工作。

此外,根据不同情况,还需要考虑用户的要求,能够用在进度计划上的预算等因素,管理能力的适应条件等。

4.2.2　编制程序

不论是控制性施工总进度计划、实施性施工分进度计划,还是作业性施工进度计划,虽然各类计划的内容、对象不同,但其基本原理、方法和步骤有共性的地方。图 4.3 所示为施工进度计划编制的基本程序。

(1) 分析工程施工任务和条件,分解工程进度目标。根据掌握的工程施工任务和条件,可将施工项目进度总目标按不同项目内容、不同施工阶段、不同施工单位、不同专业工种等分解为不同层次的进度分目标,由此构成一个施工进度目标系统,分别编制各类施工进度计划。

(2) 安排施工总体部署,拟订主要施工项目的工艺组织方案。不同的施工总体部署和主要施工方案直接影响施工的工艺方案和组织安排,需仔细研究,反复比选。

(3) 确定施工活动内容和名称。根据工作分解结构的要求,分别列出施工总进度计划或各进度计划的内容及其相应的名称,施工进度计划中施工内容的划分可粗可细,根据实际需要而定。一般来讲,编制控制性施工总进度计划时,为了便于计划综合,工作宜划分得粗一些,一般只列出单位工程或主要分部工程名称;编制实施性施工分进度计划时,为了便于计划贯彻,工作可划分得细一些,特别是其中的主导工作和主要分部工程。

(4) 确定控制性施工活动的开竣工程序和相互关系,并分析各分项施工活动的工作逻辑关系,分别列出不同层次的逻辑关系表,如表 4.1 所示。

表 4.1　各施工活动的逻辑关系表

代号	活动名称	实物工程量		每天资源量	持续时间	紧前活动	紧后活动	备注
		数量	单位					

（5）确定总进度计划中各施工活动的开始和结束时间,估算各分项计划中施工活动的持续时间。一般可用下列方法:

①查阅工期定额及类似工程经验资料。

②计算实物工程量和有关时间,计算公式为:

$$t_0 = \frac{w}{r \cdot m} \tag{4-1}$$

式中:t_0——工作持续时间;

w——该工作实物工程量;

r——劳动定额或产量定额;

m——施工人数或机械台数。

③三点估算法。当有些任务没有办法确定精确实物工程量时,可采用三点估算法来计算,计算公式为:

$$D = \frac{a + 4m + b}{6} \tag{4-2}$$

式中:a——乐观工时估算;

m——正常工时估算;

b——悲观工期估算。

当然,用上面两个公式计算出来的工作时间往往还会受其他因素的影响,需根据实际情况和经验做适当调整。

（6）绘制初步施工进度计划。根据工作逻辑关系表(表 4.1)和计划绘制要求,合理构图、正确标注,形成初步施工横道图计划或者网络图计划。

（7）确定施工进度计划中各项活动的时间参数,确定关键线路及工期。

（8）施工进度计划的调整与优化。根据施工资源限制条件和工程工期、成本资料,进行同层平面之间的动态平衡和不同平面(从上到下或从下到上)之间的动态平衡,检查施工进度计划是否满足约束条件限制、是否达到最优状

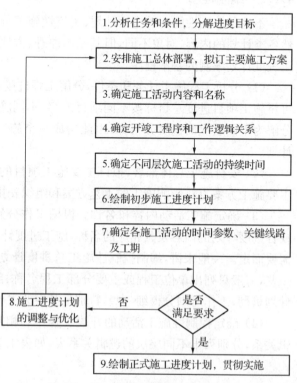

图 4.3　施工进度计划编制基本程序

况。否则,还需进行优化和调整。

（9）绘制正式施工进度计划,并加以贯彻实施。

4.3　施工进度目标策划

4.3.1　施工进度目标的确立

施工项目的运行首先需要明确目标,没有目标就谈不上计划和实施。施工项目的进度目标是项目最终动用的计划时间,也就是工业项目达到负荷联动试车成功,民用项目交付使用的计划时间。此外,对施工项目实施的各阶段、各组成部分都应明确具体的分进度目标。

1. 施工项目的进度目标

建设工期和施工工期是两个不同的进度目标。

建设工期是指建设项目从工程开始施工到全部建成投产或交付使用所经历的时间,它包括组织土建施工、设备安装、进行生产准备和竣工验收等工作时间,是建设项目施工计划和考核投资效果的主要指标。

确定建设项目的建设工期,需根据工期定额、综合资金、材料、设备、劳动力等施工条件,从项目可行性研究中的项目实施计划开始,随着项目进程由粗到细逐步明确。同时,注意与配套项目衔接,同步实施。若建设工期安排过长,资金在未完工程上沉淀过久,会影响投资效果;若建设工期安排过短,将扩大施工规模,增加固定费用的支出,甚至影响施工质量,影响项目目标实现。因此,确定合理建设工期是项目施工的首要任务。

施工工期以单位工程为计算对象,其工期天数指单位工程从基础工程破土开工起至完成全部工程设计所规定的内容,并达到国家验收标准所需的全部日历天数。

国家建设部门曾制定《建筑安装工程工期定额》,用以控制一般工业和民用建筑的工期,其中按不同结构类型、不同建筑面积、不同层数、不同施工地区分别规定了各类不同建筑工程的施工工期。该定额可作为编制施工组织设计、安排施工计划、编制招投标文件、签订工程承发包合同和考核施工工期的依据。

计划施工工期通常是在工程委托人的要求工期或承发包双方原订的合同工期规定下,综合考虑各类资源的供应及成本消耗情况后加以合理确定。

2. 工期目标与成本、质量目标的关系

施工项目管理的主要任务就是采用各种手段和措施,确保工程工期、成本、质量目标的最优实现。工期目标与成本、质量目标之间的关系组成了一个既统一又相互制约的目标系统,如图 4.4 所示。

在图 4.4(a)中,工程总成本由直接费用和间接费用两部分叠加而形成一条下凹的曲线。t_0 为最低工程总成本所对应的工期。

在图 4.4(b)中,工程质量成本由预防成本、鉴定成本、内部损失成本和外部损失成本组成。从图中可以看出,预防成本和鉴定成本随工程质量提高而不断增加,而内部和外部损失成本随工程质量提高而不断下降,工程质量成本就是这两部分曲线叠加的结果,其中工程质量成本最低点(q_0 所对应的成本)称为适宜的工程质量成本。在实际工程中,若确定太高或太低的质量目标,都会加大工程成本。

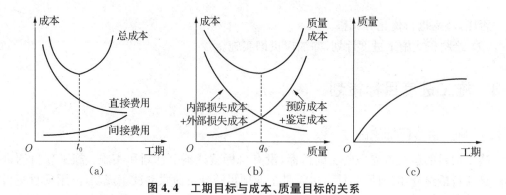

图 4.4　工期目标与成本、质量目标的关系

在图 4.4(c)中,工期质量曲线关系表明,施工工期太紧,会造成施工中粗制滥造,从而降低工程质量;反之施工工期过松,工程质量也不会有太大的提高。

因此,在确定施工工期目标时,也应同时考虑对工程成本和质量目标的影响,进行多方面的分析和比较,做到施工目标系统的整体最优。

3. 施工目标工期的决策分析

为了控制施工进度,必须采用多种科学的决策分析方法,首先明确施工目标工期,并论证施工进度目标实现的可能性。施工目标工期的确立既受工程施工条件的制约,也受工程合同或指令性计划工期限制,还需结合企业的组织管理水平和利润要求一并考虑。通常可以从以下几方面进行决策分析:

(1) 以正常工期为施工目标工期

正常工期是指与正常施工速度相对应的工期。正常施工速度是根据现有施工条件制订的施工方案和企业经营的利润目标确定的,用以保证施工活动必要的劳动生产率,从而实现工程的施工计划。

为了分析施工速度与施工利润的关系,应将施工总成本分为固定费用和变动费用来考虑。固定费用是指与施工产值的增减无关的施工费用,如施工现场的各种临时设施按使用时间收取的折旧费用,周转材料按使用时间分摊的费用,施工机械设备按台班收取的费用,管理人员按支付的工资,以及施工中一次性开支的费用;变动费用则是指与施工产值成比例增减的工程费用,如建筑材料、构件制品费、能源消耗、生产工人计件工资等。

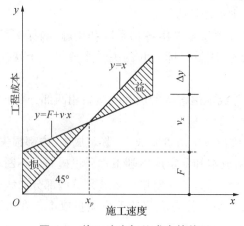

图 4.5　施工速度与总成本的关系

图 4.5 反映单位时间施工产值(施工速度)与工程总成本的定量关系,也就是施工成本与利润关系的图表。如果用 F 表示单位时间施工产值的固定费用,x 表示单位时间施工产值(施工速度),y 表示单位时间的工程成本,v 表示变动费用率,则成本曲线 $y=F+v \cdot x$ 与施工产值曲线 $y=x$ 的交点 x_p 为损益平衡点,即施工速度为 $x=x_p$ 时,施工结果既无利润也不亏损,只有当施工速度 $x>x_p$ 时,施工结果才有盈利。

设施工利润率为 i,则由图 4.5 可得:

$$i=\frac{\Delta y}{x}=\frac{x-v \cdot x-F}{x} \tag{4-3}$$

式中,Δy 为单位时间的施工利润。

正常施工速度为:

$$x=\frac{F}{1-v-i} \tag{4-4}$$

当工期类型已知,施工方案确定后,F 和 v 均为常数。从而可根据施工项目的利润率 i,确定目标工期 T。

[例 4-1]　某工程计划成本为 1 176 万元,根据同类工程资料,变动费用率为 0.75,按所确定的施工方案,固定费用为 20 万元/月,计划降本率为 8%,则正常的施工速度为:

$$x=\frac{F}{1-v-i}=\frac{20}{1-0.75-0.08}=117.6(万元/月)$$

目标工期可定为:

$$T=\frac{1\ 176}{x}=\frac{1\ 176}{117.6} \approx 10(月)$$

(2) 以最优工期为施工目标工期

所谓最优工期,即工程总成本最低的工期,它可采用以正常工期为基础,应用工期成本优化的方法求解。

工期成本优化的基本思想就是在网络计划的关键线路上选择费用最低的工作,并不断从这些工作的持续时间和费用关系中,找出能使计划工期缩短而又能使直接费用增加最少的工作,缩短其持续时间,然后考虑间接费用随着工期缩短而减小的影响,把不同工期下的直接费用和间接费用分别叠加,形成工程工期成本曲线[图 4.4(a)],从这条曲线中可求出工程成本最低点相应的最优工期(t_0),作为施工目标工期。

把最优工期确定为施工目标工期需要比较完备的基础数据,特别是每项工作的正常持续时间和相应的费用、可能加快的时间和相应的费用等必不可少的资料。为此,在工期管理过程中,必须加强定额、预算等基础工作。

(3) 以合同工期或指令工期为施工目标工期

在通常的情况下工程招投标过程中,就需要确定施工工期,工程施工承包合同中都有明确的施工期限,或者国家实施的工程任务规定了指令工期。那么,施工目标工期可参照合同工期或指令工期,结合施工生产能力和资源条件确定,并充分估计各种可能的影响因素及风险,适当留有余地,保持一定提前量。这样,施工过程中即使发生不可预见的意外事件,也不会使施工工期产生太大的偏差。

大型施工项目进度目标论证和决策时,需要掌握比较详细的设计资料,掌握比较全面的承发包组织、施工管理和技术方面的资料,以及项目实施条件资料,并通过编制不同层次的进度计划加以分析和调整。如果经过论证,进度目标无法实现,则应采取特殊措施,或重新调整施工进度目标。

4.3.2 施工进度目标的综合与分解

建设工期和施工工期是工程建设施工阶段的最终进度目标,由许多相互关联又相互制约的子目标组成。由于施工项目结构的层次性、内容的多样性、进展的阶段性,以及由于人们对事物的认识总遵循从粗到细、由近及远的规律,为了最终控制项目施工总目标,必须按照统筹规划、分段安排、滚动实施的原则,将施工目标从不同角度进行综合和分解,编制相应的施工总进度计划和分进度计划。

统筹规划是立足于总进度总工期目标、以确保项目最终交付为目的战略性总体控制计划;分段安排则是在战略性总目标的约束下,对各阶段性的子系统的目标进行控制,以确保总目标的实现;滚动实施则要求将阶段性目标再进一步分解成月、旬(或周)的作业性详细进度目标进行控制,以确保阶段性子系统目标的如期实现。

对于项目高层领导来说,一个计划的实施时段可能达数年;而对于一个基层施工队来说,则必须每天做一次计划,时刻注意控制施工进度。图 4.6 和图 4.7 分别表示了计划执行单位、计划类型、计划时段和计划详细程度的关系。

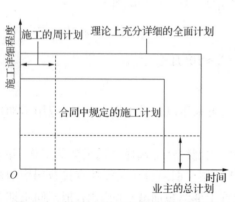

图 4.6 计划执行单位与详细程度的关系

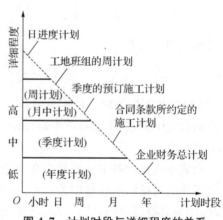

图 4.7 计划时段与详细程度的关系

根据施工进展阶段和组成内容,施工进度目标一般可以分为控制性施工总进度目标、实施性施工分进度目标和操作性施工作业目标。施工进度目标及计划体系要素如表 4.2 所示;施工进度计划体系如图 4.8 所示。

表 4.2 施工进度目标及计划体系

序号	进度目标	计划名称	形式	内容	编制时间	用途
1	建设工期	总进度计划	横道图或网络图	建筑项目总体安排	设计阶段	规划性计划
2	施工工期	分进度计划	网络图	单位工程进度安排	施工投标阶段	控制性计划
3	作业时间	施工作业计划	网络图	分部、分项工程进度安排	施工准备阶段	作业性计划

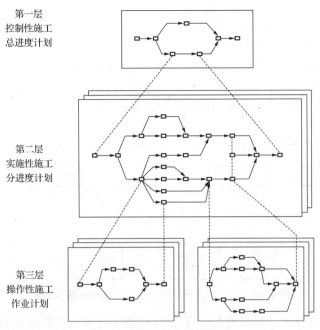

图 4.8　施工进度计划体系

一般来说,应用 WBS 方法对施工进度目标体系有如下几种分解方式。

(1) 按施工项目组成分解。这种分解方式体现项目的组成结构,反映各个层次施工项目的开工和竣工时间。通常可按建设项目、单项工程、单位工程、分部和分项工程的次序进行分解。例如,某地铁一号线工程将施工进度目标按项目结构分解为四个层次,如图 4.9 所示。

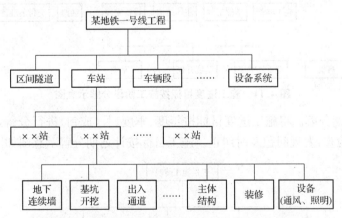

图 4.9　施工进度目标按施工项目组成分解示意图

(2) 按承包合同结构分解。一个建设项目往往有许多承包方参与施工,根据承包合同的不同结构,形成不同层次的总分包体系。施工进度目标按承包合同结构分解,列出各承包单位的进度目标,便于明确分工条件,落实承包责任。某国际机场项目施工进度目标按承包合同结构分解示意图如图 4.10 所示。

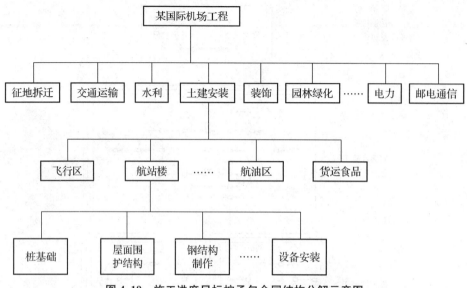

图 4.10　施工进度目标按承包合同结构分解示意图

（3）按施工阶段分解。根据施工项目特点,将施工分成几个阶段,明确每一阶段的进度目标和起止时间。以此作为施工形象进度的控制标志,使工程施工目标具体化。目标按施工阶段分解示意图如图 4.11 所示。

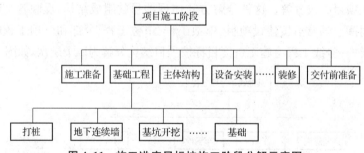

图 4.11　施工进度目标按施工阶段分解示意图

（4）按计划期分解。将施工进度目标按年度、季度、月（或旬）进行分解,从粗到细,便于滚动实施、跟踪检查,发现问题及时纠正。施工目标按计划期分解示意图如图 4.12 所示。

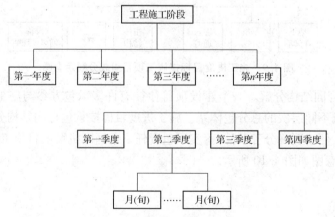

图 4.12　施工目标按计划期分解示意图

4.3.3　施工工期目标的影响因素

一个建筑安装单位工程的施工工期一般取决于其内部的技术、管理因素和外部的社会、自然因素几大方面。国家颁发的施工工期定额就是综合这两方面因素,对不同地区不同类型工程做出的规定。

1. 建筑技术因素

(1) 工程性质、规模、高度、结构类型、复杂程度。

(2) 地基基础条件和处理的要求。

(3) 建筑装修装饰的要求。

(4) 建筑设备系统配套的复杂程度。

2. 施工管理水平

(1) 充分和完善的施工准备。施工准备是工程施工阶段的一个重要环节,充分和完善的施工准备为施工的顺利开展和缩短施工工期创造了有利的施工条件。没有做好必要的准备就贸然施工,必然会造成现场管理混乱,拖延工期。

(2) 先进合理的工程施工方案。施工方案规定了各阶段工程施工方法、选用的施工机械、施工区段划分、工程展开程序等内容。不同的施工技术方案和组织方案将决定不同的工期。

(3) 先进的施工管理水平和协调手段。由于客观环境多变及内外部协调配合的复杂性,施工管理水平和手段的高低直接影响施工速度的快慢。

3. 社会因素

(1) 社会生产力,尤其是建筑业生产力发展的水平。例如,我国 20 世纪 70 年代,城市建造高层建筑,由于施工技术、混凝土泵送设备、商品混凝土生产能力等条件限制,比当今高层建筑施工生产力水平要低得多,同样一幢建筑工期也就长得多。

(2) 建筑市场的发育程度。施工要素能够在建筑市场根据施工需要得到合理配置,这是施工的物质基础。在计划经济体制下,施工生产资料实行计划配给,指标跟投资走,且留有缺口,肢解了施工单位的生产力,制约了施工工期的缩短。而市场经济的发展和完善为施工生产要素的配置创造了市场条件,极大地促进了施工生产力的发展,对提高施工能力、缩短工期产生重大作用。

(3) 工程投资者和管理者的主观追求和决策意图。当决策者要求靠加快进度缩短工期时,自然就以扩大施工规模、增加施工措施、组织平行和立体交叉施工的费用为代价,换取高速度、短工期的成效。当然,有时这种决策的目的在于尽快发挥投资的经济效益和社会效益,从项目的财务评价上仍然是可取的。也可以说这是由主观因素决定工期的长短。

4. 自然因素

恶劣天气、地震、大风、潮汐、低温等是不可预见的自然因素。图 4.13 表示与进度有关的单位和影响进度的因素,图 4.14 表示房屋建筑的各主要分部分项工程对工期的影响程度。

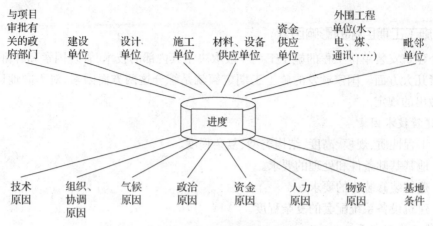

图 4.13　与进度有关的单位和影响进度的因素

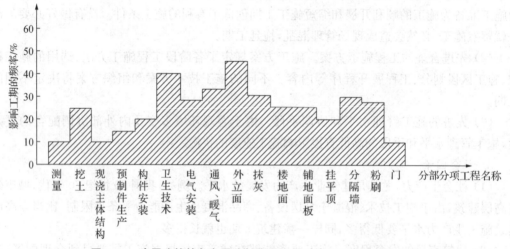

图 4.14　房屋建筑的各主要分部分项工程对施工工期的影响程度

4.4　控制性施工总进度计划

一个大中型的建设项目,往往由若干个单项工程或单位工程组成,形成一个建筑群。工业建筑工程除了主厂房和主装置之外,还有许多辅助、附属工程,只有协调施工、相互配合,才能保证总体工程投产使用;民用住宅小区除住宅外,还包括文教用房、商业用房、娱乐设施、园林绿化和市政配套等设施,也需要有一个依次交付使用的先后顺序。此外,作为一个单位工程的建筑物和构筑物,其内部也都是彼此联系、不可分割的整体。因此,任何建设项目施工应该依据总体规划和统筹安排的原则,首先编制控制性施工总进度计划,以保证施工总进度目标的实现。

4.4.1　基本概念及特点

控制性施工总进度计划是指以整个建设项目为施工对象、以项目整体交付使用时间为目标的施工进度计划。它是施工项目最高层次的施工进度,用来确定工程项目中所包含的单项工程、单位工程或分部分项工程的施工顺序、施工期限及相互搭接关系。该控制性施工进度计划是整个项目施工进度控制的纲领性文件,是组织和指挥施工的依据。在编制控制性施工进度计划时,设计工作还在进行。因此,它不仅是控制施工进度的依据,也是协调设计进度、物资采购计划和制订资金使用计划等的重要参考文件。

对于一个大型重点建设项目,参与施工的单位很多,一般施工单位承担不了施工进度目标控制的总体责任,往往由业主方主持或牵头编制控制性施工总进度计划。

控制性施工进度计划的编制是为了对施工承包合同所规定的施工进度目标进行再论证,并对进度目标进行分解,确定施工的总体部署,并确定为实现进度目标的里程碑事件(或控制节点)的进度目标,作为进度控制的依据。

例如,三峡工程是一个具有防洪、发电、航运等综合效益的巨型水利枢纽工程。枢纽主要由大坝、水电站厂房、通航建筑物三部分组成。其中大坝最大坝高 181 m;水电站厂房共装机 26 台,总装机容量 18 200 MW;通航建筑物由双线连续五级船闸、垂直升船机、临时船闸及上下游引航道组成。三峡工程宏伟,工程量巨大,其主体工程土石方开挖约 1 亿立方米,土石方填筑 4 000 多万立方米,混凝土浇筑 2 800 多万立方米,钢筋 46 万吨,金属结构安装约 26 万吨。

根据审定的三峡工程初步设计报告,三峡工程建设总工期定为 17 年,工程分三个阶段实施。

第一阶段:工程工期为 5 年(1993—1997),主要控制目标是:到 1997 年 5 月导流明渠进水;1997 年 10 月导流明渠通航;1997 年 11 月实现大江截流;1997 年年底基本建成临时船闸。

第二阶段:工程工期 6 年(1998—2003),主要控制目标是:1998 年 3 月临时船间通航;1998 年 6 月二期围堰闭气开始抽水;1998 年 9 月形成二期基坑;1999 年 2 月左岸电站厂房及大坝基础开挖结束,并全面开始混凝土浇筑;1999 年 9 月永久船闸完成闸室段开挖,并全面进入混凝土浇筑阶段;2002 年 5 月二期上游基坑进水;2002 年 6 月永久船闸完建开始调试,2002 年 9 月二期下游基坑进水;2002 年 11—12 月三期截流;2003 年 6 月大坝下闸水库开始蓄水,永久船闸通航;2003 年 4 季度第一批机组发电。

第三阶段:工程工期 6 年(2004—2009),主要控制目标是 2009 年年底全部机组发电和三峡枢纽工程完建。

针对三峡工程的特点、进度计划编制主体及进度计划涉及内容的范围和时段等具体情况,确定三峡工程进度计划分三个大层次进行管理,即业主层、监理层和施工承包商层。业主对三峡工程进度的控制首先是通过招标文件中的开工、完工时间及阶段目标来实现的;监理则是在上述基础上对工期、阶段目标的进一步分解和细化,编制出三峡工程分标段和分项工程进度计划,以此作为对施工承包商上报的三峡工程分标段工程进度计划的审批依据,确保工程施工按进度计划执行;施工承包商将三峡工程分标段施工总进度计划提交给监理用来响应和保证业主的进度要求。该计划是在确定了施工方案和施工组织设计后,对招标文件要求的工期、阶段目标进一步分解和细化编制而成。施工承包商的三峡工程分标段工程年度、季度、月度和周进度计划则是告诉监理和业主,如何具体组织和安排生产,并实现进度计划目标。这样一个程序可以保证三峡工程总进度计划从一开始就可以得到正确的贯彻执行。

控制性施工总进度计划具有以下几个特点：

（1）综合性。控制性施工总进度计划是施工项目最高层次的进度计划，不管该建设项目是一个单项工程，还是一个单位工程，它反映出施工项目的总体施工安排和部署，满足施工项目的总进度目标要求，是各个分进度目标的有机结合，具有一定的内在规律。

（2）整体性。控制性施工总进度计划要反映下级计划的彼此联系。民用住宅小区中，住宅与文教、娱乐、商业服务设施及市政配套必须同步施工，分期交付；工业建筑中的整体性更突出，必须按照生产工艺要求，分期分批施工，主要车间与附属设施协调配合，才能保证厂房顺利投产，发挥效益。

（3）复杂性。控制性施工总进度计划不仅涉及施工项目内部的队伍组织、资源调配和专业配合，也要考虑施工项目外部的市场、社区、政府等的协调问题，还要满足当地地形、地质水文、气象等自然条件限制，牵涉面广、关系错综复杂。

施工进度计划是施工组织设计中的主要内容，也是现场施工管理的中心内容。如果控制性施工进度计划编制得不合理，将导致人力、物力的运用不均衡，延误工期，甚至还会影响工程质量和施工安全。因此，正确地编制控制性施工总进度计划，是保证各项工程以及整个建设项目按期交付使用、充分发挥投资效果、降低建筑工程成本的重要条件。

4.4.2 编制原则和要求

控制性施工总进度计划是以建设项目为对象，根据规定的工期和施工条件，在建设项目施工部署的基础上，对各项工程的施工作业的时间安排。因此，必须充分考虑施工项目的规模、内容、方案、内外关系等因素。在编制控制性施工总进度计划时，应该遵守以下四点原则和要求。

（1）系统规划，突出重点。在安排施工进度计划时，要全面考虑，分清主次、抓住重点。所谓重点工程，常指那些对工程施工进展和效益影响较大的工程子项目。这些项目具有工程量大、劳动量大，施工工期长，工艺、结构构造复杂，质量要求高等特点。由于施工总进度计划反映的工作内容层次高、涉及面广，为了突出工作重点，工作名称的确定就不宜太细，除了一些关键性的主体工程外，对附属性或辅助性工程要适当综合和归并。

例如，火力发电厂的整个生产工艺过程由下列主要生产系统组成：锅炉运转所需的"输煤系统"和"水系统"；锅炉排出煤灰的"除灰系统"；自发电机经过室内配电装置、主控制室和室外变电装置输出电力的"配电系统"；还有供本厂设备运转的"厂用电系统"。上述生产系统均以锅炉和汽轮发电机为其中心联结点。此外，还有一些如油系统、修配厂、试验室、仓库、综合办公楼等附属性和辅助性建筑工程。火力发电厂工程控制性施工总进度应该重点突出主要生产系统的工程内容，并系统考虑它们之间的相互制约关系，如汽轮发电机的运转以锅炉和配电系统的完成为前提，而锅炉的运转又以输煤系统和水系统的完成为条件。此外，尚需完成除灰系统和厂用电系统的运转，确保火力发电厂总进度计划的最优化。

（2）流水组织，均衡施工。流水施工方法是现代大工业生产的组织方式。由于流水施工方法能使建筑工程施工活动有节奏、连续地进行，均衡地消耗各类物资资源，因而能产生较好的技术经济效果。在编制控制性施工总进度计划的过程中，应尽可能吸收和利用流水施工的基本思想和原理，最大限度地节约物资资源消耗，降低工程成本。

在民用建筑施工中,应尽量划分施工区段与流水段,组成施工区间的大流水,使整体上做到连续和均衡地施工。公共建筑的主体工程与配套工程相互穿插、相互协调,保持一定的流水步距;住宅小区内同类型结构的栋号进行对应流水作业,栋号本身组织分层分段的专业工种流水施工,按施工区段达到交付使用条件。

(3)分期实施,尽早动用。对于大型工程施工项目,应根据一次规划、分期实施的原则,集中力量分期分批施工,以便尽早投入使用,尽快发挥投资效益。这时,为保证每一动用单元能形成完整的使用功能或生产能力,就需要合理划分这些动用单元的界限,确定交付使用时所必需的全部配套项目。因此,要妥善处理好前期动用和后期施工的关系、每期工程中主体工程与辅助工程之间的关系、地下工程与地上工程之间的关系、场外工程与场内工程之间的关系。

(4)综合平衡,协调配合。大型工程施工除了土建工程外,工艺设备安装和装饰工程施工量大且复杂,是制约工期的主要因素。当土建工程施工达到计划部位时,及时安排工艺设备安装和装饰工程的搭接、交叉或平行作业,明确工艺设备安装和装饰工程对土建工程的要求,明确土建工程为工艺设备安装和装饰工程提供施工条件的内容和时间。同时,还需做好水、电、气、煤、通风、道路等外部协作条件和资金供应能力、施工力量配备、物资供应能力的综合平衡工作,使它们与施工项目控制性总目标协调一致。

例如,在三峡工程施工总进度计划编制过程中,采取了如下管理措施:

(1)统一进度计划编制办法。业主根据合同要求制订统一的工程进度计划编制办法,在办法里对工程进度计划编制的原则、内容、编写格式、表达方式、进度计划提交、更新的时间及工程进度计划编制使用的软件等做出统一规定,通过监理转发给各施工承包商,照此执行。

(2)确定工程进度计划编制原则。分标段工程进度计划编制必须以工程承包合同、监理发布的有关工程进度计划指令以及国家有关政策、法令和规程规范为依据;分标段工程进度计划的编制必须建立在合理的施工组织设计的基础上,并做到组织、措施及资源落实;分标段工程进度计划应在确保工程施工质量,合理使用资源的前提下,保证工程项目在合同规定工期内完成;工程各项目施工程序要统筹兼顾、衔接合理和干扰少;施工要保持连续、均衡;采用的有关指标既要先进,又要留有余地;分项工程进度计划和分标段进度计划的编制必须服从三峡工程实施阶段的总进度计划要求。

(3)统一进度计划内容要求。三峡工程进度计划内容主要有两部分,即上一工程进度计划完成情况报告和下一步工程进度计划说明,具体如下:

对上一工程进度计划执行情况进行总结,主要包括以下内容:主体工程完成情况;施工段完成情况;施工道路、施工栈桥完成情况;混凝土生产系统建设或运行情况;施工工厂的建设或生产情况;工程质量、工程安全和投资计划等完成情况;边界条件满足情况。

对下一步进度计划需要说明的主要内容有:为完成工程项目所采取的施工方案和施工措施;按要求完成工程项目的进度和工程量;主要物资材料计划耗用量;施工现场各类人员和下一时段劳动力安排计划;物资、设备的订货、交货和使用安排;工程价款结算情况以及下一时段预计完成的工程投资额;其他需要说明的事项;进度计划网络。

(4)统一进度计划提交、更新的时间。三峡工程进度计划提交时间规定如下:三峡工程分标段总进度计划要求施工承包商在接到中标通知书的 30 日内提交,年度进度计划在前一年的 12 月 5 日前提交。三峡工程进度计划更新仅对三峡工程实施阶段的总进度计划、三峡工程分项工程及三峡工程分标段工程总进度计划和年度进度计划进行,并有具体的时间要求。

(5) 对工程进度计划网络编制使用的软件进行统一。三峡工程进度计划网络编制统一使用 Primavera Project Planner for Windows(以下简称 P3 或 P6)软件。同时业主对 P3 或 P6 软件中的工作结构分解、作业分类码、作业代码及资源代码做出了统一规定。

通过工作结构分解的统一规定对不同进度计划编制内容的粗细作出具体要求,即三峡工程总进度计划中的作业项目划分到分部分项工程。三峡工程分标段进度计划中的作业项目划分到单元工程,甚至到工序。通过作业分类码、作业代码及资源代码的统一规定,实现进度计划的汇总、协调和平衡。

4.4.3 编制方法和步骤

控制性施工总进度计划的编制有其内在的要求,必须依照一定的程序进行。施工总进度计划编制方法和步骤如下:

1. 列出施工项目名称,划分施工区段

建设项目施工总进度计划主要反映各单项工程或单位工程的总体内容,通常按照工程量、分期分批投产顺序或交付使用顺序列出主要施工项目名称,一些附属项目、配套设施和临时设施可适当合并列出。

当一个建设项目内容较多、工艺复杂时,为了合理组织施工、缩短工作时间,常常将单项工程或若干个单位工程组合成一个施工区段,各施工区段间互相搭接、互不干扰,各施工区段内组织有节奏的流水施工。工业建设项目一般以交工系统作为一个施工区段,民用建筑按地域范围和现场道路的界线来划分施工区段。

2. 计算工程量,编制施工项目一览表

在施工区段划分的基础上,计算各单位工程的主要实物工程量。其目的是选择各单位工程的流水施工方法,估算各项目的完成时间,计算资源需要量。因此,工程量计算内容不必太细。

按初步设计(或扩大初步设计)图纸,并根据定额手册或有关资料计算工程量。可根据下列定额、资料选取一种进行计算:

(1) 每万元、10 万元投资工程量、劳动力及材料消耗扩大指标。在这种定额中,规定了某一种结构类型建筑,每万元或 10 万元投资中劳动力、主要材料等消耗数量。对照设计图纸中的结构类型即可求得拟建工程分项需要的劳动力和主要材料消耗数量。

(2) 概算指标或扩大结构定额。这两种定额都是在预算定额基础上的进一步扩大。概算指标是以建筑物每 100 m³ 体积为单位,扩大结构定额则以每 100 m² 建筑面积为单位。查定额时,首先查阅与本建筑物结构类型、跨度、高度相类似的部分;然后查出这种建筑物按定额单位所需的劳动力和各项主要建筑材料的消耗数量,从而便可求得拟计算建筑物所需的劳动力和材料的消耗数量。

(3) 标准设计或已建成的类似建筑物。在缺乏上述几种定额的情况下,可采用标准设计或已建成的类似建筑物实际所消耗的劳动力及材料加以类推,按比例估算。但是和拟建工程完全相同的已建工程是比较少见的,因此,在采用已建成工程的资料时,可根据设计图纸与预算定额予以折算调整。这种消耗指标都是各单位多年积累的经验数字,实际工作中常采用这种方法计算。

除房屋外,还必须计算主要的全工地性工程的工程量,例如场地平整、现场道路和地下管线的长度等,这些可以根据建筑总平面图来计算。

将上述方法计算出的工程量填入表 4.3 所示的工程施工项目一览表中。

表 4.3 工程施工项目一览表

工程分类	工程项目名称	结构类型	建筑面积/1 000 m²	幢(跨)数/个	概算投资/万元	主要实物工程量						
						场地平整/1 000 m²	土方工程/1 000 m²	铁路铺设/km	……	砖石工程/1 000 m³	钢筋混凝土工程/1 000 m³	……	装饰工程/1 000 m³	……
A 全工地性施工												
B 主体项目												
C 辅助项目												
D 永久性住宅												
E 临时建筑												

3. 确定各单位工程的施工期限

建筑物的施工期限随着各施工单位的机械化程度、施工技术和施工管理的水平、劳动力和材料供应情况等不同,而有很大差别。因此,应根据各施工单位的具体条件,并考虑建筑物的类型、结构特征、体积大小和现场环境等因素加以确定。单位工段施工期限必须满足合同工期和规定工期的要求。此外,也可参考有关的工期定额来确定各单位工程的施工期限。

4. 确定各单位工程的开竣工时间和相互衔接关系

经过对各主要建筑物的工期进行分析,确定了各主要建筑物的施工期限之后,就可以进一步安排各建筑物的搭接施工时间。安排各建筑物的开竣工时间和衔接关系时,一方面要根据施工部署中的控制工期及施工项目的具体情况(施工力量、材料的供应、设计单位提供设计图纸的时间等)来确定;另一方面也要尽量使主要工种的工人基本上连续、均衡地施工,减少劳动力调度的困难,尽量使技术物资的消耗在全工程上均衡,做到基础、结构、安装、装修、试生产等在时间、数量上的比例合理。

对于工业项目施工以主厂房设施的施工时间为主线,穿插其他配套建筑物的施工时间;对于具有相同结构特征的建筑物或主要工种要安排流水施工。为了保证施工速度,道路、水电、通信等施工准备工作应先期完成;为了减少临时设施,能为施工服务的永久性项目应尽早开工。

5. 安排施工总进度计划

根据前面确定的施工项目内容、期限、开竣工时间及搭接关系,可以采用横道图表示方式或网络计划形式来编制施工总进度计划。

横道图表示的控制性施工总进度计划,形式如表 4.4 所示。表格中的栏目可根据项目规模和要求做适当的调整。

表 4.4 控制性施工总进度计划

序号	单位工程名称	建筑面积/m²	结构形式	工作量/万元	工作天数/d	施工进度表																			
						20××年												20××年							
						一季度			二季度			三季度			四季度			一季度			二季度			三季度		
						1	2	3	4	5	6	7	8	9	10	11	12	1	2	3	4	5	6	7	8	9

6. 总进度计划的调整与修正

施工总进度计划安排好以后,把同一时期各项单位工程的工作量加在一起,用一定的比例画在总进度计划的底部,即可得出建设项目的资源曲线。根据资源曲线可以大致地判断各个时期的工程量完成情况。如果在所画曲线上存在着较大的低谷或高峰,则需调整个别单位工程的施工速度或开竣工时间,以便消除低谷或高峰,使各个时期的工程量尽量达到均衡。资源曲线按不同类型编制,可反映不同施工时期的资金、劳动力、机械设备和材料构件等的需要量。

在编制了各个单位工程的控制性施工进度计划以后,有时还需要对施工总进度计划做必要的修正和调整。此外,在控制性施工进度计划贯彻执行过程中,也应随着施工的进展变化及时做必要的调整。

有些建设项目的施工总进度计划是跨几个年度的,因此,还需要根据国家每年的基本建设投资情况调整施工总进度计划。

4.5 实施性施工进度计划

实施性施工进度计划主要任务是在控制性施工总进度计划的指导下,以单位工程为对象,按分项工程或施工过程来划分施工项目,在选定的施工方案的基础上,根据工期要求和技术物资供应条件,遵守各施工过程合理的工艺顺序和组织顺序,具体确定各施工过程的施工时间及相互搭接、配合关系,并为编制分部分项操作性施工作业计划和各类物资需要量计划提供必要的依据。

项目施工的月度施工计划和旬施工作业计划是用于直接组织施工作业的计划,它属于实施性施工进度计划。针对一个项目的月度或旬施工计划应反映在这个月度或旬中主要施工作业的名称、实物工程量、工作持续时间、所需的施工机械名称、施工机械的数量等,还应反映各施工作业相应的日历天的安排,以及各施工作业的施工顺序。实施性施工进度计划可采用横道图或网络图形式。

编制实施性施工进度计划主要依据下列资料:设计图纸及技术资料、施工组织总设计及控制性施工总进度计划、施工合同规定的工期要求及开竣工日期、施工条件、资源供应、分包情况、主要分部分项工程的施工方案、劳动定额及机械台班定额、其他有关要求和资料。

4.5.1　确定施工过程名称

施工过程是进度计划的基础组成单元。施工过程数量多少、划分粗细程度应根据计划的需要来决定。一般来说,实施性施工进度计划应明确到分项工程或更具体的细项工程,以满足施工项目实施要求。

在编制施工进度计划时,首先应按照图纸和施工顺序,并结合施工方法、施工条件和劳动组织等因素,列出安装、砌筑类主导施工过程的名称,对穿插进行的某些设备类和运输类施工过程可加以综合归并或忽略不计。

例如,单层工业厂房施工进度计划不仅要反映土方工程、基础工程、预制工程、吊装工程等,对每一分部工程还要列出若干细项,如预制工程可分为柱子预制、屋架预制,而各种构件预制又分为支撑模板、绑扎钢筋、浇筑混凝土等。但对劳动量很少、不重要的小项目不必一一列出,通常将其归入相关的施工过程或合并为"其他"一项。另外,由于施工方案不同,施工过程名称、数量和内容亦会有所不同。如某深基坑施工,当采用放坡开挖时,其施工过程有井点降水和挖土两项;当采用板桩支护时,其施工过程就包括井点降水、打板桩和挖土三项。

4.5.2　确定施工顺序

确定施工顺序是为了按照施工的技术规律和合理的组织关系,解决各项目之间在时间上的先后顺序和空间上的搭接关系,以保证施工质量、施工安全,充分利用施工时间和空间,实现工期目标要求。

一般来说,施工顺序受工艺和组织两方面的制约。当施工方案确定后,项目之间的工艺顺序就随之确定了,而组织关系则需要考虑劳动力、机械设备、材料构件等资源安排。由于各类施工项目的结构特点和施工条件不同,其施工顺序也不尽相同。例如,多层混合结构建筑、高层混凝土墙板建筑、单层工业厂房建筑等,都有各自的施工顺序。

4.5.3　计算工程量

工程量计算应根据施工图和工程量计算规则进行。为了便于计算和复核,工程量计算应按一定的顺序和格式进行。工程量计算的方法与工程预算类似。

在实际工程中一般先编制工程预算书,如果施工进度计划所用定额和施工过程的划分与工程预算书一致,则可直接利用预算的工程量,不必重新进行计算。若某些项目有出入,或分段分层有所不同时,可结合施工进度计划的要求进行变更、调整和补充。如计算基础土方时,应根据土壤的级别和采用的施工方法(开挖、支撑或放坡)等实际情况进行计算。

4.5.4 确定劳动量和机械台班数

根据施工过程的工程量、施工方法和地方颁发的施工定额,并参照施工单位的实际情况,确定计划采用的定额(时间定额和产量定额),以此计算劳动量和机械台班数,计算公式如下:

$$p=\frac{Q}{S} \qquad (4-5)$$

或

$$p=Q \cdot H \qquad (4-6)$$

式中:p——某施工过程所需的劳动量(或机械台班数);

Q——某施工过程的工程量;

S——计划采用的产量定额(或机械产量定额);

H——计划采用的时间定额(或机械时间定额)。

使用定额有时会遇到施工进度计划中所列施工过程的工作内容与定额中所列项目不一致的情况,这时应予以补充。通常有下列两种情况。

(1) 施工进度计划中的施工过程所含内容为若干分项工程的综合,此时,可将定额作适当扩大,求出平均产量定额,使其适应施工进度计划中所列的施工过程。平均产量定额可按式(4-7)计算:

$$\bar{S}=\frac{\sum\limits_{1}^{n}Q_i}{\dfrac{Q_1}{S_1}+\dfrac{Q_2}{S_2}+\cdots+\dfrac{Q_n}{S_n}} \qquad (4-7)$$

式中:Q_1、Q_2、$\cdots$、Q_n——同一施工过程中各分项工程的工程量;

S_1、S_2、$\cdots$、S_n——同一施工过程中各分项工程的产量定额(或机械产量定额);

S——施工过程的平均产量定额(或平均机械产量定额)。

(2) 有些新技术或特殊的施工方法,其定额尚未列入定额手册中,此时,可将类似项目定额进行换算,或根据试验资料确定,或采用三时估计法。三时估计法求平均产量定额可按式(4-8)计算:

$$\bar{S}=\frac{a+4m+b}{6} \qquad (4-8)$$

式中:a——最乐观估计的产量定额;

b——最保守估计的产量定额;

m——最可能估计的产量定额。

4.5.5 确定各施工过程的作业天数

计算各施工过程的持续时间的方法一般有两种。

(1) 根据配备在某施工过程上的施工工人数量及机械数量来确定作业时间。

根据施工过程计划投入的工人数量及机械台数,可按下式计算该施工过程的持续时间:

$$T=\frac{p}{n \cdot b} \qquad (4-9)$$

式中:T——完成某施工过程的持续时间(工日);

p——该施工过程所需的劳动量(工日)或机械台班数(台班);

n——每工作班安排在该施工过程上的机械台数或劳动的人数;

b——每天工作班数。

(2)根据工期要求倒排进度,由 T、p、b,根据

$$n=\frac{p}{T \cdot b} \tag{4-10}$$

可求得 n 值。

确定施工持续时间应考虑施工人员和机械所需的工作面。人员和机械的增加可以缩短工期,但它有一个限度,超过了这个限度,工作面不充分,生产效率必然会下降。

4.5.6　编制施工进度计划

编排施工进度计划的一般方法是首先找出并安排控制工期的主导施工过程,并使其他施工过程尽可能地与其平行施工或最大限度地搭接施工。

在主导施工过程中,先安排其中主导的分项工程,而其余的分项工程则与它配合、穿插、搭接或平行施工。

在编排时,主导施工过程中的各分项工程,各主导施工过程之间的组织,可以应用流水施工方法和网络计划技术进行设计,最后形成初步的施工进度计划。

无论采用流水作业法还是采用网络计划技术,对初步安排的施工进度计划均应进行检查、调整和优化。检查的主要内容有:是否满足工期要求,资源(劳动力、材料及机械)的均衡性;工作队的连续性;施工顺序、平行搭接和技术或组织间歇时间等是否合理。检查结果如有不足之处应予调整,必要时应采取技术措施和组织措施,使有矛盾或不合理、不完善处的工序持续时间延长或缩短,以满足施工工期和施工的连续性(一般主要施工过程是连续的)和均衡性。

此外,在施工进度计划执行过程中,往往会因人力、物力及客观条件的变化而打破原订计划,或超前或推迟。因此,在施工过程中,也应经常检查和调整施工进度计划。近年来,计算机已被广泛用于施工进度计划的编制、优化和调整,它具有很多优越性,尤其是在优化和快速调整方面更能发挥其计算迅速的优点。

4.6　施工进度计划优化

一项工程往往由很多子项目组成,这些子项目都有自己的执行时间,并且需要一定数量的资源。因而对一个工程施工项目来说,既有时间约束,又有资源(费用)的约束。工程施工进度计划的优化问题就是通过一定的科学方法,合理配置资源和降低工程的费用,实现工程施工期的优化。

按照施工进度计划优化目标分类,进度计划优化分为工期优化、费用优化和资源优化三个方面。

4.6.1　施工进度计划的工期优化

施工进度计划的工期优化是指调整进度计划的工期,使其在满足要求的前提下,达到工

期最为合理的目的。

时间是一项特殊的资源。对于一项紧迫的施工任务来说,就是要千方百计地采取措施,调整修改原始进度计划,使它的完成期限达到最短的程度,或者符合规定工期的要求。即使原始计划的工期没有超过规定工期,也要进一步分析调整原始进度计划,挖掘潜力,充分考虑各种有可能出现的影响因素,以确保施工计划的顺利完成。

以施工网络计划为例,除了采取压缩关键工作时间的方法来达到缩短工期的目的外,还可采用调整网络计划逻辑关系的方法,通过工艺措施和组织措施来实现对进度计划的工期优化。

1. 压缩关键工作时间

在施工网络计划中,关键线路控制着工程的工期。因此,要缩短工期首先应选择关键线路,即所谓的"向关键线路要资源"。当施工网络计划中有多条关键线路时,还必须考虑多条关键线路的优化组合,即同时缩短多条关键线路的时间。

选择压缩工作的方法有:顺序法——按关键工作开始时间确定,先开始的工作先压缩;加权平均法——按各关键工作持续时间长短的比例分摊需压缩的时间;相关目标选择法——按其他施工目标选择关键工作进行压缩,如质量、安全、资源供应和费用,结合外部环境因素的制约加以综合考虑,并尽可能予以量化。

例如,图 4.15 所示的原始网络计划计算工期为 18 个月。如果该项目需要提前一个月交付使用,则应对该原始网络计划进行工期调整。

根据分析可知,该网络计划有两条关键线路,即 1—2—5—6—8 和 1—3—4—5—6—8,要缩短工期必须将两条关键线路同时考虑,可行的关键工作组合方案有四组。第一组:工作 A 和工作 D;第二组:工作 A 和工作 E;第三组:工作 G;第四组:工作 N。至于哪一个方案最优,还需结合该项目的实际背景资料,综合分析安全和质量要求、资源供应状况、现场施工条件、赶工费用等情况,并尽可能将各种约束条件量化,经过比较选择最优方案。

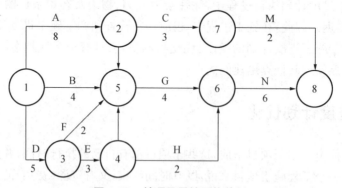

图 4.15 某项目原始网络计划

2. 优化工作组织方式

优化工作的组织方式主要是将网络计划中原来依次进行的工作调整为平行工作和搭接工作,以便在同一时间内开展更多的工作,集中资源投入,充分利用施工现场空间。

(1)将依次工作调整为平行工作

如果施工条件和资源投入许可,将依次工作调整为平行工作对于缩短工期可以收到最大的效果。将依次工作调整为平行工作如图 4.16 所示。有 A 和 B 两个部件需要组装,原计划安排先组装 A 部件后再组装 B 部件,即依次进行。为了缩短工期就可以将这两件依次进行的工作调整为平行工作。这样,网络中的关键线路就由原来的 5 d 缩短到 3 d。

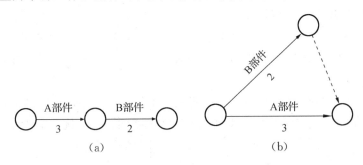

图 4.16　将依次工作调整为平行工作

(2) 将串联工作调整为搭接工作

为了缩短工作依次进行花费的时间,可以采用部分搭接的方式来完成,即通过增加施工投入的方式,紧前工作部分完成后其紧后工作就可以开始。

例如,有两幢多层房屋的基础工程,分别由土方开挖、垫层、混凝土基础、回填土四道工序组成,相应的工作时间分别为 8 d、4 d、10 d、2 d。若安排依次施工,一幢房屋的基础工程需花费 24 d 时间,两幢房屋就要 48 d。若组织两幢房屋基础工程搭接施工,各道工序交替进行,就可以使工期缩短为 34 d。基础工程搭接施工计划如图 4.17 所示。

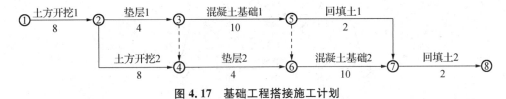

图 4.17　基础工程搭接施工计划

优化工作的组织方式要根据客观条件的许可,不能盲目进行。一是要符合施工技术方案的规定;二是要有充足的资源提供保证;三是要注意空间条件的限制。在一定的条件下,工作段分得越细,工期就越短,每项工作所占的空间有时就会缩小。当超过一定的限度时,工作的展开就会有困难,反而会引起窝工,影响效率。

3. 调配计划机动资源

在施工计划过程中,资源的供应量总是有限制的,这就要求对整个资源的调配作统筹安排。由于关键线路时间安排显得比较紧张,而那些拥有大量机动时间的非关键线路上的非关键工作就显得非常松弛。因此,为了加速关键工作的进展,缩短工期,完全有理由利用非关键工作的机动时间,把这些工作安排得紧凑一些,从中调出部分资源来支援关键线路上的工作,即所谓的"向非关键线路要资源"。

从非关键线路调出资源,即利用非关键工作的机动时间有两种方式:

(1) 推迟非关键工作的开始时间

在图 4.18(a)的网络计划中,工作 A,B 平行进行,工作 A 每天分配 30 人用 6 d 完成,工作 B 每天分配 15 人用 10 d 完成。工作 B 是关键工作,为了加速它的完成,以缩短计划工期,就可以把工作 A 的人力全部转移到工作 B 上来,待工作 B 完成后再集中力量去完成工作 A。即把工作 A 推迟到工作 B 之后开始,这样工期就由 20 d 缩短到 16 d,如图 4.18(b) 所示。

(2) 延长非关键工作的持续时间

在一定条件下,一项工作通过增加资源可以缩短工期;同理,一项工作如果要调出资源,则要相应地延长时间。非关键工作均有机动时间,因此,可用适当延长时间的做法来调出资源。

在图 4.18(a)的网络计划中,还可以将非关键工作 A 延长到 12 d,从而调出 15 人来支援关键工作 B 的完成,这样关键工作 B 也就相应地缩短了 5 d。优化后工期同样由 20 d 缩短到 16 d。如图 4.18(c)所示。

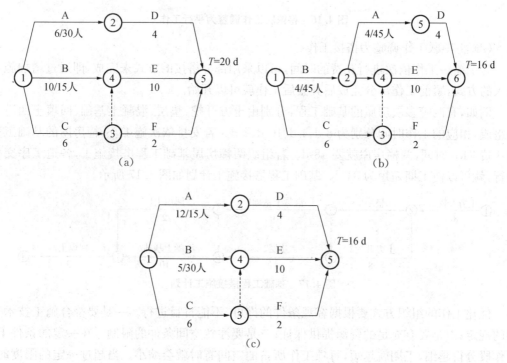

图 4.18 计划机动资源的调配

4. 优选工作的可变顺序

网络计划中的组织关系反映了工作之间的可变顺序。工作 A 可在工作 B 之前完成,工作 B 亦可在工作 A 之前完成,利用这种工作顺序的可变特性调整网络图,确定最优的组织关系,就可以缩短工期。

例如,图 4.19(a)所示的桥梁工程施工网络计划,工期为 63 d,不能满足规定施工工期 60 d 的要求。由于该计划中的每项工作作业时间均不能够压缩,且工地施工桥台的钢模板只有一套,两个桥台只能顺序施工,若一定要压缩工作时间,可将西桥台基础的挖孔桩改为预制桩,要修改设计,且需增加费用。

在仅有一套桥台施工模板的条件下,考虑到西侧桥台基础为桩基,施工时间长(25 d),而东侧桥台为扩大基础,施工时间短(10 d)。所以,将原计划中西侧桥台施工完后施工东侧桥台改为东侧基础、桥台和西侧基础同时施工,接着再进行西侧桥台的施工,如图 4.19(b)所示。这样,改变一下施工组织顺序,在不增加任何投入的情况下,就可以将计划工期缩短到 T＝55 d,小于规定施工工期 60 d 的要求。

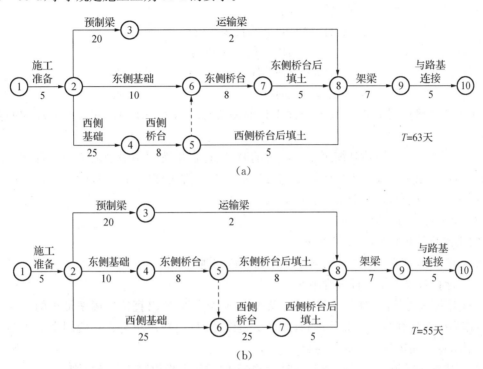

(a)

(b)

图 4.19　桥梁工程施工网络计划

4.6.2　施工进度计划的费用优化

费用优化又称工期成本优化,是指寻求工程总成本最低时的工期安排,或按要求工期寻求最低成本的计划安排的过程。其基本思路在于不断地在网络计划中找出直接费用率(或组合直接费用率)最小的关键工作,缩短其持续时间,同时考虑间接费随工期缩短而减少的数值,最后求得工程总成本最低时的最优工期安排或按要求工期求得最低成本的计划安排。

1. 时间和费用的关系

工程总费用由直接费用和间接费用组成。直接费用会随着工期的缩短而增加。间接费用包括现场管理等的全部费用,一般会随着工期的缩短而减少。工程直接费用和间接费用叠加形成工程总费用,工程时间-费用曲线如图 4.20 所示。图中,在工程总费用曲线上,有一个最低点 P_0 就是费用最低的最优方案,它的相对工期 t_0 就是最优工期。

工程的直接费用随着其持续时间的缩短而增加。工程的持续时间每缩短单位时间而增加的直接费用称为直接费用率。假设工程的直接费用率

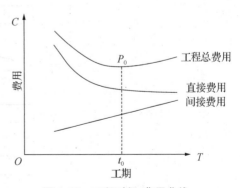

图 4.20　工程时间-费用曲线

按直线变化,其计算公式为:

$$\Delta C_{i-j} = \frac{CC_{i-j} - CN_{i-j}}{DN_{i-j} - DC_{i-j}} \qquad (4-11)$$

式中:ΔC_{i-j}——工作 $i-j$ 的直接费用率;

$\quad CC_{i-j}$——工作 $i-j$ 最短持续时间下的直接费用;

$\quad CN_{i-j}$——工作 $i-j$ 正常持续时间下的直接费用;

$\quad DN_{i-j}$——工作 $i-j$ 的正常持续时间;

$\quad DC_{i-j}$——工作 $i-j$ 的最短持续时间。

工程的直接费用率越大,说明将该工程的持续时间缩短一个时间单位所需增加的直接费用越多。

在压缩关键工程以达到缩短工期的目的时,应将直接费用率最小的关键工程作为压缩对象。当有多条关键线路出现而需要同时压缩多个关键工作的持续时间时,应将它们的直接费用率之和(组合费用率)最小者作为压缩对象。

2. 费用优化的步骤

费用优化的步骤如图 4.21 所示。

(1) 按工作的正常持续时间确定计算工期和关键线路。

(2) 计算各项工作的直接费用率。

(3) 压缩关键线路时间。当只有一条关键线路时,应找出直接费用率最小的一项关键工作,作为缩短持续时间的对象;当有多条关键线路时,应找出组合直接费用率最小的一组关键工作,作为缩短持续时间的对象。

当需要缩短关键工作的持续时间时,其缩短值的确定必须符合两条原则:

①缩短后工作的持续时间不能小于其最短持续时间。

②缩短持续时间的工作不能变成非关键工作。

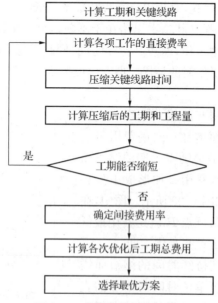

图 4.21 费用优化步骤示意图

（4）计算关键工作持续时间缩短后的工期和工程量。

（5）重复上述步骤,直至工期不能再缩短为止。

（6）确定间接费用率。间接费用率指一项工作缩短单位持续时间所减少的间接费用。间接费用率一般都是由各单位根据工作的实际情况而加以确定的。

（7）计算各次优化后的工期总费用。绘制时间—成本曲线,并根据优化目标选择最优方案。

3. 费用优化的示例

[例 4 - 2]　已知某双代号网络计划中正常情况和最短情况下的直接费用数据如表 4.5 所示。根据表中工作之间的逻辑关系和正常持续时间 (DN_{i-j}) 可以绘出某工程双代号网络图,如图 4.22 所示。箭头上方括号内为直接费用率,箭头下方括号外和括号内分别为工作的正常持续时间和工作的最短持续时间。工程施工间接费用率为 9 万元/d。

表 4.5　正常情况和最短情况下直接费用数据

工作名称	紧后工作	正常情况		最短情况		$\Delta C/(万元/d)$
		DN/d	$CN/万元$	DC/d	$CC/万元$	
A	C	4	10	2	20	5
B	D,E	3	14	1	18	2
C	F	8	16	4	32	4
D	F	6	15	4	27	6
E	G	10	20	5	45	5
F	—	4	10	2	16	3
G	—	3	12	1	20	4
合计	—	—	97	—	178	—

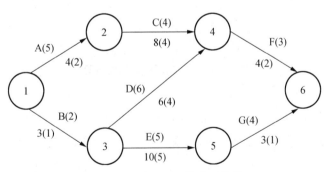

图 4.22　某工程双代号网络图

通过计算,在正常情况下工程施工工期为 $T_0=16(d)$,有两条关键线路,分别为 1—2—4—6 和 1—3—5—6。因此,必须两条关键线路同时缩短,才能达到缩短工期的目的。

第一次压缩:

图 4.22 的网络计划中两条关键线路共有 9 种工作组合,如表 4.6。其中,组合直接费用率最小值位于第 7 组,组合直接费用率为 5 万元/d。

表 4.6　工作组合直接费用率

序号	工作组合 $i-j$	组合直接费用率/(万元/d)
1	1—2,1—3	5+2=7
2	1—2,3—5	5+5=10
3	1—2,5—6	5+4=9
4	2—4,1—3	4+2=6
5	2—4,3—5	4+5=9
6	2—4,5—6	4+4=8
7	4—6,1—3	3+2=5
8	4—6,3—5	3+5=8
9	4—6,5—6	3+4=7

选取工作 1—3 和 4—6 可能缩短持续时间的最小值,且保证缩短后工作 1—3 和 4—6 仍为关键工作,即

$$\Delta t \leqslant \min[DN_{i-j} - DC_{i-j}] = \min[(3-1),(4-2)] = 2(d)$$

所以,1—3、4—6 工作持续时间的缩短值均为 2 d,压缩后 1—3、4—6 仍为关键工作。

第一次压缩后,工期为 14 d,直接费用为 $97+5\times2=107$(万元)。

关键工作持续时间第一次压缩后的网络图如图 4.23 所示。

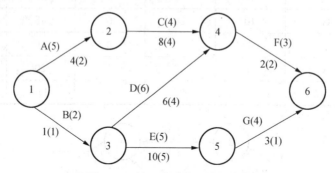

图 4.23　第一次压缩后的网络图

第二次压缩:

关键工作持续时间第一次缩短后,由于工作 1—3 与 4—6 已达最短时间,不能再压缩。第二次压缩可选工作组合为第 2、3、5、6 组,其中组合直接费用率最小的为第 6 组,组合直接费用率 8 万元/d。

第 6 组合中选取工作 2—4 和 5—6 可能缩短持续时间的最小值,且保证缩短后工作 2—4 和 5—6 仍为关键工作,即

$$\Delta t \leqslant \min[DN_{i-j} - DC_{i-j}] = \min[(8-4),(3-1)] = 2(d)$$

所以,工作 2—4 和 5—6 持续时间的缩短值均为 2 d,压缩后 2—4 和 5—6 仍为关键工作。第二次压缩后,工期为 12 d,直接费用为 $107+8\times2=123$(万元)。

关键工作持续时间第二次压缩后的网络图如图 4.24 所示。

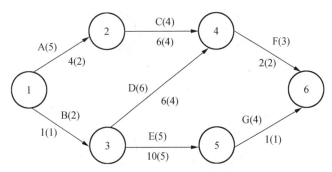

图 4.24　第二次压缩后的网络图

第三次压缩：

关键工作持续时间第二次缩短后,由于工作 5—6 已不能再压缩,第三次压缩可选工作组合为第 2、5 组,其中组合直接费率最小的为第 5 组,组合直接费用率为 9 万元/d。

第 5 组合中选取工作 2—4 和 3—5 可能缩短持续时间的最小值,且保证缩短后工作 2—4 和 3—5 仍为关键工作,即

$$\Delta t \leqslant \min[DN_{i-j} - DC_{i-j}] = \min[(6-4),(10-5)] = 2(d)$$

所以,工作 2—4 和 3—5 持续时间的缩短值均为 2 d,压缩后 2—4 和 3—5 仍为关键工作。第三次压缩后,工期为 10 d,直接费用为 $123 + 9 \times 2 = 141$(万元)。

关键工作持续时间第三次压缩后的网络图如图 4.25 所示。

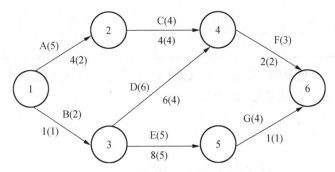

图 4.25　第三次压缩后的网络图

第四次压缩：

关键工作持续时间第三次缩短后,由于工作 2—4 已不能再压缩,第四次压缩可选工作组合为第 2 组。

第 2 组合中选取工作 1—2 和 3—5 可能缩短持续时间的最小值,即

$$\Delta t \leqslant \min[DN_{i-j} - DC_{i-j}] = \min[(4-2),(8-5)] = 2(d)$$

由于此时非关键线路 1—3—4—6 的持续时间为 $1 + 6 + 2 = 9$(d),为保证缩短后工作 1—2 和 3—5 仍为关键工作,工作 1—2 和 3—5 持续时间的缩短值应为 1 d。选定工作的组合直接费用率为 10 万元/d,$141 + 10 \times 1 = 151$(万元)。第四次压缩后,工期为 9 d。

关键工作持续时间第四次压缩后的网络图如图 4.26 所示。

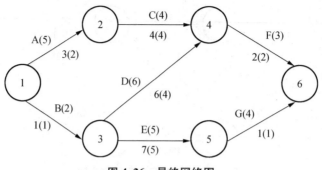

图 4.26　最终网络图

至此,所有网络图中所有线路均称为关键线路,无任何工作可再压缩。自此,费用优化过程完成。将工程施工直接费用和间接费用叠加,分别计算每次压缩后的工程总费用。工程施工总费用计算如表 4.7 所示。

表 4.7　工程施工总费用计算

工作压缩次数	工期/d	工程直接费用/万元	工程间接费用/万元	工程总费用/万元
初始状态	16	97	9×16＝144	97＋144＝241
第一次压缩	14	107	9×14＝126	107＋126＝233
第二次压缩	12	123	9×12＝108	123＋108＝231
第三次压缩	10	141	9×10＝90	141＋90＝231
第四次压缩	9	151	9×9＝81	151＋81＝232

根据以上数据绘制时间-费用曲线,如图 4.27 所示。最优压缩方案为将工期压缩至10 d 或 12 d,工程施工总费用为 231 万元。

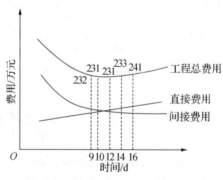

图 4.27　工程时间—费用曲线

此时,仅工作 A 和工作 E 还未达到最短时间,分别还有 1 d 和 2 d 的富裕时间。相对于不采用网络技术优化分析,全部工作采用最短时间节约直接费 15 万元(1×5＋2×5＝15)。

4.6.3　施工进度计划的资源优化

所谓资源,就是完成工程施工所需的人力、材料、设备和资金的统称。施工进度计划的资源优化主要解决两方面问题:一是在提供的资源有所限制时,使每个时段的资源需要量都满足资源限量的要求,并使项目实施所需的时间最短,称为资源有限—工期最短的优化;二是当工期固定时,使资源安排得更为均衡合理,称为工期固定—资源均衡的优化。

施工进度计划资源优化的假设条件是:在优化过程中,不改变网络计划中各项工作的逻辑关系;在优化过程中不改变网络计划中各项工作的持续时间;网络计划中各项工作的资源强度(单位时间所需资源数量)为常数,而且是合理的;除规定可中断的工作外,一般不允许中断工作,应保持其连续性。

1. 资源有限—工期最短的优化

在实际工作中,资源的供应量往往是有限制的,施工进度计划是在资源约束的条件下进行安排。若某一时段所需某种资源的计划数量超过了该种资源的供给量,即计划量与供给量出现了矛盾,就需要调整计划以解决资源限制的矛盾,或者合理分配资源,将有限资源优先分配给对工期影响较大的工作,使工期不拖延或者使工期拖延最少。

资源有限-工期最短问题如图 4.28 所示。如果安排 3 台机械投入土方开挖工作,则分别需要 8 d,8 d 和 10 d 施工时间,10 d 完工;如果机械的供应量有限制,只能安排 2 台机械投入土方开挖工作,在满足最大限度搭接的情况下,最少完工时间为 13 d,工期延长 3 d。

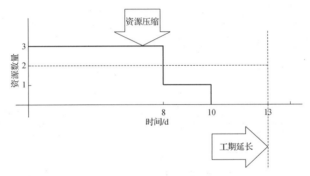

图 4.28　资源有限—工期最短问题

为解决资源有限—工期最短问题,20 世纪 60 年代以来,一些学者进行了许多研究工作,这些研究成果对大型工程项目来说尚不能给出最优解。现用的一些方法都是属于"直接推理法"。所谓"直接推理法"是按一定规则,为满足资源有限的条件,将工作排序,以求出问题的解。所求的解是近似的最优解,它不要求解的最优性,而是在解问题的状态下,采用减少搜寻的方法,以很少的计算量得到一个满意的解。

最小工作时差优先法(MINSLK)是在解决有限资源冲突中,对具有最小工作时差的工作优先分配资源。如果工作不容许中断的话,在资源冲突时段前开始的工作后移,就会加大对工期的影响。因此,不论工作的开始时间是先是后,可统一按工作推迟对工期的影响程度从大到小的次序来表现资源排序的优先分配原则,即按工期影响程度来排队。

工作推迟开始对工期影响程度指标:

$$\Delta T = (\tau_{k+1} - ES_{i-j}) - TF_{i-j} \tag{4-12}$$

式中:ΔT——工期影响程度;

　　　τ_{k+1}——资源曲线中对应于时间区段 $[\tau_k, \tau_{k+1}]$ 的右端点;

　　　ES_{i-j}——工作 $i-j$ 最早开始时间;

TF_{i-j}——工作 $i-j$ 的总时差。

工期影响程度指标示意图如图 4.29 所示。

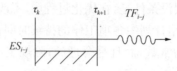

图 4.29　工期影响程度指标示意图

[**例 4-3**]　已知某工程施工初始网络计划、时标网络计划及人工需要量动态曲线如图 4.30(a)和(b)所示。如果所能供应人工限量为 40 人($R=40$ 人),试用最小工作时差优先法调整初始计划,以解决资源供需矛盾。

按照初试网络计划,分步进行调整。

第一步调整:

从图 4.30 的资源动态图上可知,在[1,3]时段上的工人数为 50 人,超过了限量($R=40$ 人),故需要调整。在该时段上有并行工作 B、C、D。

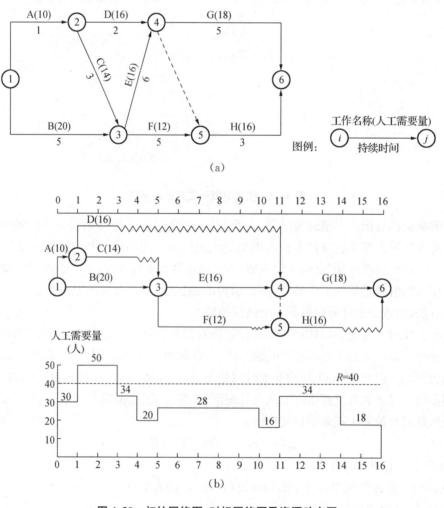

图 4.30　初始网络图、时标网络图及资源动态图

根据最小工作时差优先法,计算结果如表4.8所示,工作B推迟对工期影响最大(3 d),工作C次之(1 d),工作D推迟对工期没有影响(−6 d)。因此,将工作D置于工作C之后,初始计划工期没有变化。第一步调整后的时标网络图与资源动态曲线如图4.31所示。

表 4.8　最小工作时差优先法(第一步)

优先顺序	工作名称	每天资源需要量(r_{i-j})/人	资源累计需要量($\sum r_{i-j}$)/人	判断依据(ΔT)
1	B	20	20	$(3-0)-0=3$
2	C	14	34	$(3-1)-1=1$
3	D	16	50	$(3-1)-8=-6$

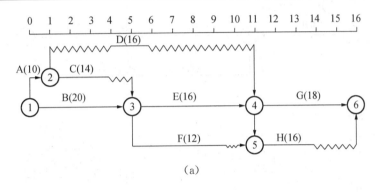

(a)

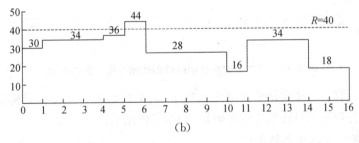

(b)

图 4‑31　第一步调整后的时标网络图与资源动态曲线

第二步调整:

第一步调整后,[1,3]时段的资源量降至34人,而[5,6]时段又出现资源计划量44人,超过限量。为此,需要进行第二步调整。在[5,6]时段上有并行工作D、E、F。

根据最小工作时差优先法,计算结果如表4.9所示,工作E推迟对工期影响最大(1 d),工作F和工作D推迟对工期都没有影响(−2 和−3 d),且工作D的机动时间最长。因此,将工作D置于工作F之后,工期延长1 d(调整后工期为17 d)。第二步调整后的时标网络图与资源动态曲线如图4.32所示。

表 4.9　最小工作时差优先法（第二步）

优先顺序	工作名称	每天资源需要量(r_{i-j})/人	资源累计需要量($\sum r_{i-j}$)/人	判断依据(ΔT)
1	E	16	16	$(6-5)-0=1$
2	F	12	28	$(6-5)-3=-2$
3	D	16	34	$(6-4)-5=-3$

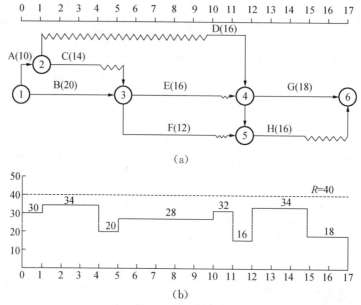

图 4.32　第二步调整后的时标网络图与资源动态曲线

通过第二步的调整，该实例资源动态曲线上[5,6]时段的计划资源量降到了 28 人。至此，各时段上的计划资源量皆低于资源限量，调整工作结束。

2. 工期固定—资源均衡的优化

在编制网络计划时，若资源供应不构成约束，从经济观点出发，应考虑在整个工期内均衡地使用资源，避免出现资源用量高峰和低谷的现象。资源使用不均衡，直接影响劳动生产率、临时设施规模和施工费用，造成资源使用上的浪费。因此，可以做到相对的均衡，即利用工作的时差，通过调整工作的最早开始时间或持续时间，来减少资源使用量的高峰与低谷的差值，使资源计划使用量在整个工期内趋于均衡。

在工期不变的情况下，资源均衡优化的方法采用最小方差法，或称最小平方和法。

当计划工期内资源计划使用量的差别较大时，为使各单位时间的资源计划使用量尽可能趋于均衡，用计划工期内资源计划使用量的平均值作为期望使用量，使各单位时间内所安排的资源量接近于期望使用量，二者的差值越小越好。为此，用反映计划整体的资源计划使用量与期望使用量的差值的平方和作为判别目标，这个平方和越小，就认为资源的使用量越趋于均衡，故在每次调整中都要使这个平方和值下降，直至最小。

某工程资源动态曲线如图 4.33 所示。设 R 为在计划期内资源需要量的平均值，R_t 为任

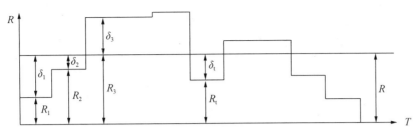

图 4.33　工程资源动态曲线

一时间单位(t)内某种资源的需要量，T 为工期，则资源需要量的平均值为：

$$\bar{R} = \frac{1}{T} \sum_{i=1}^{T} R_t \qquad (4-13)$$

令 δ_t 为 t 单位时间的资源需要量与资源需要量平均值的差值，则

$$\delta_t = \bar{R} - R_t \qquad (4-14)$$

当 $t = 1, 2, \cdots, T$ 时，则

$$\begin{cases} \delta_1 = \bar{R} - R_1 \\ \delta_2 = \bar{R} - R_2 \\ \vdots \\ \delta_T = \bar{R} - R_T \end{cases}$$

将上式两端平方并相加，则得

$$\sum_{t=1}^{T} \delta_t^2 = \sum_{t=1}^{T} (\bar{R} - R_t)^2 = \sum_{t=1}^{T} R_t^2 - T\bar{R}^2 \qquad (4-15)$$

令 $\sigma^2 = \dfrac{1}{T} \sum_{t=1}^{T} \delta_t^2$，则得

$$\sigma^2 = \frac{1}{T} \left(\sum_{t=1}^{T} R_t^2 - T\bar{R}^2 \right) \qquad (4-16)$$

σ^2 称为离散变量 R_t 的方差，它用以反映资源动态图上各单位时间上资源计划需用量相对于资源需要量平均值的离散程度。σ^2 值越大，其离散程度越大，资源使用的均衡程度越差，即越不均衡。

从上式可以看出，要使 σ^2 值最小，就要使等式右端的差值最小，即使 $\sum_{t=1}^{T} R_t^2$ 值最小，此值即为计划期内各时段的资源需要量的平方和。当某一项具有总时差的非关键工作在时差范围内进行调整时，该平方和的值就发生变化。如何调整使 $\sum_{t=1}^{T} R_t^2$ 值减小，需要建立一个判别方法。

判别方法的建立如下。

设一项工作 $k-l$，其最早开始时间 $ES_{k-l} = i$，最早完成时间 $EF_{k-l} = j$，总时差 $TF_{k-l} > 0$，其资源消耗强度为 γ_{k-l}，工作 $k-l$ 对应的资源需要量动态曲线如图 4.34 所示。

如果将工作 $k-l$ 利用其总时差向前（箭头方向）移一个时间单位，其最早开始时间从 i 移到 $i+1$，最早完成时间从 j 移到 $j+1$，从而资源需要量发生变化，在第 $i+1$ 和第 $j+1$ 时间

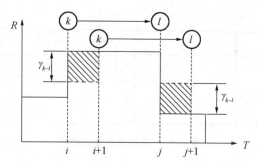

图 4.34 工作 $k-l$ 对应的资源需要量动态曲线

内的资源量分别为 R'_{i+1} 和 R'_{j+1}，其值为

$$R'_{i+1}=R_{i+1}-\gamma_{k-l} \tag{4-17}$$

$$R'_{j+1}=R_{j+1}-\gamma_{k-l} \tag{4-18}$$

工作 $k-l$ 未前移时，或资源需要量未发生变化时的资源需要量平方和为

$$Q=\sum_T R_t^2+R_{i+1}^2+R_{j+1}^2 \tag{4-19}$$

工作 $k-l$ 前移一个时间单位后，或资源需要量发生变化时的资源需要量平方和为

$$Q'=\sum_T R_t^2+R'^2_{i+1}+R'^2_{j+1} \tag{4-20}$$

要使调整后的资源需要量平方和减小，必有

$$Q'<Q$$

$$\sum_{\substack{t=1 \\ t\neq i+1 \\ t\neq j+1}}^{T} R_t^2+R'^2_{i+1}+R'^2_{j+1}<\sum_{\substack{t=1 \\ t\neq i+1 \\ t\neq j+1}}^{T} R_t^2+R_{i+1}^2+R_{j+1}^2$$

$$R'^2_{i+1}+R'^2_{j+1}<R_{i+1}^2+R_{j+1}^2$$

联合式(4-17)和(4-18)

$$(R_{i+1}-\gamma_{k-l})^2+(R_{j+1}-\gamma_{k-l})^2<R_{i+1}^2+R_{j+1}^2$$

展开并整理得

$$2\gamma_{k-l}(R_{j+1}-R_{i+1}+\gamma_{k-l})<0 \tag{4-21}$$

即

$$(R_{j+1}-R_{i+1}+\gamma_{k-l})<0 \tag{4-22}$$

令

$$\Delta_1=R_{j+1}-R_{i+1}+\gamma_{k-l}$$

若 $\Delta_1<0$，说明工作 $k-l$ 前移一个时间单位后的资源需要量平方和小于未前移时的资源需要量平方和，即 σ^2 值减小，调整后的资源需要量趋于平衡。

对于工作 $k-l$ 来说，将该工作前移一个时间单位后，资源需要量的变化若能满足式(4-22)的要求，就可将该工作前移一个时间单位。否则，该工作不能前移。

当工作 $k-l$ 前移一个时间单位后，若 $\Delta_1<0$，能否再前移一个时间单位？若工作 $k-l$ 仍有总时差可利用，则可再前移一个时间单位，工作 $k-l$ 的最早开始时间和最早完成时间分别从 $i+1$、$j+1$ 前移至 $i+2$、$j+2$，然后用 $R_{j+2}-R_{i+2}+\gamma_{k-l}<0$ 来判断。

令
$$\Delta_2 = R_{j+2} - R_{i+2} + \gamma_{k-l}$$

若 $\Delta_2 < 0$，该工作可再向前移一个时间单位。若能继续前移下去则继续前移，直至总时差用完为止。

如前述，若 $\Delta_1 < 0$，工作 $k-l$ 前移一个时间单位后，若有总时差还可再前移时，求得 Δ_2。若 $\Delta_2 < 0$，且 $\Delta_1 + \Delta_2 < 0$ 时，还可前移一个时间单位；否则，不能前移。虽然 $\Delta_2 > 0$ 说明第二次前移后，方差增大，但两次前移致使总方差降低，仍可考虑。同样，当 $\Delta_1 > 0$ 而 $\Delta_2 < 0$，且 $\Delta_1 + \Delta_2 < 0$ 时，说明两次前移致使总方差降低，也可考虑。

一般情况下，将式 $(R_{j+1} - R_{i+1} + \gamma_{k-l}) < 0$ 写成如下判别式：
$$R_{j+n} - R_{i+n} + \gamma_{k-l} < 0 \quad (n = 1, 2, \cdots, m) \tag{4-23}$$

若工作 $k-l$ 的总时差为 k 个时间单位，$\Delta_1 > 0$，$\Delta_2 > 0$，$\cdots$，$\Delta_{k-1} > 0$，而 $\Delta_k < 0$，且 $\Delta_1 + \Delta_2 + \cdots + \Delta_{k-1} + \Delta_k < 0$，则工作 $k-l$ 可前移 k 个单位，致使总方差降低。

每次调整后，要重新计算工作的最早开始时间、最早完成时间和总时差，以及调整后的资源需要量，并画出调整后的时标网络图和资源需要量动态曲线，作为下一次调整的基础。

资源均衡优化时，首先选择与终点节点相连接的最后一项非关键工作，在其时差范围内，每次前移一个时间单位，用 $R_{j+n} - R_{i+n} + \gamma_{k-l} < 0$（$n = 1, 2, \cdots, m$）判别，经判别不能前移或自由时差用完，则按节点号从大向小的顺序递减，选择下一项非关键工作进行调整。当所有的非关键工作都经过调整后，画出调整后的时标网络图和资源需要量动态曲线，作为资源均衡优化的结果。

[例 4-4]　某工程初始施工进度网络计划如图 4.35(a)所示。网络图箭杆上方为工作名称和各项工作的资源需要量，箭杆下方为工作持续时间，其相应的双代号时标网络图和资源需要量动态曲线如图 4.35(b)所示，试进行资源均衡优化。

从图 4.35(b)的资源需要量动态曲线上可求得资源需要量平均值 $R = 11.86$，方差 $\sigma^2 = 26.23$。

第一步，选择工作 G 为调整对象。因为工作 G 是与终节点相连接的最后一项非关键工作，且总时差较大。

从图 4.35(b)的时标网络图可知，工作 G 的有关参数为：$ES_{4-6} = 6$，$EF_{4-6} = 10$，$TF_{4-6} = 4$，$\gamma_{4-6} = 3$。

由于 $TF_{4-6} = 4$，经计算工作 G 共前移了 4 d，工作 G 的时差已用完。调整后的双代号时标网络图和资源需要量动态曲线如图 4.36 所示。调整后的方差 $\sigma^2 = 20.69$，方差从开始的 26.23 下降到 20.69。

第二步，选择工作 F 为调整对象。

从图 4.36 可知，工作 F 的有关参数为：$ES_{3-6} = 6$，$EF_{3-6} = 11$，$TF_{3-6} = 3$，$\gamma_{3-6} = 4$。工作 G 的总时差为 3 d，现经计算前移 3 d。调整后的时标网络图及资源需要量动态曲线如图 4.37 所示。调整后的方差 $\sigma^2 = 20.08$。

第三步，选择工作 E 为调整对象。

从图 4.37 可知，工作 E 的有关参数为：$ES_{2-5} = 2$，$EF_{2-5} = 5$，$TF_{2-5} = 7$，$\gamma_{2-5} = 7$。经计算，工作 E 只能前移 3 d。调整后的时标网络图及资源需要量动态曲线如图 4.38 所示。调整后的方差 $\sigma^2 = 3.92$。

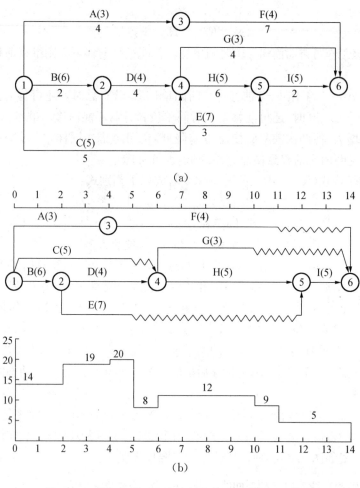

(a)

(b)

图 4.35 某工程施工进度计划和资源需要量动态曲线

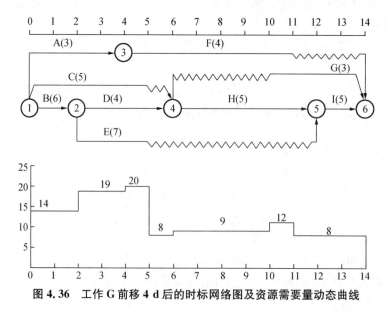

图 4.36 工作 G 前移 4 d 后的时标网络图及资源需要量动态曲线

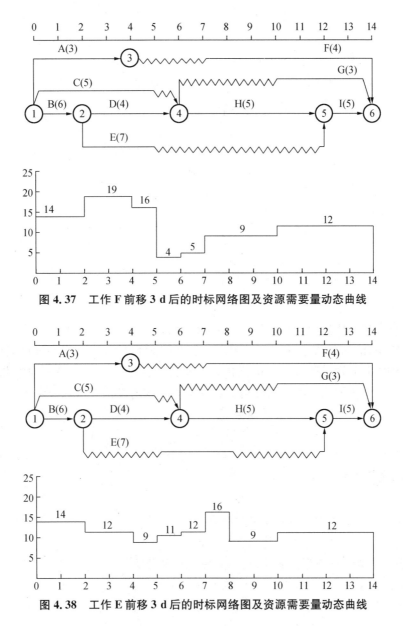

图 4.37　工作 F 前移 3 d 后的时标网络图及资源需要量动态曲线

图 4.38　工作 E 前移 3 d 后的时标网络图及资源需要量动态曲线

第四步,选择工作 C 为调整对象。

从图 4.38 可知,工作 C 的有关参数为:$ES_{1-4}=0,EF_{1-4}=5,TF_{1-4}=1,\gamma_{1-4}=5$。由于 $\Delta_1=R_{j+1}-R_{i+1}+\gamma_{1-4}=11-14+5>0$,故工作 C 不能前移。

第五步,选择工作 A 为调整对象。

从图 4.38 可知,工作 A 的有关参数为:$ES_{1-3}=0,EF_{1-3}=4,TF_{1-3}=3,\gamma_{1-3}=3$。根据判别式的要求,工作 A 只能前移 2 d。

至此,全部工作完毕,调整后的时标网络图及资源需要量动态曲线如图 4.39 所示。调整后的方差 $\sigma^2=3.00$。资源已趋平衡,方差从 26.23 降至 3.00,效果明显。

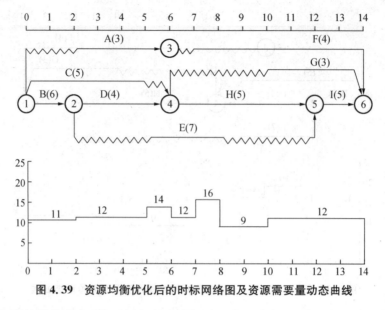

图 4.39 资源均衡优化后的时标网络图及资源需要量动态曲线

上述的资源均衡优化问题只是针对一种资源而言。实际上,任何一个工程项目施工都需要许多种资源,诸如劳动力、各类施工机械、各种大宗材料等,这就需要进行多种资源均衡优化。若各种资源分别单独进行均衡优化,一种资源均衡后,再进行另一种资源均衡,这样将会破坏前一种资源的均衡性。因此需对各种资源的均衡优化进行综合考虑。但目前尚无成熟的方法可以应用,有待进一步的研究。

本章思考练习题

1. 简述工程施工进度计划的作用和分类。

2. 编制施工进度计划的依据是什么?

3. 什么是控制性施工总进度计划,编制原则和要求是什么?

4. 简述控制性施工总进度计划的编制方法和步骤。

5. 实时性施工进度计划的编制依据是什么?

6. 简述单位工程施工进度的编制步骤。

7. 施工进度目标怎样分解?

8. 施工进度计划的工期优化方法有哪些?

9. 施工进度计划的费用优化有哪几种方法?

10. 某四层框架结构,建筑面积为 1 550 m²,钢筋混凝土条形基础,其基础工程的劳动量和各班组人数如题后附表所示,试据此组织基础工程流水施工并编制施工进度计划。

某基础工程劳动量一览表

序号	施工过程	劳动量/工日	班组人数/人
一	基础工程		
1	基槽挖土	200	16
2	混凝土垫层	20	10
3	绑扎基础钢筋	50	6
4	浇筑基础混凝土	120	20
5	回填土	60	8

第5章 工程施工平面图设计

　　施工平面图是工程项目施工组织设计的一项重要内容,是对一个建筑物或构筑物的施工现场的平面规划和空间布置,是现场管理、文明施工的依据。实践证明,合理的施工平面布置对顺利执行施工进度计划是非常重要的,对现场的文明施工、工程成本、工程质量和安全生产都会产生直接的影响。

5.1 施工平面图概述

　　根据施工范围的大小,施工平面图设计可分为施工总平面图设计和单位工程施工平面图设计。施工总平面图指整个工程建设项目(如拟建的工业建设项目或民用建筑小区项目)的施工场地总平面布置图,是全工地施工部署在空间上的反映;单位工程施工平面图是针对单位工程施工而进行的施工场地平面布置,施工总平面图和单位工程施工平面图的设计原则、内容和详尽程度等不尽一致。根据工程进度的不同阶段区分,施工平面图又可划分为土方开挖、基础施工、上部结构建筑施工、装修施工和设备安装等分部分项工程各阶段的施工平面图。

5.1.1 设计原则

　　施工总平面图上除绘有各种永久建筑物和构筑物(包括已建的和拟建的)外,还需绘有施工阶段所需设置的各项临时设施。按照施工部署、施工方案和施工总进度计划,将各项生产、生活设施(包括房屋建筑、临时加工预制场、材料仓库和堆场、给排水系统、电网、通信线路、动力管线和临时运输道路等)在现场平面上进行周密规划和布置。许多大型建设项目,由于施工工期较长或受场地所限,施工现场面貌随工程进展而不断发生改变。因此,应按不同阶段分别绘制不同的施工总平面图,根据施工现场的变化,及时调整和修正总平面图,以便满足不同阶段施工的要求。单位工程施工平面图是单位工程施工组织设计的重要组成部分,是施工准备工作的一项重要内容。单位工程施工平面图的绘制比例一般比施工总平面图的比例大,内容更具体、详细。如果工程建设项目由多个单位工程组成,则单位工程施工平面图属于全工地性施工总平面图的一部分,应受到施工总平面图的约束和限制。

　　设计原则包括如下六点:

　　(1)减少施工用地。结合施工方案和施工进度计划的要求,尽量减少施工用地面积,充分利用山地、荒地,重复使用空地。

　　(2)降低运费费用。保证运输方便,减少二次搬运,合理布置仓库、附属生产企业和运输道路,使仓库和附属生产企业尽量靠近需用中心,并且选择正确的运输方式。

　　(3)降低临时建筑费用。在满足施工需要的情况下,尽量降低临时设施的修建费用,充分利用各种永久建筑、管线、道路,利用暂缓拆除的原有建筑物。

（4）有利于生产和生活。合理布置生产和生活方面的临时设施，居住区至施工区的距离要近。

（5）符合法规要求。符合劳动保护、技术安全及消防、环保、卫生、市容等国家有关规定和法规要求。合理布置易燃物仓库的位置，设置必要的消防设施。为保证生产上的安全，在规划道路时尽量避免交叉。

（6）满足安全和环境要求，在改、扩建工程施工时，应考虑企业生产活动的正常开展，采取安全、环境保障措施。

5.1.2　设计内容和步骤

施工平面图设计主要包括以下的内容。

（1）建筑现场的红线，可临时占用的地区，场外和场内交通道路，现场主要入口和次要入口，现场临时供水供电的入口位置。

（2）测量放线的标桩、现场的地面大致标高。地形复杂的大型现场应有地形等高线，以及现场临时平整的标高设计，需要取土或弃土的项目应有取、弃土地区位置。

（3）现场已建并在施工期内保留的建筑物、地上或地下的管道和线路，拟建的地上建筑物、构筑物，如先作管网时应标出拟建的永久管网位置。

（4）现场主要施工机械加塔式起重机、施工电梯或垂直运输龙门架的位置。塔式起重机应按最大臂杆长度绘出有效工作范围，移动式塔式起重机应给出铁轨位置。

（5）材料、构件和半成品的堆场。

（6）生产、生活用的临时设施。包括临时变压器、水泵、搅拌站、办公室、供水供电线路、仓库和堆场的位置。现场工人的宿舍应尽量安置在场外，必须安置在场内时应与现场施工区域有分隔措施。

（7）消防入口、消防道路和消火栓的位置。

（8）平面图比例，采用的图例、方向、风向和主导风向标记。

由于施工总平面图和单项工程、单位工程施工平面图属于不同层次的施工现场布置图，其考虑对象的规模和范围不同、粗细程度不同，因此设计步骤也有所不同，主要表现在内容上面。施工总平面图场外运输线路的走向决定了施工现场内部的布局，而单项工程和单位工程施工平面图需要确定起重机械的位置，其他设施尽可能围绕起重机的回转半径安排。

施工平面图设计的主要步骤分为两种情况。

（1）施工总平面图设计步骤：确定场外运输线路→布置仓库和堆场→布置场内临时道路→布置行政和生活临时设施→布置临时水、电管网和其他动力设施。

（2）单位工程施工平面图设计步骤：确定起重机械的位置→确定搅拌站、加工棚和材料、构件堆场的位置→布置运输道路→布置临时设施→布置临时水电管网。

对于高层建筑施工应进行施工立体设计。施工立体设计是指设计一个能满足高层建筑施工中结构、设备和装修等不同阶段施工要求的供水供电、废物排放的立体系统。过去未进行立体设计时，结构阶段施工完毕，其供水供电系统将会妨碍装修，不得不拆除，而由装修单位另行设置供水供电系统。这种各行其是的方式造成了很大的浪费，延误工期。立体设计考虑了各个阶段供水、供电以及废物排放的要求，把各种临设安排在不影响施工的位置，避免浪费，方便使用。如将施工用电的干线设置在电梯井墙内的适当位置，并在每层或每隔一层留出接口,这种方法可满足所有阶段的施工而无须重复设置临时供电设施,待工程结束后将此线路封闭即可,供水以及废物排放的设计原理也与此类似。

5.1.3 设计技术方法

施工平面布置是一件复杂、费力的工作,需要具有长期的工程实践经验和知识积累,施工场地规划的方法一般没有明文规定,大多保存在有经验工程师的头脑里。目前在工业领域中普遍适用的生产平面布置的方法有如下 2 种。

1. 作业相关图法

作业相关图法是由理查德·缪瑟(Richard Muther)提出的一种系统性平面布置方法(Systematic Layout Planning,SLP)。它首先通过图解关系矩阵判别生产现场各作业单位之间的关系,然后根据关系密切程度布置各作业单位的位置,并将作业单位实际占地面积与位置关系图结合起来,形成作业单位面积相关图;通过进一步的修正和调整,得到可行的布置方案,最后采用加权评价等方法对得到的方案进行优选评估。该方法适用于对功能部门和功能区域进行平面布置(具体工作方法见参考文献[7])。

2. 区域叠合优化法

施工现场的生产和生活设施是为全工地服务的。因此,它们的位置应力求居中,使其到达各服务点的距离大致相等,让各服务点均衡受益。一般可通过计算施工现场多边形图形的中心点,确定这些设施的位置(具体方法见文献[7])。

在实际工作中,确定这类临时设施的位置可采取区域叠合法,其操作步骤如下。

(1)在施工总平面图上将各服务点的位置一一列出,按各点所在位置画出外形轮廓图。

(2)将画好的外形轮廓图选择一个方向进行第一次折叠。折叠的要求是,折过去的图形部分最大限度地与其余面积重合。

(3)将折叠的图形展开,将折过去的图形面积用颜色或阴影区分,并标折叠线。

(4)将图形转换一个方向,按以上述方法进行第二次折叠、涂色。

(5)如此重复 n 次,形成有 n 条折叠线的凸区域,即为最适合的布点区域。

5.2 施工总平面图设计

5.2.1 施工总平面图设计内容

施工总平面图应表现下述内容:

(1)项目施工用地范围内的地形状况。

(2)全部拟建的建(构)筑物和其他基础设施的位置。

(3)项目施工用地范围内的加工设施、运输设施、存储设施、供电设施、供水供热设施、排水排污设施、临时施工道路和办公、生活用房等。

(4)施工现场必备的安全、消防、保卫和环境保护等设施。

(5)相邻的地上、地下既有建(构)筑物及相关环境。

5.2.2 施工总平面图设计依据

施工总平面图的设计应力求真实、详细地反映施工现场情况,以期达到便于对施工现场

控制和经济合理的目的。为此,以下为施工总平面图的设计依据:

(1) 建筑总平面图,图中必须标明一切拟建的及已有的房屋和构筑物,标明地形的变化。这是正确决定仓库和加工场的位置以及铺设工地运输道路和解决排水问题等所必需的资料。

(2) 一切已有的和拟建的地下管道位置。避免把临时建筑物布置在管道上面,便于考虑是否可以利用已有管道或及时拆除这些管道。

(3) 整个建筑工程的施工进度计划和拟订的主要工种的施工方案。由此可以了解各建设阶段的施工情况以及各房屋和构筑物的施工次序,这对规划场地具有很重要的作用。

(4) 各种建筑材料、半成品和零件的供应情况及运输方式。这一资料对规划施工总平面图具有决定性的作用。

(5) 所需建筑材料、半成品和零件一览表及其数量,全部仓库和临时建筑物一览表及其性质、形式、面积和尺寸。

(6) 各加工厂规模、现场施工机械和运输工具数量。

(7) 水源、电源及建筑区域的竖向设计资料。这对布置水电管线和安排土方的挖填非常重要。

(8) 制定单个建筑物施工总平面图所需的各个房屋的设计资料(如平面图、剖面图等)。

5.2.3 施工总平面图的设计要求

施工总平面图的设计要求主要包括以下内容:

(1) 平面布置科学合理,施工场地占用面积少。

在进行大规模建筑工程施工时,要根据各阶段施工平面图的要求分期分批地征用土地,以便做到少占用土地和不占用土地。

(2) 施工区域的划分和场地的临时占用应符合总体施工部署和施工流程的要求,减少相互干扰。

一切临时性建筑业务设施最好不占用拟建永久性建筑物和设施的位置(不论地上的还是地下的)。这就可以避免拆迁这些设施所引起的浪费和损失。在特殊的情况下,当被占用场地上的新建筑物施工时期较晚,并与其上所布置的设施使用时间不冲突时,才可以使用该场地。

(3) 合理组织运输,减少二次搬运。

为了降低运输费用,必须合理地布置各种仓库、起重设备、加工厂和机械化装置,正确地选择运输方式和铺设工地运输道路,以保证各种建筑材料、动力和其他原料的运输距离及其转运次数最小,加工厂的位置应设在便于原料运进和成品运出的地方,同时保证在生产上有合理的流水线。

在建筑工地上需要设置材料仓库和混凝土搅拌站等设施,其位置设在哪里才能使材料和半成品等运到工地各需要点的吨公里数最小(即费用最省,时间也节约),这类问题可用运筹学方法去解决。

(4) 充分利用既有建(构)筑物和既有设施为项目施工服务,降低临时设施的建造费用。

为了降低临时工程的费用,首先应该力求减少临时建筑和设施的工程量,主要方法是尽最大可能利用现有的建筑物以及可供施工使用的设施。对于临时工程的结构,应尽量采用简单的装拆式结构,或采用标准设计,尽可能使用当地的廉价材料。

临时道路的选线应该考虑沿自然标高修筑,以减少土方工程量。当修建运输量不大的临时铁路时,尽量采用旧枕木、旧钢轨,减少道砟厚度和曲率半径。当修筑临时汽车路时,可以采用装配式钢筋混凝土道路铺板,根据运输的强度采用不同的构造与宽度。

加工厂的位置,在考虑生产需要的同时,应选择开拓费用最少之处。这种场地应该是地势平坦和地下水位较低的地方。

中心供应装置及仓库等应尽可能布置在使用者中心或靠近中心。这主要是为了使管线长度最短、断面最小,以及运输道路最短、供应方便,同时还可以减低水头损失、电压损失,降低养护与修理费用等。

(5)工地上各项设施应该明确为工人服务,而且使工人在工地上因往返而损失的时间最少。这就要求最合理地规划行政管理及文化生活福利用房的相对位置,考虑卫生、防火安全等方面的要求。

(6)符合节能、环保、安全和消防等要求。

必须使各房屋之间保持一定的距离。例如木材加工厂、锻工场等距离施工对象均不得小于 30 m,易燃房屋应布置在下风向。储存燃料及易燃物品的仓库,如汽油、火油和石油等,距拟建工程及其他临时性建筑物不得小于 50 m,必要时应做成地下仓库。

在铁路与公路及其他道路交叉处应设立明显的标志。在工地内应设立消防站、消火栓、瞭望台、警卫室等。在布置道路的同时,还要考虑到消防道路的宽度。应使消防车可以通畅地到达所有临时与永久性建筑物处。

施工总平面图的设计应根据上述要求并结合具体情况编制出若干个可能的方案进行比较,取其最合理最经济者。

5.2.4 施工总平面图的设计方法

施工总平面图的设计步骤如下:

引入场外交通道路→布置仓库→布置加工厂和混凝土搅拌站→布置内部运输道路→布置临时房屋→布置临时水电管网和其他动力设施→绘制正式施工总平面图。

1. 引入场外交通道路

主要材料进入场地的方式不外乎铁路、公路和水路。当由铁路运输时,则根据建筑总平面图中永久性铁路专用线布置主要运输干线。而且考虑提前修筑以便为施工服务,引入时应注意铁路的转弯半径和竖向设计。当由水路运输时,应考虑码头的吞吐能力,码头数量一般不少于两个,码头宽度应大于 2.5 m。当由公路运输时,则应先布置场内仓库和附属企业,然后再布置场内外交通道路,因为汽车线路布置比较灵活。

2. 仓库的布置

材料若由铁路运入工地,仓库布置较灵活。此时应考虑尽量利用永久性仓库;仓库位置距各使用地点要比较适中,以使运输吨公里数尽可能小;仓库应位于平坦、宽敞、交通方便之处,且应遵守安全技术和防火规定。

3. 加工厂和混凝土搅拌站的布置

加工厂布置时主要考虑原料运来工厂和成品、半成品运往需要地点的总运输费用最小,同时考虑到生产企业有最好的工作条件,生产与建筑施工互不干扰,此外,还需考虑今后的扩建和发展。一般情况下,把加工厂集中布置在工地边缘。这样既便于管理,又能降低铺设道路、动力管线及给排水管道的费用。

混凝土搅拌站可采用集中与分散相结合的方式。集中布置可以提高搅拌站机械化、自动化程度,从而节约劳动力,保证重点工程和大型建筑物、构筑物的施工需要。因此,集中搅拌站的位置应尽量靠近混凝土需要量最大的工程。根据建设工程分布的工况,适当设计若干个临时搅拌站,使其与集中搅拌站有机配合以满足各方面的需要。砂浆搅拌站宜分散布置,随拌随用。

4. 内部运输道路的布置

根据加工厂、仓库和施工对象的位置以及场外道路情况确定场内运输道路。

研究货流情况,以明确各段道路上的运输负担,区别主要道路与次要道路。规划这些道路时要特别注意运输车辆的安全行驶,在任何情况下,不致形成交通断绝或阻塞,以免影响材料机具的及时供应。

在规划临时道路时,还应考虑利用拟建的永久性道路系统,提前修建或先修建路基及简易路面,作为施工所需的临时道路。根据需要选择不同的道路宽度。主要道路可以采用双车道,其宽度不得小于 6 m;次要道路可为单车道,其宽度不得小于 3.5 m。临时道路的路面结构也应根据运输情况、运输工具的不同采用不同的结构。当结构不同时,最好也能在施工总平面图中用不同的符号标明。对有轨道路来讲,运输量大、车辆往来频繁之处应考虑设置避车线。

5. 临时房屋的布置

临时房屋包括行政管理用房和辅助生产用房、居住用房和文化福利用房等。临时房屋的布置应尽量利用已有的和拟建的永久性房屋,生活区与生产区应分开,行政管理用房应布置在工地进出口附近,便于对外联系,文化福利用房布置在人员较集中的地方。布置时还应注意尽量缩短工人上下班的路程,并应符合环保条件。

6. 临时水电管网及其他动力线路的布置

布置临时水电管网以及其他动力线路包括以下两种情况:

第一种情况是利用已有水源、电源,这时应从外面接入工地,沿主要干道布置干管、主线,然后与各用户接通。必须指出,接进高压线时,应在接入之处设变电站,尽可能不把变电站设在工地中心,因为这样可避免高压线路经过工地内部而导致的危险。

第二种情况是无法利用现有水电,这时为了获得电源,可以在工地中心或靠近中心之处设置固定的或移动式的临时发电设备,由此把电线接出,沿干道布置主线。为了获得水源,可以利用地表水或地下水,如果用深井水,则可在靠近使用中心之处凿井,设置抽水设备及简易水塔;若用地面水,则需在水源旁边设置抽水设备及简易水塔,以便储水和提高水压。然后由此把水管接出,布置管网。

5.3　单位工程施工平面图设计

单位工程施工平面图是对一个建筑物或构筑物的施工现场的平面规划和空间布置。它是根据工程规模、特点和施工现场的具体情况,正确地确定施工期间所需的各种暂设工程及其他设施和永久性建筑物、拟建建筑物之间的合理位置关系。单位工程施工平面图是进行施工现场布置的依据，也是施工准备工作的一项重要依据，是实现文明施工、节约并合理利用工地、减少临时设施费用的先决条件，因此是施工组织设计的重要组成部分。

如果单位工程是拟建建筑群或工程项目的组成部分之一，则单位施工平面图就属于全工地性施工总平面图的一部分，应受到施工总平面图的约束，并且比施工总平面图的内容更具体。

5.3.1　单位工程施工平面图的设计原则

（1）在保证顺利施工的前提下，平面布置要紧凑、少占地，尽量不占耕地。

（2）在满足施工要求的条件下，临时建筑设施应尽量少搭设，以降低临时工程费用。

（3）在保证运输的条件下，使运输费用最小，尽可能杜绝不必要的二次搬运。

（4）在保证安全施工的条件下，平面布置应满足生产、生活、安全、消防、环保等方面的要求，并符合国家的有关规定。

（5）各种临时设施应便于生产和生活的需要。

5.3.2　单位工程施工平面图的设计依据

单位工程施工平面图设计是在工程项目部施工设计人员勘查现场，取得现场周围环境第一手资料的基础上，依据下列资料并按施工方案和施工进度计划的要求进行设计的，所需资料如下。

（1）建筑总平面图，现场地形图，已有建筑和待建建筑及地下设施的位置、标高、尺寸（包括地下管网资料）。

（2）施工组织总设计文件及气象资料。

（3）各种材料、构件、半成品构件需要量计划。

（4）各种生活、生产所需的临时设施和加工场地数量、形状、尺寸及建设单位可为施工提供的生活、生产用房等情况。

（5）现场施工机械、施工设施及运输工具的型号与数量。

（6）水源、电源及建筑区域内的竖向设计资料。

（7）在建项目地区的自然和技术经济条件。

5.3.3　单位工程施工平面布置图的内容

单位工程施工平面图的内容主要包含以下几点：

（1）工程施工现场的场地状况：现场的范围，已建及拟建建筑物、管线（煤气、水、电）和高压线等的位置关系和尺寸。

（2）材料、加工半成品、构件和机具的仓库或堆场。

（3）安全、防火、设施、消防立管位置。

（4）水源、电源、变压器的位置。临时供电线路、临时供水管网、泵房、消火栓位置以及通信线路布置。

（5）固定垂直运输工具或井架的位置以及移动起重设备（如塔吊）的环形线路。

（6）为施工服务的临时设施。如临建办公室、围墙、传达室、现场出入口等。

（7）生产、生活用临时设施、面积、位置，如钢筋加工厂、木工房、工具房、混凝土搅拌站、砂浆搅拌站、化灰池等；工人生活区宿舍、食堂、开水房、小卖部等。

（8）场内施工道路及其与场外交通的联系。

（9）测量轴线及定位线标志，永久性水准点位置和土方取弃场地。

（10）必要的图例、比例、方向及风向标记。

5.3.4　单位工程施工平面图的设计步骤

单位工程施工平面图的设计步骤如图 5.1 所示。

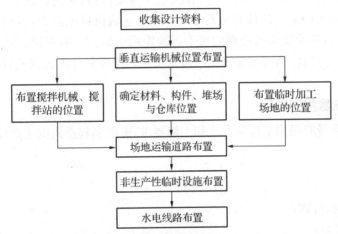

图 5.1　单位工程施工平面图的设计步骤

5.3.5　绘制单位工程施工平面图的要求

绘制单位工程施工平面图总的要求是：比例准确、图例规范、线条粗细分明、标准、字迹端正、图面整洁、美观。

（1）施工现场平面图是反映施工阶段现场平面的规划布置，由于施工是分阶段的（如地基与基础工程、主体结构工程、装饰装修工程），有时会根据需要分阶段绘制施工平面图，这对指导组织工程施工更具体、更有效。绘制时，一般将拟建单位工程置于平面图的中心位置，各项设施围绕拟建工程设置。

（2）绘制施工平面图布置要求层次分明、比例适中、图例图形规范、线条粗细分明、图面整洁美观，同时绘制要符合国家有关制图标准，并详细反映平面的布置情况。

（3）施工平面布置图应按常规内容标注齐全，平面布置应有具体的尺寸和文字。例如，塔吊要标明回转半径、最大起重量、最大可能的吊重、塔吊具体位置坐标、平面总尺寸、建筑物主要尺寸及模板、大型构件、主要料具堆放区、搅拌站、料场、仓库、大型临建、水电等，能够让人一眼看出具体情况，力求避免用示意图走形式。

（4）绘制基础图时，应反映出基坑开挖边线、深基坑支护和降水的方法。

（5）施工平面布置图中不能只绘红线内的施工环境，还要将周边环境表述清楚，如原有建筑物的使用性质、高度和距离等，这样才能判断所布置的机械设备等是否影响周围，是否合理。

（6）绘图时，通常图幅不宜小于 A3，一般图幅可选用 1 号图纸（841 mm×594 mm）或 2 号图纸（594 mm×420 mm），视工程规模大小而定。应有图框、比例、图签、指北针、图例。

（7）绘图比例常用 1：200—1：500，视工程规模大小而定。

（8）施工现场平面布置图应配有编制说明及注意事项。

5.4 垂直运输机械的布置

常用的垂直运输机械有建筑电梯、塔式起重机、井架、门架等，选择时主要根据机械性能、建筑物平面形状和大小、施工段划分情况、起重高度、材料和构件的重量、材料供应和已有运输道路等情况来确定。其目的是充分发挥垂直运输机械的能力，做到使用安全、方便，便于组织流水施工，并使地面与楼面的水平运输距离最短。一般来讲，多层房屋施工中，多采用轻型塔吊、井架等；而高层房屋施工一般采用建筑电梯和自升式或爬升式塔吊等作为垂直运输机械。

5.4.1 起重机械数量的确定

起重机械的数量应根据工程量大小和工期要求，考虑到起重机的生产能力，按经验公式进行确定：

$$N = \frac{1}{TCK} \times \sum \frac{Q_i}{S_i} \tag{5-1}$$

式中：N——起重机台数；

　　T——工期（d）；

　　C——每天工作班次；

　　K——时间利用参数，一般取 0.7～0.8；

　　Q_i——各构件（材料）的运输量；

　　S_i——每台起重机械台班产量。

常用起重机械的台班产量如表 5.1 所示。

表 5.1　常用起重机械台班产量一览表

起重机械名称	工作内容	台班产量
履带式起重机	构件综合吊装，按每吨起重能力计	5～10 t
轮胎式起重机	构件综合吊装，按每吨起重能力计	7～14 t
汽车式起重机	构件综合吊装，按每吨起重能力计	8～18 t
塔式起重机	构件综合吊装	80～120 吊次
卷扬机	构件提升，按每吨牵引力计	30～50 t
	构件提升，按提升次数计（四、五楼）	60～100 次

5.4.2 起重机械的布置

起重运输机械的位置直接影响搅拌站、加工厂、各种材料和构件的堆场或仓库位置，道路，临时设施及水、电管线的布置等。因此，它是施工现场全局的中心环节，应首先确定。由于各种起重机械的性能不同，其布置位置也不相同。

1. 塔式起重机

1）有轨式塔式起重机的布置

　　有轨式塔式起重机的轨道一般沿建筑物的长向布置,其位置和尺寸取决于建筑物的平面形状和尺寸、构件自重、起重机的性能及四周施工场地的条件。

　　塔吊的平面布置通常有单侧布置、双侧布置、跨内单行布置和跨内环形布置 4 种布置方案,如图 5.2 所示。

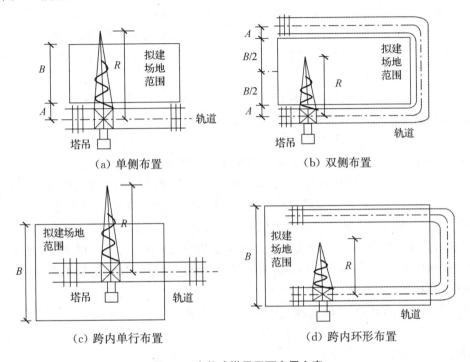

(a) 单侧布置　　　　　　　　　　　　(b) 双侧布置

(c) 跨内单行布置　　　　　　　　　　(d) 跨内环形布置

图 5.2　有轨式塔吊平面布置方案

　　(1) 单侧布置。当建筑物宽度较小时,可在场地较宽的一面沿建筑物的长向布置,其优点是轨道长度较短,并有较宽的场地堆放材料和构件。其起重机半径 R 应满足式(5-2)要求:

$$R \geqslant B + A \qquad (5-2)$$

式中: R——塔式起重机的最大回转半径(m);

　　　B——建筑物平面的最大宽度(m);

　　　A——塔轨中心线至外墙外边线的距离(m)。

　　一般当无阳台时,A=安全网宽度+安全网外侧至轨道中心线距离;当有阳台时,A=阳台宽度+安全网宽度+安全网外侧至轨道中心线距离。

　　(2) 双侧布置(或环形布置)。当建筑物较宽,构件重量较重时,可采用双侧布置(或环形布置)。起重半径应满足式(5-3)要求:

$$R \geqslant B/2 + A \qquad (5-3)$$

　　(3) 跨内单行布置。当建筑物周围场地狭窄,或建筑物较宽,构件较重时,采用跨内单行布置。其起重半径应满足式(5-4)要求:

$$R \geqslant B/2 \qquad (5-4)$$

　　(4) 跨内环形布置。当建筑物较宽,采用跨内单行布置不能满足构件吊装要求,且不可能跨外布置时,应选择跨内环形布置。

2) 固定式塔式起重机的布置

固定式塔式起重机的布置主要根据机械性能、建筑物的平面形状和尺寸、施工段划分的情况、材料来向和已有运输道路情况而定。其布置原则是充分发挥起重机械的能力,并使地面和楼面的水平运距最小。其布置时应考虑以下几个方面:

(1) 当建筑物各部位的高度相同时,应布置在施工段的分界线附近;当建筑物各部位的高度不同时,应布置在高低分界线较高部位一侧,以使楼面上各施工段的水平运输互不干扰。

(2) 塔吊的装设位置应具有相应的装设条件。如具有可靠的基础并设有良好的排水措施,可与结构可靠拉结,并具有水平运输通道条件等。

3) 塔式起重机布置注意事项

(1) 复核塔吊的工作参数。塔式起重机的平面布置确定后,应当复核其主要工作参数,使其满足施工需要。主要参数包括工作幅度(R)、起重高度(H)、起重量(Q)和起重力矩。

①工作幅度(R)为塔式起重机回转中心至吊钩中心的水平距离。最大工作幅度 R_{max} 为最远吊点至回转中心的距离。塔式起重机的工作幅度(回转半径)要满足式(5-2)的要求。

②起重高度(H)应不小于建筑物总高度加上构件(或吊斗料笼)、吊索(吊物顶面至吊钩)和安全操作高度(一般为 $2\sim3$ m)。当塔吊需要超越建筑物顶面的脚手架、井架或其他障碍物时,其超越高度一般不小于 1 m。

塔式起重机的起重高度 H 要满足式(5-5)的要求:

$$H \geqslant H_0 + h_1 + h_2 + h_3 \tag{5-5}$$

式中:H_0——建筑物的总高度;

h_1——吊运中的预制构件或起重材料与建筑物之间的安全高度(安全间隙高度一般不小于 0.3 m);

h_2——预制构件或起重材料底边至吊索绑扎点(或吊环)之间的高度;

h_3——吊具、吊索的高度。

③起重量(Q)包括吊物(包括笼斗和其他容器)、吊具(铁扁担、吊架)和索具等作用于塔机起重吊钩上的全部重量,起重力矩为起重量乘以工作幅度。因此,塔机的技术参数中一般都给出最小工作幅度时的最大起重量和最大工作幅度时的最大起重量。应当注意,塔吊一般宜控制在其额定起重力矩的 75% 以下,以保证塔吊本身的安全,延长使用寿命。

④塔式起重机的起重力矩 M 要大于或等于吊装各种预制构件时所产生的最大力矩 M_{max},其计算公式为:

$$M \geqslant M_{max} = \max\{(Q_i + q) \times R_i\} \tag{5-6}$$

式中:Q_i——某一预制构件或起重材料的自重;

R_i——该预制构件或起重材料的安装位置至塔机回转中心的距离;

q——吊具、吊索的自重。

(2) 绘出塔式起重机服务范围。以塔基中心点为圆心,以最大工作幅度为半径画出一个圆形,该圆形所包围的部分即为塔式起重机的服务范围。

塔式起重机布置的最佳位置应使建筑物平面尺寸均在塔式起重机服务范围之内,以保证各种材料与构件直接运到建筑物的设计部位上,尽可能不出现"死角"。建筑物处于塔式起重机服务范围以外的阴影部分称为"死角"。有轨式塔式起重机服务范围及"死角"如图5.3所示。如果难以避免,则要求"死角"越小越好,且使最重、最大、最高的构件不出现在"死角"内。有时配合龙门架以解决"死角"问题,并且在确定吊装方案时,提出具体的技术和安全措施,以保证处于"死角"的构件顺利安装。此外,在塔式起重机服务范围内应考虑有较宽的施工场地,以便安排构件堆放、搅拌设备出料后能直接起吊,主要施工道路也应处于塔式起重机服务范围内。

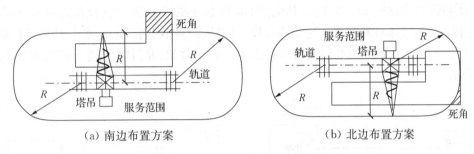

(a) 南边布置方案　　　　　　　　(b) 北边布置方案

图 5.3　有轨式塔式起重机服务范围及"死角"示意图

(3) 当采用两台或多台塔式起重机,或采用一台塔式起重机,一台井架(或龙门架、施工电梯)时,必须明确规定各自的工作范围和二者之间的最小距离,并制订严格的切实可行的防止碰撞的措施。

(4) 在高空有高压电线通过时,高压线必须高出塔式起重机,并保证规定的安全距离,否则应采取安全防护措施。

注意:塔式起重机各部分(包括臂架放置空间)距低压架空路线不应小于 3 m;距离高压架空输电线路不应小于 6 m。

(5) 固定式塔式起重机安装前应制订安装和拆除施工方案,塔式起重机位置应有较宽的空间,可以容纳两台汽车吊安装或拆除塔机吊臂的工作需要。

2. 井字架、龙门架的布置

井字架和龙门架是固定式垂直运输机械,其稳定性好、运输量大,是施工中最常用的,也是最为简便的垂直运输机械,采用附着式可搭设超过 100 m 的高度。井字架内设吊盘(也可在吊盘下加设混凝土料斗),井字架截面尺寸 1.5～20 m,可视需要设置拔杆,其起重量一般为 0.5～1.5 t,回转半径可达 10 m。

井字架和龙门架的布置主要是根据机械性能、工程的平面形状和尺寸、流水段划分情况、材料来向和已有运输道路情况而定。布置的原则是充分发挥起重机械的能力,并使地面和楼面的水平运输最短。布置时应考虑以下几个方面的因素:

(1) 当建筑物呈长条形,层数、高度相同时,一般布置在流水段分界处靠现场较宽的一面或长度方向居中位置。

(2) 当建筑物各部位高度不同时,如只设置一副井架(龙门架),应布置在高低分界线较高部位一侧。

(3) 位置选择以窗口处为宜,以避免砌墙留槎和减少井架拆除后的修补工作。

(4) 一般考虑布置在现场较宽的一面,因为这一面便于堆放材料和构件,以达到缩短运距的要求。

（5）井架的高度应视拟建工程屋面高度和井架形式确定。一般不带悬臂拔杆的井架应高出屋面 3～5 m。

（6）井架的方位一般与墙面平行，当有两条进楼运输道路时，井架也可按与墙面呈 45°的方位布置。

（7）井字架、龙门架的数量要根据施工进度、提升的材料和构件数量、台班工作效率等因素计算确定，其服务范围一般为 50～60 m。

（8）卷扬机应设置安全作业棚，其位置不应距起重机械太近，以便操作人员能看到整个升降过程。一般要求此距离大于建筑物高度，且最短距离不小于 10 m，水平距外脚手架 3 m以上（多层建筑不小于 3 m，高层建筑不宜小于 6 m）。井架（龙门架）与卷扬机的布置距离如图 5.4 所示。

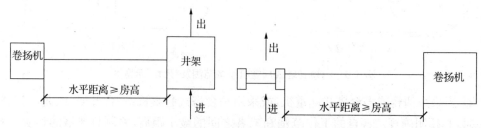

图 5.4　井架（龙门架）与卷扬机的布置距离

（9）井架应与外墙有一定距离，并立在外脚手架之外，最好以吊篮边靠近脚手架为宜，这样可以减少过道脚手架的搭设工作。

（10）缆风设置，高度在 15 m 以下时设一道，15 m 以上时每增高 10 m 增设一道，宜用钢丝绳，与地面夹角以 30°～45°为宜，不得超过 60°；当附着于建筑物时可不设缆风。

3. 建筑施工电梯的布置

建筑施工电梯（也称施工升降机、外用电梯）是高层建筑施工中运输施工人员及建筑器材的主要垂直运输设施，它附着在建筑物外墙或其他结构部位上，随着建筑物升高，架设高度可达 200 m 以上（最高纪录为 645 m）。

在确定建筑施工电梯的位置时，应考虑便于施工人员上下和物料集散；由电梯口至各施工处的平均距离应最短；便于安装附墙装置；接近电源，有良好的夜间照明。

4. 自行无轨式起重机械

自行无轨式起重机械分履带式、汽车式和轮胎式三种起重机，它移动方便灵活，能为整个工地服务，一般专作构件装卸和起吊之用。适用于装配式单层工业厂房主体结构的吊装。其吊装的开行路线及停机位置主要取决于建筑物的平面布置、构件重量、吊装高度和吊装方法等。

5. 混凝土泵和泵车

高层建筑施工中，混凝土的垂直运输量十分巨大，通常采用泵送方法进行。混凝土泵是在压力推动下沿管道输送混凝土的一种设备，它能一次连续完成水平运输和垂直运输，配以布料杆或布料机还可以有效地进行布料和浇筑。在泵送混凝土的施工中，混凝土泵和泵车的停放布置是一个关键，不仅影响混凝土输送管的配置，同时也影响泵送混凝土的施工能否按质按量完成,其布置要求如下。

(1) 混凝土泵设置处的场地应平整坚实,具有重车行走条件,且有足够的场地,道路畅通,使供料调车方便。

(2) 混凝土泵应尽量靠近浇筑地点。

(3) 泵车停放位置接近排水设施,供水、供电方便,便于清洗。

(4) 混凝土泵作业范围内不得有障碍物、高压电线,同时要有防范高空坠物的措施。

(5) 当高层建筑采用接力泵泵送混凝土时,其设置位置应使上下泵的输送能力匹配,且需验算其楼面结构部位的承载力,必要时采取加固措施。

5.5 临时建筑设施的布置

临时建筑设施可分为行政、生活用房,临时仓库和加工厂等。

5.5.1 临时行政、生活用房的布置

1. 临时行政、生活用房分类

(1) 行政管理和辅助用房:包括办公室、会议室、门卫、消防站、汽车库及修理车间等。

(2) 生活用房:包括职工宿舍、食堂、卫生设施、工人休息室、开水房等。

(3) 文化福利用房:包括医务室、浴室、理发室、文化活动室、小卖部等。

2. 临时行政、生活用房的布置原则

(1) 办公和生活临时设施的选址首先应考虑与作业区相隔离,保持安全距离。

特别提示:安全距离是指在施工坠落半径和高压线放电距离之外。建筑物高度 2~5 m,坠落半径为 2 m;高度 30 m,坠落半径为 5 m(如因条件限制,办公和生活区设置在坠落半径区域内,必须有保护措施)。1 kV 以下裸露电线,安全距离为 4 m;330~550 kV 裸露输电线,安全距离为 15 m(最外线的投影距离)。

(2) 临时行政、生活用房的布置应利用永久性建筑、现场原有建筑、采用活动式临时房屋,或可根据施工不同阶段利用已建好的工程建筑,应视场地条件及周围环境条件对所设临时行政、生活用房进行合理地取舍。

(3) 在大型工程和场地宽松的条件下,工地行政管理用房宜设在工地入口处或中心地区。现场办公室应靠近施工地点,生活区应设在工人较集中的地方和工人出入必经地点,工地食堂和卫生设施应设在不受施工影响且有利于文明施工的地点。

在市区内的工程往往由于场地狭窄,应尽量减少临时建设项目,且尽量沿场地周边集中布置,一般只考虑设置办公室、工人宿舍或休息室、食堂、门卫和卫生设施等。

3. 临时行政、生活用房设计规定

《施工现场临时建筑物技术规范》(JGJ/T 188—2009)规定临时建筑物的设计要求。其中,对临时行政、生活用房设计相关的规定有:

1) 总平面

(1) 办公区、生活区和施工作业区应分区设置。

(2) 办公区、生活区宜位于塔吊等机械作业半径外面。

(3) 生活房屋宜集中建设、成组布置,并设置室外活动区域。

（4）厨房、卫生间宜设置在主导风向的下风侧。

2）建筑设计

（1）办公室的人均使用面积不宜小于 4 m²，会议室使用面积不宜小于 30 m²。

（2）办公用房室内净高不应低于 2.5 m。

（3）餐厅、资料室、会议室应设在底层。

（4）宿舍人均使用面积不宜小于 2.5 m²，室内净高不应低于 2.5 m，每间宿舍居住人数不宜超过 16 人。

（5）食堂应设在厕所、垃圾站的上风侧，且相距不宜小于 15 m。

（6）厕所蹲位男厕每 50 人一位，女厕每 25 人一位。男厕每 50 人设 1 m 长小便槽。

（7）文体活动室使用面积不宜小于 50 m²。

4. 临时行政、生活用房建筑面积计算

在工程项目施工时，必须考虑施工人员的办公、生活用房及车库、修理车间等设施的建设。这些临时性建筑物建筑面积应视工程项目规模大小、工期长短、施工现场条件、项目管理机构设置类型等因素而定，依据建筑工程劳动定额，先确定工地年（季）高峰平均职工人数，然后根据现行定额或实际经验数值按式（5-7）计算：

$$S = N \cdot P \qquad\qquad (5-7)$$

式中：S——建筑面积（m²）；

N——人数；

P——建筑面积指标，如表 5.2 所示。

表 5.2　行政、生活等临时建筑面积参考指标

序号	临时建筑物名称	指标使用方法	参考指标
一	办公室	按使用人数	3.5 m²/人
二	宿舍		
1	单层通铺	按高峰年（季）平均人数	2.5～3.0 m²/人
2	双层床	扣除不在工地住的人数	2.0～2.5 m²/人
3	单层床	扣除不在工地住的人数	3.5～4.0 m²/人
三	家属宿舍		16～25 m²/户
四	食堂	按高峰年（季）平均人数	0.5～0.8 m²/人
	食堂兼礼堂	按高峰年（季）平均人数	0.9 m²/人
五	其他		
1	医务所	按高峰年（季）平均人数	0.5～0.7 m²/人（整体面积不小于 30 m²）
2	浴室	按高峰年（季）平均人数	0.07～0.1 m²/人
3	理发室	按高峰年（季）平均人数	0.01～0.03 m²/人
4	俱乐部	按高峰年（季）平均人数	0.1 m²/人
5	小卖部	按高峰年（季）平均人数	0.03 m²/人（整体面积不小于 40 m²）

续表

序号	临时建筑物名称	指标使用方法	参考指标
6	招待所	按高峰年(季)平均人数	0.06 m²/人
7	托儿所	按高峰年(季)平均人数	0.03～0.06 m²/人
8	子弟学校	按高峰年(季)平均人数	0.06～0.08 m²/人
9	其他公共用房	按高峰年(季)平均人数	0.05～0.10 m²/人
10	开水房	每个项目设置一处	10～40 m²
11	厕所	按工地平均人数	0.02～0.07 m²/人
12	工人休息室	按工地平均人数	0.15 m²/人
13	会议室	按高峰年(季)平均人数	0.6～0.9 m²/人

注：家属宿舍应视施工期长短和离基地远近情况而定，一般可按高峰平均职工人数的 10%～30% 考虑。

5.5.2　临时仓库、堆场的布置

1. 仓库的类型

(1) 转运仓库：是设置在货物的转载地点(如火车站、码头和专用线卸货物)的仓库。

(2) 中心仓库：是专供储存整个建筑工地所需材料、构件等物资的仓库，一般设在现场附近或施工区域中心。

(3) 现场仓库：是为某一工程服务的仓库，一般在工地内或就近布置。

通常单位工程施工组织设计仅考虑现场仓库布置，施工组织总设计需对中心仓库和转运仓库做出设计布置。

2. 现场仓库的形式

现场仓库按其储存材料的性质和重要程度，可采用露天堆场、半封闭式(棚)或封闭式(仓库)三种形式。

(1) 露天堆场用于储存质量不受自然气候影响的材料，如砂、石、砖、混凝土构件等。

(2) 半封闭式(棚)用于储存需防止雨、雪、阳光侵蚀的材料，如油毡、沥青、钢材等。

(3) 封闭式(仓库)用于储存受气候影响易变质的制品、材料等，如水泥、五金零件、器具等。

3. 仓库和材料、构件的堆放与布置

(1) 材料的堆放和仓库应尽量靠近使用地点，减少或避免二次搬运，并考虑运输及卸料方便。基础施工用的材料可堆放在基坑四周，但不宜离基坑(槽)太近，一般不小于 0.5 m，以防压塌土壁。

(2) 如用固定式垂直运输设备，则材料、构件堆场应尽量靠近垂直运输设备，以减少二次搬运，或布置在塔吊起重半径之内。

(3) 预制构件的堆放位置要考虑吊装顺序。先吊的放在上面，吊装构件进场时间应与吊装密切配合，力求直接卸到就位位置，避免二次搬运。

(4) 砂石应尽可能布置在搅拌站后台附近，石子的堆场更应靠近搅拌机，并按石子的不同粒径分别设置。如用袋装水泥，要设专门干燥、防潮的水泥库房；采用散装水泥时，则一般

设置圆形储罐。

（5）石灰、淋灰池要接近灰浆搅拌站布置。沥青堆放和熬制地点均应布置在下风向，要离开易燃、易爆库房。

（6）模板、脚手架等周转材料应选择在装卸、取用、整理方便和靠近拟建工程的地方布置。

（7）钢筋应与钢筋加工厂统一考虑布置，并注意进场、加工和使用的先后顺序。应按型号、直径、用途分门别类堆放。

（8）油库、氧气库、电石库、危险品库宜布置在僻静、安全之处。

（9）易燃材料的仓库设在拟建工程的下风方向。

4. 各种仓库及堆场所需面积的确定

（1）转运仓库和中心仓库面积的确定。转运仓库和中心仓库可按系数估算面积，其计算公式为：

$$F = \Phi \times m \tag{5-8}$$

式中：F——仓库总面积（m²）；

Φ——系数，如表 5.3 所示；

m——计算基数（生产工人数或全年计划工作量），如表 5.3 所示。

表 5.3　按系数计算仓库面积表

序号	名称	计算基数 m	单位	系数 Φ
1	仓库（综合）	按全员（工地）	m²/人	0.7～0.8
2	水泥库	按当年水泥用量的 40%～50%	m²/t	0.7
3	其他仓库	按当年工作量	m²/万元	2～3
4	五金杂品库	按年建安工作量计算 按在建建筑面积计算	m²/100 m²	0.2～0.3 0.5～1
5	土建工具库	按高峰年（季）平均人数	m²/人	0.1～0.2
6	水暖器材库	按年建安工作量计算	m²/100 m²	0.2～0.4
7	电器器材库	按年建安工作量计算	m²/100 m²	0.3～0.5
8	化工油漆危险品库	按年建安工作量计算	m²/万元	0.1～0.15
9	三大工具库 （脚手架、跳板、模板）	按在建建筑面积计算 按年建安工作量计算	m²/万元	1～2 0.5～1

（2）现场仓库及堆场面积的确定。各种仓库及堆场所需的面积可根据施工进度、材料供应情况等，确定分批分期进场，并根据式（5-9）计算：

$$F = Q/(nqk) \tag{5-9}$$

式中：F——仓库或材料堆场需要面积；

Q——各种材料在现场的总用量（m³、t、千块、m² 等）；

n——该材料分期分批进场的次数；

q——该材料每平方米储存定额；

k——堆场、仓库面积利用系数。

常用材料仓库或堆场面积计算参考指标如表 5.4 所示。

表 5.4　常用材料仓库或堆场面积计算参考指标

序号	材料、半成品名称	单位	每平方米储存定额 q	面积利用系数 k	备注	库存或堆场
1	水泥	t	1.2~1.5	0.7	堆高 12~15 袋	封闭库存
2	生石灰	t	1.0~1.5	0.8	堆高 1.2~1.7 m	棚
3	砂子(人工堆放)	m³	1.0~1.2	0.8	堆高 1.2~1.5 m	露天
4	砂子(机械堆放)	m³	2.0~2.5	0.8	堆高 2.4~2.8 m	露天
5	石子(人工堆放)	m³	1.0~1.2	0.8	堆高 1.2~1.5 m	露天
6	石子(机械堆放)	m³	2.0~2.5	0.8	堆高 2.4~2.8 m	露天
7	块石	m³	0.8~1.0	0.7	堆高 1.0~1.2 m	露天
8	卷材	卷	45~50	0.7	堆高 2.0 m	库
9	木模板	m²	4~6	0.7	—	露天
10	红砖	千块	0.8~1.2	0.8	堆高 1.2~1.8 m	露天
11	泡沫混凝土	m³	1.5~2.0	0.7	堆高 1.5~2.0 m	露天

5.5.3　加工厂的布置

1. 工地加工厂类型及结构形式

工地加工厂类型主要有钢筋混凝土预制加工厂、木材加工厂、钢筋加工厂、金属结构构件加工厂和机械修理厂。

各种加工厂的结构形式应根据使用期限长短和建设地区的条件而定,尽可能采用活动式、装卸式或就地取材。

2. 工地加工厂面积确定

现场加工作业棚主要包括各种料具仓库、加工棚等,其面积大小参考表 5.5 确定。

表 5.5　现场作业棚面积计算基数和计算指标表

序号	名称	面积	堆场占地面积	序号	名称	面积	堆场占地面积
1	木作业棚	2 m²/人	棚的 3~4 倍	8	电工房	15 m²	
2	电锯房	80 m²		9	钢筋对焊棚	15~24 m²	棚的 3~4 倍
3	钢筋作业棚	3 m²/人	棚的 3~4 倍	10	油漆工房	20 m²	
4	搅拌棚	10~18 m²/台		11	机钳工修理	20 m²	
5	卷扬机棚	6~12 m²/台		12	立式锅炉房	5~10 m²/台	
6	烘炉房	30~40 m²/台		13	发电机房	0.2~0.3 m²/kW	
7	焊工房	20~40 m²		14	水泵房	3~8 m²/台	

3. 工地加工厂布置原则

通常工地设有钢筋、混凝土、木材(包括模板、门窗等)、金属结构等加工厂,加工厂布置时应使材料及构件的总运输费用最小,减少进入现场的二次搬运量,同时使加工厂有良好的生产条件,做到加工与施工互不干扰。一般情况下,把加工厂布置在工地的边缘。这样既便于管理又能降低铺设道路、动力管线及给排水管道的费用。

(1)钢筋加工厂的布置应尽量采用集中加工布置方式,同时应有钢材和成品的堆放场地。

(2)混凝土搅拌站的布置可采用集中、分散、集中与分散相结合三种方式。集中布置通常采用二阶式搅拌站。当要求供应的混凝土有多种标号时,可配置适当的小型搅拌机,采用集中与分散相结合的方式。当在城市内施工,采用商品混凝土时,现场只需布置泵车及输送管道位置。

(3)木材加工厂的布置。对于城市内的工程项目,木材加工宜在现场外进行或购入成材,现场的木材加工厂布置只需考虑门窗、模板的制作。木材加工厂的布置应有一定的场地堆放木材和成品,同时还应考虑远离火源及残料锯屑的处理问题。

(4)金属结构、锻工、机修等车间相互密切联系,应尽可能布置在一起。

(5)产生有害气体和污染环境的加工厂,如熬制沥青、石灰熟化等,应位于场地下风向。同时,沥青堆场及熬制锅的位置要远离易燃仓库和堆场。

5.5.4 搅拌站的布置

砂浆及混凝土的搅拌站位置要根据房屋的类型、场地条件、起重机和运输道路的布置来确定。在一般的砖混结构中,砂浆的用量比混凝土用量大,要以砂浆搅拌站位置为主。在现浇混凝土结构中,如采用自拌混凝土时,混凝土用量大,因此要以混凝土搅拌站为主来进行布置。搅拌站的布置要求如下。

(1)搅拌站应有后台上料的场地,尤其是混凝土搅拌机,要与砂石堆场、水泥库一起考虑布置,既要互相靠近,又要便于材料的运输和装卸。

(2)搅拌站应尽可能布置在垂直运输机械附近或其服务范围内,以减少水平运距。

(3)搅拌站应设置在施工道路近旁,使小车、翻斗车运输方便。

(4)搅拌站场地四周应设置排水沟,以有利于清洗机械和排放污水,避免造成现场积水。

(5)混凝土搅拌台所需面积约 25 m^2,砂浆搅拌台约 15 m^2。

当现场较窄,混凝土需求量大且采用现场搅拌泵送混凝土时,为保证混凝土供应量和减少砂石料的堆放场地,宜建置双阶式混凝土搅拌站,骨料堆于扇形仓库。

5.5.5 运输道路的布置

施工运输道路应按材料和构件运输的需要沿着仓库和堆场进行布置,使之畅通无阻。

1. 施工道路的技术要求

(1)道路的最小宽度和回转半径如表 5.6 与表 5.7 所示。

表 5.6 施工现场道路最小宽度

序号	车辆类别及要求	道路宽度/m
1	汽车单行道	不小于 3.0
2	汽车双行道	不小于 6.0
3	平板拖车单行道	不小于 4.0
4	平板拖车双行道	不小于 8.0

表 5.7　施工现场道路最小转弯半径

序号	通行车辆类别	路面内侧最小曲率半径/m		
		无拖车	有一辆拖车	有两辆拖车
1	小客车、三轮汽车	6		
2	二轴载重汽车 三轴载重汽车 重型载重汽车	单车道 9 双车道 7	12	15
3	公共汽车	12	15	18
4	超重型载重汽车	15	18	21

架空线及管道下面的道路,其通行空间宽度应大于道路宽度 0.5 m,空间高度应大于 4.5 m。

(2)道路的做法。一般沙质土可采用碾压土路方法。当土质黏或泥泞、翻浆时,可采用加骨料碾压路面的方法,骨料应尽量就地取材,如碎砖、卵石、碎石及大石块等。

为了排除路面积水,保证正常运输,道路路面应高出自然地面 0.1~0.2 m,雨量较大的地区应高出 0.5 m 左右,道路两侧设置排水沟,一般沟深和底宽不小于 0.4 m。

2. 施工道路的布置要求

(1)应满足材料、构件等的运输要求,使道路通到各个仓库及堆场,距离其装卸区越近越好,以便装卸。

(2)应满足消防的要求,使道路靠近建筑物、木料场等易发生火灾的地方,以便车辆能开到消火栓处。消防车道宽度不小于 3.5 m。

(3)为提高车辆的行驶速度和通行能力,应尽量将道路布置成环路。如不能设置环形路,则应在路端设置掉头场地。

(4)道路布置应满足施工机械的要求。

(5)应尽量利用已有道路或永久性道路。根据建筑总平面图上永久性道路的位置,先修筑路基作为临时道路,工程结束后再修筑路面。临时道路路面种类和厚度如表 5.8 所示。

(6)施工道路应避开拟建工程和地下管道等地方。否则工程后期施工时将切断临时道路,给施工带来困难。路边排水沟最小尺寸如表 5.9 所示。

表 5.8　临时道路路面种类和厚度表

路面种类	特点及其使用条件	路基土	路面厚度/cm	材料配合比
混凝土路面	强度适宜通行各种车辆	一般土壤	10~15	≥C15
级配砾石路面	雨天照常通车,可通行较多车辆,但材料级配要求严	沙土	10~15	体积比 黏土∶砂子∶石子=1∶0.7∶3.5 重量比 (1)面层:黏土 13%~15%,砂石料 85%~87% (2)底层:黏土 10%,砂石混合料 90%
		黏土或黄土	15~20	
碎(砾)石路面	雨天照常通车,碎(砾)石本身含土较多,不加沙	沙土	10~18	碎(砾)石>65%,当土地含量≤35%
		沙土或黄土	15~20	

续表

路面种类	特点及其使用条件	路基土	路面厚度/cm	材料配合比
碎砖路面	可维持雨天通车，通行车辆较少	沙土	13～15	垫层:砂或炉渣 4～5 cm 底层:7～10 cm 碎石 面层:2～5 cm
		沙土或黄土	15～18	
炉渣或矿渣路面	雨天可通车,通行车辆较少	一般土	10～15	炉渣或矿渣 75%,当地土 25%
		较松软时	15～30	
砂石路面	雨天停车,通行车少,附近不产石,只有砂	沙土	15～20	粗砂 50%,细沙、砂粉和黏土 50%
		黏土	15～30	
风化石屑路面	雨天不通车,通行车少,附近有石料	一般土	10～15	石屑 90%,黏土 10%
石灰土路面	雨天停车,通行车少,附近产石灰	一般土	10～13	石灰 10%,当地土 90%

表 5.9　路边排水沟最小尺寸

沟边形状	最小尺寸/m		边坡宽度	适用范围
	深	底宽		
梯形	0.4	1:1～1:1.5	土质路基	
三角形	0.3	1:1～1:1.3	岩石路基	
方形	0.4	0.3	1:0	岩石路基

5.5.6　围挡的设计布置

根据《施工现场临时建筑物技术规范》(JGJ/T 188—2009),工地现场围挡的设计应遵循以下规定。

(1)围挡宜选用彩钢板、砌体等硬质材料搭设。禁止使用彩条布、竹笆、安全网等易变质材料,做到坚固、平稳、整洁、美观。

(2)围挡高度应符合下列规定。

①市区主要路段、闹市区:$h \geqslant 2.5$ m;

②市区一般路段:$h \geqslant 2.0$ m;

③市郊或靠近市郊:$h \geqslant 1.8$ m。

(3)围挡的设置必须沿工地四周连续进行,不能留有缺口。

(4)彩钢板围挡应符合下列规定。

①围挡的高度不宜超过 2.5 m。

②当高度超过 1.5 m 时,宜设置斜撑,斜撑与水平地面的夹角宜为 45°;

③立柱的间距不宜大于 3.6 m。

(5)砌体围挡不应采用空斗墙砌筑方式,墙厚度大于 200 mm,并应在两端设置壁柱,柱距小于 5.0 m,壁柱尺寸不宜小于 370 mm×490 mm,墙柱间设置拉结钢筋 $\varphi 6 \times 500$ mm,伸入两侧墙 $l \geqslant 1\ 000$ mm。

(6)砌体围挡长度大于 30 m 时,宜设置变形缝,变形缝两侧应设置端柱。

5.5.7　施工现场标牌的布置

（1）施工现场的大门口应有整齐明显的"五牌一图"。"五牌"：工程概况牌、组织机构牌、消防保卫牌、安全生产牌、文明施工牌。"一图"：施工现场总平面布置图。

（2）门头及大门应设置企业标志。

（3）在施工现场显著位置设置必要的安全施工内容的标语。

（4）宜设置读报栏、宣传栏和黑板报等宣传园地。

5.6　临时供水设计

在建筑施工中，临时供水设施是必不可少的。为了满足生产、生活及消防用水的需要，要选择和布置适当的临时供水系统。

5.6.1　用水量计算

建筑工地的用水包括生产、生活和消防用水三个方面，其计算如下。

1. 施工用水量计算

施工用水是指施工高峰的某一天或高峰时期平均每天需要的最大用水量。可按式（5-10）计算：

$$q_1 = k_1 \times \sum \left(\frac{Q_1 \times N_1}{T_1 \times t} \times \frac{k_2}{8 \times 3\,600} \right) \tag{5-10}$$

式中：q_1——施工用水量（L/s）；

k_1——未预见的施工用水系数，取 1.05～1.15；

Q_1——年（季、月）度工程量（以实物计量单位表示），可从总进度计划及主要工种工程量中求得。

T_1——年（季、月）度有效工作日；

N_1——施工用水定额，如表 5.10 所示；

t——每天工作班数；

k_2——用水不均衡系数，如表 5.11 所示。

表 5.10　施工用水参考定额

序号	用水对象	单位	用水量	备注
1	浇筑混凝土全部用水	L/m³	1 700～2 400	
2	搅拌普通混凝土	L/m³	250	
3	搅拌轻质混凝土	L/m³	300～350	
4	搅拌泡沫混凝土	L/m³	300～400	
5	搅拌热混凝土	L/m³	300～350	
6	混凝土养护（自然养护）	L/m³	200～400	
7	混凝土养护（蒸汽养护）	L/m³	500～700	
8	冲洗模板	L/m³	5	
9	搅拌机清洗	L/台班	600	

序号	用水对象	单位	用水量	备注
10	人工冲洗石子	L/m³	1 000	2%＜含泥量＜3%
11	机械冲洗石子	L/m³	600	
12	洗砂	L/m³	1 000	
13	砌砖工程全部用水	L/m³	150~250	
14	砌石工程全部用水	L/m³	50~80	
15	抹灰工程全部用水	L/m³	30	
16	耐火砖砌体工程	L/m³	100~150	包括砂浆搅拌
17	浇砖	L/千块	200~250	
18	浇硅酸盐砌块	L/m³	300~350	
19	抹面	L/m²	4~6	不包括调制用水
20	楼地面	L/m²	190	主要是找平层
21	搅拌砂浆	L/m³	300	
22	石灰消化	L/t	3 000	
23	上水管道工程	L/m	98	
24	下水管道工程	L/m	1 130	
25	工业管道工程	L/m	35	

表 5.11 施工用水不均衡系数

编号	用水名称	不均衡系数
k_2	现场施工用水	1.5
	附属生产企业用水	1.25
k_3	施工机械、运输机械用水	2
	动力设备用水	1.05~1.10
k_4	施工现场生活用水	1.30~1.50
k_5	生活区生活用水	2.00~2.50

特别提示: $\dfrac{Q_1}{T_1}$ 是指最大用水时,白天一个班所完成的实物工程量;$Q_1 \times N_1$ 是指在最大用水日那一天各施工项目的工程量与其相应用水定额的乘积之和。

2. 施工机械用水量计算

$$q_2 = k_1 \sum \left(Q_2 N_2 \times \frac{k_3}{8 \times 3\ 600} \right) \tag{5-11}$$

式中:q_2——机械用水量(L/s);

k_1——未预计施工用水系数,取 1.05~1.15;

Q_2——同一种机械台数(台);

N_2——施工机械台班用水定额,参考表 5.12 中的数据换算求得;

k_3——施工机械用水不均衡系数,参考表 5.11 中的数据。

表 5.12　施工机械用水量参考定额

序号	用水名称	单位	用水量	备注
1	内燃挖土机	L/(台班·m³)	200～300	以斗容量立方米计
2	内燃起重机	L/(台班·t)	15～18	以起重吨数计
3	蒸汽起重机	L/(台班·t)	300～400	以起重吨数计
4	蒸汽打桩机	L/(台班·t)	1 000～1 200	以锤重吨数计
5	蒸汽压路机	L/(台班·t)	100～150	以压路机吨数计
6	内燃压路机	L/(台班·t)	12～15	以压路机吨数计
7	拖拉机	L/(昼夜·台)	200～300	
8	汽车	L/(昼夜·台)	400～700	
9	标准轨蒸汽机车	L/(昼夜·台)	10 000～20 000	
10	窄轨蒸汽机车	L/(昼夜·台)	4 000～7 000	
11	空气压缩机	L/[台班·(m³/min)]	40～80	以空压机排气量(m³/min)计
12	内燃机动力装置	L/(台班·马力*)	120～300	直流水
13	内燃机动力装置	L/(台班·马力)	25～40	循环水
14	锅驼机	L/(台班·马力)	80～160	不利用凝结水
15	锅炉	L/(h·t)	1 000	以小时蒸发量计
16	锅炉	L/(h·m²)	15～30	以受热面积计

注:1 马力=0.735 kW

3. 施工现场生活用水量计算

生活用水量是指施工现场人数最多时,职工及民工的生活用水量。其计算公式如下:

$$q_3 = \frac{P_1 \cdot N_3 \cdot k_4}{t \times 8 \times 3\ 600} \tag{5-12}$$

式中:q_3——施工现场生活用水量(L/s);

P_1——施工现场高峰昼夜人数(人);

N_3——施工现场生活用水定额,取 20～60 L/人班;

k_4——施工现场用水不均衡系数,参考表 5.11 中的数据;

t——每天工作班数。

4. 生活区生活用水量计算

$$q_4 = \frac{P_2 \cdot N_4 \cdot k_5}{24 \times 3\ 600} \tag{5-13}$$

式中:q_4——生活区生活用水(L/s);

P_2——生活区居民人数(人);

N_4——生活区生活用水定额,如表 5.13 所示。

k_5——生活区用水不均衡系数,参考表 5.11 中的数据。

特别提示:每人每昼夜平均用水量随地区和有无室内卫生设施而变化,一般工地全部生活用水(含现场及生活区的生活用水)取 100～120 L/(人·昼夜)。

表 5.13　生活用水量(N_3、N_4)参考定额

用水名称	单位	用水量	用水名称	单位	用水量
盥洗、饮用水	L/(人·日)	20～40	学校	L/(学生·日)	10～30
食堂	L/(人·日)	10～20	幼儿园、托儿所	L/(幼儿·日)	75～100
淋浴带大池	L/(人·次)	50～60	医院	L/(病床·日)	100～150
洗衣房	L/(kg·干衣)	40～60	施工现场生活用水	L/(人·班)	20～60
理发室	L/(人·次)	10～25	生活区全部生活用水	L/(人·日)	80～120

5. 消防用水量(q_5)计算

消防用水主要是满足发生火灾时消火栓用水的要求,其用水量如表 5.14 所示。

表 5.14　消防用水参考定额

序号	用水名称	火灾同时发生次数	单位	用水量
1	居民区消防用水 　5 000 人以内 　10 000 人以内 　25 000 人以内	一次 二次 二次	L/s L/s L/s	10 10～15 15～20
2	施工现场消防用水 　施工现场在 25 ha 以内 　每增加 25 ha	一次 一次	L/s L/s	10～15 5

6. 总用水量(Q)计算

(1) 当($q_1+q_2+q_3+q_4$)≤q_5 时,$Q=q_5+\dfrac{1}{2}(q_1+q_2+q_3+q_4)$。

(2) 当($q_1+q_2+q_3+q_4$)>q_5 时,$Q=q_1+q_2+q_3+q_4$。

(3) 当工地面积小于 5 ha,且($q_1+q_2+q_3+q_4$)<q_5 时,则 $Q=q_5$。

最后计算出的总用水量还应增加 10%,以补偿不可避免的水管漏水损失。即:

$$Q_总=1.1Q \qquad\qquad (5-14)$$

特别提示:①总用水量计算并不是所有用水量的总和,因为施工用水是间断的,生活用水时多时少,而消防用水又是偶然的。②1 ha=10 000 m^2。

5.6.2　水源选择及临时给水系统

1. 水源选择

建筑工程的临时供水水源有如下几种形式:已有的城市或工业供水系统;自然水域(如江、河、湖、蓄水库等),地下水(如井水、泉水等),利用运输器具(如供水运输车)。

水源的确定应首先利用已有的供水系统,并注意其供水量能否满足工程用水需要。减少或不建临时供水系统,在新建区域若没有现成的供水系统,应尽量先建好永久性的给水系统,至少是能使该系统满足工程用水及部分生产用水的需要。当前述条件不能实现或因工程要求(如工期、技术经济条件)无须先建永久性给水系统时,应设立临时性给水系统,即利用天然水源,但其给水系统的设计应注意与永久性给水系统相适应,如供水管网的布置。

选择水源应考虑下列因素:水量要能满足最大用水量的需要,生活饮用水质应符合国家及当地的卫生标准,其他生活用水及施工用水中的有害及侵蚀性物质的含量不得超过有关规定的限制,否则必须经软化及其他处理后方可使用;与农业、水利工程综合利用;蓄水、取水、输水、净水、储水设施要安全经济;施工、运转、管理、维修应方便。

2. 临时给水系统

临时给水系统包括取水设施、净水设施、储水构筑物(水池、水塔、水箱)、输水管和配水管网。

1) 地面水源取水设施

取水设施一般由进水装置、进水管及水泵组成。取水口距河底(或井底)不得小于 0.2～0.9 m,在冰层下部边缘的距离也不得小于 0.25 m。给水工程所用的水泵有离心泵、隔膜泵及活塞泵三种。所用的水泵要有足够的抽水能力,扬程水泵应具有的扬程按下列公式计算。

(1) 将水送至水塔时的扬程:

$$H_p = (Z_t - Z_p) + H_t + a + h + h_s \tag{5-15}$$

式中:H_p——水泵所需的扬程(m);

Z_t——水塔所处的地面标高(m);

Z_p——水泵中心的标高(m);

H_t——水塔高度(m);

a——水塔的水箱高度(m);

h——从水泵到水塔间的水头损失(m);

h_s——水泵的吸水高度(m)。

水头损失可用下式计算:

$$h = h_1 + h_2 = i \times L + h_2 \tag{5-16}$$

式中:h_1——沿程水头损失(m);

h_2——局部水头损失(m);

i——单位管长水头损失(mm/m);

L——计算管段长度(km)。

实际工程中,局部水头损失一般不做详细计算,按沿程水头损失的 15%～20% 估计即可,即

$$h = (1.15～1.2)h_1 = (1.15～1.2)iL$$

(2) 将水直接送到用户时的扬程:

$$H = (Z_y - Z_p) + H_y + h + h_s \tag{5-17}$$

式中:Z_y——供水对象(即用户)最不利处的标高(m);

H_y——供水对象最不利处的自由水头,一般为 8～10 m。

其他符号意义同前。

2) 净水设施

自然界中未经过净化的水含有许多杂质,需要进行净化处理后才可用于生产、生活。在这个过程中,水要经过软化、去杂质(如水中含有的盐、酸、石灰质等)、沉淀、过滤和消毒等工程。

生活饮用水必须经过消毒后方可使用。可通过氯化消毒,在临时供水设施中可以加入漂白粉使水氯化。其用量可参考表 5.15,氯化时间夏季 0.5 h,冬季 1~2 h。

表 5.15　消毒用漂白粉及漂白液用量参考

水源及水质	不同消毒剂的用量	
	漂白粉(含 25% 的有效氯)/(kg/L)	1% 漂白粉液/(L/m³)
自流井水、清净的水	...	...
河水、大河过滤水	4~6	0.4~0.6
河、湖的天然水	8~12	0.6~1.2
透明井水和小河过滤水	6~8	0.6~0.8
浑浊井水和池水	12~20	1.2~2.0

3) 储水构筑物

储水构筑物是指水池、水塔和水箱。在临时供水中,只有在水泵非昼夜工作时才设置水塔。水箱的容量以每小时消防用水量决定,但容量一般不小于 10~20 m³。

水塔高度与供水范围、供水对象及水塔本身的位置有关,可用下式确定:

$$H_t = (Z_y - Z_t) + H_y + h \tag{5-18}$$

式中符号意义同前。

4) 配水管网布置

(1) 布置方式

临时供水管网布置一般有三种方式,即环状管网、枝状管网和混合式管网,如图 5.5 所示。

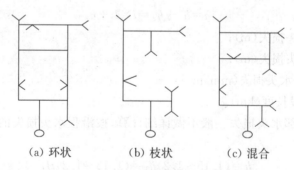

(a) 环状　　　(b) 枝状　　　(c) 混合

图 5-5　临时供水管网布置

环状管网能保证供水的可靠性,当管网某处发生故障时,水仍能由其他管路供应。但管线长、造价高、管材消耗大。它适用于要求供水可靠的建设项目或建筑群工程。

枝状管网由干管及支管组成,管线短、造价低,但供水可靠性差,若在管网中某一处发生故障时,会造成断水,故适用于一般中小型工程。

混合式管网兼有上述两种管网的优点,总管采用环状、支管采用枝状,一般适用于大型工程。

管网的铺设可采用明管或暗管。一般宜优先采用暗铺,以避免妨碍施工,影响运输。

在冬季施工中,水管宜埋置在冰冻线下或采取防冻措施。

（2）供水管网的布置要求

①应尽量提前修建并充分利用拟建的永久性供水管网作为工地临时供水系统,节约修建费用;在保证供水要求的前提下,新建供水管线的长度越短越好,并应适当采用胶皮管、塑料管作为支管,使其具有可移动性,以便利施工。

②供水管网的铺设要与土方平整规划协调一致,以防重复开挖;管网的布置要避开拟建工程和室外管沟的位置,以防二次拆迁改建。

③供水管网应按防火要求布置室外消火栓。室外消火栓应靠近十字路口、工地出入口,并沿道路布置,距路边应不大于 2 m,距建筑物的外墙应不小于 5 m,为兼顾拟建工程防火而设置的室外消火栓与拟建工程的距离也不应大于 25 m,消火栓之间的间距不应超过 120 m;工地室外消火栓必须设有明显标志,消火栓周围 3 m 范围内不准堆放建筑材料、停放机具和搭设临时房屋等;消火栓供水干管的直径不得小于 100 mm。

3. 管径的选择

（1）计算法。

$$d=\sqrt{\frac{4Q\times 1\,000}{\pi \times v}} \tag{5-19}$$

式中:d——配水管直径（mm）;

Q——管段的用水量(L/s);

v——管网中水流速度(m/s),临时水管经济流速范围如表 5.16 所示,一般生活及施工用水取 1.5 m/s,消防用水取 2.5 m/s。

（2）查表法。为了减少计算工作,只要确定管段流量和流速范围,可直接查表 5.16、表 5.17 和表 5.18,选取管径。

特别提示:查表时,可依输水量和流速查表确定,其中,输水量 Q 是指供给有关使用点的供水量。

表 5.16　临时水管经济流速参考表

管径 d/mm	流速/(m/s)	
	正常时间	消防时间
<100	0.5~1.2	—
100~300	1.0~1.6	2.5~3.0
>300	1.5~2.5	2.5~3.0

（3）经验法。单位工程施工供水也可以根据经验进行安排,一般 5 000~10 000 m² 的建筑物,施工用水的总管管径为 50 mm,支管管径为 40 mm 或 25 mm。消防用水一般采用城市或建设单位的永久消防设施。当需在工地范围设置室外消火栓时,消火栓干管的直径不得小于 100 mm。

4. 管材的选择

（1）工地输水主干管常用铸铁管和钢管;一般露出地面用钢管,埋入地下用铸铁管;支管采用钢管。

（2）为了保证水的供给,必须配备各种直径的给水管。施工常用管材如表 5.19 所示。

硬聚氯乙烯管、铝塑复合管、聚乙烯管、镀锌钢管的公称直径 15 mm、20 mm、25 mm、32 mm、40 mm、50 mm、70 mm、80 mm、100 mm 的使用比较普遍。铸铁管有 125 mm、150 mm、200 mm、250 mm、300 mm。

表 5.17　临时给水铸铁管计算表

项次	管径 d/mm	75		100		150		200		250	
	流量 q/(L/s)	i	v	i	v	i	v	i	v	i	v
1	2	7.98	0.46	1.94	0.26						
2	4	28.40	0.93	6.69	0.52						
3	6	61.50	1.39	14.00	0.78	1.87	0.34				
4	8	109.00	1.86	23.90	1.04	3.14	0.46	0.77	0.26		
5	10	171.00	2.33	36.50	1.30	4.69	0.57	1.13	0.32		
6	12	246.00	2.79	52.60	1.56	6.55	0.69	1.58	0.39	0.53	0.25
7	14			71.60	1.82	8.71	0.80	2.08	0.45	0.69	0.29
8	16			93.50	2.08	11.10	0.92	2.64	0.51	0.88	0.33
9	18			118.00	2.34	13.90	1.03	3.28	0.58	1.09	0.37
10	20			146.00	2.60	16.90	1.15	3.97	0.64	1.32	0.41
11	22			177.00	2.86	20.20	1.26	4.73	0.71	1.57	0.45
12	24					24.10	1.38	5.56	0.77	1.83	0.49
13	26					28.30	1.49	6.44	0.84	2.12	0.53
14	28					32.80	1.61	7.38	0.90	2.42	0.57
15	30					37.70	1.72	8.40	0.96	2.75	0.62
16	32					42.80	1.84	9.46	1.03	3.09	0.66
17	34					48.40	1.95	10.60	1.09	3.45	0.70
18	36					54.20	2.06	11.80	1.16	3.83	0.74
19	38					60.40	2.18	13.00	1.22	4.23	0.78

注:v 为流速(m/s);i 为单位管长水头损失(m/km 或 mm/m)。

表 5.18　临时给水钢管计算表

项次	管径 d/mm	25		40		50		70		80	
	流量 q/(L/s)	i	v	i	v	i	v	i	v	i	v
1	0.1										
2	0.2	21.30	0.38								
3	0.4	74.80	0.75	8.89	0.32						
4	0.6	159.00	1.13	18.40	0.48						

项次	管径 d/mm	25		40		50		70		80	
	流量 q/(L/s)	i	v	i	v	i	v	i	v	i	v
5	0.8	279.00	1.51	31.40	0.64						
6	1.0	437.00	1.88	47.30	0.80	12.90	0.47	3.76	0.28	1.61	0.20
7	1.2	629.00	2.26	66.30	0.95	18.00	0.56	5.18	0.34	2.27	0.24
8	1.4	856.00	2.64	88.40	1.11	23.70	0.66	6.83	0.40	2.97	0.28
9	1.6	1 118.00	3.01	114.00	1.27	30.40	0.75	8.70	0.45	3.96	0.32
10	1.8			144.00	1.43	37.80	0.85	10.70	0.51	4.66	0.36
11	2.0			178.00	1.59	46.00	0.94	13.00	0.57	5.62	0.40
12	2.6			301.00	2.07	74.90	1.22	21.00	0.74	9.03	0.52
13	3.0			400.00	2.39	99.80	1.41	27.44	0.85	11.70	0.60
14	3.6			577.00	2.86	144.00	1.69	38.40	1.02	16.30	0.72
15	4.0					177.00	1.88	46.80	1.13	19.80	0.81
16	4.6					235.00	2.17	61.20	1.30	25.70	0.93
17	5.0					277.00	2.35	72.30	1.42	30.00	1.01
18	5.6					348.00	2.64	90.70	1.59	37.00	1.13
19	6.0					399.00	2.82	104.00	1.70	42.10	1.21

注:v 为流速(m/s);i 为单位管长水头损失(m/km 或 mm/m)。

表 5.19　施工常用管材

管材	介绍参数		使用范围
	最大工作压力/MPa	温度/℃	
硬聚氯乙烯管 铝塑复合管	0.25~0.6	−15~60	给水
聚乙烯管	0.25~1.0	40~60	室内外给水
镀锌钢管	≤1	<100	室内外给水

5.6.3　施工临时供水设计实例分析

［例 5-1］　某项目占地面积为 15 000 m²,施工现场使用面积为 12 000 m²,总建筑面积为 7 845 m²,所用混凝土和砂浆均采用现场搅拌,现场拟分生产、生活、消防三路供水,日最大混凝土浇筑量为 400 m³,施工现场高峰昼夜人数为 180 人,请计算用水量并选择供水管径。

（1）用水量计算

①参考公式(5-10)计算现场施工每天用水量 q_1:

$$q_1 = k_1 \sum \frac{Q_1 \times N_1}{T_1 \times t} \times \frac{k_2}{8 \times 3\,600} = \frac{1.15 \times 250 \times 400 \times 1.5}{8 \times 3\,600 \times 1} = 5.99(\text{L/s})$$

式中，$k_1 = 1.15$、$k_2 = 1.5$，$Q_1 = 400 \text{ m}^3/\text{d}$、$T_1 = 1 \text{ d}$、$t = 1$；$N_1$ 查表取 250 L/m³。

②按公式(5-11)，计算施工机械用水量 q_2：因施工中不使用特殊机械，所以 $q_2 = 0$。

③按公式(5-12)，计算施工现场生活用水量 q_3：

$$q_3 = P_1 N_3 k_4 / (t \times 8 \times 3\,600) = 180 \times 40 \times 1.5 / (1 \times 8 \times 3\,600) = 0.375 (\text{L/s})$$

式中，$k_4 = 1.5$、$P_1 = 180$ 人、$t = 1$；N_3 按生活用水和食堂用水计算：

$N_3 = 0.025 \text{ m}^3/(\text{人} \cdot \text{d}) + 0.015 \text{ m}^3/(\text{人} \cdot \text{d}) = 0.04 \text{ m}^3/(\text{人} \cdot \text{d}) = 40 \text{ L}/(\text{人} \cdot \text{d})$

④按公式(5-13)，计算生活区生活用水量：因现场不设生活区，故不计算 q_4。

⑤按表 5.14 计算消防用水量 q_5：本工程现场使用面积为 12 000 m²(1.2 ha)，即 1.2 ha < 25 ha；故 $q_5 = 10 (\text{L/s})$。

⑥计算总用水量 Q：

$$Q_1 = q_1 + q_2 + q_3 + q_4 = 5.99 + 0.375 = 6.365 (\text{L/s})$$

因工地面积为 1.2 ha < 5 ha，并且 $Q < q_5$，因此 $Q = q_5 = 10 (\text{L/s})$。

$$Q_总 = 1.1 \times 10 = 11 (\text{L/s})$$

即本工程用水量为 11 L/s。

(2) 按公式(5-19)，供水管径的计算

$$d = \sqrt{\frac{4\,000Q}{\pi v}} = \sqrt{\frac{4\,000 \times 11}{3.14 \times 1.5}} = 97 (\text{mm}) \quad (v = 1.5 \text{ m/s})$$

取管径为 100 mm 的上水管。

[例5-2] 某市一高层住宅楼，三层及其以下为大底盘，出裙楼屋顶分为双塔楼，裙楼为框架剪力墙结构，塔楼为全现浇钢筋混凝土剪力墙结构，建筑地上 30 层，裙房 3 层，地下室 1 层，建筑高度为 103.00 m。总建筑面积为 64 475 m²。±0.000 相当于黄海高程 423.625 m。防火等级一级；抗震设防烈度为八度；防水等级二级。本大楼地下层设有人防、停车库、设备用房等。工程严格按现代城市规划要求设计，是一幢高标准智能化的现代化高层住宅楼。本工程为一类高层建筑，耐火等级为一级，建筑结构安全等级为二级，防护等级为六级人防地下室、二等人员掩蔽体。基础采用钢筋混凝土人工挖孔灌注桩基础。地下室底板、顶板与侧墙交接处设置橡胶止水条。最高峰期日混凝土量 300 m³；施工人数 500 人。请计算日用水量并选择供水管径。

(1) 施工用水量计算

本工程施工临时用水由工程施工用水、施工现场生活用水、生活区生活用水和消防用水 4 个部分组成。

①按公式(5-10)，施工用水 q_1：取最高峰期为最大的日用水量

$$q_1 = k_1 \sum Q_1 N_1 \times \frac{k_2}{8 \times 3\,600}$$

式中，k_1 取 1.1，k_2 取 1.5，Q_1 取 300，N_1 取 250，T_1 取 1，t 取 1，则：

$$q_1 = \frac{1.1 \times 300 \times 250 \times 1.5}{8 \times 3\,600} = 4.3 (\text{L/s})$$

②按公式(5-11)，本工程未使用特殊施工机械，因此 $q_2 = 0$。

③按公式(5-12)，施工现场生活用水量 q_3：取最多施工人员数(按 500 人考虑)

$$q_3 = \frac{P_1 N_3 k_4}{t \times 8 \times 3\,600}$$

式中，P_1 取 500，k_4 取 1.5，t 取 2，N_3 取 30，则

$$q_3 = \frac{500 \times 30 \times 1.5}{2 \times 8 \times 3\,600} = 0.39(\text{L/s})$$

④按公式(5-13)，计算办公生活区生活用水量：

$$q_4 = \frac{P_2 N_4 k_5}{24 \times 3\,600}$$

式中 P_2 取 500，k_5 取 2.5，N_4 取 100，则

$$q_4 = \frac{500 \times 100 \times 2.5}{24 \times 3\,600} = 1.45(\text{L/s})$$

⑤按表 5.14 计算消防用水量。施工现场面积小于 5 ha，q_5 为 10 L/s。

⑥总用水量计算：

$$Q_1 = q_1 + q_3 + q_4 = 6.14(\text{L/s})$$
$$Q < q_5$$
$$Q = q_5 + \frac{1}{2}(q_1 + q_2 + q_3 + q_4) = 10 + \frac{1}{2} \times 6.14 = 13.07(\text{L/s})$$

(2) 供水管管径计算

$$d = \sqrt{\frac{4Q \times 1\,000}{\pi \times v}} = \sqrt{\frac{4 \times 13.07 \times 1\,000}{\pi \times 2.0}} = 90(\text{mm}) \quad (v = 2.0 \text{ m/s})$$

5.6.4 单位工程施工用水设计实例

下面以某职工宿舍工程为例，进行单位工程施工临时用水的设计。

某职工宿舍楼工程施工临时供水设计如下。

1. 现场施工用水

框架结构工程施工最大用水量应选在混凝土浇筑与砌体工程同时施工之日。本工程由于采用商品混凝土，因此施工中混凝土工程用水主要考虑模板冲洗和混凝土养护用水。现场取混凝土自然养护的全部用水定额 $N_1 = 400$ L/m²，冲洗模板为 5 L/m²，砌筑全部用水为 200 L/m²，日最大浇筑混凝土量为 42 m³，标准层面积为 160.1 m²，砌砖工程量为 229.62 m²，故取 $Q_1 = 42$ m³，$Q_2 = 229.62$ m²；$k_1 = 1.05$，$k_2 = 1.5$，$T_1 = 1$ d，$t = 1$，则：

$$q_1 = k_1 \sum \frac{Q_1 N_1}{T_1 t} \times \frac{k_2}{8 \times 3\,600} = 1.05 \times \frac{(42 \times 400 + 160.1 \times 5 + 229.62 \times 200) \times 1.5}{8 \times 3\,600} = 3.47(\text{L/s})$$

2. 施工机械用水

施工现场机械用水在结构施工高峰期内只有自卸汽车 3 台，查用水定额 N_2 为 400～700 L/(台·昼夜)，取 $N_2 = 500$ L/(台·昼夜)，查表 $k_3 = 2$，则：

$$q_2 = k_1 \sum Q_2 N_2 \times \frac{k_3}{8 \times 3\,600} = \frac{1.05 \times 3 \times 500 \times 2}{8 \times 3\,600} = 0.11(\text{L/s})$$

3. 施工现场生活用水

取 $k_4 = 1.5$，施工现场高峰昼夜人数 $P_1 = 93$ 人，N_3 一般为 20～60 L/(人·班)，取 $N_3 = 40$ L/(人·班)，每天工作班数 $t = 1$，则：

$$q_3 = \frac{P_1 N_3 k_4}{t \times 8 \times 3\,600} = \frac{93 \times 40 \times 1.5}{1 \times 8 \times 3\,600} = 0.2(\text{L/s})$$

4. 居民区用水计算

取 $k_5 = 1.5$，生活区居民人数 $P_2 = 110$ 人（管理人员 17 人，工人 93 人），生活区全部用水定额 N_4 为 120 L/（人·d）。生活区用水量：

$$q_4 = \frac{P_2 N_4 k_5}{24 \times 3\,600} = \frac{110 \times 120 \times 1.5}{24 \times 3\,600} = 0.23(\text{L/s})$$

5. 消防用水

查居民区消防用水 $q_5 = 10$ L/s。

6. 总用水量计算

因 $q_1 + q_2 + q_3 + q_4 < q_5$，且工地面积小于 5 ha，因此 $Q = q_5 = 10$ L/s。考虑管路漏水损失，应增加 10% 水量，所以总用水量 $Q = 10 \times 1.1 = 11(\text{L/s})$。

7. 供水管路管径的计算

$$D = \sqrt{\frac{4\,000 Q}{\pi v}} = \sqrt{\frac{4\,000 \times 11}{3.14 \times 1.5}} = 96.65(\text{mm}) \quad (v = 1.5 \text{ m/s})$$

所以选总管直径为 100 mm（铸铁管）；支管选用 50 mm（钢管）；按支状管网布置，埋设在地下。

8. 室外消火栓的布置

在总平面图中，给水管直径 100 mm，沿道路边布置 2 个消火栓。

9. 管线布置图

根据计算结果布置施工总平面图。

5.7　施工临时供电设计

施工现场安全用电的管理是安全生产文明施工的重要组成部分，临时用电施工组织设计也是施工组织设计的组成部分。

5.7.1　临时用电施工组织设计的内容和步骤

（1）现场勘探。

（2）确定电源进线、变电所、配电室、总配电箱、分配电箱等的位置及线路走向。

（3）进行荷载计算。

（4）选择变压器容量、导线截面和电器的类型、规格。

（5）绘制电器平面图、立面图和接线系统图。

（6）制定安全用电技术措施和电器防火措施。

5.7.2　施工现场临时用电计算

在施工现场临时用电设计中应按照临时用电负荷，简称临电负荷进行现场临时用电的负荷验算，校核业主所提供的电量是否能够满足现场施工所需电量，合理布置现场临电的系统。通过计算确定变压器规格、寻线截面、各级电箱规格和系统图。

1. 用电量计算

建筑工地临时供电包括施工用电和照明用电两个方面,其用量可按以下公式计算:

$$P_{计} = \Phi\left(\frac{k_1}{\cos\varphi}\sum P_1 + k_2\sum P_2 + k_3\sum P_3 + k_4\sum P_4\right) \qquad (5-20)$$

式中:$P_{计}$——计算用电量(kVA);

Φ——用电不均衡系数,一般为 1.05~1.1;

$\sum p_1$——全部施工用电设备中电动机额定容量之和;

$\sum p_2$——全部施工用电设备中电焊机额定容量之和;

$\sum p_3$——室内照明设备额定容量之和;

$\sum p_4$——室外照明设备额定容量之和;

$\cos\varphi$——电动机的平均功率因素(在施工现场最高为 0.75~0.78,一般为 0.65~0.75)。

k_1、k_2、k_3、k_4——需要系数,如表 5.20 所示。

表 5.20　k_1、k_2、k_3、k_4 系数表

用电名称	数量	需要系数		备注
		k	数值	
电动机	3~10 台 11~30 台 30 台以上	k_1	0.7 0.6 0.5	(1) 为使计算结果切合实际,式(5-20)中各项动力和照明用电应根据不同工作性质分类计算;
加工厂动力设备			0.5	(2) 单位施工时,用电量计算可不考虑照明用电;
电焊机	3~10 台 10 台以上	k_2	0.6 0.5	(3) 由于照明用电比动力用电要少得多,故在计算总用电时,只在动力用电量式(5-20)括号内第 1、2 项之外再加 10%作为照明用量即可
室内照明		k_3	0.8	
室外照明		k_4	1.0	

由于照明用电比施工用电少得多,故在计算用电时,通常使用下式:

$$P_{计} = 1.24k_1\sum P_c \qquad (5-21)$$

式中:P_c——全部施工用电设备额定容量之和(P_1+P_2)。

计算用电量时,可从以下各点考虑。

(1) 在施工进度计划中施工高峰期同时用电机械设备最高数量。

(2) 各种机械设备在施工过程中的使用情况。

(3) 现场施工机械设备及照明灯具的数量。

施工机械设备用电定额参考表 5.21。

表 5.21　施工机械设备用电定额参考表

机械名称	型号	功率/kW	机械名称	型号	功率/kW
塔式起重机	红旗 11 - 16 整体托运	19.5	振动打拔桩机	DZ45	45
	QT40 TQ2 - 6	48		DZ45Y	30
				DZ55Y	55
	TQ60/80	55.5		DZ90B	90
	自升式 TQ90	58		DZ90A	90
			附着式振动器	ZW4	0.8
				ZW5	1.1
	自升式 QJ100	63		ZW7	1.5
				ZW10	1.1
				ZW30 - 5	0.5
	法国 PDTAIN 厂产 H5 - 56B5P (235 t·m)	150	混凝土搅拌站	HL80	41
			混凝土输送泵	HB - 15	32.2
	法国 PDTAIN 厂产 H5 - 56B (235 t·m)	137	混凝土喷射机 （回转式）	HPH6	7.5
			混凝土喷射机 （罐式）	HPG4	3
	法国 POTAIN 厂产 TOPKTTF O/25 (135 t·m)	160	插入式振捣器	ZX25	0.8
				ZX35	0.8
				ZX50	1.1
	法国 B.P.R 厂产 GTA91 - 83 (450 t·m)	160		ZX50C	1.1
				ZX70	1.5
	德国 PEINE 生产 SK280 - 055 (307.314 t·m)	150	蛙式夯实机	HW - 32	1.5
				HW - 60	3
	德国 PEINE 生产 SK560 - 05 (675 t·m)	170	钢筋调直切断机	GT4/14	4
				GT6/14	11
				GT6/8	5.5
				GT3/9	7.5
平板式振动器	ZB5	0.5	钢筋切断机	QJ40	7
	ZB11	1.1		QJ40 - 1	5.5
				QJ32 - 1	3
冲击式钻孔机	YKC - 20C	20	自落式混凝土搅拌机	JDL150	
	YKC - 22M	20		JD200	
	YKC - 30M	40		JD250	5.5
螺旋式钻孔机	BQ - 2400	22		JD350	15
	KL400	40		JD500	18.5
	ZKL600	55			
	ZKL800	90			

续表

机械名称	型号	功率/kW	机械名称	型号	功率/kW
混凝土振动台	ZT-1×2	7.5	卷扬机	JJK-0.5	3
	ZT-1.5×6	30		JJK-0.5B	2.8
	ZT-2.4×6.2	55		JJK-1A	7
真空吸水器	HZX-40	4		JJK-5	40
	HZX-60A	4		JJZ-1	7.5
	改型泵Ⅰ号	5.5		JJZ-1	7
	改型泵Ⅱ号	5.5		JJK-3	28
预应力拉伸机油泵	ZB1/630	1.1		JJK-5	3
	ZB2X2/500	3		JJM-5	11
	ZB4/49	3		JJM-10	22
	ZB10/49	11	强制式混凝土搅拌机	JW250	11
振动式夯实机	HZD250	4		JW500	30
钢筋弯曲机	GW40	3	电动弹涂机	DT120A	8
	WJ40	3	液压升降机	YSF25-50	3
	GW32	2.2	泥浆泵	红星 30	30
交流电焊机	BX3-120-1	9		红星 75	60
	BX3-300-2	23.4	液压控制台	YKT-36	7.5
	BX-500-2	38.6	自动控制、调平液压控制台	YZKT-56	11
	BX2-100(BC-1 000)	76	静电触探车	ZJYY-20A	10
直流电焊机	AX-4-300-1（AG-300）	10	混凝土沥青地割机	BC-D1	5.5
			小型砌块成型机	GC-1	6.7
	AX1-165（AB-165）	6	载货电梯	JT1	7.5
			建筑施工外用电梯	SCD100/100A	11
	AX-320（AT-320）	14	木工电刨	MIB2-80/1	0.7
			木工刨板机	MB1043	3
	AX5-500	26	木工圆锯	MJ104	3
	AX3-500（AG-500）			MJ114	3
				MJ106	5.5
纸筋麻刀搅拌机	ZMB-10	3	脚踏截锯机	MJ217	7
灰浆泵	UB3	4	单面木工压刨床	MB103	3
挤压式灰浆泵	UBJ2	2.2		MB103A	4
				MB106	7.5
灰气联合泵	UB78-1	5.5		MB104A	4
粉碎淋灰机	FL-16	4			
单盘水磨石机	SF-D	2.2	双面木工压刨床	MB106A	4

续表

机械名称	型号	功率/kW	机械名称	型号	功率/kW
双盘水磨石机	SF-S	4	木工平刨床	MB503A	3
侧式磨光机	CM2-1	1	木工平刨床	MB504A	3
立面水磨石机	MQ-1	1.65	普通木工车床	MCD616B	3
墙面水磨石机	YM200-1	0.55	单头直榫开榫机	MX2112	9.8
地面磨光机	DM-60	0.4	灰浆搅拌机	UJ325	3
套丝切管机	TQ-3	1	灰浆搅拌机	UJ100	2.2
电动液压弯管机	WYQ	1.1	反循环钻孔机	BDM-1 型	22

现场室内照明用电定额参考表 5.22。

表 5.22 室内照明用电定额参考表

序号	用电定额	容量/(W/m²)	序号	用电定额	容量/(W/m²)
1	混凝土及灰浆搅拌站	5	13	学校	6
2	钢筋室外加工	10	14	招待所	5
3	钢筋室内加工	8	15	医疗所	6
4	木材加工(锯木及细木制作)	5~7	16	托儿所	9
5	木材加工(模板)	8	17	食堂或娱乐场所	5
6	混凝土预制构件厂	6	18	宿舍	3
7	金属结构及机电维修	12	19	理发店	10
8	空气压缩机及泵房	7	20	淋浴间及卫生间	3
9	卫生技术管道加工	8	21	办公楼、实验室	6
10	设备安装加工厂	8	22	棚仓库及仓库	2
11	变电所及发电站	10	23	锅炉房	3
12	机车或汽车停放库	5	24	其他文化福利场所	3

室外照明用电参考表如表 5.23 所示。

表 5.23 室外照明用电参考表

序号	用电名称	容量	序号	用电名称	容量
1	安装及铆焊工程	2.0 W/m²	6	行人及车辆主干道	2 000 W/km
2	卸车场	1.0 W/m²	7	行人及非车辆主干道	1 000 W/km
3	设备、砂、石、木材、钢材、半成品存放	0.8 W/m²	8	打桩工程	0.6 W/m²
			9	砖石工程	1.2 W/m²

序号	用电名称	容量	序号	用电名称	容量
4	夜间运料（或不运料）	0.8（0.5）W/m²	10	混凝土浇筑工程	1.0 W/m²
			11	机械挖土工程	1.0 W/m²
5	警卫照明	1 000 W/km	12	人工挖土工程	0.8 W/m²

特别提示：白天施工且没有夜班时可不考虑灯光照明。

2. 变压器容量计算

工地附近有 10 kV 或 6 kV 高压电源时，一般多采取在工地设小型临时变电所，装设变压器将二次电源降至 380 V/220 V，有效供电半径一般在 500 m 以内。大型工地可在几处设变压器(变电所)。

需要变压器容量可按以下公式计算：

$$P_{变}=\frac{b_0 P_{计}}{\cos\varphi}=1.4P_{计} \tag{5-22}$$

式中：$P_{变}$——变压器容量(kVA)；

b_0——功率损失系数，一般取 1.05；

$P_{计}$——变压器服务范围内的总用电量(kW)；

$\cos\varphi$——用电设备功率因数，一般建筑工地取 0.7～0.75。

求得 $P_{变}$ 变值，可查表 5.25 选择变压器容量和型号。

表 5.25 常用电力变压器性能表

型号	额定容量/kVA	额定电压/kV		耗损/W		总量/kg
		高压	低压	空载	短路	
SL7-30/10	30	6；6.3；10	0.4	150	800	317
SL7-50/10	50	6；6.3；10	0.4	190	1 150	480
SL7-63/10	63	6；6.3；10	0.4	220	1 400	525
SL7-80/10	80	6；6.3；10	0.4	270	1 650	590
SL7-100/10	100	6；6.3；10	0.4	320	2 000	685
SL7-125/10	125	6；6.3；10	0.4	370	2 450	790
SL7-160/10	160	6；6.3；10	0.4	460	2 850	945
SL7-200/10	200	6；6.3；10	0.4	540	3 400	1 070
SL7-250/10	250	6；6.3；10	0.4	640	4 000	1 235
SL7-315/10	315	6；6.3；10	0.4	760	4 800	1 470
SL7-400/10	400	6；6.3；10	0.4	920	5 800	1 790
SL7-500/10	500	6；6.3；10	0.4	1 080	6 900	2 050
SL7-630/10	630	6；6.3；10	0.4	1 300	8 100	2 760
SL7-50/35	50	35	0.4	265	1 250	830

型号	额定容量/ kVA	额定电压/kV		耗损/W		总量/ kg
		高压	低压	空载	短路	
SL7-100/35	100	35	0.4	370	2 250	1 090
SL7-125/35	125	35	0.4	420	2 650	1 300
SL7-160/35	160	35	0.4	470	3 150	1 465
SL7-200/35	200	35	0.4	550	3 700	1 695
SL7-250/35	250	35	0.4	640	4 400	1 890
SL7-315/35	315	35	0.4	760	5 300	2 185
SL7-400/35	400	35	0.4	920	6 400	2 510
SL7-500/35	500	35	0.4	1 080	7 700	2 810
SL7-630/35	630	35	0.4	1 300	9 200	3 225
SL7-200/10	200	10	0.4	540	3 400	1 260
SL7-250/10	250	10	0.4	640	4 000	1 450
SL7-315/10	315	10	0.4	760	4 800	1 695
SL7-400/10	400	10	0.4	920	5 800	1 975
SL7-500/10	500	10	0.4	1 080	6 900	2 200
SL7-630/10	630	10	0.4	1 400	8 500	3 140
S6-10/10	10	10	0.433	60	270	245
S6-30/10	30	10	0.4	125	600	140
S6-50/10	50	10	0.433	175	870	540
S6-80/10	80	6~10	0.4	250	1 240	685
S6-100/10	100	6~10	0.4	300	1 470	740
S6-125/10	125	6~10	0.4	360	1 720	855
S6-160/10	160	6~10	0.4	430	2 100	990
S6-200/10	200	6~11	0.4	500	2 500	1 240
S6-250/10	250	6~10	0.4	600	2 900	1 330
S6-315/10	315	6~10	0.4	720	3 450	1 495
S6-400/10	400	6~10	0.4	870	4 200	1 750
S6-500/10	500	6~10.5	0.4	1 030	4 950	2 330
S6-630/10	630	6~10	0.4	1 250	5 800	3 080

3. 配电导线截面计算

导线截面一般根据用电量计算允许电流进行选择,然后再以允许电压降及机械强度加以校核。

1) 按允许电流强度选择导线截面

配电导线必须能承受负荷电流长时间通过所引起的温升,而其最高温升不超过规定值。电流强度的计算如下。

(1) 三相四线制线路上的电流强度可按式(5-23)计算:

$$I = \frac{1\,000P}{\sqrt{3}U_{线}\cos\varphi} \qquad (5-23)$$

式中:I——某一段线路上的电流强度(A);

P——该段线路上的总用电量(kW);

$U_{线}$——线路工作电压值(V),三相四线制低压时,$U_{线} = 380$ V;

$\cos\varphi$——功率因数,临时电路系统取 $\cos\varphi$ 为 0.7~0.75(一般取 0.75)。

将三相四线制低压线时,$U_{线} = 380$ V 代入,式(5-23)可简化为:

$$I_{线} = 2P \qquad (5-24)$$

即表示 1 kW 耗电量等于 2 A 电流。

(2) 二线制线路上的电流可按式(5-25)计算:

$$I = \frac{1\,000P}{U\cos\varphi} \qquad (5-25)$$

式中:U——线路工作电压值(V),二相制低压时,$U = 220$ V。

其余符号同前。

求出线路电流后,可根据导线持续允许电流,按表 5.25 初选导线截面,使导线中通过的电流控制在允许范围内。

表 5.25　配电导线持续允许电流强度(A)(空气温度 25 ℃时)

序号	导线标称截面/mm²	裸线			橡皮或塑料绝缘线(单芯 500 V)			
		TJ 型导线	钢芯铝绞线	LJ 型导线	BX 型(铜、橡)	BLX 型(铝、橡)	BV 型(铜、塑)	BLV 型(铝、塑)
1	0.75	—	—	—	18	—	16	—
2	1	—	—	—	21	—	19	—
3	1.5	—	—	—	27	19	24	18
4	2.5	—	—	—	35	27	32	25
5	4	—	—	—	45	35	45	32
6	6	—	—	—	58	45	55	42
7	10	—	—	—	85	65	75	50
8	16	130	105	105	110	85	105	80
9	25	180	135	135	145	110	138	105
10	35	220	170	170	180	138	170	130
11	50	270	215	215	230	175	215	165
12	70	340	265	265	285	220	265	205

序号	导线标称截面/mm²	裸线			橡皮或塑料绝缘线（单芯 500 V）			
		TJ 型导线	钢芯铝绞线	LJ 型导线	BX 型（铜、橡）	BLX 型（铝、橡）	BV 型（铜、塑）	BLV 型（铝、塑）
13	95	415	325	325	345	265	325	250
14	120	485	375	375	400	310	375	285
15	150	570	440	440	470	360	430	325
16	185	645	500	500	540	420	490	380
17	240	770	610	610	600	510	—	—

2）按机械强度要求选择导线截面

配电导线必须具有足够的机械强度，以防止受拉或机械损伤时折断。在不同敷设方式下，导线按机械强度要求所必须达到的最小截面积应符合表 5.26 的规定。

表 5.26　导线按机械强度要求所必须达到的最小截面

导线用途	导线最小截面/mm²	
	铜线	铝线
照明装置用导线：户内用	0.5	2.5
户外用	1.0	2.5
双芯软电线：用于吊灯	0.35	—
用于移动式生产用电设备	0.5	—
多芯软电线及软电缆：用于移动式生产用电设备	1.0	—
绝缘导线：固定架设在户内支持件上，其间距为：		
2 m 及以下	1.0	2.5
6 m 及以下	2.5	4
25 m 及以下	4	10
裸导线：户内用	2.5	4
户外用	6	16
绝缘导线：穿在管内	1.0	2.5
设在木槽板内	1.0	2.5
绝缘导线：户外沿墙敷设	2.5	4
户外其他方式敷设	4	10

3）按导线允许电压降选择配电导线截面

配电导线上的电压降必须限制在一定范围之内，否则距变压器较远的机械设备会因电压不足而难以启动，或经常停机而无法正常使用；即使能够使用，也会由于电动机长期处在低压运转状态，造成电动机电流过大，升温过高而过早地损坏或烧毁。

按导线允许电压降选择配电导线截面的计算公式如下：

$$S = \frac{\sum (PL)}{C \cdot [\varepsilon]} = \frac{\sum M}{C \cdot [\varepsilon]} \tag{5-26}$$

式中：S——配电导线的截面积（mm²）；

　　P——线路上所负荷的电功率(即电动机额定功率之和)或线路上所输送的电功率(即用电量)(kW);

　　L——用电负荷至电源(变压器)之间的送电线路长度(m);

　　M——每一次用电设备的负荷距(kW·m);

　　$[\varepsilon]$——配电线路上允许的相对电压降(即以线路的百分数表示的允许电压降),一般为 2.5%~5%;

　　C——系数,是由导线材料、线路电压和输电方式等因素决定的输电系数,如表 5.28 所示。

表 5.28　按允许电压降计算时的 C 值

线路额定电压/V	线路系统及电流种类	系数 C 值	
		铜线	铝线
380/220	三相三线	77	46.3
380/220	二相三线	34	20.5
220	单线或直流	12.8	7.75
110		3.2	1.9
36		0.34	0.21
24		0.153	0.092
12		0.038	0.023

　　以上通过计算或查表所选择的配电导线截面面积必须同时满足以上三项要求,并以求得的三个导线截面面积中最大者为准,作为最后确定选择配电导线的截面面积。

　　实际上,配电导线截面面积计算与选择的通常方法是:当配电线路比较长,线路上的负荷比较大时,往往以允许电压降为主确定导线截面;当配电线路比较短时,往往以允许电流强度为主确定导线截面;当配电线路上的负荷比较小时,往往以导线机械强度要求为主选择导线截面。当然,无论以哪一种为主选择导线截面,都要同时符合其他两种要求,以求无误。

　　根据实践,一般建筑工地配电线路较短,导线截面可由允许电流选定;而在道路工程和给排水工程中,工地作业线比较长,导线截面由电压降确定。

5.7.3　变压器及供电线路的布置

　　1. 变压器的选择与布置要求

　　扩建的单位工程施工时,一般只计算出在施工期间的用电总数,提供给建设单位解决。往往不另设变压器。只有独立的单位工程施工时,计算出现场用量后再选用变压器。变压器的选择与布置要求如下。

　　(1) 当施工现场只需设置一台变压器时,供电线路可按枝状布置,变压器应设置在引入电源的安全区域内。

　　(2) 当工地较大,需要设置多台变压器时,应先用一台主降压变压器将工地附近的 110 kV 或 35 kV 的高压电网上的电压降至 10 kV 或 6 kV,然后再通过若干个分变压器将电压降至 380/220 V。主变压器与各分变压器之间采用环状连接布置;每个分变压器到该变压器负担的各用电点的线路可采用枝状布置,分变电器应设置在用电设备集中、用电量大的地方或该变压器所负担区域的中心地带,以尽量缩短供电线路的长度;低压变电器的有效供电半径为 400～500 m。

实际工程中，单位工程的临时供电系统一般采用枝状布置，并尽量利用原有的高压电网和已有的变压器。

2. 供电线路的布置要求

（1）工地上的 3 kV、6 kV 或 10 kV 的高压线路可采用架空裸线，其电杆距离为 40～60 m；也可采用地下电缆；户外 380/220 V 的低电压线路可采用架空裸线，与建筑物、脚手架等距离相近时，必须采用绝缘架空线，其电杆距离为 25～40 m；分支线或引入线均必须从电杆处连接，不得从两杆之间的线路上直接连接。电杆一般采用钢筋混凝土电杆，低压线路也可采用木杆。

（2）为了维修方便，施工现场一般采用架空配电线路，并尽量使其线路最短。要求现场架空线与施工建筑物水平距离不小于 1 m，线与地面距离不小于 4 m，跨越建筑物或临时设施时，垂直距离不小于 2.5 m，线间距不小于 0.3 m。

（3）各用电点必须配备与用电设备功率相匹配的，由闸刀开关、熔断保险、漏电保护器和插座等组成的配电器，其高度与安装位置应以操作方便、安全为准；每台用电机械或设备均应分设闸刀开关和熔断器，实行单机单闸，严禁一闸多机。

（4）设置在室外的配电箱应有防雨措施，严防漏电、短路及触电事故的发生。

（5）线路应布置在起重机的回转半径之外。否则应搭设防护栏，其高度要超过线路 2 m，机械运转时还应采取相应措施，以确保安全。现场机械较多时可采用埋地电缆，以减少互相干扰。

（6）新建变压器应远离交通要道出入口处，布置在现场边缘高压线接入处，离地高度应大于 3 m，四周设有高度大于 1.7 m 的铁丝网防护栏，并设置明显标志。

5.7.4 单位工程施工临时供电设计实例

下面以某职工宿舍工程为例，进行施工临时用电设计。

某职工宿舍楼工程临时用电设计如下，全部参数来源于工程设计。

1. 施工用电设备

施工用电设备如表 5.29 所示。

2. 用电量的计算

电动机额定功率

$$P_1 = 150 + 39 + 3 + 5.5 + 7.5 + 1.1 + 2.2 + 3 + 21 + 3 + 15 = 250.3 \text{(kW)}$$

电焊机额定容量

$$P_2 = 18 + 3 = 21 \text{(kW)}$$

室内照明容量（根据房间面积测算）

$$P_3 = 0.44 + 0.3 + 2.24 + 0.08 = 3.06 \text{(kW)}$$

室外照明容量（根据室外面积测算）

$$P_4 = 0.36 \text{ kW}$$

$$P = \Phi \left(\frac{k_1}{\cos\varphi} \sum P_1 + k_2 \sum P_2 + k_3 \sum P_3 + k_4 \sum P_4 \right)$$

$$= 1.1 \times \left(\frac{0.6 \times 250.3}{0.7} + 0.6 \times 21 + 0.8 \times 3.06 + 0.36 \right) = 253 \text{(kW)}$$

表 5.29 施工用电设备

序号	机械设备名称	规格型号	数量	单位	功率/kW		备注
					每台	小计	
1	塔吊	德国 PEINE	1	台	150	150	臂长 60 m
2	钢井架		3	座	13	39	主体施工及装修施工用
3	电焊机	BX3-120-1	2	台	9	18	基础及主体施工用
4	钢筋弯曲机	GW40	1	台	3	3	
5	钢筋切断机	QJ40-1	1	台	5.5	5.5	
6	钢筋调直机	GT3/9	1	台	7.5	7.5	
7	电渣压力焊	17kVA	1	台	3	3	
8	平板振动器	ZB11	1	台	1.1	1.1	
9	插入式振动器	ZX50	2	套	1.1	2.2	
10	木工圆盘锯	MJ114	1	台	3	3	
11	卷扬机	JJ1K	3	台	7	21	
12	打夯机	1.5 kW	2	台	1.5	3	
13	自落式混凝土搅拌机	JD350	1	台	15	15	

3. 变压器功率的计算

$$P_变 = \frac{KP}{\cos\varphi} = \frac{1.05 \times 253}{0.75} = 354.2 (\text{kVA})$$

通过查表 5.25,选用 SL7-400/10 型号的变压器。

4. 施工区导线截面的选择

(1) 按机械强度选择。查表得,选用铝线户外方式敷设,导线截面为 10 mm²。

(2) 按允许电流选择。三相四线制线路上的电流计算:

$$I = \frac{1\,000P}{\sqrt{3}U_线 \cos\varphi} = \frac{253 \times 1\,000}{1.732 \times 380 \times 0.75} = 513(\text{A})$$

通过查配电导线持续允许电流表,选用 BLX 型铝芯橡皮线,截面为 240 mm²。

(3) 按允许电压降选择

以钢筋加工场导线截面为例说明如下:

$$S = \frac{\sum(PL)}{C \cdot [\varepsilon]} = \frac{207.46}{46.3 \times 0.7} = 6.4(\text{mm}^2)$$

综上所述,满足要求,选用导线截面为 10 mm²。

5. 居民区导线截面的选择

同施工区,为 10 mm²。

6. 线路布置图(略)

详见参考文献[9],某职工宿舍工程施工总平面布置图。

181

本章思考练习题

1. 何谓施工平面图？施工平面图的设计原则是什么？

2. 施工平面图设计的主要步骤是什么？

3. 单位工程施工平面图设计程序是什么？

4. 单位工程施工平面图设计内容有哪些？

5. 固定式垂直运输机械布置时应考虑哪些因素？

6. 试述施工道路的布置要求。

7. 现场临时设施有哪些内容？临时供水、供电有哪些布置要求？

8. 试述塔式起重机的布置要求。

9. 搅拌机布置与砂、石、水泥库的布置有何关系？

10. 试述施工现场对临时消火栓布置的要求。

11. 何谓单位工程施工平面图？施工平面图设计的主要步骤是什么？

12. 单位工程施工平面图设计的主要内容有哪些？

第6章 工程施工资源配置

在工程施工过程中,不仅需要安排合理的施工进度计划,而且要考虑施工资源的用量及获取能力,以及它们与施工进度和工程成本的关系。事实上,工程施工资源需要数量是有限制的,不同工序对同一种资源具有竞争性,如果不能得到充分的资源,某些工程进度计划就不能按时完成,影响工程完工的时间;另一方面,某些施工资源具有可替代性,使用不同资源方案的工程成本不同,需要分析和比较。因此,合理安排施工资源配置计划,落实资源类型、来源渠道、需要时间及使用方法,才能达到满足施工进度要求和降低成本的目标。

6.1 施工资源的特征和分类

资源是指用于生产能满足人类需要的用品或劳务的那些物品。通常情况下资源可分为劳动、资本、土地等类型。工程施工资源是指一切直接为工程施工生产所需要并构成生产要素的、具有一定开发利用选择性的资源。

6.1.1 施工资源的特征

施工资源不同于地理意义上的资源,它具有下列特征:

(1) 有用性。施工资源必须是直接为施工生产活动所需的资源,是形成生产力的各种要素。各种施工资源投入之间有多种不同的组合关系。与之相应,也就构成了不同的产出模型,即生产函数模型。生产函数的具体表现形式有很多种,但应用最广泛的是柯布—道格拉斯生产函数。

柯布—道格拉斯生产函数最初是美国数学家柯布(C. W. Cobb)和经济学家道格拉斯(P. H. Douglas)共同探讨投入和产出的关系时创造的生产函数,他们认为在技术经济条件不变的情况下,产出与投入的劳动力及资本的关系可以表示为:

$$Y = AK^{\alpha}L^{\beta} \tag{6-1}$$

式中:Y——产量;

A——技术水平;

K——投入的资本量;

L——投入的劳动量;

α, β——K 和 L 的产出弹性。

指数 α 表示资本弹性,说明当生产资本增加 1%时,产出平均增长 α%;β 是劳动力的弹性,说明当投入生产的劳动力增加 1%时,产出平均增长 β%;A 是常数,也称效率系数。

在信息经济时代,所投入的生产要素的核心成分从资本、劳动力逐渐转变为以信息技术为代表的高新技术。当信息资源应用于生产时,对生产人员、资本、流程等产生了革命性的影响作用,极大地提高了生产要素生产率,促进了经济发展。因此,需要对柯布—道格拉斯生产函数作出一定的修正,使之适用于信息时代的生产力发展水平。

(2)稀缺性。在一定时期内,相对于人类无限需要而言,可用于生产物品和提供劳务的资源总是不足的,这就是资源的稀缺性。稀缺是指现有的时间、物品和资源永远不能满足人类需要的状况。由于存在稀缺性,要想满足所有愿望是不可能的。

施工资源也是稀缺资源,其需求量与供应量之间存在一定的差距,并非取之不竭。不稀缺的东西就谈不上配置问题。

(3)替代性。在不同施工资源要素之间,一般存在着一定的相互替代关系(图6.1)。譬如说劳动力和机械设备之间,各种机械设备之间等都存在一定的替代效应。可相互替代的两种资源要素之间的耗用量存在着凸函数变化规律,即在等效产出的前提下,两种可相互替代的资源可以有不同的数量组合关系。

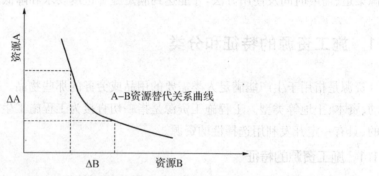

图 6.1 可替代资源之间的耗用关系图

6.1.2 施工资源的类型

施工资源具有不同的类型,通常可作下列分类:

1)按施工所需资源的可得性分,施工资源有持续性资源、消耗性资源、双重限制资源。

(1)持续性资源。可以持续地用于相同施工范围的各个时间阶段,例如劳动力资源等。

(2)消耗性资源。在施工初期,这类资源往往是以总数形式出现的,随着时间推移它们形成工程实体,改变本身特性或经多次使用逐步被消耗掉。例如,各种工程物资设备和周转材料等。

(3)双重限制资源。这类资源在施工各个阶段使用数量有限,并且在整个施工过程中总体使用量也是有限的,例如资金等。

2)按施工所需资源的内容分,施工资源有人力、物资设备、资金和技术资源。

(1)人力。人是施工管理的主体,人力资源是工程施工第一资源。施工人力资源计划包括技术人员、管理人员的配置和生产队伍的组织。

(2)物资设备。物资设备是工程施工的物质基础,一般可分为材料物资和机械设备两大类。

建筑材料按其在生产中的作用可分为主要材料、辅助材料和其他材料。主要材料在施工中被直接加工,构成工程实体,如钢材、水泥等;辅助材料有助于产品的形成,但不构成工程实体,如促凝剂、润滑剂等;其他材料是指不构成工程实体,但施工中必需的材料,如燃料、油料、砂纸等。另外,还有周转材料(如脚手架、模板等)、预制构配件等特殊作用材料。

机械设备主要指作为施工工具使用的大、中、小型机械。按其不同用途分为运输机械、吊装机械、挖掘机械、打桩机械等。

(3) 资金。施工资金是工程建设的基本保证。施工生产过程,一方面表现为实物形式的物资活动,另一方面表现为价值形式的资金运动。

(4) 技术。技术是工程项目达到预定施工目标的有力手段。它含义很广,指操作技能、劳动手段、劳动者素质、生产工艺、试验检验、管理程序和方法等。

6.2　施工资源计划

工程项目的施工过程也是工程资源的耗用过程,合理地配置利用资源和尽量地节约资源对项目施工是十分重要的。因此,必须对各种资源的配置与利用进行优化。一种资源配置是有效的,是指不可能增加一种商品的生产而不从另一种商品的生产中抽取资源,从而减少另一种商品的产量。通过对资源——劳动力、设备材料、施工装备(施工机具)、能源、资金等的合理配置、合理投入来最优化地实现项目施工目标。

在实际工作中,除了时间进度计划外,还须安排施工资源,如劳动力、施工机具设备、建筑材料、构配件、半成品、资金等的进度计划,充分发挥有限资源的作用,合理使用、均衡消耗。做好资源优化配置,一方面可以保证时间进度计划的顺利实施;另一方面也可降低工程成本,提高投资效益。

6.2.1　编制方法

施工资源计划是指反映施工过程中各类资源需用情况的计划。它涉及劳动力、资金、各类材料、机械设备、构配件、大型临时设施等的需要量及品种、型号、规格、标准和时间安排。

确定资源的需求计划用量亦称工料分析。通过计算,确定施工项目各分部、分项资源需要量。其编制步骤为:

(1) 根据设计文件、施工方案、工程合同、技术措施等计算或套用定额,确定各分部分项工程量。

(2) 套用相关资源消耗定额,并结合工程特点,求得各分部、分项工程各类资源的需要量。

(3) 根据已确定的施工进度计划,分解各个时段内的各种资源需要量。

(4) 汇总各个时段内各种不同资源的需要量,形成各类资源总需求量,并以资源曲线或资源计划的表格形式表达。

6.2.2　资源曲线

资源曲线是反映计划资源配置情况的图形,也就是与时间进度计划对应的资源使用计划。对于每一种资源,可以根据横道图或时间坐标网络计划画出相应的资源曲线。

常用的资源曲线有两种:资源需要量曲线、资源累计曲线,分别表示资源的不同使用状态。图 6.2 为时间坐标网络计划下资源需用量曲线和资源累计曲线。网络计划中有支模、扎筋和混凝土三道工序,分为两个施工段,每天需用的资源量(人数)分别为 12 人、10 人、8 人,用括号表示在相应箭杆下面。

(1) 资源需要量曲线。它是把单位时间(日、月、季等)内计划进行的各项工作所需的某种资源数量进行叠加,按一定比例绘制曲线,直观表示出计划中每个时期资源需用量及动态变化,形象描绘资源消耗的高峰和低谷。在图 6.2 中左边纵坐标表示作业人数,前 3 天每天需用 12 人,第 4、5 天需用 22 人,第 6 天需用 20 人等。

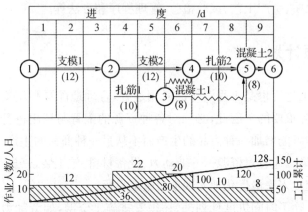

图 6.2　时间坐标网络计划及资源曲线图

(2) 资源累计曲线,也称为 S 形曲线。随着计划进程,根据资源需用量曲线把单位时间消耗的资源数量累加起来,可以得到资源累计曲线。该曲线上任何一点数值恰好等于相应的动态曲线在这一点左边那部分面积,因此,资源累计曲线也称积分曲线。图 6.2 中右边纵坐标表示工日累计,如第 3 天末对应的数值为 36 个工日,第 5 天末对应的数值为 80 个工日等。资源曲线不但能动态安排各类资源的用量,而且也是评价和调整施工计划的重要工具。理想的资源需用量曲线应该比较平缓,分布均衡,呈中间高、两头低之势;典型的资源累计曲线呈 S 形,曲线先上凹,经过拐点后再下凹。资源累计曲线中间段越接近直线,资源分布越均衡,峰谷偏差越小。某石化工程项目现场人力资源需要量曲线如图 6.3 所示。

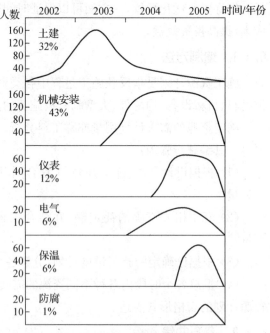

图 6.3　某石化工程项目现场人力资源需要量曲线

6.2.3　资源需要量计划

根据工程施工进度计划和资源需要量资料,就可编制各主要劳动力、资金、施工机具、材料构配件和大型临时设施需要量计划,以利于及时组织劳动力和技术物资的供应,保证施工进度计划的顺利执行。

1) 综合劳动力及主要工种劳动力计划

在项目决策阶段,通过施工部署的安排可估算出总施工工日,确定参加施工的总人数,从而考虑当施工进入高峰期,现场是否具备承担这些人员的生产和生活所必需的条件。

随着项目的进展,特别是进入施工准备阶段,要逐步提出更为精确的总劳动用工量,确定各工种人员的所需数,并对施工项目进行平衡,利用各工序之间施工高峰的错落起伏,对劳动力进行周密计划,合理地调度,使劳动力在项目之间合理、及时地流动。

在编制劳动力计划时,先将各单位工程施工过程所需要的主要工种劳动力根据施工进度的安排叠加,就可编制出主要工种劳动力需要量计划,并求出综合劳动力需要量,其一般格式如表 6.1 所示。

表 6.1　主要工种劳动力需要量计划表

序号	工种名称	总劳动量/工日	每月需要量/工日											
			1月	2月	3月	4月	5月	6月	7月	8月	9月	10月	11月	12月
	木　工 钢筋工 泥　工 ⋮													
	综合													

再对各单位工程主要工种劳动需要量计划进行汇总,就可得到施工项目劳动力汇总表,并求出综合劳动力需要量,其格式如表 6.2 所示。

表 6.2　施工项目劳动力汇总表

序号	工种名称	劳动量/工日	工业建筑及全工地性工程							居住建筑		仓库、加工厂等临时建筑	20××年				20××年			
			工业建筑			道路	铁路	上下水道	电气工程	永久性住宅	临时性住宅		1季度	2季度	3季度	4季度	1季度	2季度	3季度	4季度
			主厂房	辅助	附属															
	钢筋工 木　工 ⋮																			
	综合																			

2) 资金需要量计划

按施工时间进度计划,结合可能的筹资方案,算出各项工作所需资金支出,并依照时间先后顺序进行叠加,就可形成规定时间单位资金需要量计划,作为控制资金支出、合理使用的依据。资金月需要量格式如表 6.3 所示。

表 6.3　资金月需要量计划表

施工类别		每月使用量/万元											
		1月	2月	3月	4月	5月	6月	7月	8月	9月	10月	11月	12月
工业建筑及全工地性工程	工业建筑												
	⋮												
	⋮												
居住建筑	永久性												
	临时性												
仓库、加工厂等临时设备													
综　合													

3) 施工机具需要量计划

施工机具需要量可按照施工部署、主要建筑物施工方案的要求,参照工程量和机械台班产量定额来计算;然后根据施工进度计划的规定,确定各施工过程的机械进出场时间,具体排定施工机具的计划。其格式如表 6.4 所示。

表 6.4　施工机具需要量计划表

序号	机具名称	简要说明(型号、生产率等)	数量	电动机功率/kW	需要量计划							
					20××年				20××年			
					1季度	2季度	3季度	4季度	1季度	2季度	3季度	4季度

4) 主要材料及构配件需要量计划

编制主要材料及构配件需要量计划,主要是为组织备料、确定堆场面积、组织运输工作提供依据。通过汇总工程预算中各施工过程的材料构配件名称、规格、数量,结合施工进度计划中安排的时间,就可确定其需要量计划。其格式如表 6.5 所示。

5) 大型临时设施需要量计划

大型临时设施包括施工现场生产、生活用房、临时道路、临时供水供电和供热系统等,其需要量计划应本着尽可能利用已有或拟建工程的原则,按施工部署、施工方案、各种材料物资需要量,经过计算后安排。其格式如表 6.6 所示。

表 6.5 主要材料及构配件需要量计划表

序号	类别	构件、半成品及主要材料名称	运输线路	上下水工程	电气工程	工业建筑		居住建筑		其他临时建筑	需要量计划							
						主要	辅助及附属	永久性住宅	临时性住宅		20××年				20××年			
											1季度	2季度	3季度	4季度	1季度	2季度	3季度	4季度
	主要建筑材料	石灰 砖 水泥 圆木 钢材 ⋮																
	构件及半成品	钢筋 钢筋混凝土及混凝土 木结构 钢结构 砂浆 细木制品 ⋮																

表 6.6 大型临时设施需要量计划表

序号	项目名称	需用量		面积/m²	形式	造价/万元	修建时间
		单位	数量				

[例 6-1] 某电信工程由主楼、附楼、电力中心和停车库等 4 个单体组成,总建筑面积约 10 万平方米。该工程采用施工总承包方式,由施工总承包商负责土建、给排水、采暖、消防、动力照明、防雷接地、电话、有线电视天线系统等施工任务。

针对本工程安装专业多、功能齐全的特点,施工总承包商将部分土建和机电安装工程实行专业分包。根据施工总进度计划的要求,该工程施工阶段劳动力需要量计划、主要施工机械需要量计划、主要周转材料需要量计划和测量器具配置计划如表 6.7、图 6.4 及表 6.8、表 6.9、表 6.10、表 6.11 所示。

表 6.7 某电信工程项目施工阶段劳动力需要量计划

工种 ＼ 日期	2001-12-01 2002-02-02	02-03 03-15	03-16 04-05	04-06 05-29	05-30 07-24	07-25 12-23	12-24 2003-01-22
钢筋工	120	120	240	180	—	—	—
木工	80	160	320	240	—	—	—

日 期 工 种	2001-12-01 2002-02-02	02-03 03-15	03-16 04-05	04-06 05-29	05-30 07-24	07-25 12-23	12-24 2003-01-22
混凝土工	20	40	40	10	—	—	—
测量工	6	6	6	6	4	4	4
抹灰砖工	60	60	60	240	240	60	30
架子工	20	30	30	30	30	20	20
防水工	30	40	40	40	40		
机操工	20	24	24	24	15	—	
普工	120	30	60	60	60	60	60
管工	4	10	10	10	25	25	10
电工	4	20	20	20	40	50	10
通风工	—	15	15	24	24	28	6
焊工	4	6	12	12	12	18	2
油漆工	2	4	4	4	6	6	6
气焊工	2	3	3	3	3	5	3
保温工	—	—	—	—	10	10	3
钳工	—	—	—	6	6	8	2
铆工	—	—	—	4	6	6	—
仪表工	1	1	1	1	3	3	3
装饰工	—	—	—	—	120	180	20
合 计	493	569	885	914	644	483	179

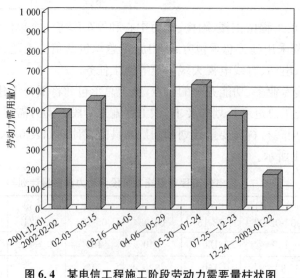

图 6.4 某电信工程施工阶段劳动力需要量柱状图

表 6.8　某电信工程土建施工阶段主要施工机械需要量计划

序　号	机械名称	型　号	数　量	备　注
1	塔式起重机	QTZ5515	2 台	2002-02—2002-08
		QTZ160	1 台	2002-02—2002-09
		QTZ5016	1 台	2002-02—2002-05
		QTZ5012	1 台	2002-02—2002-05
2	施工电梯	SCD200 200K	3 台	2002-05—2003-01
3	搅拌站	HSC40	2 台	搅拌砂浆
4	混凝土输送泵	HBT60A	3 台	柴油泵 1 台
5	门　架	2 t	2 台	2002-05—2003-01
6	装载机	40	1 台	
7	钢筋切割机	GJ40-1	8 台	
8	钢筋弯曲机	GW-40-1	8 台	
9	钢筋对焊机	UN-100	3 台	
10	调直机	4/14	2 台	
11	电动卷扬机	ZS-JJK-2t	2 台	
12	木工刨刀	MQ423B	5 台	
13	木工压刨	MB104-1	3 台	
14	木工电锯	MT500	7 台	
15	交流电焊机	BX1-300	10 台	
16	空压机	0.7/1.0	3 台	
17	钢筋连接设备		3 台	

表 6.9　某电信工程安装施工阶段主要施工机械需要量计划

序　号	名　称	规格型号	数　量	备　注
1	CO_2 气体保护焊机	PS5000	3 台	
2	交流焊机	B×3-500（或 300）	6 台	
3	直流焊机	AX7-500（或者 800）	4 台	
4	套丝机	Z3T-R4	6 台	
5	台　钻	DP-25	8 台	
6	冲击钻	TE-24、TB-12	15 台	
7	电　钻	6～13 nm	10 把	
8	气割设备		6 套	
9	手动葫芦	1 t（12 个）、3 t（8 个）、5 t（6 个）		
10	空压机	6 m²	2 台	

序 号	名 称	规格型号	数 量	备 注
11	试压泵	SY-5	4 台	
12	弯管机	SYM-3A	5 台	
13	砂轮切割机	J3G2-400	8 台	
14	剪板机	2.5M	4 台	
15	折边机	2.5M	3 台	
16	联合咬口机	YEL-12	3 台	
17	单平咬口机	YED-12	3 台	
18	插条机	YEC-10	2 台	
19	弯头咬口机	YEL-12	1 台	
20	按扣咬口机	YEK-12	1 台	
21	卷扬机	1 t,3 t,5 t	各 2 台	
22	砂轮机		5 台	
23	电动开孔机		6 把	
24	液压平板车		4 部	
25	联合冲剪机		2 台	
26	吊 车	16 t、50 t	租用	

表 6.10　某电信工程施工阶段主要周转材料需要量计划

A 段	型号规格	单 位	数 量	进场时间
双面覆膜木模板	12 厚 1 220×2 400	m²	15 100	2002-02 分批
双面覆膜木模板	15 厚 1 220×2 400	m²	4 491	2002-02 分批
双面覆膜木模板	18 厚 1 220×2 400	m²	427.68	2002-02 分批
木 枋	50×100	m²	529	2002-02 分批
木 枋	100×100	m²	154.7	2002-02 分批
钢 管	Φ48×3.5	t	393	2002-02 分批
扣 件		个	11.2 万	2002-02 分批
碗口钢管	按三层配,1.5 m	t	18.56	2002-04 分批
	按二层配,1.2 m	t	29.7	2002-04 分批
	按一层配,1.8 m	t	133.67	2002-04 分批
	按半层配,0.9 m	t	89.11	2002-04 分批
U 拖	800 长	个	9 669	2002-02 分批
C8 钢槽		m	1 795.2	2002-02 分批

表6.11 某电信工程施工阶段测量器具配置计划

序　号	仪器名称	数　量	用　途	备　注
1	J2级经纬仪	2	轴线投测	
2	TDJ2E经纬仪	2	轴线投测	
3	DS3水准仪	1	标高传递	
4	无线对讲机	2	联络通信	
5	50m钢尺	2	轴线测量	
6	计算机	3	技术管理	
7	铅直仪	1	竖向投点	
8	钢卷尺	25	现场检验	项目管理人员配备
9	振动台	1	混凝土试块	实验室使用
10	温控仪	1	温度、湿度控制	实验室使用
11	天平	1	检测土干密度	实验室使用
12	混凝土试模	50	试块制作	实验室使用
13	砂浆试模	10	试块制作	实验室使用
14	抗渗试模	25	试块制作	实验室使用
15	环刀	10	灰土干密度试验	实验室使用
16	空调、电加热器	各1	调温	实验室使用
17	混凝土坍落度桶	6	混凝土坍落度测试	实验室使用
18	养护支架	2	标养	实验室使用
19	通条养护钢筋笼	10	通条养护	实验室使用
20	钢尺		混凝土坍落度测试	实验室使用
21	抹灰板、钢片尺、游标卡尺、钉锤、温度计、铁锹、计算器、水桶、干湿温度计、刷子			

6.2.4 材料设备采购计划

材料设备采购计划编制是确定通过市场采购哪些产品和服务能够最好地满足施工项目需求的过程。材料设备采购计划编制时需要考虑的事项包括是否采购、怎样采购、采购什么、采购多少及何时采购。材料设备采购计划是反映物资的需要与供应的平衡关系,安排采购工作的计划。它的编制依据是需求计划、储备计划和货源资料等,它的作用是组织指导施工物资采购工作。

在制订材料设备采购计划时必须掌握的信息如下所示:

(1) 所需材料设备名称和数量的清单

首先要清楚所需的材料设备是由国内采购还是国外采购。如果是国外采购材料设备,还需要弄清合同中规定是口岸交货还是现场交货。如果是口岸交货的话,则还需要了解口岸到现场的距离及其间道路交通情况,以便估计出从口岸运到现场的时间,以及对口岸和现场之间的道路、桥梁是否需采取特殊措施。如果需要一些加固道路的设施或特殊运输设备,均将在工期和成本上有所反映。

其次,要弄清所需的材料设备等是现货供应还是需要特别加工试制。因为后者的到货时间与现货供应是不同的。再者,要确定采购策略,是成批购置还是零购。因为,成批购买价格要比零购低,而且便于集中管理,但还要核算一下储存货物所需设施的开支是否合算。

(2) 材料设备供应周期

对所需的材料设备应保证供应,以免影响需要,其中关系到是否要有一定的储备。如果是非标准材料设备,除需知道到场时间外,还需考虑设备到场后的验收、调试等时间。

如果是国外采购,还需考虑海运或空运的时间以及从海关运到现场的时间。海运的时间较长,而且到岸时间不一定准确,要留有余地。而且不能忽略货物到岸再运到现场这段时间。得到材料设备的时间可从进度计划中取得。

(3) 材料设备必需的设计、制造和验收等时间

对试制产品,要了解设计时间、制造时间、检验时间、装运时间、到岸验关时间、运到现场时间及安装时间,以便使土建、设备安装、试生产等各阶段工作相互配合。

(4) 材料设备进货来源

进货来源的不同影响到质量、价格、储存量,还会引发能否及时供应和运输等问题,因此,要合理选择。

材料设备采购计划的编制是在确定计划需求量的基础上,经过综合平衡后,提出申请量和采购量。因此,采购计划的编制过程也是平衡过程,包括数量、时间的平衡。根据收集的信息与本单位的采购经验相结合,就可制订出一个包括选货、订货、运货、验收检验等过程的程序与日程安排。

材料设备计划一般由施工采购部门负责制订,项目经理要检查所订的计划是否能保证工程施工总目标的实现,特别是工期目标能否实现。施工中常常会因材料设备等资源供应周期不准而拖延项目完成的工期;反之,如果过早贮存,则需一系列的仓储设施,也会增加项目成本。

在实际中,对施工材料采购来说首先考虑的是数量的平衡,因为计划期的需用量还不是申请量或采购量,即还不是实际的需用量,必须扣除库存量,即考虑为保证下一期施工必要的储备量。因此,采购计划的数量平衡关系是期内需用量减去期初库存量加上期末储备量。经过上述平衡出现正值时,是本期的不足,需要补充;反之,是负值时,是本期多余,可供外调。一般情况下,储备量可以采用公式(6-2)计算:

$$q = r(t_1 + t_2 + t_3 + t_4) \qquad (6-2)$$

式中:q——材料储备量;

r——材料的日需求量;

t_1——材料的供应间隔天数;

t_2——材料的运输天数;

t_3——材料的入库检验天数;

t_4——材料使用前准备天数。

也可采用下式计算:

$$q = \lambda \cdot r \qquad (6-3)$$

式中，λ 为材料储备定额。

施工材料的储备量主要由材料的供应方式和现场条件决定，一般应保持 3～5 天的用量，在一定条件下，也可以少一些，甚至可以是无储备现场（如在单层厂房施工中，预制构件采用随运随吊的吊装施工方案），用多少供多少。施工材料采购计划的参考格式如表 6.12 所示。

表 6.12　施工材料采购计划格式

序号	材料名称	规格质量	计量单位	需要量				期初库存	节约量	平衡结果			
				合计	工程用料	储备需要	其他需要			多余	不足		
											数量	单价	金额

6.3　材料物资供应方式及管理

材料物资供应方式是材料物资管理的重要环节，是保证顺利施工的必要条件，并贯穿于施工全过程。主要内容有材料物资供应方式，库存决策及其分类，材料物资存储仓理论，仓库管理、验收和使用，以及周转材料的管理。

6.3.1　材料物资供应方式

根据现行的管理体制，材料物资供应基本分为甲供类材料物资和乙供类材料物质两种类型。

1. 甲供类材料物资

甲供材料物资是指建设单位和施工单位之间材料（含设备）供应、管理和核算的一种方法。即建设单位在进行施工招投标并与施工单位签订施工合同时，建设单位为甲方，合同中规定该工程项目中所使用的主要材料由甲方（建设单位）统一购入，材料价款的结算按照实际的价格结算，数量按照甲方（建设单位）实际调拨给乙方（施工单位）的数量结算。在"甲供材料"方法中，材料的价格风险由建设单位承担，材料的数量风险由施工单位承担。建设单位根据施工图计算施工所需的材料量，列出材料供应清单，各个施工单位根据工程进度预算所需要的材料量提前上报计划，开发单位统一购入管理，在工程款结算时将这部分材料款从结算总额中剔除。

建设单位对技术要求高、价格昂贵、市场差价大、工程质量及投资影响大的材料物资，自行组织采购供应，并交施工单位进行施工安装，如主要运行设备、电缆、高低压供配电设备、大流量水泵以及配套电器控制测试设备、闭路电视系统、各类热交换器、各类分体式空调、各类车辆、重要装饰材料、地毯及灯具、电线槽、机械格栅、不锈钢材料等。建设单位在与施工单位签订建设工程施工合同中应明确界定甲供材料的结算办法。

建设单位自行采购的材料物资要以文件形式发给施工单位,明确所供材料物资的名称、型号、规格、数量清单,并提供订货合同副本和招标文件、中标单位投标文件以及货物交接清单等资料。

交送货时,建设单位应提前通知施工单位派员参加验收,按货物清单当场点收,并落实卸货地点,以减少搬运工作量。

建设单位应随货提供给施工单位如下材料、设备的报验技术参数及有关资料:

(1)建筑材料。招标文件资料、产品质量标准(国标和企标)和技术要求检测报告、合格证(商检证)、安装使用说明书和封样样品。

(2)建筑设备。招标文件资料、设备的质量标准(国标或企标)和技术要求、检测报告、合格证(商检证)、安装使用说明书、安装图及装箱资料,容器应附竣工图。

(3)进口的材料、设备要提供中文资料。

提供资料的时间原则上随材料、设备同时到达,特殊情况,货到三天内提供全部资料。

所有交接资料须办理双方移交登记签收手续,以备查询。

2.乙供类材料物资

对工程无特殊要求的一般建筑材料,一般机电安装材料,一般装饰材料,如水泥、黄沙、钢材、建筑五金、油漆、电线、保温材料、PVC管等,由施工单位按照设计要求组织采购。为了适应市场经济发展和项目施工的要求,施工企业必须在专业分工的基础上,把商品市场的契约关系、交换方式、价格调节、竞争机制等引入企业,建立企业材料市场,通过市场信号、运行规则,满足施工项目的材料需求。

在企业内部材料市场中,企业材料部门是卖方,项目管理层是买方。各自的权限和利益由双方签订买卖合同加以明确。

施工企业材料部门对工程所需的主要材料、大宗材料实行统一计划、统一采购、统一供应、统一调度和统一核算,即一个项目绝大部分材料主要通过企业层次的材料机构进入企业。这种做法可以改变企业多渠道供料、多层次采购的低效状态;可以把材料管理工作贯穿于施工项目管理的全过程,即投标报价、落实施工方案、组织项目管理班子、编制供料计划、组织项目材料核算、实施奖惩的全过程;有利于建立统一的企业内部建筑材料市场,进行材料供应的动态配置和平衡协调;有利于满足各项目施工的材料需求。

项目经理部负责采购供应计划外材料物资、特殊材料和零星材料,并对企业材料部门的采购拥有建议权。此外,周转材料、大型工具均采用租赁方式,小型及随手工具采取支付费用方式由班组在内部市场自行采购。

6.3.2　材料物资存储决策及其分类

为了确保施工生产不间断地、均衡地进行,施工项目的各个阶段都需要有一定数量的材料物资存储。物资库存控制就是根据施工生产需要,在不断掌握物资收发动态变化的基础上,采取适当的方法对库存物资进行调节。库存控制的作用主要在于:①保证提供施工活动需要的足够而且适用的物资,并使库存量经常保持在合理的水平上;②掌握库存量动态,对库存物资进行适时适量的调整,避免超储或不足;③节约库存场所,减少库存管理费用;④控制资金占用,加速资金周转。

哪些物资需要库存,哪些物资可以不要库存? 这是库存决策中一个十分重要的问题,必须通过周密的调查和系统的分析才能做出决定。进行决策时应从物资供应条件和经济效益两个方面进行综合分析。

首先,从供应条件分析,应考虑三个因素:①有无可靠的供应来源;②物资流通部门的服务质量;③有无可靠的运输条件。这三个因素是相互联系相互制约的,如果某种物资有可靠的供应来源,供应渠道畅通,物资流通部门服务质量好,有较好的运输条件,就可以考虑不要或少要库存;如果三个条件中有一个不具备,就应该保持库存。

其次,从经济效益分析,即使上述三个条件都具备,也不一定能满足不要库存的决策要求,究竟要不要库存,还需要从经济效益的角度做进一步分析。一般可从订购费用和保管费用两个方面进行分析比较。当保管费用大于订购费用时,可考虑不要库存;反之,就应考虑一定数量的库存。

物资库存,按其数量和作用的不同可分为:

(1)经常使用库存量。也称预计使用库存量,即为了保证日常生产经营活动正常进行所需的库存量。它是通过对日常实际使用量进行预测,求得物资的平均每日需用量,并根据从订货到物资入库所需时间的推算,在确定物资两次供应间隔天数的基础上设置的库存量。

(2)保险库存量。也称安全库存量,即为了预防发生意外情况而设置的库存量,它是不管在什么情况下都应存在的最低库存量。保险库存量在一般情况下不应动用。当实际使用量比正常需用量增多或出现到货入库日期迟于规定日期时,就可以从保险库存量中进行补充,以保证生产的正常进行。

(3)订货点库存量。即提出订货时的库存量,当库存量降低到这一数值时,就要进行补充订货。它相当于及时提醒管理人员要按时订货的信号。

(4)最大库存量。即预先规定的最大限度的物资库存数量,它相当于经常使用库存量和保险库存量之和。

各种库存量的相互关系如图 6.5 所示。

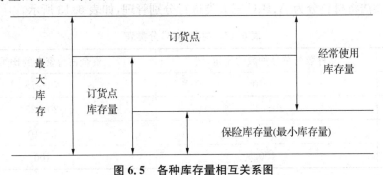

图 6.5　各种库存量相互关系图

6.3.3　材料物资存储技术

施工库存物资品种繁多,而每一种物资又有其不同的特点和要求,因此,对不同的物资应采取不同的库存控制方法。

物资库存控制涉及一系列因素,与库存量控制直接有关的有四个参数:①订购点,又称订货点,即提出订购时的库存量;②订购批量,即每次订购的物资数量;③订购周期,即两次订购的时间间隔;④进货周期,即两次进货的时间间隔。订购周期与进货周期一般是不同步的,这是由于从提出订购到收进货物要经过一段时间,这段时间称为备运时间。当物资的耗用完全均衡时,可以均衡订购,在相同的订购周期内订购相同数量的物资。当物资耗用不均衡时,订购批量与订购周期的长短不完全成正比关系,形成了库存量控制的两种基本类型:一是固定订购批量的定量控制;二是固定订购周期的定期控制。

1. 基本概念

存储理论是研究解决存储问题的管理技术。它是用定量的方法描述存储物资供求动态过程和存储状态及存储状态和费用之间的关系,并确定合理经济的存储策略——既有足够的物资保证生产施工有效进行,又可最大限度地节约物资在存储过程中的总费用。

一般来讲,物资的存储量因需求而减少,因补充而增加,因此存储现象本身就是一个动态的过程,其总费用将发生在整个存储过程中。其本质不仅仅是个存货问题,还必须将其与外界条件联系,即它们是一个系统工程,由存储状态、补充和需求三部分组成,其意义过程如图6.6所示。

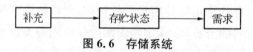

图 6.6 存储系统

存储状态是指某种物资的存储量随时间推移而发生在盘点上的数量变化,它反映了 t 时刻的存储量 $V(t)$。设 $X(t)$ 表示 t 时刻的补充量,$D(t)$ 表示 t 时刻的需求量,t_0 表示观察的初始时刻,于是存储状态函数可表示为式(6-4)。

$$V(t) = V(t_0) + X(t) - D(t) \tag{6-4}$$

研究存储系统是为了选用最佳的存储策略,即在满足需求的情况下,结合补充条件,使系统总的存储费用最小。总存储费用一般有存储费、订货费、生产费、缺货费等。

物资存储量化技术管理常用以下三类方法。

(1) ABC 分类法

ABC 分类法将材料分为 A、B、C 三大类进行分别管理,如表6.13所示。

表 6.13 材料 ABC 分类表

分类	品种数与总品种数的比重/%	资金占总资金的比重/%
A	5～10	70～75
B	20～25	20～25
C	65～75	5～10
合计	100	100

A 类材料:品种量较少,往往是高价、重要品种或使用量大的品种,或必须批量购买的品种。这类材料必须进行重点管理,平时严格控制库存,可采用定期不定量的订购方式进行库存化管理。

B 类材料:往往是中等价格及中等用量的品种。对这类材料应定期盘点,严格检查库存消耗记录,可采用定量和定期相结合的订购方式。

C 类材料:品种量较大,往往是低价或少量使用品种。对这类材料应定期盘点,适当控制库存,可采用定量订购方式(或适当加大订购量),按订货点情况将品种组织在一起订购运输。

（2）定量订购法

定量订购法是指某种材料的库存量消耗到最低库存量之前的某一预定库存量时，便提出并组织订货，每次订货的数量是一定的。订货时的库存量称为订购点库存量，简称订购点，每次的订货数量称为订购批量。

由图 6.7 可知，随着需求的进行，库存材料逐渐减少，当库存量降到 A 点时，应立即提出订货，订购批量为 Q，这批材料在 C 点对应的时间到达入库，于是库存量又回到 B 点，以后继续出库，库存量又将减少，当降至 D 点时，又进行订货，订购量仍为 Q，接着库存量又回升到 E 点。如此依次重复进行订购。

本法每次的订购批量和订购点是一定的，其关键环节在于确定合理的订购点和经济的订购批量。安全库存量是指企业为防止意外情况造成的材料供应脱期，或为适应生产中各种材料需用量的临时增加而建立的材料贮备，它也是材料的最低库存量，一般情况下不得动用，如遇特殊情况，动用后应迅速补上。但它需要占用一定的流动资金，因而应当合理确定这一贮备，其计算式如下：

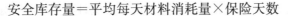

安全库存量＝平均每天材料消耗量×保险天数

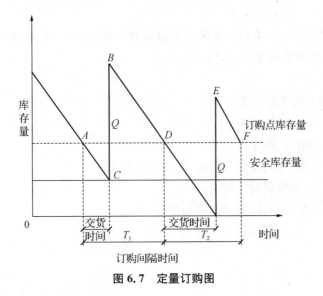

图 6.7　定量订购图

式中，保险天数可根据采购经验或历史资料采用统计方法确定。

（3）定期订购法

定期订购法是指每隔一段时间补充一次库存，即预先确定订购周期，但订购批量则不一定。

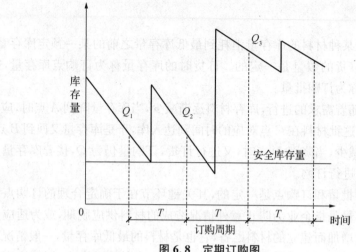

图 6.8　定期订购图

由图 6.8 可知,每隔周期 T 订购一次,但订购批量一般不等。其数量要根据各周期初始时的库存量 Q_1、Q_2、Q_3……与外界需求状态而定。本法订购周期是一定的,关键在于确定合理的订购周期与经济的订购批量。

定量订购法和定期订购法都涉及两个关键因素:确定订货日期和确定订货批量。两个关键因素都需要借助存储模型进行计算确定。

2. 存储模型的计算

1) 经济订货批量模型的计算

该模型假设:

(1) 订货批量不限定,即全部订货可一次供应;

(2) 补充时间为零,即当存储量降为零时,立即补充;

(3) 不允许缺货,即短缺费无穷大;

(4) 需求是连续均匀的,即需求速度为常数。

该模型如图 6.9 所示(T 为进货周期)。

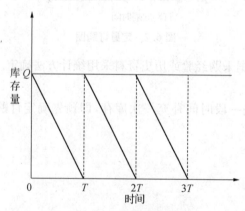

图 6.9　经济订货批量模型图

根据以上的假设,应用微积分求极值,可推导得出以下公式:

最优经济批量：
$$Q=\sqrt{\frac{2RS}{I}} \qquad (6-5)$$

最优订货周期：
$$T=\frac{Q}{R}=\sqrt{\frac{2S}{RI}} \qquad (6-6)$$

最优订货次数：
$$n=\frac{R}{Q}=\sqrt{\frac{RI}{2S}} \qquad (6-7)$$

最小总存储费：
$$C(Q)=\sqrt{2RIS} \qquad (6-8)$$

式中：Q——每次进货(补充)量，也称批量；

　　　R——年总需求量；

　　　S——每次订购费；

　　　I——单位货物年保管费(或存储费)；

　　　T——订货周期；

　　　n——年进货次数；

　　　C——年总存储费。

由以上可知，在该模型的假设条件下，当库存量降为零时，应一次性进货，其经济批量为 Q，进货周期为 T，一年内共分 n 次进货，可使年总存储费达到最小值 C。年总存储费由订购费 $\frac{R}{Q}\times S$ 与保管费 $\frac{1}{2}QI$ 之和构成，年订购费随批量 Q 的增加而减少，年保管费随批量 Q 的增加而增加，其曲线变化如图 6.10 所示。由图 6.10 可知，要想使总存储费最小，应使年订购费与年保管费相等，则令 $\frac{R}{Q}\times S=\frac{1}{2}Q\times I$，可得：

$$Q=\sqrt{\frac{2RS}{I}} \qquad (6-9)$$

与通过数学方法推导所得的经济订货批量公式(6-5)相同。

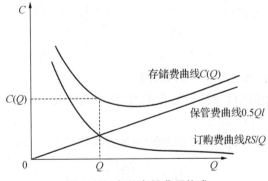

图 6.10　年总存储费用构成

2) 允许缺货模型的计算

该模型假设存储现象是允许缺货的，且在收到下批货物时可不进入存储，直接满足所欠需求。该模型如图 6.11 所示。

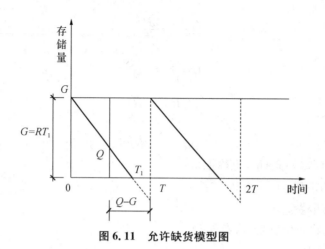

图 6.11　允许缺货模型图

同样根据经济订货批量模型的假设,应用微积分求极值,可推导得出以下公式:

最优经济批量:
$$Q=\sqrt{\frac{2RS(A+I)}{AI}}$$
(6-10)

最大存货量:
$$G=\sqrt{\frac{2RSA}{I(A+I)}}$$
(6-11)

最优订货周期:
$$T=\sqrt{\frac{2S(A+I)}{RAI}}$$
(6-12)

最优订货次数:
$$n=\sqrt{\frac{RAI}{2S(A+I)}}$$
(6-13)

最小总存储费:
$$C(Q,G)=\sqrt{\frac{2RISA}{A+I}}$$
(6-14)

最大缺货量:
$$Q-G=\sqrt{\frac{2RSI}{A(A+I)}}$$
(6-15)

式中:A——单位货物年短缺费;

　　G——最大存货量。

　　其他符号同前。

3) 订货批量有限,不允许缺货模型的计算

该模型假设存储现象的订货批量是有限的,且不允许发生缺货现象。同时还假设补充(进货)是连续均匀的。

同样根据以上假设,应用微积分求极值,可推导得出以下公式:

最优经济批量:
$$Q=\sqrt{\frac{2RPS}{I(P-R)}}$$
(6-16)

最优订货周期:
$$T=\sqrt{\frac{2SP}{RI(P-R)}}$$
(6-17)

最优订货次数:
$$n=\sqrt{\frac{RI(P-R)}{2PS}}$$
(6-18)

最小总存储费:
$$C(Q)=\sqrt{\frac{2RIS(P-R)}{P}}$$
(6-19)

式中：P——年进货量。

其他符号同前。

同样，若订货批量改为无限，则在以上各式中令 $P \to +\infty$，所得结果同经济订货批量模型。

[例 6-2] 某建筑公司全年耗用某项材料的总金额为 250 000 元，这项材料每次订货费为 625 元，存货保管费为平均存货的 12.5%，求最佳订货金额。

解：（1）列表法

订购情况如表 6.14 所示。

表 6.14　订购情况

全年订货次数	1	2	3	4	5	10	20
每批订货金额	250 000	125 000	83 333	62 500	50 000	25 000	12 500
平均库存价值	125 000	62 500	41 666	31 250	25 000	12 500	6 250
保管费	15 625	7 813	5 208	3 906	3 125	1 562	781
订购费	625	1 250	1 875	2 500	3 125	6 250	12 500
总存储费	16 250	9 063	7 083	6 406	6 250	7 812	13 281

由表可知，当每年订购次数为 5 次时，保管费与订购费相等，此时总存储费 6 250 元为最小。因此最佳订货金额为 50 000 元。

（2）数解法

已知 $R = 250\,000$，$S = 625$，$I = 12.5\%$，最佳订货金额为：

$$Q = \sqrt{\frac{2RS}{I}} = \sqrt{\frac{2 \times 25\,000 \times 625}{0.125}} = 50\,000 （元）$$

故最佳订货金额为 50 000 元。

[例 6-3] 某混凝土构件厂明年将以不变速度向某工程提供 72 000 块预应力大型屋面板，由于工地采用随吊随运的吊装方案，故不允许缺货。如每一块预制构件的保管费为 4.8 元，每一块预制构件生产循环的建立费为 1 200 元。试求其经济批量、生产周期及一年的总存储费。

解：由题意可知：

经济批量为：
$$Q = \sqrt{\frac{2RS}{I}} = \sqrt{\frac{2 \times 72\,000 \times 1\,200}{4.8}} = 6\,000 （块）$$

生产周期为：
$$T = \frac{Q}{R} = \sqrt{\frac{2S}{RI}} = \sqrt{\frac{2 \times 1\,200}{72\,000 \times 4.8}} = \frac{1}{12} （年）$$

一年的总存储费为：$C = \sqrt{2RIS} = \sqrt{2 \times 72\,000 \times 4.8 \times 1\,200} = 28\,800 （元/年）$

[例 6-4] 某木材加工厂年需求木材 125 m³，订购费为 750 元，每立方米年存储费为 50 元，每立方米缺货损失费为 12 元。试求最优经济批量、最大存货量、最优订货周期及最小存储费。

解：由题意可知：$I = 50$，$R = 125$，$S = 750$，$A = 12$

最优经济批量：$Q=\sqrt{\dfrac{2RS(A+I)}{AI}}=\sqrt{\dfrac{2\times125\times750\times(12+50)}{12\times50}}\approx139(\text{m})$

最大存货量：$G=\sqrt{\dfrac{2RSA}{I(A+I)}}=\sqrt{\dfrac{2\times125\times750\times12}{50\times(12+50)}}\approx27(\text{m}^3)$

最优订货周期：$T=\sqrt{\dfrac{2S(A+I)}{RAI}}=\sqrt{\dfrac{2\times750\times(12+50)}{125\times12\times50}}\approx1.11(\text{年})$

最小总存储：$C=\sqrt{\dfrac{2RISA}{A+I}}=\sqrt{\dfrac{2\times125\times50\times750\times12}{12+50}}\approx1\ 347(\text{元})$

6.3.4　物资仓储管理

仓储管理是指仓库所管物资的收、发、储业务的计划、组织、监督、控制和核算活动的总称。仓库管理的具体工作包括：仓库设施和货场位置，物资验收入库和库存物资的保管，物资的发放，清仓盘点等。物资仓库管理工作对于保证及时供应施工生产需要的材料，合理储备和加速材料周转，减少损耗，节约和合理用料有着重要的意义。

1. 仓库管理工作的基本任务

仓库管理工作的任务就是要确保仓库安全和物资安全，做到收好、管好，实现文明仓库。

文明仓库的标准应是布局合理，管理科学，整齐清洁，制度严密。具体地讲，应努力做到以下几点：

（1）及时准确地验收材料。做到入库材料数量准确，质量合格，包装完好，技术资料齐全，单据账目正确。

（2）妥善保管，科学保养。做到材料不丢失，不变质损坏；库存材料达到"四对口"，即账、卡、物、资金对口；堆放合理，库容整洁。

（3）加强储备定额管理，严格控制储备量。高于或低于储备定额的，应尽快解决，使材料处于合理储备状态；积极处理和利用库存呆滞材料，加强回收利用和修旧利废，保证生产，降低库存，节约开支。

（4）坚持定额供料，实行送料制，努力为生产服务，改善服务质量，提高工作效率。

（5）确保仓库安全，做好防火、防盗、防破坏、防倒塌、防洪和防止自燃、爆炸、毒害、腐蚀等事故，保证人身财产安全。

（6）建立健全科学的仓库管理制度。如岗位责任制、经济责任制、工作守则等，使仓库管理制度化、规范化。

2. 仓库管理的基本制度

要搞好仓库管理工作，必须建立和健全以岗位责任制为中心的各项管理制度，做到职责清楚，奖惩分明。仓库管理制度主要有以下几种：

（1）各类人员的工作岗位责任制度。

（2）物资收、发、存、交接、验收、入库制度。

（3）库存物资技术检验制度。

（4）财务管理及账物盘点制度。

（5）修旧利废制度。

（6）报损、报废、盈亏处理制度。

（7）仓库值班制度。

（8）安全管理制度。

3. 仓库设施和货场货位布置

物资现场仓库的合理布置，直接关系到仓库使用、运输和管理的方便、经济和安全，是正确组织仓库各项作业和降低仓库业务费用的有效途径。在仓库布置上要遵守以下原则：

（1）仓库及料场容量应适应对该使用点供应间隔期最大库存量的要求。

（2）尽量靠近用料点，以减少搬运次数和缩短运距，避免搬运损耗。

（3）临时仓库和料场要有合理的通道，便于吞吐材料。同时应符合防水、防雨、防潮、防火等要求。

一般仓库设施和货场货位布置，应在施工组织设计的平面布置中得到统一布置。

4. 仓库管理工作的内容

仓库管理工作有材料验收入库、保管保养和发放出库等主要环节；仓库中的搬运堆码贯穿于作业过程中，各环节之间互相联系，互相制约。

（1）材料验收入库

材料验收工作的基本要求：

①准确。对于验收入库材料的品种、规格、质量、数量、包装、价格及成套产品的配套都要认真检查，准确无误；准确执行合同有关条款。

②及时。在规定的时间内及时验收完毕，及时提出验收记录，以便拒付货款或在十天内向供方提出书面异议。

材料验收工作要把好"三关"，做到"三不收"。"三关"即质量关、数量关、单据关。"三不收"即凭证手续不全不收、规格数量不符不收、质量不合格不收。

材料验收工作程序如图 6.12 所示。

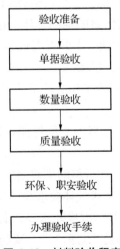

图 6.12　材料验收程序

①验收准备。搜集有关合同、协议及质量标准等资料；准备准确的检量工具；计划堆放位置及铺垫材料；安排搬运人员及工具。

②核对材料。材料验收前要认真核对资料，包括订货合同、供方发票、装箱单、磅码单等

与品种、规格、数量及交货时间核对；产品质量证明书、化验单、说明书与有关质量标准核对；承运单位的运单与发货时间核对，如运输中的残损、短缺、变质应有运输单位的运输记录。材料验收必须有证据，没有证据或证据不全一般不验收。

③检验实物。核对证据资料后进行实物验收。包括质量验收和数量验收：

a. 质量验收。包括外观质量和内在质量，外观质量以仓库验收为主，内在质量即物理化学质量。有质量证明书者，所列数据应符合标准规定，仓库则视为合格；没有质量证书者，凡有严格质量要求的材料，则抽样检验，合格者再办验收手续。供货单位应按合同规定附材料质量证明，发货时未附质量证明者，收方可拒付货款，保存材料，立即向供方索要质量证明，供方应立即补送，超过合同交货期补交的，即作逾期交货处理。

b. 数量检验。由仓库负责进行。计重材料一律按净重计算，计件材料按件数清点；按体积供应者应检尺计方；按理论换算供应者，应检尺换数计量。标明重量或件数的标准包装，除合同规定抽验方法和比例外，一般是根据检查情况而定。成套设备必须与主机、部件、零件、附属工具、说明书、质量证明书或合格证配套验收，配套保管。

④办入库手续。材料验收质量、数量后，根据质量合格的实收数量，及时办理入库手续。填制"材料入库验收单"，它是材料接送人员与仓库管理人员划清经济责任的界限，也是随发票报销、记账的依据。

（2）材料保管保养

材料保管和保养，即根据库内材料的性能特点，结合仓储条件合理存放和维护保养的各项工作。基本要求是保质、保量、保安全。做到合理堆放，精心养护，经常检查，确保安全，降低损耗，节约费用。

①合理保管。仓库储存材料在统一规则、画线定位、统一分类编号的基础上，必须做好以下工作：

a. 合理堆码。材料堆码要合理、牢固、定量、整齐、节约和方便。

b. 五五摆放。即采用五或五的倍数的堆码方法。按照不同形状、体积、重要程度，大的五五成方，高的五五成行，矮的五五成堆，小的五五成包（捆），物品带眼的五五成串，堆成各式各样的垛形，达到整齐美观的"五五化"要求。

②精心保养。储存材料的维护保养工作必须坚持"预防为主，防治结合"的原则，具体要求如下：

a. 安排适当的保管条件。根据材料的不同性能，采取不同的保管条件，尽可能适当满足储存材料性能的要求。

b. 做好堆码铺垫，防潮防损。各种材料的堆码要求不同，有的要稀疏堆码以利通风，有的要立放、防潮、防晒，对于防潮或防有害气体要求高的还须密封保存。

c. 严格控制湿度、温度。对于温度、湿度要求高的材料，要做好温度、湿度调节控制，高温季节要防暑降温，梅雨季节要防潮防霉，寒冷季节要防冻保温。此外，还应做好季节性防洪水、防台风等措施。

d. 严格掌握材料储存期限。一般来说，材料储存时间越长对质量影响越大，特别是到期失效的活性材料，要分批堆码，先进先出，避免损失。

e. 搞好库区环境卫生，保持清洁；加强安全工作，确保人身、财产安全。

（3）材料盘点

库存材料品种多，收发频繁，由于保管中的自然损耗、损坏变质、丢失及计量或计算不准等因素，可能导致数量不符，质量下降。通过盘点可以搞清实际库存量、储备定额、呆滞积压及利用代用等情况。

材料盘点要求达到"三清"，即质量清、数量清、账卡清；"三有"，即盈亏有原因、事故损失有报告、调整账卡有根据；"四对口"，即账、卡、物、资金对口。

（4）材料的发放

促进材料的节约和合理使用是材料发放的基本要求。发放材料的原则是凭证发货，急用先发，先入先出，顺序而出。要按质、按量、齐备配套、准时、有计划地发放材料，确保施工生产的需要；要严格出库手续，防止不合理的领用。

（5）退料、回收

退料是指工程竣工后剩余的或已领未用的质量符合要求的完整好料，经过检查质量、核实数量，办理退料手续，并冲减原领数量，以减少消耗。回收是指施工生产配料后剩余边角余料、废次料及包装物，因在材料消耗定额中已经包括合理损耗，故只作节约回收，不办退料手续，也不冲减原领数量。回收是一笔可观的节约，要引起重视。

6.3.5　物资验收和使用

1. 现场验收

现场材料验收，要做到进场材料数量准确，堆放合理，质量符合设计施工要求。现场材料验收工作既发生在施工准备阶段，又贯穿于施工全过程。要求所收材料品种、规格、质量、数量必须与工程的需要紧密结合，与现场材料计划吻合，为完工清场创造条件。

大宗材料，例如，砖、砂、石、石灰等用于混凝土、砌筑和粉刷等材料，用量大、运输频繁，不易验收准确和搬运，往往是现场直接验收，这也是导致质差、量差及现场混乱的重要因素，是现场管理的重点，必须引起足够重视。

（1）砖

建材管理部门对各式砖、砌块的规格和技术要求及外观等级划分均有明确的规定，这些规定就是验收的标准。验收时一是应附质量证明书，包括标号、抗压、抗折强度、抗冻性及吸水率等指标；二是外观检查砖的外形、颜色及声音。砖的外形要方正，尺寸正确，棱角整齐，不得有弯曲和杂质造成凸凹，颜色要纯正，不得有铁锈色、焦黑色的过火砖，或淡黄色、敲之声哑的欠火砖。

（2）砂石

砂有粗、中、细和特细四种，根据工程要求结合资源条件，经过试验后选用。砂的质量应附质量证明书，包括含泥率、筛分析、轻物质、云母、硫化物、硫酸盐含量等。

砂验收时的含水率和孔隙率是影响数量的主要因素，含水率在 $5\%\sim9\%$ 之间膨胀系数较大，会影响砂的数量，验收时应注意以上问题。

碎石和卵石分大小不同的各种粒径规格。按工程需要并经试验后选用。一般质量要求：含黏土尘屑率，C30 号以上混凝土不能大于 1%，C30 以下混凝土不能大于 2%，C10 以下混凝土可酌情放宽，还有硫化物和硫酸盐含量不超过 1%，针片状颗粒含量不得大于 15%（C30 以上混凝）、25%（C30 以下混凝土）。

（3）石灰

石灰验收应检查质量及过磅。散石灰无法过磅的情况下,应根据体积和重量的换算关系计算重量。验收时在运输工具上或卸货堆好后用尺量方,根据容重计算,或取一定体积的石灰称重量。

（4）水泥

水泥验收应按下述要求执行:

①根据通知单核对实物包装上的厂名、品种、标号、出厂日期是否相符,然后点数验收。水泥厂在水泥发出 11 天内寄发水泥试验报告单、28 天强度值,在水泥发出 32 天内补发。

②水泥每袋重（50±1）kg。重量验收采取抽查的方法,如超过规定,填写验收记录,应通知供应单位补足或按合同规定处理。破袋应重新装袋过磅计重。散装水泥由专用车运送,实行出厂（库）过磅,现场检查磅码单验收,有条件的现场可用地中衡对散装水泥汽车复查重量。

2. 定额供料

定额供料就是施工生产用的材料以施工材料消耗定额为限额,包干使用,节约有奖,超耗受罚。

（1）实行定额供料的条件

①单位工程开工前,有"两算"和"两算对比",作为审查材料包干计划或包干合同的依据。根据施工预算的材料定额消耗量实行定额供料,班组核算。

②由施工组织设计,按平面布置堆放材料和施工进度组织供应,按施工方法和技术措施管理材料消耗。

③要实行施工任务书或承包责任合同,并附限额领料单,它是实行定额供料的依据,考核材料节超的标准。按承包的施工对象发料和结算,并且加强检查。

④以施工任务单的任务为基础,完成一项,检查一项,结算一项。待工程完工后,及时编制单位工程材料核算对比表和材料消耗分析资料。作为工程决算和节约奖励的依据。

（2）定额供料单

定额供料单（限额领料单）是分部分项工程按相应的施工材料消耗定额计算而得。它是施工任务书或施工承包合同的附件之一,也是定额供料凭证,是材料核算、成本核算的依据。定额供料单的具体形式由各施工现场根据其自身情况而定。

3. 使用监督

材料使用的监督就是保证材料在使用过程中能合理地消耗,充分发挥其最大效用。材料使用监督的内容有:是否按材料的使用说明和材料使用的规定操作;是否按技术部门制订的施工方案和工艺进行;操作人员有无浪费现象;是否做到工完场清、活完脚下清。

材料使用监督的方法有:

（1）定额供料,限额领料,控制现场消耗。

（2）采用"跟踪管理"方法,从物资出库到运输到消耗全过程跟踪管理,保证材料在各个阶段处于受控状态。

（3）中间检查,查看操作者在使用过程中的使用情况,进行奖罚。

4. 材料盘点

在工程收尾阶段,全面盘点现场及库存物资,现场物资的盈亏不能带进新现场或新栋号,应实事求是地按规定处理,禁止在盘点中弄虚作假。

盘点内容包括成品、半成品及各种材料。经过质量鉴定后,合格的填报材料盘点表;若是队组已领未用,工程已经结束的,应将质量合格的材料办理退料,冲减消耗量。凡质量不合格的材料或边角余料及包装物,应做节约回收,列入另表,只计算节约回收额。材料盘点表与账存余额比较,如有盈亏的,填写材料盘盈盘亏报告单,并按规定处理。

6.3.6 周转材料的管理

周转材料是重复使用的工具性的材料,属于劳动资料,是建筑施工的大型工具,主要是指模板、脚手架及跳板。它占用数量大,投资多,周转时间长,是建筑施工不能缺少的工具。

项目周转材料的管理,就是项目在施工过程中根据施工生产的需要,及时、配套地组织材料进场,通过合理的计划,监督控制周转材料在项目施工过程中的消耗,加快其周转,避免人为的浪费和不合理的消耗。

1. 模板管理

模板是浇灌混凝土构件的重要工具。模板的种类从材料方面分主要有木模板、钢模、胶合板模板、铝合金模板、塑料模板、钢丝网水泥模板、玻璃钢模板、防水纸模板及现场浇灌的砖胎模等。模板的经济效果主要由周转次数决定。提高周转次数的关键在于加强模板的保养维修和管理。模板的管理必须抓好以下工作:

(1) 建立岗位责任制

模板管理根据具体情况而定,一般实行一级供应,分级管理,分级核算。公司或远离公司的工程处(工区)的模板租赁部门负责模板及配件的加工订货,入库验收;承包租赁业务,统一平衡调度,指导和监督合理使用,编制业务报表,进行维修保养。施工队负责按施工图配板设计,编制需用计划,签订租赁合同,现场验收,周转使用,监督施工班组按规定合理使用,搞好维修保养。

生产班组严格按图施工,合理配板,坚持按现场作业程序组装和拆除,完工后及时清理,堆放装箱退库。

(2) 建立模板管理制度

建立适合的模板管理制度,如租赁制、承发包制、奖惩制、维修保养制、指标考核等制度。

①集中管理,对内租赁、包安包拆。由公司模板供应站集中管理,对内租赁,并建立模板专业队,承包公司内的模板安装和拆除任务。

②模板租赁。目前模板租赁业务有两种形式:一是施工企业内部核算的租赁站,以对内租赁为主,有多余时也可以对外租赁;二是由模板生产厂或有关企业提供的模板租赁业务。对于这两种租赁方式,只要支付一定的租金,就能获得租赁期内的使用权。

③经济承包。在企业内部对模板工程实行经济承包。对使用和管理的集体和个人实行奖罚,由于管理的好坏负有经济责任,因此,经济承包可以促使合理使用、加强维护、加速周转、节约费用。

2. 脚手架管理

脚手架是建筑施工必不可少的周转性材料,是大型工具。过去基本上用木、竹脚手架,现已逐步被钢管脚手架所代替。钢管既是脚手工具,又是组合钢模板的支撑架,搭成井字架还可作垂直运输工具,搭设方法很多,如固定式、活动式、桥式、挑梁式等,用途广泛,装拆方便,强度高,安全性好,坚固耐用。但其投资大,使用期长,必须加强管理,提高周转速度和使用年限,降低消耗,使施工任务顺利完成。

(1)脚手架租赁和脚手架费用包干

在企业内部,脚手架出租单位与施工使用单位之间实行租赁制,按日计租金,损失赔偿,促进加速周转。在施工使用单位内与架工班组之间实行脚手架费用包干制,由施工队负责工期,架工班负责脚手架搭设拆除、保养管理。

实行脚手架费用包干的内容:一是架工班对脚手架工程包搭设、包拆除、包维修保养、包管理,还负责代施工队向出租单位办理租入脚手架验收和用毕点交等具体手续;二是包脚手架的定额损耗,包括钢管、扣件及跳板的定额损耗,以单位工程为对象,工程竣工后脚手架交还出租单位,并结清租赁、损耗、短缺赔偿的费用后,结算包干费。

如果另外工程连续使用脚手架时,应办理转移手续,转入工程指定检查人并请相关负责人签证,以便划分工程,结算包干费和奖罚金额。

(2)脚手架维修管理

①脚手架使用期长,收发频繁,露天使用,维修任务重,应集中组织专人维修管理。

②要有适当的保管维修场所,有条件的地方应设立棚库维修和堆放。

③专人负责脚手架入库验收、记账、发放、回收和盘点,做到账物相符,周转工具借用台账如表6.15所示。

表 6.15 周转工具借用台账

序号	借用日期	工具名称	型号	数量	借用前状态	借用人	归还日期	借用后状态	备注

④根据施工生产任务对脚手架进行平衡调配,签订合同,做到出入有据,数量准确,质量清楚,结算及时正确,并随时检查合同执行情况。

⑤组织按脚手架维修定额及时维修。包括钢管调直、除锈、刷漆和扣件除锈、涂油、攻丝等。

6.4 施工机械设备配置和管理

施工机械设备管理主要是正确配置和使用机械设备,及时搞好施工机械设备的维护和保养,按计划检查和修理,建立现场施工机械设备使用管理制度等。其主要任务是采取技术、经济、组织措施合理使用施工机械设备,用养结合,提高施工机械设备的使用效率,尽可能降低工程项目的机械使用成本,提高工程项目的经济效益。

6.4.1　机械设备的选择和配置

工程施工机械设备配置的目的是既要保证施工需要,又要使每台机械设备不因配置不科学而闲置,发挥每一台机械设备的最大效率,以取得最佳经济效益。

1. 工程施工机械设备配置的原则

任何一个工程项目施工机械设备的合理配备必须依据施工组织设计。

(1) 机械化和半机械化相结合。根据我国工程施工行业的特点,在相当长的一段时间内都是贯彻机械化与半机械化、动力机具与改良机具相结合的方针。

(2) 减轻劳动强度。对体力劳动繁重,不用机械就难以完成或难以保证质量及安全生产的工种,比如,挖土石方、打桩、混凝土搅拌、浇灌、重物吊装等都应该优先使用性能良好的机械设备。

(3) 技术经济分析。选择既满足生产、技术先进又经济合理的机械设备。结合施工组织设计,分析自制、购买和租赁的分界点,进行合理装备。

(4) 设备性能配套。如果设备数量多,但相互之间不配套,不仅机械性能不能充分发挥,而且会造成经济上的浪费。所以不能片面地认为设备的数量越多、机械化水平越高,就一定会带来好的经济效果。

现场施工机械设备的配套必须考虑主机和辅机的配套关系;在综合机械化序列中前后工序机械设备之间的配套关系;大、中、小型工程机械及动力工具的多层次结构的合理比例关系。

2. 工程施工机械设备的配置计划

施工企业或工程项目要根据企业的长远发展目标和工程项目施工的现实需要,编制设备配置计划或设备租赁计划。在编制计划时要注明设备名称、规格和型号、设备功率、使用数量、进场时间、退场时间、是否购置或租赁等。

3. 工程施工机械设备的选择方法

为使机械施工机械设备的选择更加科学,必须掌握设备的制造成本,掌握租赁使用费用和定额,掌握各种大修理、台级保养、能源消耗、劳动力定员配置、利用效率等技术指标,并采用适当的定量计算方法。

(1) 综合因素评分比较法

如果有多种机械的技术性能可以满足施工要求,还应对各种机械的各种特性进行综合考虑,包括工作效率,工作质量,使用费和维修费,能源耗费量,占用的操作人员和辅助工作人员,安全性,稳定性,运输,安装、拆卸及操作的难易程度和灵活性,在同一现场服务项目的多少,机械的完好性,维修难易程度,对气候条件的适应性,对环境保护的影响程度等。由于项目较多,在综合考虑时如果优劣倾向性不明显,则可用定量计算法求出综合指标再加以比较。

[例 6-5]　设有三台机械的技术性能均可满足施工需要,假如上述各种特性中,前三项满分均为 10 分,其余各项满分均为 8 分,每项指标又分成三级,评定结果如表 6.16 所示,可将各项的分值相加,高者为优。本例根据评定结果,最后选用乙机。

表 6.16　机械设备综合因素加权评分表

序 号	特 性	等 级	标准分	甲 机	乙 机	丙 机
1	工作效率	A B C	10 8 6	10	10	8
2	工作质量	A B C	10 8 6	8	8	8
3	使用费和维修费	A B C	10 8 6	8	10	6
4	能源消耗量	A B C	8 6 4	8	6	4
5	占用人员	A B C	8 6 4	6	8	8
6	安全性	A B C	8 6 4	8	6	8
7	稳定性	A B C	8 6 4	6	6	8
8	服务项目多少	A B C	8 6 4	6	6	8
9	完好性和维修难易程度	A B C	8 6 4	6	8	4
10	安、拆、用的难易程度和灵活性	A B C	8 6 4	8	8	6
11	对气候适应性	A B C	8 6 4	6	6	6
12	对环境影响	A B C	8 6 4	4	6	8
总计分数				84	88	82

（2）盈亏平衡分析法

在使用机械设备时，总要消耗一定的费用。这些费用可分为两类：一类称为可变费用，它随着机械的工作时间而变化，如操作人员的工资、燃料动力费、小修理费、直接材料费等；另一类费用是按一定施工期限分摊的费用，称为固定费用，如折旧费、修理费、机械管理费、投资应付利息、固定资产占用费等。

在选择施工机械设备时,可采用盈亏平衡分析法来计算机械设备单位工程量成本的高低,并确定机械设备的界限使用时间,进行经济性选择。

盈亏平衡分析法的计算公式如下:

$$C_u = \frac{F + V \cdot x}{x \cdot Q} \tag{6-20}$$

式中:C_u——机具的单位工程量成本;

　　　F——一定时期的机械设备固定费用;

　　　V——单位时间的变动费用;

　　　x——机械设备使用时间;

　　　Q——单位操作时间的产量。

界限使用时间就是两台机械设备单位工程量成本相同的时间,可表示为:

$$\frac{F_a + V_a \cdot x_0}{Q_a \cdot x_0} = \frac{F_b + V_b \cdot x_0}{Q_b \cdot x_0} \tag{6-21}$$

解得:

$$x_0 = \frac{F_b \cdot Q_a - F_a \cdot Q_b}{V_a \cdot Q_b - V_b \cdot Q_a} \tag{6-22}$$

显然,使用时间高于这个时间和低于这个时间,单位工程量成本的变化会使选用机械的决策得到相反的结果。

为了判断使用时间的变化对决策的影响,假设两台机械设备的单位时间产量相等,则上式可以简化为:

$$x_0 = \frac{F_b - F_a}{V_a - V_b} \tag{6-23}$$

此式可用图 6.13 表示。从图中可以看出,当 $F_b - F_a > 0$,$V_a - V_b > 0$ 时,若使用机械的时间少于 x_0,选用机械 A 为优;若使用机械的时间多于 x_0,选用机械 B 为优。反之,当 $F_b - F_a < 0$,$V_a - V_b < 0$ 时,若使用机械的时间少于 x_0 时,选用机械 B 为优;若使用机械的时间多于 x_0 时,选用机械 A 为优,情形与前者是相反的。

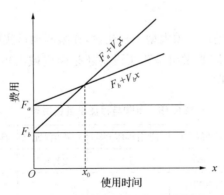

图 6.13　机械设备使用时间和费用的关系

[例 6-6]　假如有两种挖土机械均可满足施工需要,预计每月使用时间为 130 h,有关经济资料见表 6.17,选哪一种挖土机械为好? 并确定其界限使用时间。

表 6.17 挖土机的有关经济资料

机种	月固定费用/元	每小时操作费/元	每小时产量/m³
a	7 000	30.8	45
b	8 400	28	50

a 机的单位工程量成本和 b 机的单位工程量成本计算如下：

a 机的单位工程量成本：$\dfrac{7\ 000+30.8\times130}{130\times45}\approx1.88(元/m^3)$

b 机的单位工程量成本：$\dfrac{8\ 400+28.0\times130}{130\times50}\approx1.85(元/m^3)$

显然 b 机的单位工程量成本低于 a 机，应当选用 b 机。

界限使用时间 x_0 的计算如下：

$$x_0=\frac{F_b \cdot Q_a-F_a \cdot Q_b}{V_a \cdot Q_b-V_b \cdot Q_a}=\frac{8\ 400\times45-7\ 000\times50}{30.8\times50-28\times45}=100(h)$$

由于分子、分母均大于零，故当使用时间低于 100 h，选用 a 机；当使用时间高于 100 h，选用 b 机。

（3）折算费用法（等值成本法）

当一个施工项目工期较长，某一机械须长期使用，项目经理部决定购置机械时，常需要考虑机械的原值、年使用费、残值和复利利息，采用折算费用法进行计算，在预计机械的使用期间，按年或月摊入成本的折算费用，选择较低者购买。计算公式为：

年折算费用＝按每年等值分摊的机械投资＋年度机械使用费

在考虑复利和残值的情况下，

年折算费用＝（原值－残值）× 资金回收系数＋残值×利息＋年度机械使用费

其中，

$$资金回收系数=\frac{i(1+i)^n}{(1+i)^n-1} \tag{6-24}$$

式中：i——复利率；

n——计利期。

[例 6-7] 某企业要进行一项大型工程建设，在编制项目实施规划时，发现本企业现有的机械均不能满足需要，故需要做出是购买设备还是向机械出租站租赁的决策。经调查测算，得到相关资料，见表 6.18。

表 6.18 自购与租赁设备费用表

方案	一次投资/元	年使用费/元	使用年限/年	残值/元	年复利率/%	年租金/元
自购	200 000	40 000	10	20 000	10	—
租赁	—	20 000	—	—	—	40 000

（1）自购机械的年折算费用计算如下：

自购机械年折算费用＝$(200\ 000-20\ 000)\times\dfrac{0.10(1+0.10)^{10}}{(1+0.10)^{10}-1}+20\ 000\times0.10+40\ 000$

　　＝71 295(元)

(2) 租赁机械的年支出费：

年租金及使用费用＝20 000＋40 000＝60 000(元)

由此可见,自购机械的年折算费用比租赁机械的年支出费要高出 11 295 元,故不宜自购。因此,该企业可做出租赁机械的决策。

6.4.2　机械设备的合理使用

机械设备的合理使用涉及下列主要环节。

(1) 机械设备的综合利用

机械设备的综合利用是指现场安装的施工机械尽量做到一机多用。尤其是垂直运输机械必须综合利用,使其充分发挥效率。它负责垂直运输各种构件材料,同时作回转范围内的水平运输、装卸车等。因此要按小时安排好机械的工作,充分利用时间,大力提高其利用率。

当施工的推进主要靠机械而不是靠人力的时候,划分施工段的大小必须考虑机械的服务能力,把机械作为分段的决定因素。要使机械连续作业,不停歇。一个施工项目有多个单位工程时,应组织机械在单位工程之间的流水施工,减少进出场时间和装卸费用。

(2) 施工生产和机械设备使用之间的协调

现场施工单位在确定施工方案和编制施工组织设计时,应充分考虑现场施工机械设备管理方面的要求,统筹安排施工顺序和平面布置图,为机械施工创造必要的条件。如水、电、动力供应,照明的安装,障碍物的拆除,以及机械设备的运行路线和作业场地等。现场负责人要善于协调施工生产和机械使用管理间的矛盾,既要支持机械操作人员的正确意见,又要向机械操作人员进行技术交底和提出施工要求。

(3) 人机固定和操作证制度

为了使施工机械设备在最佳状态下运行使用,合理配备足够数量的操作人员并实行机械使用、保养责任制是关键。现场的各种机械设备应定机定组交给一个机组或个人,使之对机械设备的使用和保养负责。操作人员必须经过培训和统一考试,取得操作证后方可独立操作。无证人员登机操作按严重违章操作处理。坚决杜绝为赶进度而任意指派机械操作人员之类事件的发生。

(4) 操作人员岗位责任制

操作人员在开机前、使用中、停机后,必须按规定的项目和要求对机械设备进行检查和例行保养,做好清洁、润滑、调整、紧固和防腐工作。经常保持机械设备的良好状态,提高机械设备的使用效率,节约费用,取得良好的经济效益。

(5) 机械设备安全作业

项目经理部在机械作业前应向操作人员进行安全操作交底,使操作人员对施工要求、场地环境、气候等安全生产要素有清楚的了解。项目经理部按机械设备的安全操作要求安排工作和进行指挥,不得要求操作人员违章作业,也不得强令机械带病操作,更不得指挥和允许操作人员野蛮施工。

对起重设备的安全管理要认真执行政府的有关规定。要经过培训考核,以及具有相应资质的专业施工单位承担设备的拆装、施工现场移位、顶升、锚固、基础处理、轨道铺设、移场运输等工作任务。

（6）安全保险装置

各种机械设备必须按照国家标准安装安全保险装置。机械设备移场施工现场，重新安装后必须对设备安全保险装置进行重新调适，并经试运转，以确认各种安全保险装置符合标准要求，方可交付使用。

对于国家或有关行业管理规定的安全保险装置，必须由取得相应检测、调试资质的单位进行检测和调试。

（7）遵守走合期使用规定

由于新机械设备或经大修理后的机械设备在磨合前，零件表面尚不够光洁，因而其间的间隙及啮合尚未达到良好的配合。所以，机械设备在使用初期一定时间内，需要对操作提出一些特殊规定和要求即走合期使用规定。

6.4.3 机械设备的保养与维修

施工企业要建立机械设备的保养规程和维修制度，季节变化时要执行换季保养，新机械和经过大修理的机械在使用初期要执行走合期保养，大型机械设备要实行日常点检和定期点检，并做好技术记录，总结磨损规律。实行机械设备经济承包责任，把机械设备的技术状况、维修保养、安全运行、消耗费用等列入承包内容，与生产任务完成情况一起考核。

（1）机械设备的监督检查

施工企业设置机械设备安全员，负责机械设备的正确使用和安全监督，并定期对机械设备进行检查，消除事故隐患，确保机械设备和操作者的安全。结合企业和项目施工情况，组织日常安全检查、定期安全检查和有针对性的安全专项检查，对施工现场使用的塔式起重机、施工电梯、物料提升机等施工机械设备做好安全防范工作，保障施工机械设备的安全使用。

（2）机械设备的保养

机械设备保养是为了保持机械设备的良好技术状态，提高设备运转的可靠性和安全性，减少零件的磨损，延长使用寿命，降低消耗，提高机械施工的经济效益。保养分为例行保养和强制保养。

例行保养属于正常使用管理工作，它不占用机械设备的运转时间，由操作人员在机械运转间隙进行。其主要内容是保持机械的清洁，检查运转情况，防止机械腐蚀，按技术要求润滑，等等。

强制保养是隔一定周期，需要占用机械设备的运转时间而停工进行的保养。强制保养是按照一定周期和内容分级进行的。保养周期根据各类机械设备的磨损规律、作业条件、操作维护水平及经济性四个主要因素确定。

（3）机械设备的修理

机械设备的修理是对机械设备的自然损耗进行修复，排除机械运行的故障，对损坏的零部件进行更换、修复。对机械设备的预检和修理可以保证机械的使用效率，延长使用寿命。

机械设备的修理可分为大修、中修和零星小修。

大修是对机械设备进行全面的解体检查修理，保证各零部件质量和配合要求，使其达到良好的技术状态，恢复可靠性和精度等工作性能以延长机械的使用寿命。

中修是大修间隔期间对少数总成进行大修的一次性平衡修理，对其他不进行大修的总成只执行检查保养。中修的目的是对不能继续使用的部分总成进行大修,使整机状况达到平衡,以延长机械设备的大修间隔。

零星小修一般是临时安排的修理,其目的是消除操作人员无力排除的突然故障、个别零件损坏,或一般事故性损坏等问题,一般都是和保养相结合,不列入修理计划之中。而大修、中修需要列入修理计划,并按计划预检修制度执行。机械设备的检查、保养、修理要点如表6.19 所示。

表 6.19　机械设备的检查、保养、修理要点

类　别	方　式	要　点
检　查	每日检查	交接班时,操作人员和例保人员结合,及时发现设备不正常状况
	定期检查	按照检查计划,在操作人员参与下,定期由专职人员执行,全面准确地了解设备实际磨损,决定是否修理
保　养	日常保养	简称例保,操作人员在开机前、使用间隙、停机后,按规定项目的要求进行。十字方针为:清洁、润滑、紧固、调整、防腐
	强制保养	又称为定期保养,每台设备运转到规定的时限必须进行保养,其周期由设备的磨损规律、作业条件、维修水平决定。大型设备一般分为一至四级,一般机械为一至二级
修　理	小修	对设备进行全面清洗,部分解体,局部修理,以维修工人为主,操作工参加
	中修	每次大修中间的有计划、有组织的平衡性修理。以整机为对象,解决动力、传动、工作部分不平衡问题
	大修	对机械设备全面解体的修理,更换磨损零件,校调精度,以恢复原有生产能力

6.4.4　机械设备管理的技术经济指标

反映施工机械设备管理水平的主要技术经济指标如下:

(1) 现场机械设备完好率

该指标是反映机械设备完好状况的指标。主要通过下面两个指标反映:

$$机械数量完好率=\frac{施工期内完好的机械台数}{施工期内实有机械台数} \tag{6-25}$$

$$机械台日完好率=\frac{施工期内制度台日中完好台日数}{施工期内制度台日数} \tag{6-26}$$

(2) 机械设备利用率

该指标反映机械设备的利用情况:

$$机械台日利用率=\frac{施工期内制度台日中实际工作台日数}{施工期内制度台日数} \tag{6-27}$$

$$机械台时利用率=\frac{施工期内制度台日中实际工作台时数}{施工期内制度台时数} \tag{6-28}$$

(3) 机械设备效率

该指标通过下述两个指标反映:

$$机械效率=\frac{施工期内机械实际完成总工程量}{施工期内制度台时数} \tag{6-29}$$

$$机械能力利用率=\frac{施工期内某种机械实际平均台班工程量}{某种机械台班定额产量} \tag{6-30}$$

（4）机械化程度

该指标反映施工机械化程度的高低：

$$某工程机械化程度=\frac{某工程用机械完成的实物工程量}{某工种完成的工程量} \qquad (6-31)$$

$$综合机械化程度=\frac{\sum\left(\begin{array}{c}各工种利用机械\\完成的实物工程量\end{array}\times\begin{array}{c}该工种工程的\\定额工日系数\end{array}\right)}{\sum\left(\begin{array}{c}各工种工程完成\\的实物工程量\end{array}\times\begin{array}{c}各该工种工程的\\定额工日系数\end{array}\right)} \qquad (6-32)$$

（5）机械事故统计

$$事故发生率=\frac{事故次数}{机械平均总台数} \qquad (6-33)$$

表 6.20 所示为某施工项目机械设备完好和利用情况统计表。

表 6.20 机械设备完好和利用情况统计表

机械名称	台数	制度台班数	完好情况				利用情况			
			完好台班数		完好率/%		工作台班数		利用率/%	
			计划	实际	计划	实际	计划	实际	计划	实际
翻斗车	4	1 080	1 000	1 080	92.60	100.00	1 000	1 000	92.60	92.60
搅拌机	2	540	500	500	92.60	92.60	500	450	92.60	88.98
砂浆机	2	1 350	1 250	1 080	92.60	80.00	1 250	1 026	92.60	76.00
吊塔	1	270	250	250	92.60	92.60	250	360	92.60	133.33

6.5 施工资金管理

资金是施工项目赖以生存发展的血液。资金管理作为施工项目管理的核心功能，直接影响施工项目的经济效益。施工资金管理的主要环节有资金收支预测与对比、资金筹措、资金使用管理等。

6.5.1 资金收支预测与对比

施工项目资金收支预测程序如图 6.14 所示。

1. 资金收入预测

项目资金是按合同价款收取的，在实施施工项目合同的过程中，应从收取工程预付款（预付款在施工后以冲抵工程价款方式逐步扣还给建设单位）开始，每月按进度收取工程进度款，到最终竣工结算，按时间测算出价款数额做出项目收入预测表，绘出施工资金按月收入图及施工资金按月累计收入图，如图 6.15 中曲线（A）与（A'）所示。

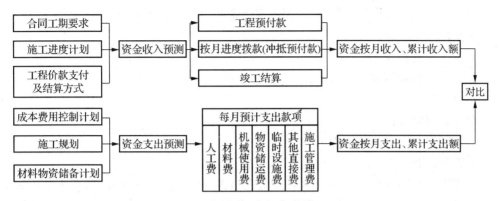

图 6.14　施工项目资金收支预测程序

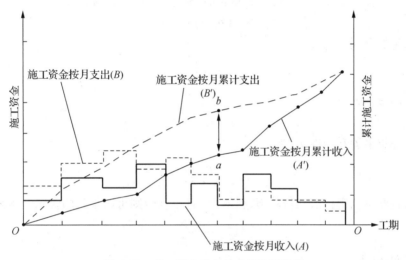

图 6.15　施工资金收入和支出预测曲线

2. 资金支出预测

项目资金支出预测是在分析施工组织设计、成本控制计划和材料物资储备计划的基础上，测算出随着工程的实施，每月预计的人工费、材料费、施工机械使用费、物资储运费、临时设施费、其他直接费和施工管理费等各项支出，并绘制出项目施工资金按月支出图和累计支出图，如图 6.15 中曲线（B）与（B'）所示。

3. 资金收支对比

图 6.15 将施工项目资金收入预测累计结果和支出预测累计结果绘制在一个坐标图上。图中曲线 B 是施工资金预计支出曲线，曲线 A 是资金预计收入曲线。B、A 曲线之间的距离是相应时间收入与支出资金数之差，也即应筹措的资金数量。图中 a、b 两点间的距离是本施工项目应筹措资金的最大值。

6.5.2　施工资金的筹措

施工过程所需要的资金来源主要是发包方提供工程备料款和分期结算工程款，一般在承发包合同条件中做具体规定。此外，利用银行贷款和其他金融机构的融资也是比较常用的资金筹措方式。为了保证生产过程的正常进行，施工企业也可垫支部分自有资金，但在占用时间和数量方面必须严加控制，以免影响整个企业生产经营活动的正常进行。因此，施工项目资金来源的渠道有：

①预收工程备料款；

②已完施工价款结算；

③银行贷款；

④企业自有资金；

⑤其他项目资金的调剂占用。

（1）资金筹措计算

如果工程的合同价为 C，工程所需的周转资金占合同价的百分比为 p_1，业主给予的预付款 A 占合同价的百分比为 p_2，预期利润占合同价的百分比为 p_3，工期为 N 年，年平均利润率为 p_a。显然，承包商只用自有资金 S 承包时，S 与 C 的关系应如下式：

$$S=(p_1-p_2)\cdot C \qquad (6-34)$$

可以承包的合同金额 C 为：

$$C=\frac{S}{p_1-p_2} \qquad (6-35)$$

毛利润额 p_m 为：

$$p_m=C\cdot p_3 \qquad (6-36)$$

自有资金年平均利润率 p_a 为：

$$p_a=\frac{p_m}{N\cdot S}(\%) \qquad (6-37)$$

如该承包商可从银行借到贷款 B，利率为 p_4（单利），则可以承包的合同金额为：

$$C=\frac{S+B}{p_1-p_2} \qquad (6-38)$$

预期利润 p_y 为：

$$p_y=毛利润-贷款利息 \quad 或 \quad p_y=p_m-B\cdot N\cdot p_4 \qquad (6-39)$$

故自有资金形成的年平均利润率 p_a 为：

$$p_a=\frac{p_y}{N\cdot S}=\frac{p_m-B\cdot N\cdot p_4}{N\cdot S}=\frac{C\cdot p_3-B\cdot N\cdot p_4}{N\cdot S} \qquad (6-40)$$

如果 $p_1=20$，$p_2=10$，$p_3=6$，$p_4=15$，$S=150$ 万元，$B=400$ 万元，$N=2$ 年，则分别只用自有资金和利用银行贷款两种情况的计算结果列于表 6.21。

表 6.21 只利用自有资金和同时利用银行贷款比较

名　称	自有资金/万元	自有资金＋银行贷款/万元
合同金额	$C=\dfrac{150}{20\%-10\%}=1\,500$	$C=\dfrac{150+400}{20\%-10\%}=5\,500$
预期利润	$p_m=1\,500\times6\%=90$	$p_y=5\,500\times6\%-400\times2\times15\%=210$
年平均利润率	$p_a=\dfrac{90}{2\times150}=30\%$	$p_a=\dfrac{210}{2\times150}=70\%$

由表 6.21 可知，当自有资金不变时，利用银行贷款可以显著提高承包合同金额和年平均利润率。即使只能贷款 150 万元，承包合同金额和年平均利润率也可分别提高 3 000 万元

和 45%。

（2）资金筹措的动态分析

资金筹措的动态分析要求编制资金流动计划。编制资金流动计划的目的是要确定在施工过程中承包商何时需要多少资金，以便进行资金筹集安排和成本控制。一般可按月度计算资金流动量，大型项目也可按季度安排。

资金流动计划由资金投入计划和资金回收计划组成，可用表格或图线形式表示。它们分别依据施工总进度计划、工程预算并考虑劳动力、材料和设备的投入时间、合同价格及合同中支付条款等分项计算。二者的计算时间划分应一致，以便比较分析。

资金投入计划中一般考虑前期费用，暂设工程费用，人员费用，施工机具费用，材料费用，项目永久设备采购、运达工地和安装试车费用，不可预见费，贷款利息，管理费等。资金回收计划中则考虑工程施工预付款、材料设备预付款、月进度款、最终结算付款、保证金的退还等。

[例 6-8]　假设某小型车间厂房的施工进度计划及各分项工程的持续时间和成本分别如表 6.22 及表 6.23 所示。如毛利润率估定为合同价的 10%，净利润率为净收入的 8%，保留金为合同价的 5%，其最大额为 3 万元。在工程竣工后发还 50% 的保留金，其余 50% 在 6个月缺陷责任期（又称保修期）期满并签发缺陷责任证书后发还。业主的付款每月均延迟一个月。

表 6.22　施工进度横道图计划表

分项工程	工作/月					
	1	2	3	4	5	6
土方开挖	4.5	8.5				
基础			4.0	4.0	4.0	
框架施工				12.0	4.0	
屋面地面				15.0		
墙板吊装				2.0	2.0	
设备安装						20.0
费用合计/万元	4.5	8.5	4.0	33.0	10.0	20.0

表 6-23　各分项工程持续时间及施工费用

分项工程	持续时间/月	施工总费用/万元
土方开挖	2	13.00
混凝土基础	3	12.00
框架施工	1.5	16.00
屋面及地面	1	15.00
墙板吊装	1.5	4.00
设备安装	1	20.00

该承包商编制了资金投入计划和资金回收计划,如图 6.16 所示。由图可知所需贷入现金最高额、利息额和净利润值。分析计算过程如表 6.24 所示。

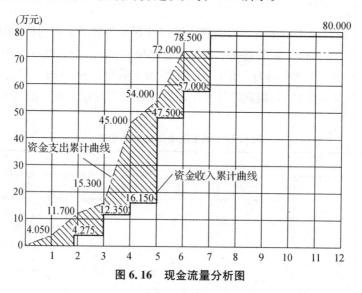

图 6.16　现金流量分析图

表 6-24　资金投入回收金额计算(万元)

月　份	1	2	3	4	5	6	7	…	12
月施工费用	4.500	8.500	4.000	33.000	10.000	20.000			
累计施工费用	4.500	13.00	17.000	50.000	60.000	80.000			
累计毛利润额	0.450	1.300	1.700	5.000	6.000	8.000			
累计施工投入成本	4.050	11.700	15.300	45.000	54.000	72.000			72.000
月进度款额(扣除保留金后)	4.275	8.075	3.800	31.350	9.500	20.000			
月进度款累计额(扣除保留金后)	4.275	12.350	16.150	47.500	57.000	77.000			
现金回收累计额	0	4.275	12.350	16.150	47.500	57.000	78.500		80.000

在表 6.23 中 6 月末月进度款付款额 = 80.000 − 3.000(保留金最大额) = 77.000(万元)。7 月末业主付款累计为 77.000 + 3.000/2 = 78.500(万元)(竣工验收后退还所扣保留

金的 50%)。

12 月末又退还余下的一半保留金 1.500 万元,故 12 月末累计回收资金＝78.500＋1.500＝80.000(万元)。

根据图 6.16 所示的现金流量,图中阴影部分中的最大纵距离就是所需筹集的资金最高额。考虑到金额不大,可用短期贷款方式解决所缺的资金。这样,阴影部分的面积乘以贷款利率就是所付出的预期利息总额。据以上分析,可以求得:

(1) 所需筹集的资金最高额发生在 5 个月末以前,其值为 54.000－16.150＝37.850(万元)。

(2) 如不足的资金以年利率 $i=12\%$ 从银行贷款来补足,则利息总额 I 可计算如下。

图 6.16 中阴影部分面积 F 为:

$$F=\frac{1}{2}\times[(4.050-0)+(4.050+11.700)+(11.700+15.300-2\times4.275)+(15.300+45.00-2\times12.350)+(45.000+54.000-2\times16.150)+(54.000+72.000-2\times47.500)+2\times(72.000-57.000)]\times1=100.775(万元\cdot月)$$

故利息总额为:

$$I=100.775\times\frac{1}{12}\times0.12=1.00775(万元)$$

(3) 净利润＝总收入－总成本－利息

$$=80.000-72.000-1.00775=6.99225(万元)=69\,922(元)$$

6.5.3　施工资金使用

施工过程中资金使用有下列的重点管理环节。

(1) 统一编制资金使用计划

每月由资金管理部门根据施工业务的资金使用量编制资金使用计划,用于指导和调节日常的资金管理工作,工程材料根据工程量和进度有序购买,均衡消耗,减少资金的积压,满足项目施工生产各阶段的资源配置需要。

一个合理的资金使用计划应是在保证正常生产经营需要的前提下,努力挖掘内部资金潜力,加强应收账款和备用金等其他应收款项的管理,节约成本,达到资金收支的平衡、物资供需的平衡。在加强资金计划管理中,要经常检查计划的执行情况,跟踪分析资金动态,合理调度资金,使资金的使用达到最优化。

(2) 建立内部结算制度

建立结算中心制度、严格控制多头开户和资金账外循环,实施资金的集中管理,实行统一账户、统一结算、及时调剂余缺。结算中心一个口径对银行,下属单位除保留日常必备的费用账户外,统一在结算中心开设结算账户,可以发挥结算中心汇集内部资金的"蓄水池"作用。

(3) 加强资金监控

加强资金周转各环节的可控性、强化财务监督,将现金流量管理贯穿于施工管理的各个环节,对经营活动、投资活动和筹资活动各个环节产生的现金流量进行严格管理,执行公司财务管理各项规定,对于资金考核要制订切实可行的考核内容和办法,如工程款回收率、资金上交、资金使用、偿还内部贷款、资金集中度等都要有具体的要求，并尽可能量化。

施工资金监控的重点应包括以下几点。一是资金收入方面：应收款项是否应收未收或缓收；在建项目资金是否及时回笼；已完工项目是否及时撤场；处置资产的审批及款项收回等，当期的实际资金收入与预算收入差异及原因。二是资金支付方面：应付款项是否存在支付风险；大额资金的立项、审批、支付是否合规；当期的实际资金支出与预算是否存在差异及其原因分析。

（4）统一项目资金的调度

项目资金的调度统一由项目经理审批，严把支出关，确保重点支出的需要。一是要对大笔资金的来源与支付重点关注；二是对承包合同的行为要重点检查；三是对主要材料、机械支出要按规定程序核算，建立必要的合同、收发领用手续，杜绝资金失控和浪费现象的发生。

（5）提高资金的效益性

建设单位根据合同的要求按时将建设资金拨付承包商，材料、设备供应商，使他们有足额的资金进行施工或采购，便于工程的顺利进行，避免由于资金的缺乏造成停工、误工，按期完成工程任务，使建设工程及时交付使用，投入运营，从而给社会带来效益。

6.6　单位工程资源需要量计划编制实例

某职工宿舍楼工程资源需要量编制计划如下。

1. 主要施工机械选择

1）主要施工机械选择

（1）垂直运输机械。选用三台钢井架（配高速卷扬机）和一台塔吊，以解决材料垂直运输问题。

（2）混凝土输送设备。混凝土选用××搅拌站生产的商品混凝土，用多台混凝土搅拌车运至施工工地。采用带布料杆的汽车泵（型号：三一牌 SY5270THB；臂架形式：四段液压折叠式）直接泵送混凝土。

（3）钢筋加工机械。钢筋加工在场内进行；现场配套钢筋加工设备：弯曲机一台，钢筋调直机一台，切割机一台，电焊机一台，闪光对焊机一台，套丝机一台。

（4）其他机械。反铲挖土机一台，自卸汽车三辆，压桩机一台。

（5）其他设备。挖掘机一台，汽车三辆，压桩机一台。

2）施工设备计划

主要施工机械设备需用量计划表如表 6.25 所示。

表 6.25　主要机械设备需用量计划表

序号	机械设备名称	规格型号	数量	单位	功率/kW		备注
					每台	小计	
1	塔吊	德国 PEINE	1	台	150	150	自有设备 臂长 60 m
2	钢井架		3	座	13	39	主体施工及装修施工用

续表

序号	机械设备名称	规格型号	数量	单位	功率/kW 每台	功率/kW 小计	备注	
3	电焊机	BX3-120-1	2	台	9	18	自有设备	主体施工用
4	钢筋弯曲机	GW40	1	台	3	3		
5	钢筋切割机	QJ40-1	1	台	5.5	5.5		
6	钢筋调直机	GT3/9	1	台	7.5	7.5		
7	电渣压力焊	17 kVA	1	台	3	3		
8	平板振动器	ZB11	1	台	1.1	1.1		
9	插入式振动器	ZX50	2	套	1.1	2.2		
10	木工圆盘锯	MJ114	1	台	3	3		
11	卷扬机	JJ1K	3	台	7	21		
12	打夯机	1.5 kW	2	台	1.5	3		基础回填土用
13	自落式混凝土搅拌车	JD350	1	台	15	15		
14	经纬仪	J2	1	台				测量放线用
15	水准仪	DS3	1	台				
16	套丝机		1	台				
17	自卸汽车		3	台				土方工程施工用
18	压桩机		1	台			租赁	基础工程用
19	挖土机	反铲	1	台			租赁	基础工程用

2. 劳动力需要量计划

劳动力需要量计划表如表 6.26 所示。

表 6.26 劳动力需要量计划表

工种	木工	钢筋工	混凝土工	瓦工	抹灰工	油漆工	电焊工	电工	架工
最高人数	23	16	22	20	38	19	2	2	6

3. 主要材料需用量(略)。

4. 预制构件需用量(略)。

本章思考练习题

1. 简述施工资源的特征,按照施工的需求计划分为哪几类。

2. 简述设备采购计划怎样编制。

3. 简述施工物资供应方式有哪些,各有什么特点。

4. 简述材料物资库存的作用。

5. 简述材料物资贮存的决策依据是什么。

6. 简述工程施工机械配置的原则是什么。

7. 简述施工资金筹措渠道有哪些。

第7章 工程施工绿色安全设计

绿色施工是一种新的理念,是按照科学发展观的要求对传统施工体系进行创新和提升,是建筑业可持续发展思想在施工组织设计中的具体体现,是实现节能减排目标的重要环节,也是建设节约型社会、发展循环经济的必然要求。工程施工的绿色安全设计是绿色施工组织设计的重要基础。

7.1 绿色安全设计概述

7.1.1 绿色安全设计的原则

1. 国家关于绿色安全施工的政策要求

党的十八大以来,国家首次把"绿色中国"写入"十三五"规划,确定了"五位一体"的发展战略。建筑业作为高污染、高能耗行业,应该在项目开始的源头制定绿色施工组织设计,实现真正的施工全过程绿色建筑。

2007年,中国住房和城乡建设部颁布了《绿色施工导则》,使绿色施工的管理和技术更加标准化并且有据可依。到2020年全面建成小康社会,解决了相当一部分人的进城问题,住房作为刚性需求,也会得到快速发展,但是施工阶段对环境的影响很大且不可再生。于是住房和城乡建设部编制出台《绿色施工导则》,它对于规范建筑市场和和谐社会的发展有着极为重要的作用,明确了在施工过程中所要完成的绿色指标,为建筑工程达到绿色施工提供指导,使建筑业持续发展。

通过采取先进的施工技术和完善评价体系,鼓励和支持建筑业绿色安全施工,减少施工活动对环境造成的影响。

2. 绿色施工组织设计的可实施性

传统的施工组织设计是以一个工程项目为研究对象,在开始施工之前编制,用来指导施工全过程的技术和经济活动,使得工程项目能够顺利完成,以实现质量安全、工期短、成本节约的目的。而所谓的绿色施工组织设计并不是一种完全脱离于传统的施工组织设计模式,而是以可持续发展的思想对传统的施工组织设计进行优化,使其能够在实现传统施工目标的基础上实现节材、节水、节能、节地以及环境保护,实现经济社会的可持续发展。因此,传统的施工组织设计和绿色施工组织设计并不是对立的关系,而是相互继承和发展的。在新时期条件下,绿色施工组织设计是传统施工组织设计的提升。

7.1.2 绿色施工组织设计与传统施工组织设计的比较

1. 组织管理体系不同

在传统的施工组织设计中,组织管理更看重的是在保证质量基础上的经济效益,虽然也包括一些文明施工的专项措施,但职能单一。施工单位通过施工质量和它所创造的社会效益来展现企业的品牌形象和竞争力。绿色施工组织设计中的组织管理是一个系统工程,它是完整的绿色施工管理措施以及管理目标共同作用的结果,希望创造出更大的社会价值。传统的文明施工强调的是广义的绿色,包括的绿色目标较少,只是作为劳务分包的一部分,实施性不强。而在绿色管理系统中,明确了绿色施工的目标、任务,并且建立了绿色施工领导小组,建立了绿色责任分配制,以及绿色施工的保证措施。这样全公司从上至下相互配合,使绿色施工能真正落到实处。

2. 施工组织设计的内容不同

在传统的施工组织设计基础上加入文明施工的专项技术内容,但是它不能做到系统性,所以不具有操作性。而绿色施工组织设计从设计之初就避免了这个问题,从组织管理、安全健康管理、绿色施工方案、绿色施工进度、绿色资源配置等全方位保证,并且将施工方案中绿色施工的内容进行细化,分别落实到具体的施工工艺、方法中。同时制定了绿色施工的控制要点,统筹规划实现"四节一环保"(即"节能、节地、节水、节材和环境保护"),关于污染的生产、排放、收集、运输、回收再利用以及处置的全过程。

3. 实施管理的效率不同

在确定了绿色施工方案以后,接下来就进入了项目的实施阶段,它的实质就是在绿色施工组织设计的指导下,通过各部门的协调合作,完成绿色施工所要控制的绿色指标("四节一环保")。由于绿色施工管理是一个系统工程,所以实施管理是全方位的。通过施工准备、施工策划、工程验收等各个环节的监督与管理,达到对施工管理的动态控制,所以管理的效率更高。

7.2　绿色施工组织设计程序

在编制绿色施工组织设计时,应依据绿色施工有关规范规则中的要求,如节能、节地、节水、节材和环境保护等的具体指标要求,综合考虑绿色施工的工程种类、工程特点和现场的施工条件、施工材料,结合本单位的机械装备、劳动力配备、技术与管理水平、资金情况等制定有效可行的编制程序。由于每个工程特点、工程所处地区不同,以及各施工企业的施工特点不同,编制程序可有所侧重。在广泛采纳各调研单位意见的基础上,按图 7.1 所示的程序编制施工组织设计。

7.3　工程施工绿色设计的内容

施工阶段既是建设计划、设计的实现过程,又是大规模改变自然生态环境、消耗自然能源的过程。因此,对这一过程的环境因素进行控制和管理尤为重要,必须以节约能源、降低消耗、减少污染的产生和排放量为基本宗旨,实现有价值的绿色施工。而实现有价值的绿色施工,就必须具备有价值的绿色施工组织设计,同时,必须运用 ISO 14000 和 ISO 18000 管理体系,建立有针对性的绿色施工的有关内容,使绿色施工规范化、标准化。

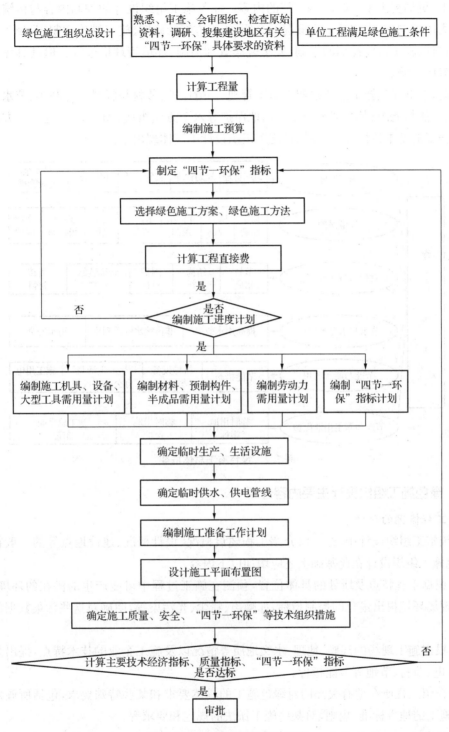

图 7.1　绿色施工组织设计程序

7.3.1　绿色施工基础架构

绿色施工组织设计并不是完全脱离于传统的施工组织设计,而是在传统施工组织设计的基础上,更加突出了"四节一环保"的内容。绿色施工组织设计的编制内容与传统施工组织设计大体相同,亦应包括工程概况的介绍、施工方案的确定、施工措施的制定、施工现场平面图的设计、施工进度计划的编制、安全健康管理措施、环境管理措施等。但其具体的编制内容却有所不同。

因此,本书绿色施工总体框架由施工管理、环境保护、节材与材料资源利用、节水与水资源保护、节能与能源利用、节地与施工用地保护等六个方面组成(图 7.2)。这六个方面涵盖了绿色施工的基本指标,因此在绿色施工组织设计中应体现出来。

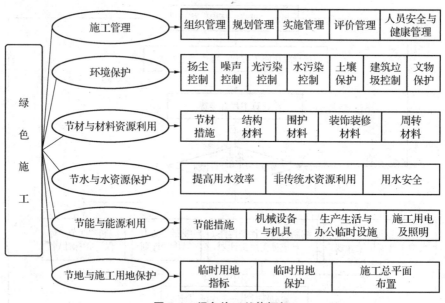

图 7.2　绿色施工总体框架

7.3.2　绿色施工组织设计主要内容分析

1. 工程概况的介绍

传统施工组织设计中,通常仅介绍工程建设概况、设计概况、建设地点等的一般特征内容,绿色施工组织设计在此基础上还应增加以下内容。

1) 根据工程特点及所处的具体位置,预测在施工过程中可能产生的潜在的环境影响,对施工现场环境提出量化的控制指标,如噪声、粉尘、光污染等,明确对这些污染数据的采集方法。

2) 根据施工现场的气候、地理、水文地质等情况以及施工企业的技术特点,提出量化的节水、节电、节材、节地等节能指标。

3) 介绍工程所在地有关部门对绿色施工的具体要求和某些特殊要求,包括所颁发的有关绿色施工的地方标准、规则,对某些施工做法的规定和要求等。

2. 绿色施工方案的确定

一般施工组织设计是以确保工期、节约造价为主,保护环境则处于从属地位。绿色施工方案的确定则应在绿色施工方面系统地、有针对性地进行策划,在传统施工方案选择的基础上进行优化和提升。

1）施工机械的选择

垂直运输机械的类型选择除了考虑工程规模、工期长短、占地面积、工程高度、施工单位的机械条件等内容以外,还应考虑机械的先进程度、检修难易度、耗能指标等。

（1）根据机械参数合理选择机械

选择垂直运输机械时,应准确计算所需的起重量、起重高度、回转半径等参数并严格按计算参数选择适宜的机械,避免选用功率过大的机械,以节约能耗。

选择挖土机械时,应根据具体工程的土方挖掘深度、土质、总挖土量等情况,针对不同挖土机的斗容量、回转半径等机械参数,合理选择其类型、型号和台数并配备相应数量的运土车辆。

选择打桩机械时,应根据桩的类型、截面尺寸、深度、数量以及土质、场地情况等,针对不同打桩机械的性能,合理选择其类型、型号和台数。

总之,选择施工机械应做到既合理又经济并尽量选用一体化施工设备。投入工程的机械种类和机械台数越少,则工程的工效、耗料、环保的指标数就越好。

（2）考虑节能和减噪等因素

①结合气候、自然条件、工程所处的地理位置及周边的环境状况等因素,选择低能耗、低噪声、低排放的机械设备。

②对噪声较大的机械,采取隔声、消声、封闭等技术方法,降低噪声污染。

③选择维修保养、更换零件方便且使用寿命长的机械,以降低机械台班使用费。

（3）考虑机械效用的因素

根据施工进程对施工机械使用时间进行合理安排,明确各机械的进场、退场时间,实现机械效用最大化并避免施工机械、设备低负荷长时间运转。

（4）优先采用先进机械

优先采用新型节能、环保、高效的施工机械,淘汰技术落后、效率低的机械,不得使用超期、老化设备,达到低能耗和低噪声的目的。

2）土方施工方案的确定

（1）合理选择土方施工方案

①应尽量减少土方开挖及回填量。如对于独立基础和条形基础,可选择挖独立基坑或挖基槽,避免大面积开挖,这样可多保留原状土,节省开挖、回填土方量。同时,应合理安排土方调配,尽量减少土方运输量。

②在土质、场地等条件允许的情况下,优先选取放坡开挖的方式。若进行边坡支护,则应根据基础、基坑、土质等情况,优化支护设计并优先选择可以拔出后周转使用的钢质护坡桩。

③选择基坑降排水方法时,首先应考虑合理安排基坑开挖的时间。应尽量选择在枯水季节进行土方施工,不但可以减少基坑的降排水量,也可避免基坑受到雨水的影响。

（2）明确土方施工中的防尘及防污染等措施

①对土方运输车辆,应在施工现场门口进行专门清理,如设置冲洗池及吸湿垫,用水冲洗轮胎,避免车辆污染道路。

②运土车辆应进行封闭或覆盖,土方装运量应控制在汽车箱体侧板以下,防止洒落

土渣。

③土方作业时,现场可采取洒水、遮挡等措施,尽量减少尘土对周围环境的污染。

3) 主体工程施工方案的确定

(1) 模板工程

①增加模板的周转率。有关统计显示,欧美国家的模板使用周转次数达到 20 次以上,而我国目前只有 3～5 次。因此,模板工程除应保证结构和构件的形状、尺寸、位置准确并满足承载力、刚度、稳定性等基本要求外,还应考虑模板本身的材料性能,增加模板的周转次数,同时应开发不需涂刷隔离剂的模板。

②模板支设尽量采用槽钢、钢管代替方木,以减少木材的使用;模板的设计、加工和安装宜标准化、定型化,以简化模板施工;因地制宜采用模板早拆系统,加快模板的周转。

③合理使用木模板,减少锯切量,短木材接长再利用,以减少模板的消耗量。

④妥善存放模板,避免因存放不当而降低模板的周转率;减少模板库存量,提高模板的使用效率。

⑤对回收的废旧模板整修后再利用,如用作临边、洞口的盖板,柱子护角板,楼梯踏步的保护板等。

(2) 钢筋工程

①钢筋按需要量进场、配料,优化下料单并通过钢筋加工中的下料监督、精加工、检验等减少其损耗量。

②尽量实行由加工厂统一加工钢筋,可减少钢筋的损耗量和加工机械的能耗。

③钢筋接头宜采用机械连接,方便施工以减少现场作业量。

④合理利用钢筋加工中产生的料头:较长的可直接用于或接长后用于构件中;较短的可用作施工构造筋,如钢筋支架、马凳等;更短小的可用作双层钢筋之间的垫铁,或用于焊接预埋铁件。

(3) 混凝土及砌筑工程

①合理确定混凝土配合比,混凝土中宜掺用外加剂和掺合料(粉煤灰、矿渣等),以减少水泥用量并改善混凝土的性能。

②尽量采用商品混凝土,实现工厂化施工,以减少现场混凝土搅拌中的粉尘、噪声污染和污水排放量,并可节约现场的材料堆放场地。订购商品混凝土时应准确按浇筑量备料,备料时宁少勿多,以免造成浪费。

③宜采用自密实混凝土等先进材料,可省去混凝土振捣工序,从而减少机械能耗和劳动量并减少振捣机械的噪声污染。

④砌筑砂浆应根据使用时间及时间长短,按当天的需要量备料,控制砂浆的制备量;砂浆应存放在封闭容器中,以减少砂浆的损耗。施工中的落地灰应回收后再利用。

4) 装饰工程施工方案的确定

(1) 必须选用符合国家标准和获得环保认证的装饰材料,不得使用有害物质超标的材料。

(2) 防水材料宜采用自粘式,不宜采用热熔工艺,以减少能耗和空气污染。

(3) 镶贴块体材料、饰面材料时,应预先进行总体排版,尽量减少材料切割量。

(4) 装饰施工过程中,应保证室内空气畅通,通风不良的房间应设置通风换气装置。

3. 绿色施工措施的制定

1) 管理措施

(1) 建立并落实绿色施工责任制,设立绿色施工第一责任人,配备专职绿色施工管理人员。

(2) 细化绿色施工工作标准,将环保理念渗透到作业施工的每个细节;积极构建环保长效机制,根据现场管理细则细化管理单元;建立完善激励机制,明确各岗责任人,将奖惩落实到岗位人员。

(3) 制定相应的绿色施工管理目标,第一责任人负责绿色施工的统筹、协调及目标实现,组织监督有关人员实施绿色施工并实施监控,做好绿色施工相关记录。

(4) 建立贯穿整个施工过程的绿色施工体系,包括施工组织设计、施工准备(场地、机具、材料、后勤设施等)、施工运行、设备维修和竣工后施工场地复原等。

(5) 对管理层进行绿色施工意识培养,纠正不正确的观念(如认为绿色施工会增加成本)。

(6) 施工前召开项目部及生产骨干讨论会,进行拟建工程的环境影响风险评价,对可能引起的环境污染建立处置预案,制定出相应的消减措施;同时编制出环境管理计划专项作业指导书,以指导施工;对制定的措施和指导书及时向有关施工人员进行交底。

(7) 制定严格的环保措施,与基层施工队层层签订《环保责任书》,把环保作为施工的"通行证",各类施工作业必须先过环保关并将其落实到施工班组及每个施工人员。

(8) 在环保控制上实施动态管理,加强施工准备、材料采购、现场施工、工程验收等各阶段的管理和监督。严格做到施工前调查到位、施工中控制到位、责任落实到位、施工后治理交接到位的"四个到位"。

(9) 对员工持续进行环保理念和清洁生产教育,做到每班一检查、每天一教育、每月一交流。定期举办爱护环境讲座,教育员工自觉履行环保职责,不乱扔垃圾,不乱排放废弃物,讲究生态文明、职业道德和社会公德。通过宣传营造绿色施工的氛围。

(10) 建立工程建设各方主体的绿色施工责任制及社会承诺保证制度,促进其自觉落实责任,形成有利于开展绿色施工的外部环境和管理机制。

(11) 坚持不懈地抓好环保投入和技术创新工作,不断研究推广新工艺、新技术。

(12) 根据绿色施工方案,结合工程特点,设专职部门对该工程绿色施工的效果及采用的新工艺、新技术、新设备、新材料进行自我评估。

2) 节水措施

(1) 收集雨水、中水等可再利用水,循环使用。对收集水进行以下三步控制:使用前,应检测水质,根据水质情况进行不同的利用,避免用酸性或碱性过大的水冲洗设备、车辆,造成损害;使用中,应定期对储水池、水箱进行消毒、清洗,避免二次污染;使用后,对水质进行再次检测,若检测合格可再次利用,若检测不合格应采取过滤等处理措施,确保使用后排放的水不会污染地下水。

(2) 采取有效措施减少现场临时给水管网的漏水现象;给水管网宜分区段安装计量装置,且生活、生产用水应分别进行计量;使用节水型器具。

（3）对混凝土洒水养护、砌筑用块材浇水、墙面洒水湿润等施工用自来水，应根据工程量估算其用水量，施工中控制用水量。

（4）对基坑降水时抽取的地下水、沉淀池的水，可用做现场降尘、车辆冲洗、厕所冲洗等。

（5）对施工班组进行施工用水定额限制，制定指标，定期进行考核并实行奖惩制度。

（6）杜绝生活用水的浪费现象，确定每人每月生活用水限额并实行奖惩制度。

3）节能节电措施

（1）现场临时用电采用节能电线、节能灯具，临时用电设备采用自动控制装置。

（2）临时用电实行 TN-S 系统并合理调配用电机械设备，保证三相平衡，既安全又节电。

（3）电焊机的耗电量较大，应选择节能型电焊机并将焊接作业尽量安排在 22:00 以后进行，以避开用电高峰时间。

（4）控制现场施工照明用电。根据现场平面形式、尺寸以及建筑物的位置、尺寸等，合理布置照明灯具，力求减少光源数量；根据季节、天气、施工内容合理安排照明时间。

（5）现场办公室应合理配置采暖、空调、风扇等设备并规定使用温度标准和使用时间，分段、分时使用，以节约电能。

（6）生活区采用高效节能的用电设备和照明器具；使用节能型开关（声控、光控和延时开关等）；采用自动控制的电流控制箱，对生活区用电进行自动控制，超限则自动断电。

（7）合理利用太阳能、风能和其他可再生能源为现场施工和生活服务。

4）节材措施

（1）在保证工程安全与质量的前提下，制定节材措施，如进行施工方案的节材优化，建筑垃圾减量化，尽量利用可循环材料等。

（2）现场施工设施宜采用可循环利用材料搭设，如材料高空转运平台采用可拆卸再利用的钢平台，加工棚、安全防护通道、货架、防护栏杆等尽量采用标准化的装配式结构。

（3）最大限度地回收利用废弃物，变废为宝；对施工垃圾进行分拣、分类处置，如将废旧的木料、纸张、塑料、金属材料等进行分类，分送至专门的废品收购站以回收利用。

（4）固体废弃物、拆除旧有建筑物产生的垃圾，可用作场地填筑材料或作为施工现场道路的路基使用。

5）减少噪声、粉尘、光污染措施

（1）降低噪声污染措施

①设置隔音设施，如混凝土输送泵设置吸音降噪屏罩，木料加工棚采用隔音棉毡封闭等。现场设置噪声监测点，实施动态监测。

②安全防护脚手架应搭设至楼层作业面 3 m 以上，架体立面满挂密目安全网和防噪围挡，使楼层作业面上产生的噪声能得到部分吸收、反射或阻隔，减少噪声向周围环境的扩散。

③合理规划施工作业时间，噪声大的作业尽量安排在白天进行，原则上 22:00 后停止此类作业。

④夜间作业派专职人员对各种机械作业的噪声进行监管，如运输车辆匀速行驶，所有运输车辆一律禁止鸣笛。

⑤采用低噪声机械设备，及时对施工设备进行维修保养，尤其对机械的摩擦部位进行保

养、润滑或及时更换旧机械零件,以降低机械运转时的噪声并可延长设备的使用寿命,使其保持低能耗、高效率状态。

（2）减少粉尘污染措施

①扬尘控制应根据不同施工阶段、不同材料采取分类控制措施和指标。

②减少松散材料的使用,如水泥、砂子等;对进入施工现场的松散材料及现场产生的松散施工垃圾进行覆盖,防止粉尘飘散。

③根据气候情况,施工现场可采取洒水降尘措施。

④现场加工场地和人行道路可采用预制块材铺设或采用水泥方格砖铺设,方格内种草,可减少裸露黄土地,也可使雨水自由渗入土壤中。

（3）降低光污染措施

①夜间施工时,对强光照明灯应加设灯罩;装在高处的照明灯需设置固定弧光防护罩并采取俯角照射,使灯光方向集中于施工区域内,不得射向居民区。

②电焊作业处应进行围挡,避免电焊弧光对周围的影响。

③进场的玻璃等高反光材料应进行遮盖,避免其在阳光或灯光照射下出现反光现象。

6）其他措施

（1）在施工现场分别设置施工垃圾、生活垃圾存放处,做到施工、生活垃圾分类处理;对有害有毒垃圾应进行跟踪回收。

（2）对生活垃圾应设置封闭性垃圾容器,将可回收垃圾、不可回收垃圾进行分别存放、分别处理。

（3）对于抽取较多地下水的工程,在基坑支护结构的外侧应有止水措施（如设置止水帷幕）,必要时可进行地下水回灌,以控制基坑周边地下水的流失。

（4）对需要排放的地下水、施工污水设置过滤系统并进行检测,其水质必须符合《污水综合排放标准》(GB 8978—1996),地下水回灌时应保证其未受到施工污染。

4. 施工现场平面图的设计

1）施工现场平面布置应紧凑、合理,减少废弃地和死角,提高临时设施占地有效利用率,尽量减少施工用地。在城区施工时,可充分利用原有建筑物为施工服务并采取措施减少临时建筑,如根据分期进场的施工人员数量搭设临建,避免临建空置或将施工人员安排在现场外居住。在郊外施工时,注意保护生态环境,最大限度地减少对自然环境的侵占,节约使用农田、山地,工程竣工后注意对自然环境的复原工作。

2）现场的施工区、办公区、生活区应相对独立设置,分区强化管理,有利于形成整洁卫生、井然有序的施工现场。

3）施工区中,布置混凝土输送泵和其他振动设备位置时,应尽量远离周围居民区并采取隔音隔振措施;布置易产生噪声的材料堆场、加工棚位置时,亦应远离居民区,以降低噪声影响。

4）在确定办公区、生活区位置时,应考虑使用方便,不妨碍施工,不受施工生产的影响,远离有毒有害物质并符合消防、环保、保卫要求。

5）充分利用场地自然条件,合理设计现场临时建筑物的形状、朝向、间距、窗墙面积比等,使其具有良好的照明、通风、采光效果。

6）现场办公和生活用房宜采用经济美观,占地面积小,对周边地貌环境影响较小且易于对现场平面布置进行动态调整的多层标准化装配式轻钢活动板房,同时其墙体、屋面应采用隔热、保温性能好的节能型建材,可减少空调、取暖设备的使用时间及能耗。

7）临时水电管网布置。尽可能利用拟建室外永久性给排水管道和供电线路,以减少临时水电管网的设置。优化现场临时用电线路的设计,减少线路总长度,合理选择电缆和电线,以减少电能损失。施工用水管网布置力求总长度最短,其管径、水泵型号、水流量等需视工程规模大小进行设计并通过计算确定。

8）施工道路尽可能利用原有道路或拟建永久性道路,道路宜环形布置,避免各种车辆的掉头。

5. 施工进度计划的编制

1）合理确定施工工期,避免赶工期现象,避免出现不必要的资源消耗量的增加。

2）在安排施工进度计划时,对各分项工程均应在人员、材料、机械、方法、环保各方面进行全方位考虑,合理安排其起始、结束时间。

3）宜合理组织各分项工程的穿插作业,可有效缩短工期。

4）需考虑气候、自然条件等因素,合理安排施工进程和施工顺序,对易受气候影响的某些施工项目应尽量避开冬季、雨季施工,不但可保证工程质量,也可节约施工成本。

7.4 绿色施工安全管理体系设计

在工程建设中除了对工程项目的工程成本、施工进度和施工质量进行严格控制外,还必须对安全健康与环境进行管理。建筑生产的特点决定了在施工生产过程中危险性大,不安全因素多,预防难度高,环境影响大。因此,提高安全生产工作和文明工程的管理水平,预防伤亡事故的发生,确保职工的安全和健康,实现安全管理工作的标准化和规范化是一项十分重要和艰巨的工作。

按系统安全工程观点,安全是指生产系统中人员免遭不可承受危险的伤害。工程施工过程是个危险大、突发性强、容易发生伤亡事故的生产过程,工程施工安全目标控制的任务就是在明确的安全目标条件下,通过行动方案和资源配置的计划、实施、检查和监督,防止发生人身伤亡和财产损失等工程事故,消除或控制危险、有害因素,保障人身安全与健康,设备和设施免受损坏,环境免遭破坏。

7.4.1 施工安全组织与制度

施工安全管理的工作目标主要是避免或减少一般安全事故和轻伤事故,杜绝重大、特大安全事故和伤亡事故的发生,最大限度地确保工程中劳动者的人身和财产安全,能否达到这一安全管理的工作目标,关键问题是需要对施工项目进行绿色安全管理设计,即建立安全管理组织和制度来保证。

1. 施工安全监督体系

施工安全监督是指住房城乡建设主管部门依据有关法律法规,对房屋建筑和市政基础设施工程的建设、勘察、设计、施工、监理等单位及人员等工程建设责任主体履行安全生产职责,执行法律、法规、规章、制度及工程建设强制性标准等情况实施抽查并对违法违规行为进行处理的行政执法活动。

施工安全监督机构应当具备以下条件：①具有完整的组织体系，岗位职责明确；②具有符合规定的工程安全监督人员，人员数量满足监督工作需要且专业结构合理，其中监督人员应当占监督机构总人数的 75% 以上；③具有固定的工作场所，配备满足监督工作需要的仪器、设备、工具及安全防护用品；④有健全的施工安全监督工作制度，具备与监督工作相适应的信息化管理条件。

施工安全监督主要包括以下内容：①抽查工程建设责任主体履行安全生产职责情况；②抽查工程建设责任主体执行法律、法规、规章、制度及工程建设强制性标准情况；③抽查建筑施工安全生产标准化开展情况；④组织或参与工程项目施工安全事故的调查处理；⑤依法对工程建设责任主体违法违规行为实施行政处罚；⑥依法处理与工程项目施工安全相关的投诉、举报。

监督机构实施工程项目的施工安全监督应当依照下列程序进行：①受理建设单位申请并办理工程项目安全监督手续；②制定工程项目施工安全监督工作计划并组织实施；③实施工程项目施工安全监督抽查并形成监督记录；④评定工程项目安全生产标准化工作并办理终止施工安全监督手续；⑤整理工程项目施工安全监督资料并立卷归档。

监督机构实施工程项目的施工安全监督，有权要求工程建设责任主体提供有关工程项目安全管理的文件和资料；进入工程项目工程现场进行安全监督抽查；发现安全隐患，责令整改或暂时停止施工；发现违法违规行为，按权限实施行政处罚或移交有关部门处理；向社会公布工程建设责任主体安全生产不良信息。

2. 施工安全的组织保证体系

工程安全的组织保证体系是负责施工安全工作的组织管理系统，安全组织机构组成人员应包括业主、设计、勘察、工程、设备供应等全部相关单位的主管领导机构、专职管理机构和专兼职安全管理人员（如企业的主要负责人、专职安全管理人员，企业、项目部主管安全的管理人员以及班组长、班组安全员）。《建设工程安全生产管理条例》规定，施工项目的第一负责人就是安全工程的第一责任人，负责安全工作重大问题的组织研究和决策。要做好施工安全生产工作，减少伤亡事故的发生，就必须牢固树立"以人为本"的思想，形成与施工范围相适应的完整的安全组织保证体系。

例如，某国际机场扩建工程参建单位多，又涉及航站楼工程、飞行区工程、综合配套工程、货运区工程等施工内容，因此必须建立严密的安全管理组织体系。工程安全管理组织体系如图 7.3 所示。将安全管理工作分解落实到各个标段是做好安全管理工作的前提。在扩建工程安全生产领导小组的统一指挥下，机场安全管理工作由总工办、飞行部、航站部、综合配套工程部和货运部组成。每个工程部门又根据所负责的工程区域，将各施工单位、监理单位一起纳入以该工程区域为核心的安全管理工作中。通过安全管理组织体系的建立，建设指挥部将安全管理工作落实到每个工程标段，确保安全管理工作的落实。

《建筑施工安全检查标准》(JGJ 59—2011)规定："工程项目部专职安全人员配备应按住建部的规定，1 万 m² 以下工程 1 人，1 万 m²～5 万 m² 的工程不少于 2 人；5 万 m² 以上的工程不少于 3 人。"《注册安全工程师管理规定》第六条规定："从业人员 300 人以上的煤矿、非煤矿矿山、建筑施工单位和危险物品生产、经营单位，应当按照不少于安全生产管理人员

15％的比例配备注册安全工程师；安全生产管理人员在 7 人以下的，至少配备 1 名。"

安全组织机构的职责有：①负责制定和完善项目施工过程中的安全管理制度；②负责组织安全管理知识和实际操作技能的学习和培训；③负责监督、检查和指导工程单位的安全施工情况；④负责查处工程过程中的违章、违规行为；⑤负责对安全事故进行调查分析及相应处理。

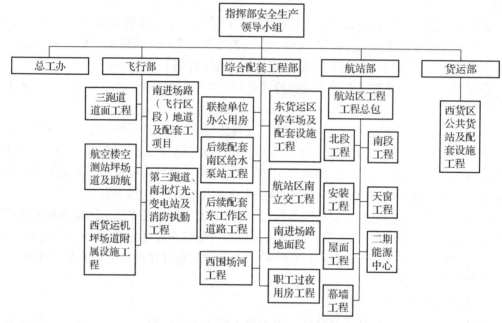

图 7.3　某国际机场扩建工程安全管理组织体系

3. 施工安全管理制度

针对施工过程中的安全风险，建立安全管理制度是安全管理的一项重要内容。工程安全管理制度是为贯彻执行安全生产法律、法规、强制性标准、工程施工设计和安全技术措施，确保施工安全而提供的支持与保证体系。全面建立健全各岗位安全管理责任制，包括安全生产组织制度、安全生产责任制度、安全生产教育培训制度、安全生产奖惩制度等，明确责任，层层建制，级级落实，才能保证施工安全生产的有效实施。施工安全管理制度主要包括如下内容。

（1）施工安全管理目标责任制。以责任书形式将目标责任逐级分解到工程分包方、项目组和作业岗位。

（2）施工组织设计编制审查制度。对工程专业性较强的项目，如打桩、基坑支护与土方开挖、支拆模板等，必须要求工程单位编制专项施工组织设计，审查通过后准许开工。

（3）安全技术交底制度。工程安全技术交底是在建设工程施工前，由上级技术主管部门向下级生产作业单位逐层进行有关工程安全工程的详细说明，并由双方签字确认。安全技术交底一般由项目总工程师向项目技术负责人或技术员交底，技术负责人向施工队各专业施工员交底，施工队各专业施工员向班组长及工人交底。交底要有文字资料，内容要求全面、具体、针对性强。交底人、接受人均应在交底资料上签字，并注明交底日期。

（4）班前安全活动和安全教育制度。按要求做好记录和保存档案。

（5）安全检查制度。项目部、工程队定期进行安全检查，平时进行不定期检查，每次检查都要有记录，对查出的事故隐患要限期整改。对未按要求整改的要给单位或当事人以经济处罚，直至停工整顿。

（6）安全管理文档制度。包括针对危险源的运行控制而编制的项目安全管理程序文件和作业文件，如《用火作业安全管理》《临时用电安全管理规定》等；针对具体操作岗位制定的作业指导书，如《起重作业操作规程》；针对重大的、不可预测的风险制定的应急预案，如《火灾事故应急预案》等。以上这些安全管理文档在工程施工安全管理策划中都应明确下来，以保证施工过程中对风险进行有效控制。

7.4.2　施工危险源的识别

危险源是指"可能导致伤害或疾病、财产损失、工作环境破坏或这些情况组合的根源或状态"。按照《生产过程危险和有害因素分类与代码》(GB/T 13861—2009)，危险源分为物理性、化学性、生物性、心理生理性、行为性和其他共六类。危险源可概括划分为两大类：第一类是人的行为，尤其是作业人员的行为；第二类是物的状态，而物的状态又受到管理人员行为的影响。多数情况下，事故的原因是人的不安全行为和物的不安全状态的组合。

危险源的识别和控制是一项预防措施，现场施工只有事前进行有效的风险控制才能避免和减少事故的发生。因此，承包企业经理要组织各参与方安全工程师对各自的单位工程或分部(分项)工程的危险源进行识别和评价，确定有效的控制措施，这是安全管理的一项重要的基础工作。

一种简单易行的危险源定量评价方法是 LEC 法，即作业条件危险性评价法。这种方法考虑构成危险源的三种因素——发生事故的可能性(L)、人体暴露在危险环境中的频繁程度(E)和一旦发生事故会产生的后果(C)，取三者之积来确定风险值(D)，并规定不同风险值所代表的风险等级。

危险源识别包括：

（1）生产生活过程中存在的、可能发生意外释放的能量或危险物质，如台风、地震。

（2）造成能量和危险物质约束或限制措施破坏、失效的因素，如物的故障、人的失误和环境因素三个方面。

①物的故障表现为：发生故障或误操作时的防护、保险、信号等装置缺失、缺陷；设备、设施在强度、刚度、稳定性、人机关系上有缺陷。

②人的失误包括人的不安全行为和管理失误等。

③环境因素指生产环境中的温度、湿度、噪声、振动、照明或通风换气等方面。

危险源识别应考虑：①常规和非常规的活动，如设备吊装、非正常停电等；②所有进入工作场所人员的活动，包括员工、业主人员、访问者和施工分包方人员。

风险等级不同、作业内容不同，采取的控制措施也不相同。既有管理方面的措施，也有技术方面的措施。不管采取什么控制措施，都必须尽可能使风险消除，或降低到可接受的程度。按照采取措施的先后顺序，控制措施可分为三类：①消除风险，这是最理想的控制措施；②降低风险，使之达到可接受的程度；③个体防护，这是一种相对比较被动的措施。当采取前两项措施仍不能达到可接受的程度时，可使用个体防护。

危险源和控制措施一经确定,就必须纳入管理范围及时传达到工程作业区的每名工作人员,同时设置危险源安全标志牌。要高度重视本区域安全动态,危险源若发生变化,尤其是升级时,应采取有效措施,保证人身和机械设备的安全。危险源的撤离和警告消除必须在确定无安全隐患时才能实施。

7.4.3　施工安全教育与培训

对职工进行安全教育与培训,能增强职工的安全生产意识,提高安全生产技能,有效地防止在施工活动中的不安全行为,减少失误。安全教育培训是进行人的行为控制的重要手段,进行安全教育必须适时,内容要合适,有针对性,并形成制度。

1. 施工现场管理人员安全教育

对施工单位的主要负责人、项目经理、技术负责人、专职安全员等所有管理人员进行定期培训、教育,让他们知法、守法、用法。严格执行强制性标准,坚持持证上岗,尽快提高各级安全管理人员队伍的技术素质。

安全教育的内容主要包括:①工程的基本情况、现场环境、工程特点、可能存在的不安全因素、危险源;②项目安全管理方针、政策、法规、标准、规范、规程和安全知识;③项目安全施工管理程序和规定;④文明施工要求和安全纪律;⑤从事施工必备的安全知识、机具设备及安全防护设施的性能和作用教育;⑥本岗位安全操作规程;⑦劳动保护意识和内容。

2. 进场作业人员安全培训

进场前必须对进场作业人员进行公司、项目部、班级的三级安全教育。针对因季节、自然环境变化引起的生产环境、作业条件的变化及时进行安全教育,增强安全意识,减少因环境变化而引起的人为失误,经考核合格后才能进入操作岗位。

3. 日常安全教育

督促和要求各工程单位坚持班前安全活动制度,把经常性的安全教育贯穿于安全管理的全过程。施工前的安全教育应强调施工中应该注意的安全事项,消除不安全因素和隐患。施工中及时发现安全问题,并对相关人员进行教育和培训。施工后要及时总结,并将经验传递到下一个分项工程或分部工程。

4. 特种作业人员安全培训

垂直运输机械作业人员、安装拆卸工、爆破作业人员、起重信号工、登高架设作业人员等特种作业人员,必须按照国家有关规定经过专门的安全作业培训,并取得特种作业操作资格证书后,方可上岗作业。

5. "四新技术"专项安全教育

采用新技术、新设备、新材料和新工艺之前制订有针对性、行之有效的专门的安全技术措施,对有关人员进行相应的安全知识、技能、意识的全面教育,并严格按照制定的操作规程进行作业。

通过安全培训提高各级生产管理人员和广大职工搞好安全工作的责任感和自觉性,增强安全意识,掌握安全生产的科学知识,不断提高安全管理水平和安全操作技术水平,增强自我防护的能力,杜绝安全事故的发生。

7.4.4　施工安全规定和措施

在长期的施工安全管理过程中,经过不断地总结经验和教训,逐渐形成了一系列行之有效的施工安全操作规定,其中有"三宝"及"四口"防护,安全生产六大纪律,起重吊装"十不吊",气割、电焊"十不烧"等。

1. "三宝"及"四口"防护

"三宝"主要指安全帽、安全带、安全网的使用;"四口"主要指楼梯口、电梯井口、预留洞口(坑、井)、通道口等各种洞口的防护。由于不重视"三宝"而发生的事故较为普遍,应强调按规定使用"三宝"。"四口"的防护必须做到定型化、工具化,并按工程方案进行验收。

2. 安全生产六大纪律

(1) 进入现场必须戴好安全帽,扣好帽带,并正确使用个人劳动防护用品;

(2) 2 米以上的高处、悬空作业,无安全设施的,必须戴好安全带、扣好保险钩;

(3) 高处作业时,不准往下或向上乱抛材料和工具等物件;

(4) 各种电动机械设备必须有可靠有效的安全接地和防雷装置,方能开动使用;

(5) 不懂电气和机械的人员,严禁使用和玩弄机电设备;

(6) 吊装区域非操作人员严禁入内,吊装机械必须完好,把杆垂直下方不准站人。

3. 起重吊装"十不吊"规定

(1) 起重臂和吊起的重物下面有人停留或行走不准吊;

(2) 起重指挥应由技术培训合格的专职人员担任,无指挥或信号不清不准吊;

(3) 钢筋、型钢、管材等细长和多根物件必须捆扎牢靠,多点起吊,单头"千斤"或捆扎不牢不准吊;

(4) 多孔板、积灰斗、手推翻斗车不用四点吊或大模板外挂板不用卸甲不准吊,预制钢筋混凝土楼板不准双拼吊;

(5) 吊砌块必须使用安全可靠的砌块夹具,吊砖必须使用砖笼,并堆放整齐,木砖、预埋件等零星物件要用盛器堆放稳妥,叠放不齐不准吊;

(6) 楼板、大梁等吊物上站人不准吊;

(7) 埋入地面的板桩、井点管等以及粘连、附着的物件不准吊;

(8) 多机作业,应保证所吊重物距离不小于 3 m,在同一轨道上多机作业,无安全措施不准吊;

(9) 6 级以上强风区不准吊;

(10) 斜拉重物或超过机械允许荷载不准吊。

4. 气割、电焊"十不烧"规定

(1) 焊工必须持证上岗,无特种作业人员安全操作证的人员,不准进行焊、割;

(2) 凡属一、二、三级动火范围的焊、割作业,未经办理动火审批手续的,不准进行焊、割;

(3) 焊工不了解焊、割现场周围情况,不得进行焊、割;

(4) 焊工不了解焊件内部是否安全时,不得进行焊、割;

(5) 各种装过可燃气体、易燃液体和有毒物质的容器,未经彻底清洗,排除危险性之前不准进行焊、割;

(6) 用可燃材料作保温层、冷却层、隔热设备的部位,或火星能飞溅到的地方,在未采取切实可靠的安全措施之前,不准焊、割;

（7）有压力或密闭的管道、容器，不准焊、割；

（8）焊、割部位附近有易燃易爆物品，在未做清理或未采取有效的安全措施之前，不准焊、割；

（9）附近有与明火作业相抵触的工种在作业时，不准焊、割；

（10）与外单位相连的部位，在没有弄清有无险情，或明知存在危险而未采取有效的措施之前，不准焊、割。

施工安全技术措施是在施工项目生产活动中，根据工程特点、规模、结构复杂程度、工期、施工现场环境、劳动组织、施工方法、施工机械设备、变配电设施、架设工具以及各项安全防护设施等，针对施工中存在的不安全因素进行预测和分析，找出危险点，为消除和控制危险隐患，从技术和管理上采取措施加以防范，消除不安全因素，防止事故发生，确保施工项目安全施工。

主要的分部分项工程，如土石方工程、基础工程（含桩基础）、砌筑工程、钢筋混凝土工程、钢门窗工程、结构吊装工程及脚手架工程等都必须编制单独的分部分项施工安全技术措施。

编制施工组织设计或工程方案时，在使用新技术、新工艺、新设备、新材料的同时，必须考虑相应的工程安全技术措施。对于有毒、有害、易燃、易爆等项目的施工作业，必须考虑防止可能给施工人员造成危害的安全技术措施。

另外，针对季节性工程的特点，必须制定相应的安全技术措施。夏季要制定防暑降温措施；雨季工程要制定防触电、防雷、防坍塌措施；冬季施工要制定防风、防火、防滑、防煤气和亚硝酸钠中毒措施。常用的施工安全措施如下。

（1）基坑支护

在基坑施工前，必须进行勘察，制定施工方案；对于较深的沟坑，必须进行专项设计和支护；对于边坡和支护应随时检查，发现问题及时采取措施消除隐患；不得在坑槽周边堆放物料和施工机械，如需要堆放时，应采取加固措施。

（2）脚手架

脚手架是建筑施工的主要设施，从脚手架上坠落的事故占高处坠落事故的50%，脚手架事故主要有两方面的原因：脚手架倒塌和脚手架上缺少防护设施。脚手架严禁钢木混用和钢竹混用。严格控制脚手架上的荷载：结构架3 000 N/m²，装修架2 000 N/m²，工具式脚手架1 000 N/m²。脚手架的形式不同，检查的内容不同。

例如，落地式脚手架一般搭设高度在25 m以下应有搭设方案，绘制架体与建筑物拉结作法详图；搭设高度超过25 m时，不允许使用木脚手架；使用钢管脚手架应采用双立杆及缩小间距等加强措施，并绘制搭设图纸及脚手架操作说明；搭设高度超过50 m时，应有设计计算书及卸荷方法详图，并说明脚手架基础工程方法。

（3）模板

在模板施工前，要进行模板支撑设计、编制施工方案，并经上一级技术部门批准；模板设计要有计算书和细部构造大样图，详细注明材料规格尺寸、接头方法、间距及剪刀撑设置等；模板方案要说明模板的制作、安装及拆除等施工程序、方法及安全措施；模板工程安装完后必须由技术部门按照设计要求检查验收后，方可浇筑混凝土；模板支撑的拆除须待混凝土的强度达到设计要求时经申报批准后方可进行,且要注意拆除模板的顺序。

（4）施工用电

施工现场临时用电必须按建设部《施工现场临时用电安全技术规范》要求进行工程组织设计,健全安全用电管理的内业资料;施工现场临时用电工程必须采用 TN-S 系统,设置专用的保护零线;临时配电线路必须按规范架设整齐。施工机具、车辆及人员应与内、外电线路保持安全距离和采用可靠的防护措施;配电系统采用"三级配电两级保护",开关箱必须装设漏电保护器,实行"一机一闸",每台设备有各自专用的开关箱的规定,箱内电器必须可靠完好,其选型顶值要符合规定,开关箱外观应完整,牢固防雨、防尘,箱门上锁;现场各种高大设施,如塔吊、井字架、龙门架等,必须按规定装设避雷装置;临时用电必须设专人管理,非电工人员严禁乱拉乱接电源线和动用各类电器设备。

（5）机械施工

常用的机械施工包括物料提升机(龙门架、井字架)、外用电梯(人货两用电梯)、塔吊。

①物料提升机。物料提升机必须经过设计和计算,设计和计算要经上级审批;专用厂家生产的产品必须有建筑安全监督管理部门的准用证;限位保险装置必须可靠,缆风绳应选用钢丝绳,与地面夹角为 45°～60°,与建筑物连接必须符合要求,使用中保证架体不晃动、不失稳;楼层卸料平台两侧要有防护栏杆,平台要设定型化、工具化的防护门,地面进料口要设防护棚,吊篮要设安全门;安装完后技术负责人要负责验收,并办理验收手续。

②外用电梯。每班使用前按规定检查制动、各限位装置、梯笼门和围护门等处的电器连锁装置是否灵敏可靠,司机要经过专门培训,持证上岗,交接班办理交接手续;地面吊笼出入口要设防护棚,每层卸料口要设防护门;装拆要制订方案,且由取得资格证书的队伍施工;电梯安装完毕后组织验收签证,合格后挂上额定荷载牌和验收合格牌、操作人员牌(上岗证)方可使用。

③塔吊。按规定装设安全限位装置,如力矩、超高、边幅、行走限位装置、吊钩保险装置和卷筒保险装置,并保持灵敏;按规定装设附墙装置与夹轨钳;安装与拆卸要制定施工方案,且作业队伍须取得资格证书,安装完毕要组织验收且有验收资料和责任人签字;驾驶、指挥人员持有效证件操作,做到定机、定人、定指挥,挂牌上岗,准确、及时、如实地做好班前例保记录和班后运转记录。

7.4.5　施工安全检查与评价

在施工过程中通过对实体人、机、料、法、环等实体的检查和检验,防止不安全设施和设备的非预期使用,消除不安全因素,防止工程安全事故发生。

1. 施工安全检查的分类

从检查手段上,工程现场安全检查可分为现场观察法、安全检查表法和仪器检验法。

（1）现场观察法。安全管理人员到工程现场通过感观对作业人员行为、作业场所条件和设备设施情况进行的定性检查,此方法完全依靠安全检查人员的经验和能力,对安全检查人员个人素质要求较高。

（2）安全检查表法。事先对施工现场各系统进行剖析,列出各层次的不安全因素,确定检查项目并按顺序编制成表,以便进行检查和评审。

（3）仪器检验法。通过专门仪器对机器设备内部的缺陷和作业环境状况进行量化的检验和测量。

从检查形式上可分为常规性检查、特殊性大检查、定期检查和不定期抽查。

(1) 常规性安全检查。工程场区生产环境复杂,工作面多,工序繁杂,工程机械的性能和施工人员的技术等级、文化素质参差不齐,因此工程活动场所内进行常规性安全检查应为做好安全工作的基础,安检人员进行常规监督检查、督促、指导,可以及时发现和解决问题。

(2) 特殊性安全大检查。在某一特定时段和区域进行,参加人员层次多、检查范围广,有时带有针对性。

(3) 定期检查。施工项目在日常工程活动中制定的一项检查制度,有固定的时间,属于例行检查。

(4) 不定期检查。不是制度化的检查,带有突击检查的性质。在没有预先通知的情况下,不定期检查反映的安全问题更客观。

2. 施工安全检查内容

安全检查的主要内容有:

(1) 施工单位安全管理组织、安全职责的落实;

(2) 安全承包责任制和岗位责任制的执行情况;

(3) 项目安全管理计划和施工现场文明施工管理制度的实施情况;

(4) 各类施工人员的上岗资格检查;

(5) 现场在用机械设备的安全状态;

(6) 消防设施的设置及其状态,现场安全宣传气氛;

(7) 在用脚手架、防护架等设施的安全状态等。

3. 施工安全检查方法和评价

施工安全监督检查应执行《建筑施工安全检查标准》(JGJ 59—2011)。特殊专业的施工项目还应执行特殊专业的相关要求。

(1) 检查评分方法

根据十个分项的检查内容,共列出 17 张分项检查表和一张汇总表(表 7.1),用定量的方法,为安全评价提供了直观的数字和综合评价标准。检查表中,一般设立保证项目和一般项目,保证项目是安全检查的重点和关键,满分为 100 分,由各分项按加权平均后填入汇总表作为现场安全管理检查的最终整体评价分,汇总表满分也是 100 分。检查评分主要采用分项检查评分、汇总分析评价方式进行。

安全检查应认真、详细地做好记录,检测数据是安全评价的依据,同时还应将每次对各单项设施、机械设备的检查结果分别记入单项工程安全台账,目的是可以根据每次记录情况对其进行安全动态分析,预测安全状况和强化安全管理。

(2) 施工安全检查评价

建筑施工安全检查评价应以汇总表的总得分及保证项目达标与否,作为依据,评价结果分为优良、合格、不合格三个等级。

①优良。作业现场内无重大事故隐患,各项工作达到行业平均先进水平。保证项目分值不小于 40 分,并且无不得分项,汇总得分应在 80 分及以上。

②合格。达到施工现场安全保证的基本要求,或有一项工作存在隐患,其他工作都比较

好,本着帮助和督促企业做好安全工作的精神,也定为合格。具体又分为以下三种情况:

第一种情况:保证项目分值不小于 40 分,并且无不得分项,汇总表得分值应在 70 分及以上;

第二种情况:有一评分表未得分,但汇总表得分值必须在 75 分及以上;

第三种情况:当起重吊装检查评分表或施工机具检查评分表未得分,但汇总表得分值在 80 分及以上。

③不合格。施工现场隐患多,出现重大伤亡事故的概率比较大。具体又分为以下三种情况:

第一种情况:汇总表得分值不足 70 分;

第二种情况:有一评分表未得分,且汇总表得分在 75 分及以下;

第三种情况:起重吊装检查评分表或施工机具检查评分表未得分,且汇总表得分值在 80 分以下。

安全检查后,安全检查人员要根据检查记录全面、认真地进行分析,定性定量地进行安全评价。明确哪些项目已达标,哪些项目需要进行完善,存在哪些隐患,及时提出整改要求,下达隐患整改通知书。隐患整改要写明隐患的部位、严重程度和可能造成的后果及查出隐患的日期。有关单位、部门必须及时按"三定"(即定措施、定人员、定时间)要求,落实整改。责任单位和人员完成整改工作后,要及时向安全检查人员汇报,安检人员应进行复查验证。安全管理检查评分表如表 7.1 所示。

表 7.1　安全管理检查评分表

序号		检查项目	扣分标准	应得分数	扣减分数	实得分数
1	保证项目	安全生产责任制	未建立安全责任制,扣 10 分 各级各部门未执行责任制,扣 4~6 分 经济承包中无安全生产指标,10 分 未制定各工种安全技术操作规程,扣 10 分 未按规定配备专(兼)职安全员,扣 10 分 管理人员责任制考核不合格,扣 5 分	10		
2		目标管理	未制定安全管理目标(伤亡控制指标和安全达标、文明施工目标),扣 10 分 未进行安全责任目标分解,扣 10 分 无责任目标考核规定,扣 8 分 考核办法未落实或落实不好,5 分	10		
3		施工组织设计	施工组织设计中无安全措施,扣 10 分 施工组织设计未经审批,扣 10 分 专业性较强的项目,未单独编制专项安全施工组织设计,扣 8 分 安全措施不全面,扣 2~4 分 安全措施无针对性,扣 6~8 分 安全措施未落实,扣 8 分	10		

序号	检查项目		扣分标准	应得分数	扣减分数	实得分数
4		分部（分项）工程安全技术交底	无书面安全技术交底，扣10分 交底针对性不强，扣4～6分 交底不全面，扣4分 交底未履行签字手续，扣2～4分	10		
5	保证项目	安全检查	无定期安全检查制度，扣5分 安全检查无记录，扣5分 事故隐患整改做不到定人员、定时间、定措施，扣2～6分 对重大事故隐患整改通知书所列项目未如期完成，扣5分	10		
6		安全教育	无安全教育制度，扣10分 新入场工人未进行三级安全教育，扣10分 无具体安全教育内容，扣6～8分 变换工种时未进行安全教育，扣10分 每有一人不懂本工种安全技术操作规程，扣2分 施工管理人员未按规定进行年度培训，扣5分 专职安全员未按规定进行年度培训考核或考核不合格，扣5分	10		
		小计		60		
7	一般项目	班前安全活动	未建立班前安全活动制度，扣10分 班前安全活动无记录，扣2分	10		
8		特种作业持证上岗	一人未经培训从事特种作业，扣4分 一人未持操作证上岗，扣2分	10		
9		工伤事故处理	工伤事故未按规定报告，扣3～5分 工伤事故未按事故调查分析规定处理，扣10分 未建立工伤事故档案，扣4分	10		
10		安全标志	无现场安全标志布置总平面图，扣5分 现场未按安全标志总平面图设置安全标志，扣5分	10		
		小计		40		
	检查项目合计			100		

7.5 绿色施工环境管理体系设计

环境问题是关系到人民生命安危的大问题。环境污染最直接和最明显的后果便是对人民群众生命、健康的损害。环境问题是关系经济可持续发展的大问题。资源和环境是人类赖以生存和发展的基本条件。《21世纪议程》提出了"可持续发展"这个人类发展的总目标及实现这一目标所应采取的一系列行动计划。保护环境、节省资源，为后代留下必要的生存空间，这是每一个当代人的责任。工程施工环境管理水平关系到人类对自然环境和生活质量的影响,关系到建筑施工的安全。

7.5.1　环境管理体系与法规

环境指的是存在于以中心事物为主题的外部周边事物的客体。以人类社会为主体的周边事物环境是由各种自然环境和社会环境的客体构成。自然环境是人类生产和生活所必需的、未经人类改造过的自然资源和自然条件的总体,包括大气环境、水环境、土地环境、地质环境、生物环境等。社会环境则是经过人工对各种自然因素进行改造后的总体,包括工农业生产环境、聚落环境、交通环境和文化环境等。

1. ISO 14000 环境管理体系

ISO 14000 环境管理体系是国际标准化组织(ISO)在总结了世界各国的环境管理标准化成果,并具体参考了英国的 BS7750 标准后,于 1996 年底正式推出的一整套环境系列标准。它是一个庞大的标准系统,由环境管理、环境审核、环境标志、环境行为评价、生命周期评价、术语和定义、产品标准中的环境指标等系列标准构成。本标准的目的是支持环境保护和污染预防,协调它们与社会需求和经济需求的关系,指导各类组织取得并表现出良好的环境行为。

在全球范围内通过实施 ISO 14000 系列标准,可以规范所有组织的环境行为,降低环境风险和法律风险,最大限度地节约能源和资源消耗,从而减少人类活动对环境造成的不利影响,维持和改善人类生存和发展的环境。

环境管理体系及其审核有关的五个标准是:

(1) ISO 14001 环境管理体系——规范及使用指南;

(2) ISO 14004 环境管理体系——原则、体系和支持技术指南;

(3) ISO 14010 环境审核指南——通用原则;

(4) ISO 14011 环境审核指南——审核程序、环境管理体系审核;

(5) ISO 14012 环境审核指南——环境审核员资格要求。

ISO 14001 标准是 ISO 14000 系列标准中最关键的一个标准。它不仅是对环境管理体系进行建立和审核、评审的依据,而且也是制定 ISO 14000 系列其他标准的依据。ISO 14001 的规范部分是对环境管理的要求,即建立环境管理体系必须达到的要求,但这些要求仅仅是一个完善的环境管理体系框架,没有对环境绩效提出绝对要求。组织要达到怎样的绩效水准,完全取决于其环境方针和它为自己设计的目标和指标。

ISO 14004 标准与 ISO 14001 是姊妹标准,都是关于环境管理体系的标准。但 ISO 14004 属于指南性标准,标准的内容仅供组织作为自愿使用的内部管理工具,不能用于对环境管理体系的审核和认证,也不是要求组织必须做到的。制定 ISO 14004 标准的目的是为组织实施和改进环境管理体系提供帮助。标准对环境管理体系要素逐项进行阐述,并以实用指导、典型示例、检查表等方式提出了如何描述相关要素,如何有效地建立、改进和保持环境管理体系。

其余三个审核标准 ISO 14010、ISO 14011 和 ISO 14012 是与 ISO 14001 标准配套使用的。它们为开展环境管理体系审核认证准备了统一的国际准则。GB/T 24001—ISO 14001 标准总体结构及内容如表 7.2 所示。

表 7.2　GB/T 24001—ISO 14001 标准总体结构及内容

项次	体系标准的总体结构	基本要求和内容
1	范围	本标准适用于任何有愿望建立环境管理体系的组织
2	引用标准	目前尚无引用标准
3	定义	共有 13 项定义
4	环境管理体系要求	
4.1	总要求	组织应建立并保持环境管理体系
4.2	环境方针	最高管理者应制定本组织的环境方针
4.3	规划(策划)	4.3.1 环境因素
		4.3.2 法律与其他要求
		4.3.3 目标与指标
		4.3.4 环境管理方案
4.4	实施与运行	4.4.1 组织结构和职责
		4.4.2 培训、意识和能力
		4.4.3 信息交流
		4.4.4 环境管理体系文件
		4.4.5 文件控制
		4.4.6 运行控制
		4.4.7 应急准备和响应
4.5	检查和纠正措施	4.5.1 监测和测量
		4.5.2 不符合,纠正与预防措施
		4.5.3 记录
		4.5.4 环境管理体系审核
4.6	管理评审	内容包括:审核结果;目标和指标的实现程度;面对变化的条件与信息,环境管理体系是否具有持续的适用性;相关方关注的问题

2. 环境管理法规体系和制度

我国现行环境管理法规体系如图 7.4 所示。我国现行的环境管理制度主要内容如下。

(1)环境影响评价制度

环境影响评价制度是指为了严格控制新污染,对可能影响环境的工程建设、开发活动和各种规划项目,在工程兴建以前,对它的规划选址、设计以及在建设施工过程中和建成投产以后可能对环境造成的影响进行调查、预测和评价,提出环境影响及防治方案报告,批准后进行建设的制度。

(2)"三同时"制度

建设项目需要配套建设的环境保护设施,必须与主体工程同时设计、同时施工、同时投产使用的制度。

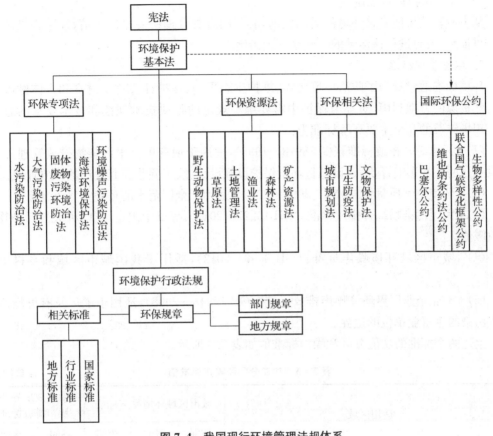

图 7.4　我国现行环境管理法规体系

（3）征收排污费制度

对一切向环境排放污染物的单位和个体生产经营者,依照国家和地方法律和规章制度的规定,实行排污征收费用的制度。征收排污费的污染物包括污水、废气、固体废物、噪声、放射性等 5 大类。

（4）限期治理制度

指国家为了保障人民利益,对现已存在危害环境,并位于环境敏感区域的污染源,或位于非敏感区域,造成严重污染或潜在严重污染的污染源,由法定机关做出决定,强令其在规定的期限内完成治理任务并达到规定要求的制度。限期治理的期限由决定限期治理的机构根据污染源的具体情况、治理的难度、治理能力等因素来确定。最长期限不得超过 3 年。

（5）排污申报登记制度

由排污者向环境保护行政主管部门申报其污染物的排放和防治情况,接受监督管理的一项法律制度。该制度规定,现有的排污单位必须按所在地环境保护行政主管部门指定的时间填报《排污申报登记表》,并提供必要的资料。凡在建筑工程中使用机械、设备,其噪声可能超过国家规定的环境噪声工场界排放标准的,应当在工程开始 15 日前向当地人民政府环境保护行政主管部门提出申报,说明工程项目名称、建筑者名称、建筑施工场所及工程期限、可能排到建筑工程场界的环境噪声强度和所采用的噪声污染防治措施等。

（6）环境保护许可证制度

从事有害或可能有害环境的活动之前,必须向有关管理机关提出申请,经审查批准,发放许可证后,方可进行该活动的一整套管理措施。

3. 环境管理标准

环境标准通常指为了防治环境污染、维护生态平衡、保护社会物质财富和人体健康、保障自然资源的合理利用,对环境保护中需要统一规定的各项技术规范和技术要求的总称。工程现场涉及的几个主要环境标准为:

（1）《污水综合排放标准》(GB 8978—1996),适用于现有单位水污染物排放管理,以及建设项目的环境影响评价,建设项目环境保护设施设计、竣工验收及其投产的排放管理。

（2）《环境空气质量标准》(GB 3095—2012),适用于全国范围的环境空气质量评价。

（3）《大气污染物综合排放标准》(GB 16297—2012),标准中规定了 33 种大气污染物的排放限值。

（4）《城市区域环境噪声标准》(GB 3096—2012),适用于我国城市区域和乡村生活区域。

（5）《工业企业厂界环境噪声排放标准》(GB 12348—2008),适用于工厂及有可能造成噪声污染的企事业单位的边界。

上述两个标准的功能分区和噪声标准值如表 7.3 所示。

表 7-3　功能分区和噪声标准值　　　　　　　　　　　单位:dB

适用区域	城市区域环境噪声标准			工业企业厂界环境噪声排放标准	
	类别	昼间	夜间	昼间	夜间
疗养区、高级别墅区、高级宾馆区等特别需要安静的区域,以及城郊和乡村区域	0	50	40	—	—
居住、文教机关为主的区域,乡村居住环境可参照执行	1	55	45	5	4
居住、商业、工业混杂区	2	60	50	—	—
工业区	3	65	55	—	—
城市中道路交通干线道路两侧区域,穿越城区的内河航道两侧区域,穿越城区的铁路主、次干线两侧区域的背景噪声限值	4	70	60	70	60

（6）《建筑施工场界环境噪声排放标准》(GB 12523—2011),适用于城市建筑施工期间施工场地产生的噪声,建筑施工场界环境噪声排放限值昼间为 70 dB,夜间为 55 dB。不同工程阶段作业噪声排放标准如表 7.4 所示。

表 7-4　不同施工阶段作业噪声排放标准　　　　　　　　单位:dB

施工阶段	主要噪声源	噪声排放标准	
		昼间	夜间
土石方	推土机、挖掘机、装载机等	75	55

续表

施工阶段	主要噪声源	噪声排放标准	
		昼间	夜间
打桩	各种打桩机等	85	禁止施工
结构	混凝土搅拌机、振捣棒、电锯等	70	55
装修	吊车、升降机等	65	55

7.5.2　施工环境保护管理模式

基于 ISO 14001 的要求,施工环境保护管理模式如图 7.5 所示。其具体内容如下。

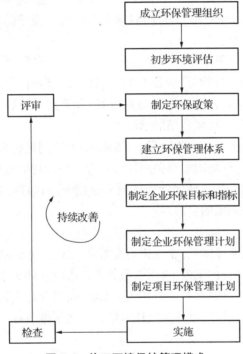

图 7.5　施工环境保护管理模式

1. 成立环保管理组织

为建立和推行 ISO 14001 环保管理体系,首先应成立环保管理组织,如委任环保经理,设立环保管理委员会等。

2. 初步环境评估

按照 ISO 14001 的要求,在建立和实施环保管理工作体系前,对整个企业全部活动、产品和服务中的环境状况、环境因素、环境影响、环境行为、有关法律及相关情况进行的全面调查和分析评估。

评估报告一般包括:评估当前环保政策和实践情况;企业环保定位;简单的输入—输出分析,定义带来环境影响的产品过程、法律要求等;评估过去、现在和将来表现;环保问题的看法、SWOT(强势、弱势、机会及威胁)分析和 PEST(政治、经济、社会和技术)分析等。

3. 环境管理策划

策划阶段是指由"制定环保政策"至"制定项目环保管理计划"的过程,是整个循环周期最关键性的一环。在制定环保管理计划时,企业需确定环境因素和评估相关的环境影响、法律要求、环保政策、内部表现准则、环保目标和指标以及环保管理方案等。

(1) 制定环保政策。制定企业环保政策主要基于以下原因:表明企业对改善环保表现的承诺,将企业对环境保护的使命和决心向员工和外界表现出来,提供一个企业环保工作总的原则,亦作为评定企业环保表现的准则。因此,环保政策须反映企业领导对遵循有关法律和保证持续改进的承诺。环保政策是企业长远的环保目标,也是制定每年环保目标和指标的基础,必须定期检讨,以配合不断变化的环境影响,并须形成文件,付诸实行,予以保持及传达到全体员工。

(2) 建立环保管理体系。建立企业的环保管理体系,包括手册、程序、作业指导书和记录等。ISO 14001 要求企业制定适当程序,以确定人员所应遵守的法律及其他要求,并提供获得这些法律和要求的途径。

(3) 制定企业环保目标和指标。环保目标及指标有下列要求:企业应为其有关部门和级别建立和维持书面的目标及指标;企业在制定和检讨目标时,应考虑法律及其他要求,主要环境因素,可用技术方案,财政、运作及商业因素,有关人士的意见等因素;目标及指标须与环保政策一致,包括对防止环境污染的承诺。

(4) 制定企业环保管理计划。环保管理计划就是为达到目标而制定的具体计划。通过实施这一计划,改善与主要环境因素有关的环保表现。该计划应说明如何实现环保指标,包括时间进度和负责实施的人员。环保管理计划应定期予以修订,以反映企业环保目标和指标的变化及达到改进环保表现的目的。

4. 环境管理实施

为了有效地推行环保管理体系,企业需有足够能力和支持机制,以达到环保政策、目标和指标要求。对工程施工而言,工程中标后,项目负责人应立即着手申请法律要求的环保牌照或许可证,确定与主要环境因素有关的各项工作,并指派合适人员编制项目环保管理工作计划,确定适用的运行控制措施,报环保经理审批。工地须按照批准的项目环保管理工作计划及企业环保管理计划进行运行控制。

5. 环境管理检查

检查有助于企业衡量其环保绩效,以确保企业按照其所制定环保管理计划开展工作。此阶段的工作包括以下各项环节:监察和量度(持续进行);纠正及预防措施;环保管理体系记录和信息管理;环保管理体系的内部审核等。

6. 环境管理评审

企业定期对环保管理体系进行系统评审,以确保该环保管理体系的持续适用性、充分性和有效性。每年评审应根据环保管理体系审核的结果、环保法律的更新、不断变化的客观环境和持续改进的承诺,研究环保政策、目标以及环保管理体系的其他要素的修改需要。评审阶段企业必须以改善其整体环保表现为目标,不断检讨和改进其环保管理体系。

7.5.3 施工环境保护的措施

工程施工现场的噪声、粉尘、有毒有害废弃物、生产和生活污水、光污染等环境因素均会

对作业生产人员和周围居民产生不同程度的影响。工程施工现场的环境因素对生产人员和
周围居民的影响如表 7.5 所示。

表 7.5　工程施工现场的环境因素对生产人员和周围居民的影响

序号	环境因素	产生的地点、工序和部位	环境影响
1	噪声排放	施工机械、运输设备、电动工具运行中	影响身体健康、居民休息
2	粉尘排放	施工场地平整、土堆、砂堆、石灰、现场路面、进出车辆车轮带泥沙、水泥搬运、混凝土搅拌、木工房锯末、喷砂、除锈、衬里	污染大气、影响居民身体健康
3	运输遗撒	现场渣土、商品混凝土、生活垃圾、原材料运输当中	污染路面、影响居民生活
4	化学危险品、油品的泄漏或挥发	试验室、油漆库、油库、化学材料库及其作业面	污染土地和人员健康
5	有毒有害废弃物排放	施工现场、办公区、生活区废弃物	污染土地、水体、大气
6	生产、生活污水的排放	现场搅拌站、厕所、现场洗车、生活区服务设施、食堂等	污染水体
7	光污染	现场焊接、切割作业中、夜间照明	影响居民生活、休息和邻近人员健康
8	离子辐射	放射源储存、运输、使用中	严重危害居民、人员健康
9	混凝土防冻剂（氨味）的排放	混凝土使用中	影响健康
10	混凝土搅拌站噪声、粉尘、运输遗撒污染	混凝土搅拌站	严重影响了周围居民生活、休息

　　为了防止上述环境因素的影响和危害,要求工程单位根据相关法律法规,从施工现场水
污染防治、噪声污染防治、固体废弃物处理等方面采取相应的防治措施。

7.6　绿色文明施工管理及综合管理体系设计

　　文明施工管理与综合治理包括文明施工管理、施工消防安全、现场生活设施和施工现场
保安等内容。

7.6.1　文明施工管理

　　根据相关的法律法规以及各省市有关建设工程文明施工管理的要求,施工单位应规范
施工现场,创造良好的生产、生活环境,保障职工的安全与健康,做到文明施工、安全有序、整
洁卫生、不扰民、不损害公众利益。文明施工管理的要点有:

　　(1) 现场大门和围挡设置。施工现场设置钢制大门,大门牢固、美观。高度不宜低于
4 m,大门上应标有企业标识;施工现场的围挡必须沿工地四周连续设置,不得有缺口,并且
围挡要坚固、平稳、严密、整洁、美观;围挡的高度:市区主要路段不宜低于 2.5 m;一般路段
不低于 1.8 m;围挡材料应选用砌体、金属板材等硬质材料,禁止使用彩条布、竹笆、安全网
等易变形材料;建设工程外侧周边使用密目式安全网(2 000 目/100 cm²)进行防护。

（2）现场封闭管理。施工现场出入口设专职门卫人员，加强对现场材料、构件、设备的进出监督管理；为加强对出入现场人员的管理，施工人员应佩戴工作卡以示证明；根据工程的性质和特点，出入大门口的形式，各企业各地区可按各自的实际情况确定。

（3）施工场地布置。

①施工现场大门内必须设置明显的"五牌一图"（即工程概况牌、安全生产制度牌、文明施工制度牌、环境保护制度牌、消防保卫制度牌及施工现场平面布置图），标明工程项目名称、建设单位、设计单位、施工单位、监理单位、工程概况及开工日期、竣工日期等。

②设置施工现场安全

"五标志"，即：指令标志（佩戴安全帽、系安全带等）、禁止标志（禁止通行、严禁抛物等）、警告标志（当心落物、小心坠落等）、电力安全标志（禁止合闸、当心有电等）和提示标志（安全通道、火警、盗警、急救中心电话等）。

③现场主要运输道路尽量采用循环方式设置或有车辆掉头的位置，保证道路通畅；现场道路有条件的可采用混凝土路面，无条件的可采用其他硬化路面。现场地面也应进行硬化处理，以免现场扬尘，雨后泥泞。

④施工现场必须有良好的排水设施，保证排水畅通。

⑤现场内的施工区域、办公区域和生活区域要明确划分，不得混用，并设标志牌。

⑥各类临时设施必须根据施工总平面图布置，而且要整齐、美观。办公和生活用的临时设施宜采用轻体保温或隔热的活动房，既可多次周转使用，降低临时设施成本，又可达到整洁美观的效果。

⑦施工现场临时用电线路的布置必须符合安装规范和安全操作规程的要求，严格按施工组织设计进行架设，严禁任意拉线接电，而且必须设有保证施工要求的夜间照明。

⑧工程施工的废水、泥浆应经流水槽或管道流到工地集水池统一沉淀处理，不得随意排放和污染施工区域以外的河道、路面。

（4）现场材料、工具堆放。施工现场材料、构件、工具必须按施工平面图规定的位置堆放，不得侵占场内道路及安全防护等设施；各种材料、构件堆放应按品种、分规格整齐堆放，并设置明显标牌；施工作业区的垃圾不得长期堆放，要随时清理，做到每天完工清场；对于易燃易爆物品不能混放，要有集中存放的库房；班组使用的零散易燃易爆物品必须按有关规定存放；楼梯间、休息平台、阳台临边等地方不得堆放物料。

7.6.2 施工消防安全

施工现场中除了人身伤害外，另一灾害就是火灾。在整个施工过程中，起火的因素比较多，如现场的易燃物多、使用明火多、抽烟不分场合等，火灾的危险性大，所以在组织施工时一定要落实安全用火的要求，认真制定和实施防火措施。施工消防安全管理的要点有：

（1）施工现场必须严格执行国家有关消防的规定和防火的各项措施，加强对消防工作的领导，对新进场的职工进行消防知识教育，建立安全用火制度。

（2）施工总平面图、施工方法和施工技术要符合消防安全要求，现场明火作业、易燃易爆材料堆场、仓库和生活区域划分明确，按规定保持防火间距。

（3）现场临建设施、仓库、易燃料场等按规定配置足够数量、种类合适的灭火机和其他消防器材，并保持完好有效，设有专人负责维护管理。

（4）现场应设专用消防用水管网,配备消火栓,高层建筑施工要设置高压水泵或其他防火设备,保证水枪射程遍及建筑物各部位。

（5）现场生产、生活用火均应经主管消防的领导批准,任何人不得擅自用明火。使用明火时要远离易燃物,并准备消防器材。

（6）现场内从事电焊、气割的工作人员均应受过消防知识教育,持有有效证件上岗。在作业前办理用火手续,并配备适当的看火人员。

（7）安装使用电器设备应注意防火,各类电器设备线路不准超负荷使用,防止线路过热或打火短路。易燃易爆库房内照明线要穿管保护,库内要采用防爆灯具,开关设在库外。在高压线下,不准搭设临时建筑,不准堆放可燃材料。

（8）现场应设抽烟室,场内严禁抽烟。

7.6.3　现场生活设施

现场生活设施管理的要点有:

（1）工地办公用房、宿舍、伙房、垃圾站、厕所、引水站、吸烟室、淋浴室等应统一设计、统一管理、统一制作标牌,要清洁、整齐及美观。

（2）办公区、生活区与施工作业区要明显划分,生活区内给工人设置学习和娱乐场所,生活区内垃圾按指定地点集中,及时清理,保持生活区卫生与安全。

（3）宿舍要有开启式窗户,保证室内空气流通。夏季有防蚊蝇设备及电风扇,冬季有取暖设施且要防煤气中毒,室内应设置储藏室柜、餐具洗漱用品柜、鞋架等,床铺上下要整洁卫生。

（4）伙房操作间、仓库生熟食品必须分开存放,制作食品生熟分开。存放炊具要有封闭式柜橱,各种炊具要干净无锈。

（5）伙房操作间、库房要清洁卫生,做到无蝇、无鼠、无蛛网,并有防火措施,伙房内外要保持清洁、卫生,泔水桶要加盖。

（6）炊事人员应定期进行健康检查,持有健康合格证及卫生知识培训证后,方可上岗。炊事人员操作时必须穿戴好工作服、发帽,并保持清洁整齐。做到文明生产,不赤脚、不随地吐痰,搞好个人卫生。

（7）施工现场的厕所设置要远离食堂 30 m 以外。应做到墙壁屋顶严密,门窗齐全有纱窗、纱门。厕所应采用冲水或加盖措施,每天清洗干净。厕所做到天天打扫,每周撒白灰或打药一至两次,做到整洁卫生。

（8）施工现场应设置饮水茶炉或电热水器,保证开水供应,并由专人管理和定期清洗,保持卫生。

（9）施工现场防止发生食物中毒、夏季中暑和其他传染病,一旦发生,要及时向卫生防疫和行政部门报告,迅速采取措施防止传染病的传播。

7.6.4　施工现场保安

施工现场的保安工作主要包括建立保安的组织机构,建立健全各项规章制度,其要点有:

（1）建立施工现场治安保卫组织网络,现场成立保卫工作小组,全面负责现场保卫工作,按照"谁主管,谁负责"的原则,实行总包单位负责的保卫工作责任制,各分包单位设置相应机构和配齐保卫人员,形成系统化管理。总包与分包单位签订保卫工作责任书,各分包单位应接受总包单位的统一领导和监督。

（2）建立健全各项规章制度,如施工现场门卫和巡逻护场制度,入场教育制度,出入证件办理、使用与管理规定,携带物品出场的规定,成品保护实行分区、分级、分类防火防盗防破坏的规定。

（3）更衣室、财会室及职工宿舍等易发案部位要指定专人管理,制定防范措施,防止发生盗窃案。严禁赌博、酗酒、传播淫秽物品和打架斗殴。

（4）各种机房、强弱电、通信、广播电视、监控室及热交换站等是现场的重要部位,要制定保卫措施,确保安全。

（5）定期检查,消除隐患。检查的范围包括现场的治安秩序,各项规章制度落实情况及存在的隐患,发现问题迅速解决,检查时做好记录。

（6）做好成品保护工作,制订具体措施,严防盗窃、破坏和治安灾害事故发生。

（7）办好工程交接,做好退场工作,搞好工程保卫工作总结等。

7.7　建设项目绿色施工综合评价

绿色施工组织设计的评价是促进绿色施工的重要一环,涉及防止环境污染,减少施工对周边环境的扰动,施工方法和施工机具的选取,现场管理等诸多因素的复杂决策过程,往往要根据不同的目的、对象确定不同的方法。实践证明,充分利用专家的经验,采用定性分析与定量分析相结合的综合评价方法,是提高绿色施工评估质量的有效途径。本文在相关理论研究基础上,系统构建绿色施工评价指标体系,并运用模糊综合评价方法构建评价模型,探讨住宅建设项目绿色施工组织设计。

7.7.1　评价指标体系的构建

在国外,现行的绿色建筑评估体系有美国的环境评估工程（EVE）、美国能源及环境设计先导计划（LEED）、加拿大绿色建筑评估工具（GBTOOL）、英国建筑科学研究所环境评价法（BREE-AM）等;在国内,关于绿色建筑评估有国家建设部、科技部颁布的《绿色建筑技术导则》《绿色奥运建筑评估体系》《奥运工程绿色施工指南》等。然而,由于施工过程中管理和操作系统的复杂性,加上缺乏施工评价的固定指标,使得目前尚无一个统一的提供施工方面环境信息的工具可供大家使用。本书借鉴以上国内外绿色施工的评价标准,参考有关学者的研究成果,并咨询施工企业和施工领域内相关专家,选择内涵丰富又相对直观、易于操作的评价指标,最终确定住宅建设项目的绿色施工评价指标体系（见表7.6）。评价指标体系分为能源与资源的节约利用、减少环境负荷、施工企业综合管理三大类指标,其中,能源与资源的节约利用指标下包括土地资源节约与利用、能源节约与利用、材料节约与利用、水资源节约与利用4个二级指标,11个三级指标;减少环境负荷指标下包括大气污染控制、噪声污染控制、水污染控制、建筑垃圾控制4个二级指标,8个三级指标;施工企业管理指标下包括人员安全与健康、施工场地周边协调、施工规划与实施、施工企业环境管理水平4个二级指标,10个三级指标。

表 7.6　绿色施工评价指标体系及指标权重

目标层	一级指标层	二级指标层	三级指标层
住宅建设项目绿色施工水平 U	能源与资源的节约利用 U_1	土地资源节约与利用 u_{11}	施工总平面布置 u_{111}
			土壤保护 u_{112}
		能源节约与利用 u_{12}	电能节约 u_{121}
			燃油节约 u_{122}
			可再生能源,清洁能源的利用 u_{123}
		材料节约与利用 u_{13}	使用绿色建材 u_{131}
			就近取材 u_{132}
			材料节约 u_{133}
		水资源节约与利用 u_{14}	水资源的节约 u_{141}
			节水器具和设施的使用 u_{142}
			废水循环利用 u_{143}
住宅建设项目绿色施工水平 U	减少环境负荷 U_2	大气污染控制 u_{21}	扬尘管理 u_{211}
			废气排放 u_{212}
		水污染控制 u_{22}	施工废水排放 u_{221}
			现场生活污水排放 u_{222}
		噪声污染控制 u_{23}	施工现场噪声污染 u_{231}
			噪声监测与降噪措施 u_{232}
		建筑垃圾控制 u_{24}	减量化处理 u_{241}
			回收利用 u_{242}
	企业综合管理 U_3	人员安全与健康 u_{31}	安全管理 u_{311}
			卫生防疫 u_{312}
			施工人员生活环境 u_{313}
		施工场地周边协调 u_{32}	地下设施与资源保护 u_{321}
			现场古树名木与文物保护 u_{322}
		施工规划与实施 u_{33}	绿色施工方案制定 u_{331}
			绿色施工知识培训 u_{332}
			绿色施工技术创新 u_{333}
		施工企业环境管理水平 u_{34}	施工企业通过 ISO 14000 认证 u_{341}
			施工企业环境管理体系 u_{342}

7.7.2　评价模型的建立

根据表 7.6 的指标体系可知,绿色施工的相关评价信息具有一定的模糊性,而模糊综合评价能有效地处理模糊信息,使评价结果更加接近现实。采用模糊综合评价法构建绿色施工评价模型的具体步骤如下：

（1）建立评价因素集。令因素集 $U=\{u_1,u_2,\cdots,u_m\}$，将每一个因素 u_i 细分为几个因素 u_{ij}，构成因素集 $u_i=\{u_{i1},u_{i2},\cdots,u_{in}\}$，再将每一个因素 u_{ij} 分为几个等级 u_{ijt}，其中，u_{ijt} 为第 i 个指标的第 j 个因素的第 t 个等级。$i=1,2,\cdots,m;j=1,2,\cdots,n;t=1,2,\cdots,p$。

（2）建立评价集。设可能的评价结果有 r 个，可将评价集表示为 $V=\{v_1,v_2,\cdots,v_r\}$。其中，v_s 为第 s 个可能的评价结果，且 $s=1,2,\cdots,r$。

（3）建立权重集。基于等级 u_{ijt} 相对于 u_{ij} 的隶属程度来确定其权数 a_{ijt}，得到等级权重集 $A_{ij}=(a_{ij1},a_{ij2},\cdots,a_{ijp})$，其中，$\sum\limits_{i=1}^{m}\sum\limits_{j=1}^{n}\sum\limits_{t=1}^{p}a_{ijt}=1$；然后，根据因素 u_{ij} 的重要程度，赋予相应的权数 a_{ij}，得因素权重集 $A_i=(a_{i1},a_{i2},\cdots,a_{in})$，其中，$\sum\limits_{i=1}^{m}\sum\limits_{j=1}^{n}a_{ij}=1$；再根据因素 u_i 的重要程度，赋予其相应的权数 a_i，得因素权重集 $A=(a_1,a_2,\cdots,a_m)$ 其中，$\sum\limits_{i=1}^{m}a_i=1$。

（4）一级模糊综合评价。假设评价对象按 u_{ijt} 进行评价，且对评价集中第 k 个元素的隶属度为 r_{ijtk}，则得到第 i 个指标的第 j 个因素的等级评价矩阵为 $R_{ij}=(r_{ijtk})_{p\times l}$，一级模糊综合评价集为 $B_{ij}=A_{ij}\cdot R_{ij}=(b_{ij1},b_{ij2},\cdots,b_{ijl})$。其中，$b_{ijk}$ 为按第 i 个指标的第 j 个因素的所有等级进行评价时，评价对象对评价集中第 k 个元素的隶属度。

（5）二级模糊综合评价。由步骤（4）可知，得到第 i 个因素的等级评价矩阵为 $R_i=(r_{ijk})_{n\times p}$，二级模糊综合评价集为 $B_i=A_i\cdot R_i=(b_{i1},b_{i2},\cdots,b_{ip})$。其中，$b_{ik}$ 为按第 i 个因素的所有等级进行评价时，评价对象对评价集中第 k 个元素的隶属度。

（6）三级模糊综合评价。由步骤5)可知，单因素评价矩阵为 $R=B_i=(r_{ik})_{m\times p}(r_{ik}=b_{ik})$，因而三级模糊综合评价集为 $B=A\cdot R=(b_1,b_2,\cdots,b_p)$。其中，$b_k$ 按所有因素进行综合评价时，评价对象对评价集中第 k 个元素的隶属度。

7.7.3 应用实例分析

以某绿色科技住宅建设项目为实例分析的对象，运用以上建立的绿色施工评价指标体系和模型，对其绿色施工水平进行综合评价。评价专家从项目施工企业选取，共计 10 名，以便更加全面、客观地收集和分析相关评价信息。在告知评价专家要求和注意事项后，请他们根据所了解的情况对各个指标进行评分。

1. 确定指标权重

指标权重的确定对评价结果有较大影响。为此，本书参考了部分理论研究专家和该项目施工企业负责人的建议，并采用改进的层次分析法（AHP）法来计算各层次评价指标的权重，得到：

$A=(0.34,0.42,0.24)$；

$A_1=(0.24,0.28,0.28,0.20)$；

$A_2=(0.25,0.25,0.29,0.21)$；

$A_3=(0.27,0.19,0.38,0.16)$；

$A_{11}=(0.64,0.36)$；

$A_{12}=(0.37,0.37,0.26)$；

$A_{13}=(0.48,0.20,0.42)$；

$A_{14}=(0.45,0.30,0.25)$；

$A_{21}=(0.55,0.45)$；

$A_{22}=(0.62,0.38)$；

$A_{23}=(0.55,0.45)$；

$A_{24}=(0.45,0.55)$；

$A_{31}=(0.26,0.26,0.48)$；

$A_{32}=(0.50,0.50)$；

$A_{33}=(0.48,0.26,0.26)$；

$A_{34}=(0.64,0.36)$。

2. 具体评价过程

设 $V=\{v_1,v_2,v_3,v_4\}=\{$优，良，及格，不及格$\}$，评价集反映了评价指标的不同状态，可将评价集 V 中的元素量化，设 $v_1=4,v_2=3,v_3=2,v_4=1$，即 $V=\{4,3,2,1\}$。若单因素层的某个指标在评价集中各个元素上获得评价人员认同的次数为 $N=\{n_1,n_2,n_3,n_4,n_5\}$，（其中，$\sum\limits_{i=1}^{5}n_i=5$），则可由 $n_i/5$ 得到该指标对评价集中每个元素的隶属度，同理可得到其他指标的隶属度。

（1）一级模糊综合评价。采用矩阵合成模型 $M(\cdot,+)$ 进行合成运算，可得：

$$B_{11}=A_{11}\cdot R_{11}=(0.64,0.36)\cdot\begin{bmatrix}0.2 & 0.6 & 0.2\\0.1 & 0.4 & 0.5\end{bmatrix}=(0.164,0.528,0.308,0.00)$$

同理可得：

$B_{12}=(0.274,0.563,0.163,0.000)$；

$B_{13}=(0.246,0.598,0.214,0.042)$；

$B_{14}=(0.300,0.520,0.180,0.00)$；

$B_{21}=(0.045,0.555,0.400,0.00)$；

$B_{22}=(0.076,0.476,0.324,0.062)$；

$B_{23}=(0.245,0.545,0.210,0.000)$；

$B_{24}=(0.090,0.500,0.355,0.055)$；

$B_{31}=(0.178,0.426,0.396,0.000)$；

$B_{32}=(0.200,0.450,0.350,0.000)$；

$B_{33}=(0.074,0.404,0.522,0.000)$；

$B_{34}=(0.000,0.536,0.464,0.000)$。

（2）二级模糊综合评价。二级模糊综合评价时的单因素评价应为相应的一级模糊综合评价，同样采用模型 $M(\cdot,+)$ 进行合成运算，得到：

$$B_1=A_1\cdot R_1=(0.24,0.28,0.28,0.20)\cdot\begin{bmatrix}0.164 & 0.528 & 0.308\\0.274 & 0.563 & 0.163\\0.246 & 0.598 & 0.214\\0.300 & 0.520 & 0.180\end{bmatrix}$$

$$=(0.2450, 0.5558, 0.2155, 0.0084)$$

同理可得：

$B_2=(0.1202, 0.5208, 0.3165, 0.0271)$；

$B_3=(0.1142, 0.4398, 0.4460, 0.000)$。

（3）三级模糊综合评价。采用模型 $M(\cdot, +)$ 进行合成运算，可得住宅建设项目绿色施工水平的综合评价集为：

$$B=A \cdot R=(0.34, 0.42, 0.24) \cdot \begin{bmatrix} 0.2450 & 0.5558 & 0.2155 \\ 0.1202 & 0.5208 & 0.3165 \\ 0.1142 & 0.4398 & 0.4460 \end{bmatrix}$$

$$=(0.1612, 0.5140, 0.3118, 0.0142)$$

然后对上述总评结果做加权平均处理，即取 B 中 b_k 为权数，对数量化的评价元素 v_i 进行加权平均，得：

$$V=0.1612 \times 4+0.5140 \times 3+0.3118 \times 2+0.0142 \times 1=2.8246$$

同理可得：

$$V_1=0.2450 \times 4+0.5558 \times 3+0.2155 \times 2+0.0084 \times 1=3.0868$$

$$V_2=0.1202 \times 4+0.5208 \times 3+0.3165 \times 2+0.0271 \times 1=2.7033$$

$$V_3=0.1142 \times 4+0.4398 \times 3+0.4460 \times 2+0.000 \times 1=2.6682$$

从上可以看出，由于 $2<V<3$，可知该住宅建设项目绿色施工总体水平未能达到良好的状态，尚有值得改进的地方；由于 $3<V_1<4$，因而该项目绿色施工能源与资源的节约利用水平达到良好状态；而 $2<V_2<3, 2<V_3<3$，所以该项目绿色施工在减少环境负荷以及企业综合管理方面还存在需要改进的地方。

因此，实例计算结果表明，建设项目实施绿色施工需要政府部门的积极引导，建立健全相关法规制度体系和评价体系；另外，需要依靠建设、监理以及设计等各个施工单位之间的相互协作，不断加强绿色施工技术和管理的创新，将绿色施工理念深入到施工的全过程，才能提升绿色施工组织设计和管理的水平，从而发挥其经济和社会效益。

本章思考练习题

1. 绿色施工安全设计的原则是什么？
2. 比较绿色施工组织设计与传统施工组织设计的区别。
3. 简述绿色施工组织设计的程序。
4. 简述工程绿色施工设计的内容。
5. 简述施工安全的组织保证体系。
6. 简述施工安全检查评价的保证项目有哪些。
7. 简述绿色施工环境管理制度的主要内容。
8. 简述绿色文明施工的主要内容。

第8章 BIM技术在施工组织设计中的应用

建筑信息模型(Building Information Modeling,简称BIM)技术的发展给传统的建筑行业带来了一次信息技术革命,正在对建筑业产生深刻影响。目前,BIM技术和BIM相关软件开发逐渐被一些设计和施工单位接受和使用,开始运用于建筑设计、方案展示和碰撞检查等。作为工程项目实现的重要环节,施工环节的BIM运用前景将更加广阔。

8.1 BIM的概念

建筑信息模型被认为是建筑业生产力的革命技术。30年前美国佐治亚理工学院建筑与计算机专业的Chuck Eastman博士最早提出此建筑信息模型的设想。目前,对于BIM还没有统一的定义。依据2002年Autodesk公司所赋予的定义,建筑信息模型是指建筑物在设计和建造过程中,创建和使用的"可计算数码信息",即在建筑设计、施工、运维过程的整个或者某个阶段中,应用3D(三维模型)、4D(三维模型+时间)、5D(三维模型+时间+投标工序)、6D(三维模型+时间+投标工序+企业定额工序)、7D(三维模型+时间+投标工序+企业定额工序+进度工序)的信息技术,进行协同设计、协同施工、虚拟仿真、工程量计算、造价管理、设施运行的技术和管理手段。

欧美国家在BIM软件的开发方面处于领先阶段,建筑业主要使用Autodesk Revit系列、Benetly Building系列以及Graphisoft的ArchiCAD等,而我国对基于BIM技术本土软件的开发尚处初级阶段,BIM技术相关软件如BIM方案设计软件、与BIM接口的几何造型软件、可视化软件、模型检查软件及运营管理软件等的开发基本处于空白。国内一些研究机构和学者对BIM软件的研究开发在一定程度上推动了我国自主知识产权BIM软件的发展,但均未从根本上解决此问题。因此,全面系统地研究并开发出一整套成熟的BIM系列软件仍然是刻不容缓的课题,需整个BIM技术的参与者共同努力。

全球建筑业普遍存在生产效率低下的问题。据统计,其中30%的施工过程需要返工,60%的劳动力被浪费,10%的损失来自材料的浪费。BIM信息模型中集成了材料、场地、机械设备、人员甚至天气情况等诸多信息,并且以天为单位对建筑工程的施工进度进行模拟。通过4D施工进度模拟,可以直观地反映施工的各项工序,方便施工单位协调好各专业的施工顺序、提前组织专业班组进场施工、准备设备、场地和周转材料等。同时,4D施工进度的模拟也具有很强的直观性,即使是非工程技术出生的业主方领导也能快速准确地把握工程的进度。随着计算机辅助技术的不断发展,越来越多的大型项目开始选择使用BIM技术这一平台实现4D施工模拟的动态监控。

建筑信息模型是一种将简单的2D图像转变为N维模型的信息集成技术,这一技术使得建筑安装工程参与各方都能在模型中交换信息,实现信息共享,从而减少错误和风险,提高工作效率和质量水平。将建筑信息模型技术运用到建设工程施工组织设计的精益管理中,有效地推动了精益建造的应用,使得建设工程能更有效地达到节能减排、建筑安全、高效运行的关键指标。

8.2 BIM模式下的精益建造

从 BIM 技术与精益建造(Lean Construction)的交互作用看,精益建造对于 BIM 的作用多反映在减少变化、可视化管理和并行工程方面。在实施方案的设计中,可以采用减少变化、可视化管理、并行工程等精益原则来指导 BIM 实践,使得 BIM 技术效益最大化。而BIM 技术对于精益建造的作用多集中在模型整合和功能分析、4D 可视化进度管理、项目信息的在线和即时通信方面。BIM 技术在很多方面支持精益建造,最大化项目价值,满足业主要求。BIM 技术对于项目整个生命周期运用过程的解决方案可以用图 8.1 来表示。

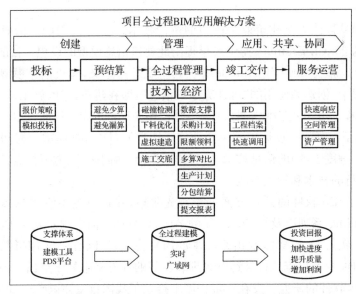

图 8.1　建设工程全过程 BIM 应用解决方案

BIM 是一个设施(建设项目)物理和功能特性的数字表达,表现形式是模型,工具是BIM 技术集成应用平台,重点是协作,BIM 技术的运用颠覆了建筑行业传统的运作模式,有了革命性的飞跃。

8.3 BIM 技术的精细化功能

根据目前的应用实例分析,以 BIM 应用为载体的建筑安装工程施工阶段精细化应用主要体现在提升项目生产效率、提高建筑质量、缩短工期和降低建造成本。

1. 三维建模,辅助教学

建筑安装施工专业知识复杂,实践性非常强,2D 图纸不直观,学生理解接受能力有限,2D 图纸转化成 BIM 模型,三维建模,简单直观,知识传达准确,同时也增强了学生学习兴趣和热情,符合现代学生的生活和思维习惯,是建筑安装工程相关专业较好的辅助教学手段。

2. 可视化操作,更为形象直观

BIM 最直观的特点在于三维可视化。一个完整的 BIM 模型可以作为可视化开发的基础,大大提高了三维效果的精度与效率,给业主更为直观的宣传展示,提升企业中标概率。

3. 快速算量,精度提升

利用 BIM 技术可以创建 7D 关联数据库,整合传统算量软件的功能,准确快速计算工程实物量,提升施工预算的精度与效率。由于 BIM 数据库的数据粒度达到构件级,可以快速提供项目管理所需的各种数据信息,有效提升建筑安装施工管理效率。

4. 精确制定计划,减少浪费

施工企业精细化管理很难实现的根本原因在于海量的工程数据的处理比较困难,无法快速准确获取以支持项目资源计划。而 BIM 技术可以让项目管理快速准确地获得工程基础数据,为建筑安装企业制定精确人、材计划提供有效支撑,大大减少了资源、物流和仓储环节的浪费,为实现限额领料、消耗控制提供了技术支撑。

5. 多算对比,有效管控

项目管理的基础是数据,及时、准确地获取相关工程数据就是项目管理的核心。BIM 数据库可以在任何一个时点快速提供工程基础信息,通过合同、计划与实际施工的实物消耗量、分项单价、分项合价等数据的多算对比,可以有效地核算项目运营管理是盈是亏,资源消耗量有无超标,进货分包单价有无失控等问题,实现对项目成本风险的有效管控。

6. 虚拟施工,有效协同

BIM 技术三维可视化功能加上时间维度,可以进行虚拟施工。随时随地直观快速地将施工计划与实际进展进行对比,施工方、监理方和业主方实现有效的沟通和协同管理,对工程项目的各种问题和情况了如指掌。BIM 技术结合施工方案、施工仿真模拟和现场视频监测,大大减少建筑质量问题、安全问题,减少返工和整改。

7. 碰撞检查,减少返工

利用 BIM 的三维技术在前期可以进行碰撞检查,优化工程设计,优化管线排布方案,减少施工阶段可能存在的错误和返工。施工人员可以利用碰撞优化后的三维管线方案进行施工交底、施工模拟,提高施工质量。

8. 冲突调用,决策支持

BIM 数据库具有可计量的特点,大量工程相关的信息可以为工程提供数据的后台支撑。BIM 项目基础数据库可以在各管理部门进行协同和共享,工程量信息可以根据时空维度、构件类型等进行汇总、拆分、对比分析等,保证工程基础数据及时、准确地获取,为决策者在工程造价、项目群管理、进度管理、质量管理和费用管理等方面的决策提供依据。

8.4　BIM 技术在工程算量中的应用

对工程项目而言,预算超支现象十分普遍,有研究表明,有多达 2/3 的项目的竣工决算是超过预算标准的。造成预算超支的原因很多,其中造价工程师因缺乏充分的时间来精确计算工程量和了解造价信息而导致成本计算不准确,是造成成本超支的重要原因。造价工程师在进行成本计算时,要么需手工计算工程量,要么将图纸导入工程量计算软件中计算,但不管哪一种方式都需要耗费大量的时间和精力。有关研究表明,工程量计算的时间在整个造价计算过程占到了50%~80%。工程量计算软件虽在一定程度上减轻了造价工程师的工作强度,但造价工程师在计算过程中同样需要将图纸重新输入算量软件中,这种工作方式常常会因人为错误而增加风险。

利用BIM参数化模型可以提高施工预算的准确性。BIM是一个包含丰富数据、面向对象的、具有智能化和参数化特点的建筑设施的数字化表达。BIM中的构件信息是可运算的信息,借助这些信息,计算机可以自动识别模型中的不同构件,并根据模型内嵌的几何和物理信息对各种构件的数量进行统计。以墙体的计算为例,计算机可以自动识别软件中墙体的属性,根据模型中有关该墙体的类型和组分信息统计出该段墙体的数量,并对相同的构件进行自动归类。因此,当需要制作墙体明细表或计算墙体数量时,计算机会自动对它进行统计。使用模型来取代图纸,所需材料的名称、数量和尺寸都可以在模型中直接生成。而且这些信息将始终与设计保持一致。在设计出现变更时,如窗户尺寸缩小,该变更将自动反映到所有相关的材料明细表中,造价工程师使用的所有材料名称、数量和尺寸也会随之变化。使用模型代替图纸进行成本计算的优势显而易见。

(1) 基于BIM的自动化算量方法将造价工程师从烦琐的劳动中解放出来,为造价工程师节省更多的时间和精力用于更有价值的工作,如询价、评估风险等,并可以利用节约的时间编制更精确的预算。

(2) 基于BIM的自动化算量方法比传统的计算方法更加准确。工程量计算是编制工程预算的基础,但计算过程非常烦琐,造价工程师容易因人为原因造成计算错误,影响后续计算的准确性。BIM的自动化算量功能可以使工程量计算工作摆脱人为因素影响,得到更加客观的数据。

(3) 基于BIM的自动化算量方法可以更快地计算工程量,及时将设计方案的成本反馈给设计师,便于在设计的前期阶段对成本进行控制。传统的工程量计算方式往往因耗时太多而无法及时地将设计对成本的影响反馈给设计人员。在Hillwood项目上,造价工程师应用BIM算量方法节约了92%的时间,而误差也控制在1%的范围之内。

(4) 可以更好地应对设计变更。在传统的成本核算方法下,一旦发生设计变更,造价工程师需要手动检查设计变更,找出对成本的影响,这样的过程不仅缓慢,而且可靠性不强。BIM软件与成本计算软件的集成将成本与空间数据进行了一致关联,自动检测哪些内容发生变更,直观地显示变更结果,并将结果反馈给设计人员,使他们能清楚地了解设计方案的变化对成本的影响。

美国的一项研究显示,BIM的应用提高了成本核算的准确性而使业主保留了比传统建设模式下更低的不可预见费,如图8.2所示。

造价工程师可以从很多途径应用BIM来进行工程量的计算,但没有哪一种BIM工具可以提供全套的造价计算服务。因此,造价工程师需要根据实际情况决定采用哪一种方法。一般来说主要有以下3种方法。图8.3为传统成本核算与BIM成本核算的比较。

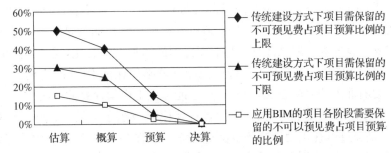

图 8.2　**BIM** 的应用使项目保留了更低的不可预见费比例

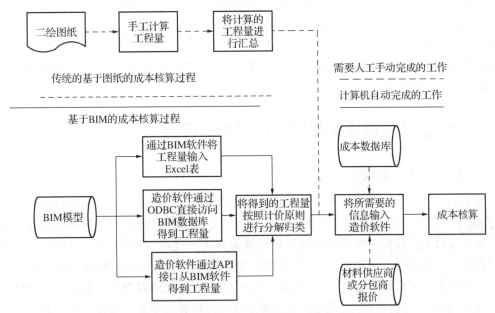

图 8.3　基于 **BIM** 的成本核算过程与传统的成本核算过程的比较

（1）利用应用程序接口（API）在 BIM 软件和成本预算软件中建立连接，这里的应用程序接口是 BIM 软件系统和成本预算软件系统不同组成部分衔接的约定。这种方法通过成本预算系统与 BIM 系统之间直接的 API 接口，将所需要获取的工程量信息从 BIM 软件导入到造价软件，然后造价工程师结合其他信息开始造价计算。U. S. COST 公司和 Innovaya 公司等厂商推出的成本核算软件就是采用这一类方法进行成本计算。

（2）利用开放式数据库连接（ODBC）直接访问 BIM 软件数据库。作为一种经过实践验证的方法，ODBC 对于以数据为中心的集成应用非常适用。这种方法通常使用 ODBC 来访问建筑模型中的数据信息，然后根据需要从 BIM 数据库中提取所需要的计算信息，并根据成本预算解决方案中的计算方法对这些数据进行重新组织，得到工程量信息。

与上述利用 API 在 BIM 软件和成本预算软件中建立连接的方式不同的是，采用 ODBC 方式访问 BIM 软件的成本预算软件需要对所访问的 BIM 数据库的结构有清晰的了解，而采用 API 进行连接的成本预算软件则不需要了解 BIM 软件本身的数据结构。所以目前采用 ODBC 方式与 BIM 软件进行集成的成本预算软件（如 CostX 或 ITALSOFT）都会选择一种比较通用的 BIM 软件（如 Revit）作为集成对象。

（3）输出到 Excel。目前，大部分 BIM 软件都具有自动算量功能，同时，这些软件也可以将计算的工程量按照某种格式导出。目前，造价工程师最常用的就是将 BIM 软件提取的工程量导入到 Excel 表中进行汇总计算。与上面提到的两种方法相比，这种方法更加实用，也便于操作。但是，要采用这样的方式进行造价计算就必须保证 BIM 的建模过程非常标准，对各种构件都要有非常明确的定义，只有这样才能保证工程量计算的准确性。

综上所述，利用 BIM 技术建模的同时，各种建模就被赋予了尺寸、型号、材料等约束参数。由于 BIM 是经过可视化设计的环境反复验证和修改的成果，所以由此导出的材料和设备数据有很高的可信度，应用 BIM 模型导出的数据可以直接应用到工程算量和预算中，为造价控制、施工决算提供可靠的依据。以往，施工决算都是拿着图纸测量，现在有了 BIM 模型以后，数据完全自动生成，做决算、预算的准确性大大提高。无论采用哪一种方法，其计量策略都与公司所选用的计算软件、工作方法及价格数据库有关。每个造价工程师只有根据自己的业务特点和使用习惯来选择合适的 BIM 计算策略，才能最大程度上发挥 BIM 的功能，提高它的使用效率。

8.5　BIM 技术在建设工程进度计划中的应用

8.5.1　基于 BIM 的 4D 虚拟建造

基于 BIM 的 4D 虚拟建造技术是将设计阶段所完成的 3D 建筑信息模型附加时间的维度，构成 4D 模拟动画，通过在计算机上建立模型并借助各种可视化设备对项目进行虚拟描述。其主要目的是按照工程项目的施工计划模拟现实的建造过程，在虚拟的环境下发现施工过程中可能存在的问题和风险，并针对问题对模型和计划进行调整和修改，进而优化施工计划。即使发生了设计变更、施工图更改等情况，也可以快速地对进度计划进行自动同步修改。此外，在项目评标阶段，三维模型和虚拟动画可以使评标专家形象地了解投标单位对工程施工资源的安排及主要的施工方法、总体计划等，从而对投标单位的施工经验和实力做出初步评估。

8.5.2　传统进度计划方法与基于 BIM 的 4D 虚拟建造技术在项目进度计划管理中的比较

传统方法虽然可以对工程项目前期阶段所制定的进度计划进行优化，但是由于自身存在着缺陷，所以项目管理者对进度计划的优化只能停留在一定程度上，即优化不充分，这就使得进度计划中可能存在某些没有被发现的问题，当这些问题在项目的施工阶段表现出来时，项目施工就会相当被动，甚至产生严重影响（见图 8.4）。

基于 BIM 的 4D 虚拟建造技术的进度管理通过反复的施工过程模拟，让那些在施工阶段可能出现的问题在模拟的环境中提前发生，逐一修改，并提前制定应对措施，使进度计划和施工方案最优，再用来指导实际的项目施工，从而保证项目施工的顺利完成（见图 8.5）。

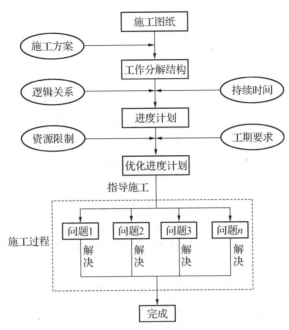

图 8.4　传统进度管理方法的实施过程

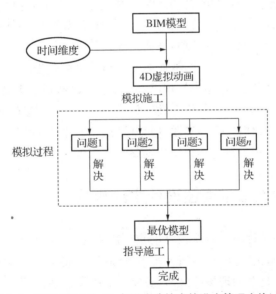

图 8.5　基于 BIM 的 4D 虚拟建造技术的进度管理实施过程

8.5.3　基于 BIM 的 4D 虚拟建造技术在进度管理中的优越性和可行性

1. 基于 BIM 的 4D 模型包含了完整的建筑数据信息

BIM 模型不是一个单一的图形化模型,它包含着从构件材质到尺寸数量,以及项目位置和周围环境等完整的建筑信息。通过对建筑模型附加进度计划的虚拟建造,可以间接地生成与施工进度计划相关联的材料和资金供应计划,并在施工阶段开始之前与业主和供货商进行沟通,从而保证施工过程中资金和材料的充分供应,避免因资金和材料的不到位对施工进度产生影响。

三维模型的各个构件附加时间参数就形成了 4D 模拟动画,计算机可以根据所附加的时间参数模拟实际的施工建造过程。通过虚拟建造可以检查进度计划的时间参数是否合理,即各工作的持续时间是否合理,工作之间的逻辑关系是否准确等,从而对项目的进度计划进行检查和优化。

将修改后的三维建筑模型和优化过的四维虚拟建造动画展示给项目的施工人员,可以让他们直观了解项目的具体情况和整个施工过程,更深层次地理解设计意图和施工方案要求,减少因信息传达错误给施工过程带来的不必要的问题,加快施工进度和提高项目建造质量,保证项目决策尽快执行。

2. 虚拟建造技术基于立体模型,具有很强的可视性和操作性

BIM 的设计成果是高仿真的三维模型,设计师可以从自身或业主、承包商、顾客等不同角度进入到建筑物内部,对建筑进行细部检查;可以细化到对某个建筑构件的空间位置、三维尺寸和材质颜色等特征进行精细化的修改,从而提高设计产品的质量,降低因为设计错误对施工进度造成的影响;还可以将三维模型放置在虚拟的周围环境中,环视整个建筑所在区域,评估环境可能对项目施工进度产生的影响,从而制定应对措施,优化施工方案。

3. 基于 BIM 的 4D 虚拟建造技术更方便工程建设各专业之间协同作业

BIM 模型是分专业进行设计的,各专业模型建立完成以后可以进行模型的空间整合,将各专业的模型整合成为一个完整的建筑模型。计算机可以通过碰撞检查等方式检测出各专业模型在空间位置上存在的交叉和碰撞,从而指导设计师进行模型修改,避免因为模型的空间碰撞而影响各专业之间的协同作业,从而影响项目的进度管理。

从上述分析与工程实践的检验中发现,BIM 技术可以从根本上解决传统项目进度计划方面的缺陷,并在工程管理中展示其优越性。尽管 BIM 技术在施工进度计划领域的应用还处在初期阶段,仍然需要积极探索与实践,但是可以认为,基于 BIM 的虚拟建造技术不仅是可行的,而且会对我国工程项目进度计划的发展产生积极的影响。

8.6 BIM 技术在施工平面图设计中的应用

现场总平面布置是工程施工组织设计的重要内容之一,合理的施工平面布置能够从源头减少安全隐患,方便施工管理,提高施工效率,降低施工成本。而传统总平面布置中,通过二维图纸难以考虑周全复杂的现场状况,容易导致平面布置不合理,造成施工不便。随着建设规模越来越大,一些项目单体建筑多、建筑面积大、专业分包多、工期短,用传统 CAD 绘图的方法进行总平面布置难度较大,很难分辨方案的优劣,更难以在前期发现布置方案中存在的一些问题。而利用 BIM 技术的三维可视化、施工动态模拟等功能,可以在很大程度上改变这种局面。

1. 临建布置

工程施工现场办公生活区临建包括门卫室、办公楼、宿舍楼、食堂、卫生间、浴室、会议室、活动室、晾晒棚等,一般是根据项目规模、管理水平和施工人员数量、场地特点及公司 CI (Corporate Identity System,企业形象识别系统,简称 CIS 或 CI)要求进行布置。运用 Revit

软件中日照分析功能对临建在不同时刻、不同季节的日照情况进行分析,根据分析结果调整办公生活区的朝向与楼栋间距,对比布置出较合理的方案,保证日照时间充足,减少灯具和空调使用时间,达到绿色节能的目的。

2. 临时道路布置

在施工总平面图中永久道路设计的基础上,一般是综合考虑基坑开挖外边线位置、场内材料运输需求等来布置临时道路,考虑到基础施工与主体结构施工特征的不同,可按两种施工特征分别布置临时施工道路,这时,运用 BIM 技术模拟各种车辆在临时道路上的行进路线、材料运输车辆进出场和卸货位置以及不同车辆会车过程,根据模拟结果在交叉路口设置分流指示牌和交通警示牌,并对进场车辆进行合理分流,保证场地内交通顺畅。通过 BIM 技术的应用,减少临时道路施工量和资源投入,节约施工成本,充分体现现场绿色施工特点。

3. 机械设备布置

建立主体结构模型,根据主体结构外部轮廓,并综合考虑材料运输、施工作业区段划分等来进行塔吊与施工电梯的选型及定位。相比传统的在多张二维平面图上进行塔吊和施工电梯的布置,BIM 技术在三维视角中进行布置更加直观、便捷、合理。

在塔吊布置过程中,根据不同施工阶段模型展现的工况以及各楼栋开工竣工时间的不同,优化塔吊使用,使塔吊在施工现场内实现周转,对塔吊总投入进行优化。同样在施工电梯布置过程中,运用 BIM 技术形象直观地优化施工顺序,可减少塔吊、施工电梯的投入数量,从而节省成本及资源。

4. 加工棚与材料堆场布置

对于建筑较密集的施工场地,除去临时施工道路占地面积外,可供材料堆放的场地面积很小。从不同施工阶段的施工特征来看,合理布置材料堆场存在较大困难。按照传统方法设计的二维平面布置很容易使施工现场布置与设计图出现偏差,进而返工。一旦返工,就会增加施工成本,工期延长,甚至影响到施工质量。随着施工的进行,施工现场的环境及条件在不断发生着变化,二维平面设计因不具备动态性,难以预见施工过程的变化,无法对场地布置进行动态调整。通过 BIM 技术将传统的二维平面图升级为三维立体效果图,并且进行实用性分析与改进,避免了二次搬运以及临设的多次搭拆,保障施工现场的交通通畅,为各专业施工阶段提供合理工作面,较好地解决了场地布置中的不合理问题,从而提高了建筑工程现场施工效率,保障了建设任务的顺利完成。

以某工程主体结构施工现场为例,图 8.6 是按传统方法设计的施工现场场地二维平面布置图。利用 BIM 技术软件(广联达 BIM 施工现场布置软件 V7.1),对施工现场场地布置进行三维设计并进行实用性改进与优化,得出改进后的工程施工现场场地二维平面布置如图 8.7 所示,三维场地布置如图 8.8 和图 8.9 所示。

比较图 8.6 和图 8.7,图 8.6 现场布置方案中将材料堆场布置在施工场地的东北角,因施工现场堆放有大量的易燃建筑材料,如木质模板、泡沫板材等,若发生火灾,东北角距离两个施工大门的距离较远,不易于消防车辆入场灭火及人员逃生。考虑到现场大门位置,显然西南角位置交通运输更为便利。故出于对施工现场的消防安全、卸料运输等现场布置实际问题的考虑,将材料堆场布置在距离施工大门较近的区域更为合适。

比较图 8.6 和图 8.8,二维平面场地布置因表达不直观,难以随施工的进行完成动态调

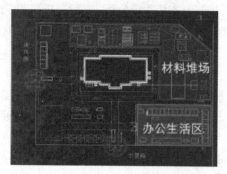 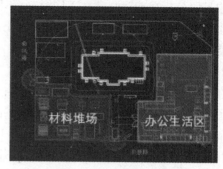

图 8.6　施工场地二维平面布置图(传统方法)　　图8.7　施工场地二维平面布置图(BIM 技术改进后)

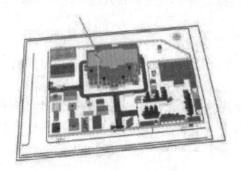 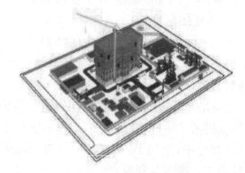

图 8.8　施工场地三维平面布置图　　　　　　图 8.9　施工现场场地 BIM 三维平面布置图

整、管理过程。应用 BIM 技术进行施工现场三维立体场地布置,表达直观,方便施工操作人员按图施工;并对施工过程中各种环境场景进行仿真模拟,从而对场地的布置进行动态调整,使施工过程持续保持高效状态。由此可见,BIM 技术发挥了不可替代的作用,提高了施工现场布置的工作效率和准确性。在完成的施工现场 BIM 模型中,可以选择任意的视角观察方案运用三维漫游功能,给人身临其境的体验,便于发现其中的不足之处,进行方案的改进。

8.7　BIM 技术在施工方案设计中的应用

施工方案设计是施工组织设计的核心内容之一,无论技术多么复杂,一个合理、安全可行的施工方案能够反映出施工企业的综合实力和工程施工组织设计的水平。运用 BIM 技术可以对任何施工方案进行仿真模拟,以检验工程设计成果和工程实施的可能性。

实际上,建筑信息模型(BIM)就是通过数字化技术在计算机中建立一座虚拟建筑,一个建筑信息模型就是一个信息库,提供了完整一致和具有逻辑结构的建模所需的全部信息。BIM 技术核心是一个由计算机三维建模所形成的数据库,不仅包含了建筑师的设计信息,而且容纳了从设计到建成使用,甚至全寿命周期的信息。利用这个三维模型数据库可以持续、及时地提供项目设计范围、各种资源、进度以及成本信息,这为各种施工方案设计和施工管理决策提供了重要依据。

BIM 是建设工程信息化的基础,通过 BIM 技术仿真模拟,以实现建设工程的智能化建造,其应用不仅仅局限于设计阶段,而是贯穿于整个项目全寿命周期,从设计、施工到运营管理全过程。工程施工方案的虚拟化施工设计可以直接生成三维建筑实体模型,进行结构专业墙体材料强度及墙上孔洞大小计算,以及设备专业建筑能量分析、声学分析、光学分析等,施工单位则可取其墙上混凝土类型、配筋等信息进行水泥等材料的备料及下料等,并可视化表达个性化装修成果等。

BIM 理念所带来的施工方案设计不仅是施工模式的转变,也为施工企业带来了新的利润增长点,主要体现在以下四个方面。

(1) BIM 参数化施工方案提高了施工预算的准确性。建筑模型信息库的建立给投资人、设计、施工单位、材料供给单位之间提供了一个协同施工的平台,在施工建造过程中,以施工技术 BIM 仿真为引领进行施工方案建造时,施工方会根据各种施工方案各方配合,利用各类构造模型所赋予的尺寸、型号、材料等约束参数,经过可视化设计的环境反复验证和修改,及时导出材料设备和工程量数据,并直接应用到工程预算中,汇总为造价,施工单位由此优化,选出最优施工方案作为施工决策,从而大大提高了预算、决算的准确性。

(2) BIM 施工方案提高了现场生产和加工效率。施工单位会将大量的构件,如门窗、钢结构、机电管道等进行工厂化预制,然后再到现场进行安装。运用 BIM 导出的数据可以极大地减少预制架构的现场测绘工作量,同时有效地提高构件预制加工的准确性和速度,使原本粗放、分散的施工模式变为集成化、模块化的现场施工模式,从而很好地解决了现场加工场地狭小、垂直运输困难、加工质量难以控制等问题,为提高工作效率、降低工作成本起到了关键作用。以往做预制加工都是在现场测绘,所以准确性很有问题。现在根据正确的已检验好的模型来做预制加工,并利用软件绘制预制加工图,把每个管段都进行物流编号,然后提交工厂加工,是一个很好的解决方案。

(3) BIM 施工方案设计有效地提高了设备参数复核的准确性。在机电安装过程中,由于管线综合平衡设计,以及精装修时会将部分管线的行进路线进行调整,由此增加或减少了部分管线的弯头数量,这就会对原有的系统复核产生影响。通过 BIM 模型的准确信息对系统进行复核计算,就可以得到更为精确的系统数据,从而为设备参数的选型提供可靠的依据。

(4) BIM 施工方案设计使施工协调管理更为便捷。信息数据共享、四维施工模拟、施工远程监控,BIM 在项目各参与者之间建立了信息交流平台,一个结构复杂、系统庞大、功能众多的施工项目,各施工单位之间的协调管理显得尤为重要。有了 BIM 这样一个信息交流的平台,可以使业主、设计院、顾问公司、施工总承包、专业分包、材料供应商等众多单位在同一个平台上实现数据共享,使沟通更为便捷、协作更为紧密、管理更为有效。

8.8　BIM 技术在上海中心大厦建造中的应用实例

8.8.1　工程概况

上海中心大厦是同期在建的中国第一高楼,位于上海市浦东新区陆家嘴金融中心区域,也是最后一栋浦东规划的超高层建筑。由地上 121 层主楼、5 层裙房和 5 层地下室组成,总高度达 632 m,主体结构高度达 580 m,工程总用地面积约 30 368 m²,地上可容许建筑面积

380 000 m²，总建筑面积 573 223 m²，地下部分共 5 层，共计约 170 000 m²。总投资达到 150 亿元左右。作为一幢综合性超高层建筑，上海中心大厦以办公为主，兼有会展、酒店、观光娱乐、商业等功能，是一座垂直的智慧城市。

8.8.2 工程特点

上海中心大厦建筑面积超大、建筑结构超高，是上海同期在建中的第一高楼。其设备机房分布点多面广，除地下 1~5 层有大量设备机房外，地上设备层有 9 处，总计 20 层之多，可见设备数量之多、分布面之广。采用多项绿色环保节能技术：采用了冰蓄冷、三联供、地源热泵、风力发电、中水、智能控制等多项绿色环保节能技术，给工程管理与系统调试等方面带来一定难度。系统齐全、垂直分区多，空调系统设置低区和高区 2 个能源中心，分为 10 个空调分区。有中央制冷、冰蓄冷、三联供、地源热泵、VAV 空调、风机盘管、带热回收装置的新风等系统，系统复杂，风、水系统平衡及自控调试要求高。幕墙还专设散热器，支架设置复杂。图纸深化采用 BIM 技术手段，建立三维立体模型，进行管线碰撞检测和综合布置，与工厂化预制相配套，形成预制加工图。利用 BIM 模型进行劳动力策划和进度控制。

8.8.3 BIM 技术在上海中心大厦应用的意义

在上海中心的建设过程中，BIM 技术的运用覆盖了施工组织管理的各个环节，包括深化设计、施工组织、进度管理、成本控制、质量监控等。从建筑的全生命周期管理角度出发，施工阶段 BIM 运用的信息创建、管理和共享技术可以更好地控制工程质量、进度和资金运用，保证项目的成功实施，为业主和运营方提供更好的售后服务，实现项目全生命周期内的技术和经济指标最优化。上海中心大厦作为已建成的"中华第一楼"，BIM 在项目的策划、设计、施工及运营管理等各阶段的深入化应用为项目团队提供了一个信息、数据平台，有效地改善了业主、设计、施工等各方的协调沟通。同时帮助施工单位进行施工决策，以三维模拟的方式减少施工过程的错、漏、碰、撞，提高一次安装成功率，减少施工过程中的时间、人力、物力浪费，为方案优化、施工组织提供科学依据，从而为这座被誉为上海新地标的超高层建筑成为绿色施工、低碳建造典范提供了有力保障。

8.8.4 BIM 技术二次开发

在前期策划阶段，针对项目特点建立了以建设单位为主导，参建单位共同参与的基于 BIM 技术的精益化管理模式。为了完成基于该模式的信息和流程的管理，并且考虑到 BIM 资料的庞大繁多，项目需要规划并搭建一个统一的数据管理平台，在经过多重筛选之后，Autodesk Vault Professional 被正式使用在该项目中。Autodesk Vault Professional 是基于 AutoCad、Autodesk Revit 系列等多种技术所开发的数据平台。在平台上，项目各参与方可以做到线上数据浏览、下载、修改、上传等各项功能，并且与 AutoCAD、Revit 系列软件高度契合，起到综合性数据管理功能。利用其良好的数据跟踪功能，还可以控制及观察平台内资料数据流动来源去向、数据网络同步，更有利于项目数据的更新。此外，在现有平台的基础上，针对过程中出现的问题，通过二次开发的方式来进一步优化管理和流程，可以更好地帮助项目的实施。

与此同时，各参与单位也在招标内容的要求下，分别组建了其 BIM 工作团队，对 BIM 模型进行创建、更新及维护，并基于模型进行各种模拟应用，最终按照交付验收标准交付模型及相关成果。此外,为了规范和约束各参建方 BIM 团队的工作内容和流程,针对上海中心大厦的 BIM 应用特点,建设方同各参与方一同制定了相关的项目实施标准,其中详细规定了各参与方的具体工作职责,应用软件架构要求,文件交换和发布要求,模型创建、维护和交付要求以及各专业细化条款等等。所有这些工作的目的就是要将 BIM 作为项目统一的工程语言,并借此达到项目信息的最大化使用。

在设计及建造过程中,BIM 技术框架的内容也发生了很大的变化,使用的软件数量逐渐增多,由原先最基础的建模软件 Revit 扩展到根据专业特点细分成用 Tekla xsteel 进行钢结构建模,用 Inventor 配合幕墙工厂加工,用 Solidworks 进行擦窗机建模,用 Rhino 进行曲面异形建模等。BIM 技术应用的范围也日益扩大,在项目中尝试了三维激光扫描技术与 BIM 的结合,三维打印技术与 BIM 的结合,并尝试自主研发了 OurBIM 工程施工管理系统来对项目的施工方案、施工进度计划、施工平面布置以及质量安全进行信息化的管理(图 8.10)。

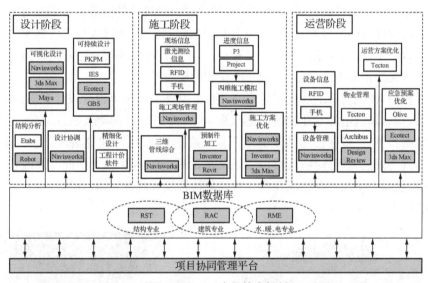

图 8.10　BIM 应用技术框架

8.8.5　BIM 技术在施工方案设计中的应用

上海中心大厦主体建筑结构高 580 m,总高度 632 m,与高 420.5 m 的金茂大厦和高 492 m 的上海环球金融中心在顶部呈现弧线上升,勾勒出上海摩天大楼优美的天际线。

建筑顶部高 546~632 m 处为造型及功能复杂的塔冠范围,其外观延续了主塔楼旋转收缩上升的建筑形态,共有 4 个建筑功能分区:塔楼观光层、机电设备层、阻尼器观光层、鳍状钢桁架幕墙系统。结构上由核心筒八角框架结构、119~121 层转换结构、外幕墙鳍状桁架支撑结构等组成。整个塔冠集中了观光电梯、风力发电机、阻尼器、冷却塔、水箱、擦窗机和卫星天线等大型设备和设施,涉及钢结构、幕墙、机电、土建、结构、装饰等几乎所有专业。结构组成形式多样,空间关系异常复杂,深化设计和相关专业施工精度匹配难度大;专业系统集中、界面交错,施工流程和工艺顺序相互制约,施工组织管理难度大。

1) 更为直观的图纸会审与设计交底

项目施工前,对施工图进行初步熟悉与复核,该项目工作的意义在于通过深入了解设计意图与系统情况,为施工进度与施工方案的编制提供支持。同时,通过对施工设计的了解,查找项目重点、难点部位,制定合理的专项施工方案。此外,就一些施工设计中不明确、不全面的问题与设计院、业主进行沟通与讨论,例如系统优化、机电完成标高以及施工关键方案的确定等问题。

在本工程中,利用 BIM 模型的设计能力与可视性为本工程的图纸会审与设计交底工作提供最为便利与直观的沟通方式。首先,BIM 团队采用 Autodesk Revit 系统软件,根据本工程的建筑、结构以及机电系统等施工设计图纸进行三维建模。通过建模工作可以查核各专业原设计中不完整、不明确的部分,经整理后提供给设计单位。其次,利用模型进一步确定施工重点、难点部位的设备布局、管线排列以及机电完成标高等。此外,结合 BIM 技术的设计能力对各主要系统进行详细的复核计算,提出优化方案供业主参考。

2) 三维环境下的管线综合设计

传统的综合平衡设计都是以二维图纸为基础,在 CAD 软件下进行各系统叠加。设计人员凭借自己的设计与施工经验在平面图中对管线进行排布与调整,并以传统平、立、剖面形式加以表达,最终形成管线综合设计。这种以二维为基础的图纸表达方式不能全面解决设计过程中不可见的错漏碰撞问题,影响一次安装的成功率。

在本工程中,改变传统的深化设计方式,利用 BIM 的三维可视化设计手段,在三维环境下将建筑、结构以及机电等专业的模型进行叠加(图 8.11),将其导入 Autodesk Navisworks 软件中做碰撞检测,并根据检测结果加以调整。这样,不仅可以快速解决碰撞问题,还能够创建更加合理美观的管线排列。此外,通过高效的现场资料管理工作即时修改快速反应到模型中,可以获得一个与现场情况高度一致的最佳管线布局方案,有效提高一次安装的成功率,减少返工。

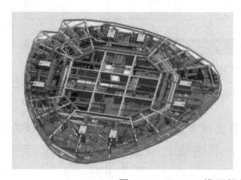

图 8.11 BIM 三维可视化综合管线碰撞检查

3) 利用 BIM 的多维化功能进行施工进度编排

本工程中的机电安装工程被分为地下室、裙楼、低区、高区四个区段分别施工,安装总工期在 1 279 d 左右。

对于以往的一些体量大、工期长的项目,进度计划编制主要采用传统的粗略估计的办法。本工程中,采用模型统计与模拟的方法进行施工进度编排(图 8.12)。在工程总量与施工总工期没有重大变化的前提下,首先在深化设计阶段模型的基础上将工程量统计的相关参数(例如各类设备、管材、配件、附件的外形参数、性能参数等数据)添加到 BIM 模型中。

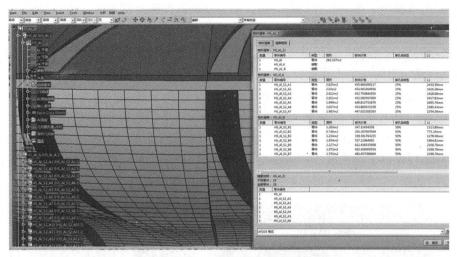

图 8.12　模型工程量自动统计

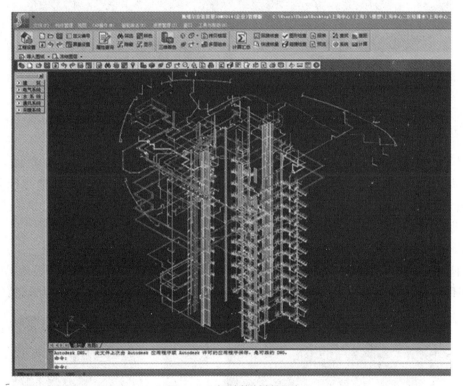

图 8.13　钢结构材料识别

　　其次,将模型内包涵的各区段、各系统工程量进行分类统计,从而获得分区段、分系统工程量分析,并从中分别提取出设备、材料、劳动力需求等数据(图 8.13)。最后,借用上述数据,综合考虑工作面的交付、设备材料供应、劳动力资源、垂直运输能力、临时设施使用等各类因素的平衡点,对施工进度进行统筹安排。借用 BIM 模型 4D、5D 功能的统计与模拟能力改变以往粗放的、经验估算的管理模式,转而用更加科学、更加精细、更加均衡的进度编排方法,以解决施工高峰所产生的施工管理混乱、临时设施匮乏、垂直运输不力、劳动力资源紧缺的矛盾,同时也避免了施工低谷期造成的劳动力及设备设施闲置等资源浪费现象。

4) BIM 可视化的预制加工方案

历来,超高层工程的垂直运输矛盾就是制约项目顺利推进的最大困扰。工厂化预制是减轻垂直运输压力的一个重要途径。在上海中心大厦项目中,预制加工设计通过 BIM 实现(图 8.14)。在深化设计阶段,项目部可以制作一个较为合理、完整,又与现场高度一致的 BIM 模型,把它导入 Autodesk Inventor 软件中,通过必要的数据转换、机械设计以及归类标注等工作,可以把 BIM 模型转换为预制加工设计图纸,指导工厂生产加工。通过模型实现加工设计,不仅保证了加工设计的精确度,也减少了现场测绘的成本。同时,在保证高品质管道制作的前提下,减轻垂直运输的压力,提高现场作业的安全性。

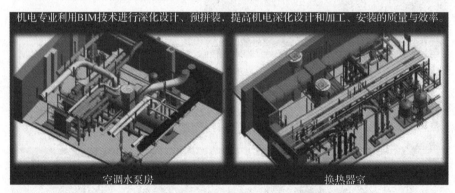

图 8.14 结构构件制造和施工的 BIM 可视化模拟

5) 利用 BIM 进行施工进度管理

对于施工管理团队而言,施工进度的把握能力是一项关于施工技术、方案策划、物资供应、劳动力配置等各方面的综合能力。本工程施工体量大、建设时间长,在建造过程中各种变化因素都会对施工进度造成影响。因此,利用 BIM 的 4D、5D 功能,为施工方案、物资供应、劳动力调配等工作的决策提供帮助。

6) 利用模型对施工质量进行管控

由于在模型的管线综合阶段,已经一一查找并解决了所有碰撞点,且模型是根据现场的修改信息即时调整的。因此,把 BIM 模型作为衡量按图施工的检验标准标尺是最为合适的。

图 8.15 工程安装设备与 BIM 标准图对比检查

在本工程中,项目部将根据监理部门的需要,把机电各专业施工完成后的影像资料导入到 BIM 模型中进行比对(图 8.15)。同时,对比较结果进行分析并提交"差异情况分析报告",尤其对于系统运行、完成标高以及后道工序施工等造成影响的问题,都会以三维图解的方式详细记录到报告中。为监理单位的下一步整改处置意见提供依据,确保施工质量达到深化设计的既定效果。

7) 系统调试工作

上海中心大厦是一座系统庞大且功能复杂的超高层建筑,系统调试的好坏将直接影响本工程的顺利竣工与日后的运营管理。因此,利用 BIM 模型把各专业系统逐一分离出来,结合系统特点与运营要求在模型中预演并最终形成调试方案。在调试过程中,项目部把各系统调试结果在模型中进行标记,并将调试数据录入模型数据库中。在帮助完善系统调试的同时,进一步提高了 BIM 模型信息的完整性,为上海中心大厦竣工后的日常运营管理提供了必要的资料储备。

8) 基于 BIM 的建筑施工方案可视化演示优化

针对目前存在的各种三维可视化施工方案模拟技术的优缺点,项目团队尝试基于 BIM 模型进行优化,并采用 3ds Max 等软件进行施工动画制作。通过探索和实践,成功实现了 BIM 施工动画的优化。整个施工方案三维可视化模拟的基础模型采用 BIM 软件建立,如建筑、结构、机电模型采用 Autodesk Revit 系列软件建立,钢结构模型可以采用更为专业的钢结构三维深化设计软件 Tekla 建立,造型复杂的幕墙则可以借助 Rhino 犀牛软件建模。

充分利用不同 BIM 软件的特性和优点,可以更为便捷、准确地完成建模工作。同时,建立专门的族(family)模型,形成族库,便于今后快速建模。塔吊、施工电梯、泵车等施工设施也应建立相应的族模型。族模型的建立应尽量采用参数化方式,以提高效率,比如采用参数化手段建立的超高层建筑钢结构常用的 FAVCO 系列大型动臂式塔吊模型(图 8.16),可以通过简单地修改相应参数,系统自动生成 M440D,M900D,M1280D 等系列塔吊三维模型。

图 8.16　塔吊三维参数化 BIM 虚拟施工演示

各专业的 BIM 模型在 Navisworks 平台上进行碰撞检查,确保专业间的矛盾消除后,形成最终的可供可视化动画制作用的模型。这个 BIM 模型中还整合了施工现场的大临设施、施工机械设备等精确 BIM 模型。整个施工方案模拟演示的模型文件均基于 BIM 技术建立,确保了模型的准确度,有效提高了可视化动画模拟的实际价值。

然后将 BIM 模型导入 3ds Max 软件中,对模型进行必要的处理,附以各类材质,并在 3ds Max 中进一步建立真实的城市环境等素材,提高动画场景的真实感。模拟动画的细节程度取决于 BIM 模型的精细等级,当采用 LOD400 级别的 BIM 模型时,结合 3ds Max 技术,可以有效提高施工方案可视化模拟的真实性,虚拟现实效果明显提升。

9) 塔冠施工虚拟可视化仿真模拟

为确保将塔冠打造成精品工程,承包商制订了详尽的塔冠施工方案,并借助虚拟可视化技术对施工方案进行模拟演示,以便直观地向业主、监理、设计等各方进行方案汇报,同时在施工技术和安全交底时,可以更加清晰地进行交底。虚拟可视化施工模拟可以借助 Navisworks 等 BIM 软件进行,但受其渲染等功能制约,可视化效果并不理想。为此,我们尝试并成功地将 BIM 与 3ds Max 动画技术相结合,获得了比较满意的效果。

(1) 总体施工流程模拟演示

通过对塔冠系统工程的一体化研究分析,将工程实施分为 6 大阶段:塔冠施工准备阶段、八角框架施工、119~121 层结构转换层施工、鳍状桁架系统施工、幕墙板块安装以及 M900D 塔吊拆除阶段。其间,在 119~121 层楼面结构完成后,穿插进行二结构、机电管线安装等施工,最后进行装饰施工。通过完整施工流程的三维可视化演示,可以清晰地展示整个塔冠的施工顺序。

(2) 细部流程及工艺演示

总体施工流程动画只是从宏观角度进行了三维展示,为进一步模拟和演示实际施工方案,针对具体施工方案进行了深入详细的动画模拟。

① 塔冠施工准备阶段施工顺序及工艺

这部分动画详细真实地展示了塔冠施工准备工作。通过对跳爬式液压钢平台外挂脚手架、施工电梯、塔吊等关键设备的拆除与爬升、永久电梯机组穿插吊装等工序进行细致的三维演示,使原本复杂的施工准备工作得以直观、简化地展现(图 8.17)。

② 八角框架施工流程及工艺

通过对位于 121 层以上的八角钢框架结构的吊装分段、吊装顺序、楼面混凝土浇筑、冷却塔和水箱安装等进行详细模拟,为该区域钢结构、土建及机电安装施工提供了可视化指导。

尤其是针对设置在该区域的电涡流阻尼器的安装做了详尽的施工模拟:中央 5♯筒顶部预留空间吊入阻尼器的电涡流系统,在 121 层以上搭设搁置钢平台,吊入阻尼器的质量箱体部件进行装配,封闭顶部桁架,安装和调试阻尼器吊索,完成阻尼器安装工程(图 8.18)。

图 8.17　塔冠施工准备——液压　　　图 8.18　电涡流阻尼器安装

③119～121 层结构转换层施工流程及工艺

该区域结构施工需要综合考虑 M1280D 塔吊的拆除及新装 M900D 塔吊的穿插安装等重大技术问题。通过详细的动画模拟,形象地展现了塔吊置换与结构施工之间的关系(图 8.19)。

④鳍状桁架系统施工流程及工艺

通过对 25 榀鳍状桁架吊装分段、吊装流程以及安全操作设施的模拟,解决了 600 m 超高空凌空施工的安全问题。同时整合模拟了风力发电机、擦窗机轨道等安装工况(图 8.20)。

图 8.19　塔吊置换工艺模拟　　　　图 8.20　鳍状桁架吊装模拟

⑤幕墙板块施工流程及工艺

在 118～121 层安装卸料平台,塔冠幕墙板块存放在楼层内。利用 117 层轨道吊安装 116 层下口单元板块。在 121 层设置伸臂吊机,吊装 116 层上口至 120 层的单元板块。利用 M900D 塔吊吊装 121 层至塔冠顶部的幕墙板块,顶部南侧部分板块后装(图 8.21)。

⑥M900D 塔吊拆除流程及工艺

超高层顶部大型施工塔吊的拆除一直是施工技术上的难题和重点,本工程需要在632 m 高空拆除 M900D 重型动臂塔吊。

以往的塔吊拆除方案编制时基本采用 AutoCAD 软件辅助,拆塔设备与被拆塔吊、永久结构等之间的相互关系很难厘清,也很难在方案中表达清楚,给方案的评审带来了很大的难度。

在本工程中,结合精确的三维模型,通过动画方式对塔吊拆除的每一个工况进行了模拟,为方案制订及实施交底提供了高效的技术支撑(图 8.22)。

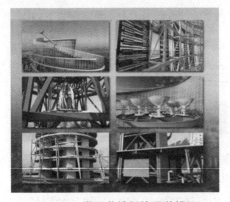 

图 8.21　塔冠幕墙板块吊装模拟　　　　　图 8.22　塔吊拆除工艺模拟

本章思考练习题

1. 怎样理解 BIM 技术下的精益建造？
2. 简述 BIM 技术的施工精细化功能。
3. 怎样理解 BIM 对施工信息化的意义？
4. 简述 BIM 技术在工程算量中的应用途径。
5. 简述 BIM 在施工方案设计中的应用途径。

附录 单位工程施工组织设计案例

一、施工组织设计说明

(一)工程简介

(1) 工程名称:某电梯厂工程。

(2) 工程地址:本工程位于上海市某县城东区,东临经三路,西靠经二路,北至纬七路,南依纬六路。

(3) 建设单位:上海市某建筑集团。

(4) 设计单位:上海市某设计院。

(5) 监理单位:上海市某监理公司。

(6) 工程规模:建筑占地面积 2 190 m²。

(7) 工程范围:依照施工图纸所示的电梯厂工程的土建、安装及室外总体工程。

(二)施工组织设计编制原则

本施工组织设计编制前,我们认真学习设计文件等资料,对所承包工程施工的质量控制、进度控制和协调管理实施总承包职责。

我们多次仔细踏勘施工现场,充分了解施工区域周边的环境条件,针对本工程特点及业主要求,经过反复研究决定制定了本次方案的编制原则。

1. 贯彻总承包施工管理原则

在实施总承包管理中,将着重在施工总进度计划,施工场地、机械、设备布置及协调使用,施工人员、技术力量配置,物资的计划供应,施工质量控制、文明施工、安全生产等进行管理,并对各参建施工单位的劳动力、资金进行管理,在施工质量控制、技术资料、档案整理以及对业主服务等方面设置专人进行强化对口管理。

2. 始终贯穿业主要求的总进度控制原则

经过认真细致的分析及施工组织计划安排,通过在施工中采取先进的施工技术,科学的进度、质量、安全目标管理方式,确保工程按计划完工。

充分利用企业在施工技术、施工管理及设备材料方面的优势,加快进行施工现场接收及各方面的施工准备工作,保证上部主体混凝土结构的施工进度,确保本工程最终达到进度目标。

3. 贯彻本工程质量目标的原则

建立完善本工程质量目标管理网络与运行体系,实施项目质量目标管理;建立完善本工程的质量保证体系;制定本工程质量控制措施及保证计划。

（三）施工组织设计编制依据

（1）业主提供的有关设计图纸和招标文件等。

（2）施工组织设计编制主要采用的技术规范（规程）：

《建筑地基基础工程施工质量验收标准》（GB 50202—2018）；

《混凝土结构工程施工质量验收规范》（GB 50204—2015）；

《木结构工程施工质量验收规范》（GB 50206—2012）；

《砌体结构工程施工质量验收规范》（GB 50203—2011）；

《建筑地面工程施工质量验收规范》（GB 50209—2010）；

《屋面工程质量验收规范》（GB 50207—2012）；

《建筑装饰装修工程质量验收规范》（GB 50210—2018）；

《建筑工程施工质量验收统一标准》（GB 50300—2013）；

《建筑施工高处作业安全技术规范》（JGJ 80—2016）；

《建筑机械使用安全技术规程》（JGJ 33—2012）；

《施工现场临时用电安全技术规范》（JGJ 46—2005）；

《钢筋焊接及验收规程》（JGJ 18—2012）；

《工程测量规范》（GB 50026—2016）；

《钢筋机械连接通用技术规程》（JGJ 107—2019）；

《建筑电气工程施工质量验收规范》（GB 50303—2015）；

《建筑电气照明装置施工与验收规范》（GB 50617—2010）；

《通风与空调工程施工质量验收规范》（GB 50243—2016）。

二、工程概况

（一）建筑概况

本工程位于上海市某县城东区，系中外合资工厂，是研究、生产、销售电梯的综合性企业。工程由主楼和一间联体的单层厂房共同组成。该建筑占地面积 2 190 ㎡，主楼地下 1 层，地上 12 层，总高度 47.00 m，主楼为综合楼，其地下室为停车库，地上建筑分别为办公室、实验室、商务中心及客房。联体单层厂房为电梯生产车间，檐口高 17.40 m。建筑类别为二类，耐火等级为二级，设计使用年限为 50 年，屋面防水等级为三级；结构设计按 7 度设防、二级框架标准。工程自 2005 年 3 月 1 日开工，到 2006 年 5 月 24 日竣工，工期 450 d。

本工程±0.000，相当于绝对标高 4.000，建筑设计要求如下：

（1）外墙：所有外墙均贴面砖；

（2）内墙：洗手间贴瓷砖，高 1 800 mm；主楼其他内墙用 15 mm 厚 M5 混合砂浆打底抹平，做白水泥腻子；单厂内墙普通抹灰处理；

（3）地面：洗手间地面铺 150 mm×150 mm 防滑地砖；其余地面铺设花岗岩；单厂采用 300 mm 厚细石混凝土地面；

（4）楼面：洗手间地面铺 150 mm×150 mm 防滑地砖；楼梯间贴防滑釉面砖；其余房间

采用拼花硬木地板；

(5) 顶棚：采用 25 mm 厚 M5 混合砂浆打底抹平，面层刮白水泥腻子；

(6) 门窗及油漆：本工程门窗均采用铝合金门窗和常规油漆；

(7) 屋面：4 厚 SBS 改性油毡页岩片防水屋面。

(二) 结构概况

主楼基础为预制钢筋混凝土打入方桩，截面为 400 mm×400 mm，桩长 24 m，箱型基础。预制桩柱距 1 600 mm，柱顶标高 −5.800 m。

厂房基础为天然地基杯形，基底 1 800 mm×1 800 mm（浅基础部分如果发现明浜或暗浜位置与地质报告有异，应及时与设计人员联系，以便进行地基处理或调整基础设计）。

地下室底板厚 1 000 mm，柱 600 mm×600 mm，外墙板厚 300 mm，内墙板及电梯井墙厚 250 mm，顶板厚 350 mm，主梁 700 mm×300 mm，次梁 500 mm×250 mm。

上部为现浇框架—剪力墙结构，1～5 层柱为 600 mm×600 mm，6～12 层柱为 500 mm×500 mm，楼板厚均为 120 mm，主梁 700 mm×300 mm、600 mm×300 mm 两种，次梁 500 mm×250 mm、400 mm×200 mm 两种。

单层厂房部分为预制装配式排架结构。排架柱截面 800 mm×400 mm，抗风柱截面为 900 mm×400 mm。预应力屋架跨度 24 m，下弦杆预应力筋 $4\varphi12$，大型槽型屋面板宽度为 1 500 mm。

电梯井为现浇钢筋混凝土，厕所和电梯间构成剪力墙，周围为截面 500 mm×400 mm 的框架柱。

(三) 材料选用

(1) 混凝土：主楼地下室与上部结构混凝土一般为 C30（除注明外），厂房基础混凝土 C20，预制混凝土梁 C25，屋架混凝土 C35，地下室混凝土抗渗等级 F8。

(2) 钢筋：Ⅰ级钢筋 HPB235，Ⅱ级钢筋 HRB335。

(3) 砖：±0.000 以下的为 MU10 标准黏土砖；±0.000 以上用 MU7.5 多孔砖。

(4) 砂浆：±0.000 以下的为 M10 水泥砂浆；± 0.000 以上用 M5 混合砂浆。

(四) 施工条件

(1) 拟建电梯厂位于某城区东郊区经三路，纬六路交界处。

(2) 本工程场地较平坦，原为农田，场地有部分民宅、树木需拆除与搬迁，另有部分弃土，堆高 1～2 m。

(3) 本场地较大，周围道路均已建成，业主要求在东西两侧开启施工区大门，南北两侧施工期间不宜开门。

(4) 本工程可采用现场搅拌混凝土，也可采用商品混凝土，商品混凝土搅拌站离工地 10 km，运输时间约 0.5 h。

(5) 现场可供电，250 kW，供水管口径 2 英寸（1 英寸＝0.025 4 米）。

(6) 地质条件见附表 1。

附表1　地质条件

层序	地层名称	厚度(m)	$\omega(\%)$	$r(kN/m^3)$	φ	$C(kPa)$
①	暗浜土	0～3.75				
②	杂填土	0～0.80				
③	褐黄色黏土	0～2.40	31.4	19.1	13.9	26
④	灰黄色黏土	0～1.70	40.4	18.3	8.4	18
⑤	灰色砂质粉土	1.75～2.65	27.3	19.6	26.0	7
⑥	灰色淤泥粉质黏土	6.25～7.75	45.8	17.5	8.0	10
⑦	灰色淤泥粉质黏土与粉砂土层	1.25～7.25	35.1	18.4	15.6	8
⑧	灰色淤泥粉质黏土	0～5.90	38.2	18.0	9.6	14

(五) 工程承包与分包情况

(1) 合同承包范围

本工程承包范围包括：全部土建、装饰、电气、采暖、给排水、通风工程。

(2) 分包项目

防水工程、电气弱电部分安装工程、电梯工程。

(六) 工程重点

本工程为上海市某区一中外合资工厂，为研究、生产、销售电梯而建造。工程的质量，进度，现场文明、安全管理都将对该城区产生重大影响。由于本工程由综合楼和连体的单层厂房组成，为避免综合楼与厂房的差异沉降等问题，因此工程难度较大。

从本工程所处的地理位置看，施工进出车辆较为方便，但工程位于市郊城区内，施工时应尽量减少粉尘飘扬，控制光污染。搞好环境、消防及保卫等工作，保证现场绿色文明施工。

本工程的工程量大，工程划分为一期和二期展开。在质量方面，结构质量、装修标准要求高；工期方面，合同工期仅有450天，工期非常紧张；专业方面，工程涉及专业广泛，给排水系统、消防系统、雨水废水排放系统、通风系统、空调系统、自控报警系统等多专业相互交叉，质量要求高，土建与安装的配合施工是保证工程质量进度的关键；用地方面，工程二期用地拟用作预制构件加工厂，因此一期工程用地限制较为严格；施工管理方面，多家分包单位与总包之间的关系协调、多工种的交叉作业协调是管理的重点。

三、施工部署

(一) 工程施工目标

根据施工合同、招标文件以及本单位对工程管理目标的要求，结合该工程的实际情况，工程施工目标如下：

1. 工期

该厂引进了新工艺,准备生产一批新式电梯,期望该产品尽快投入生产,占领市场,发挥其经济效益。公司将采用分阶段工期目标控制及立体交叉作业方法组织施工,计划于 2005 年 3 月 1 日开工,确保工程在 15 个月内完成,即于 2006 年 5 月 24 日竣工。

2. 质量

本工程的质量目标定为优良。

3. 安全与消防

加强进场人员的安全思想教育,提高施工人员的安全意识,坚持对消防设备"每周一小查、一月一大查"的维护制度。对于脚手架系统:内脚手架采用钢管搭设,高层的外脚手架采用落地式钢管脚手架,所有外脚手架均采用满铺竹笆片、满挂安全网的全封闭安全防护方法。同时工地设立两名专职安全员和多名兼职安全员,对各种防护脚手架和支撑脚手架、大型机械安装和重点成品进行防护,坚决做到先出方案后实施,使计算有依据,审批有手续。严格管理机械进场和施工操作,杜绝因工伤亡、重伤和重大机械设备事故;施工现场无火灾事故,轻伤事故频率控制在 0.4% 以内,实现"五无",即无重伤、无死亡、无火灾、无重大机械事故、无食物中毒。

4. 绿色文明施工

严格按上海市关于现场文明施工的各项规定执行,场内各种建筑材料堆放适当,实行禁烟、无垃圾管理,保持场容、市容环境卫生,确保现场绿色施工达到优良的目标。

5. 环境保护

在确保工程质量和工期的前提下,树立全员环保意识,采取有效措施,最大限度减少施工噪声和环境污染,自觉保护市政设施,尽可能维护场内生态环境。污水处理达标后排放,达到环保无污染标准。

6. 成本

我公司采用最新的成本控制管理程序,确保材料"料尽其用",同时精简管理机构,借助先进的管理系统,降低管理成本,保证项目成本误差在合同规定范围内。

(二) 施工流向及顺序

1. 施工流向

根据工程目标"先生产,后生活"的思想,拟订总体施工流向。本工程可分为综合楼和单层厂房两部分。施工流向遵循"先地下,后地上;先主体,后围护;先结构后装饰"的原则。首先进行综合楼地下室的基坑开挖,以减少对相邻单层厂房基础的影响,全施工过程大致施工流向如下:施工准备工作("三通一平")→测量放线→综合楼地下室基坑施工→单层厂房结构预制→综合楼地下室施工→厂房柱下独立基础→厂房结构吊装→综合楼上部结构施工→装饰工程→水、电、气安装→道路及绿化→竣工验收。

2. 综合楼施工顺序

综合楼施工过程总体上分为七个施工段进行控制管理,第一阶段为施工准备阶段,第二阶段为桩基施工,第三阶段为基坑工程,第四阶段为地下室施工,第五阶段为主体结构施工,第六阶段为装饰装修部分,第七阶段为室外工程。综合楼施工要求在 15 个月内完成,水电安装与结构施工穿插进行。综合楼施工顺序见附图 1。

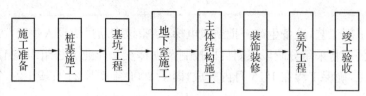

附图 1　综合楼施工顺序

（1）地下室基坑施工

工程桩预制→打桩施工→围护结构与降水→土方开挖。

（2）地下室结构施工

垫层浇筑→凿桩顶，焊接锚固钢筋→弹线→绑扎底板钢筋→浇筑底板→绑扎墙（柱）钢筋→支墙（柱）体模板→浇筑墙（柱）体混凝土→拆除墙（柱）模板→回填土→搭设顶板模板→绑扎顶板钢筋→浇筑楼面混凝土→验收→上部结构施工。

（3）上部结构施工

弹线→绑扎墙（柱）钢筋→支墙（柱）体模板→浇筑墙（柱）体混凝土→拆除墙（柱）模板→搭设楼面模板→绑扎楼面钢筋→浇筑楼面混凝土→验收→上一层施工（若至顶层，则为屋面防水）。

3. 单层厂房施工顺序

单层厂房施工过程分为六个施工段进行控制管理，第一阶段为施工准备阶段（该阶段基本同综合楼一起进行），第二阶段为基础工程，第三阶段为构件制作，第四阶段为结构吊装，第五阶段为装饰装修部分，第六阶段为室外及收尾。单层厂房工程施工顺序详见附图 2。

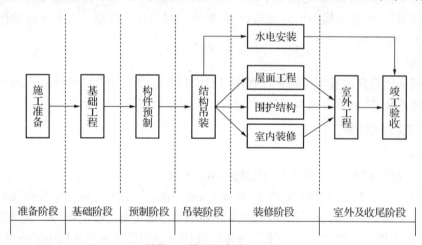

附图 2　单层厂房施工顺序

（1）基础工程施工：清除地下障碍物→软弱地基处理→挖土→垫层→浇筑独立杯形基础。

（2）预制工程。

（3）结构吊装工程：吊装柱→吊装基础梁、连系梁、吊车梁→扶直屋架→吊装屋架、天窗架、屋面板。

（4）围护结构工程及屋面工程。

(5) 装饰工程:围护墙砌筑→内外抹灰→贴外墙面砖→门窗工程→内外地面修整。

(三) 施工重点及难点

本工程的管理重点主要在以下几个方面:

(1) 综合楼与单层厂房施工的交叉管理;

(2) 多工种、多分包单位的协调管理;

(3) 综合楼土建与安装工程的配合;

(4) 台风暴雨季节的施工管理;

(5) 一期用地管理。

本工程的施工技术重点主要在以下几个方面:

1. 综合楼

(1) 结构底板有集水坑、电梯井坑、排污坑,与基础反梁等距离近,坑深度大,梁钢筋密,对钢筋绑扎和模板支立的节点施工比较困难;

(2) 主体结构施工时,正赶上上海的台风雷雨季节,雨期施工要求严格;

(3) 基坑围护结构考虑对单层厂房基础土层的扰动、建筑红线、施工通道等的要求,南北两侧与西侧均采用钢板桩围护体系,东侧放坡(坡角 45°)开挖。基坑围护体系较为复杂,对工序衔接要求较高;

(4) 上部结构混凝土浇筑采用多种模板体系,包括组合钢模板、外墙爬升模板、内墙模板、电梯井筒模板等,对施工技术要求比较严格。

2. 单层厂房

(1) 屋架跨度较大,增加了结构吊装的施工难度,因此厂房施工重点在于吊装方法、吊装机械的选用。

(2) 屋架为预应力折线形混凝土屋架,因此屋架现场预制时,应选择合理的预制方案,严格控制钢筋的张拉值。

(3) 为保证综合楼基坑开挖及主体结构的场地要求,单层厂房施工须在综合楼结构完成到一定程度后(预制构件制作在综合楼地下室结构完成后)方能进行。起重机械开行场地受到限制,为避免碰触综合楼,必须严格规划单层厂房预制构件布置及吊装图。

(4) 在构件预制时,必须严格按施工图中标明的预埋件位置及数量进行预埋,不得漏埋。

(四) 项目组织机构

1. 项目部的组成

根据电梯厂的规模及特点建立以项目经理为首的管理层全权组织施工生产诸要素,对工程的项目工期、质量、安全、成本等综合效益进行高效率、有计划的组织协调和管理。

项目经理部设三个专业技术科,即工程科、物资科、内业科,项目经理部组织机构见附图 3。

本工程由 1 名项目经理、1 名项目副经理、1 名项目总工程师组成项目经理部的领导层,各专业技术人员组成项目经理部的管理层,承担该工程的主体结构、装饰、安装,工程施工的各工种施工班组作为项目劳务层。为保证工程顺利完成,成立结构吊装班组,专门负责本工程的结构吊装任务,并由一名施工员担任吊装班组组长。

2. 项目部的协调管理

(1) 与设计单位的工作协调

①主动与设计单位联系,进一步了解设计图及工程要求,并根据设计意图及要求,完善施工方案。

②主动配合业主单位,积极准备图纸会审资料,将设计缺陷消灭在施工之前,使图纸设计内容更趋完善。

③协调公司内部各下属单位在施工中由于诸多原因引起的标高、几何尺寸等平衡工作。对施工中出现的情况,除按设计、监理的要求及时处理外,还要会同发包方、设计、质监部门进行基础验槽、基础验收、主体结构验收及竣工验收等。

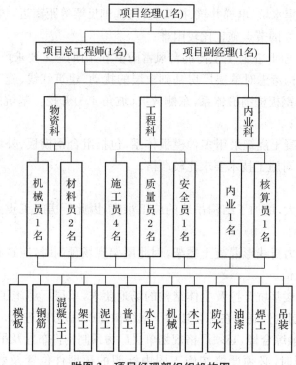

附图 3 项目经理部组织机构图

(2) 与监理工程师工作协调

①在施工全过程中,严格执行"三检制",并自觉接受现场监理工程师对施工情况的检查和验收,对存在的缺陷和不足,严格按照监理工程师的监理指令进行处理。

②教育现场职工,树立监理工程师的权威,杜绝现场施工班组人员不服从监理工作的不良现象,使监理工程师的指令得到全面执行。对不服从监理工程师监理的,实行教育、惩处。

③所有进入现场的材料、成品、半成品、设备机具等均主动向监理工程师提交产品合格证及质量保证书,并按规定在使用前对需进行现场抽样检查的材料及时见证取样送检,在检验后要主动、及时提交检验报告,得到认可后才能使用。严格把好材料质量关,确保工程施工现场无假冒伪劣产品。

④严格执行"上道工序不合格,下道工序不施工"的准则。按规定须进行隐蔽检查验收

的工序和部位,要提前与监理工程师联系,及时进行隐蔽检查并办理验收记录,使监理工程师顺利地开展工作。

⑤尊重监理工程师,支持监理工程师的工作,维护监理工程师的权威性。对施工中出现的技术意见分歧,应在国家现行规范的基础上经过协商统一认识并开展工作,在施工中出现一般的意见看法不统一时,遵循"先执行监理指令后予以磋商统一"的原则,避免分歧影响施工。

(3) 与公司内部下属单位协调

①本公司以各个指令组织指挥公司下属单位科学合理地进行作业生产,协调施工中所产生的各种矛盾,以合同中明确的责任来追究贻误方的失责,减少和避免因施工中出现的责任模糊和推诿扯皮现象而贻误工程造成经济损失。

②责成公司下属各单位严格按照施工进度计划组织施工,建立质保体系,确保规定的总目标的实现。

③严禁公司所属各单位擅自代用材料和使用劣质材料。

(五) 分包工程管理

根据国家关于分包工程的相关规定和要求以及合同对工程质量、工期的要求,本公司本着认真负责、实事求是的态度从业绩、工程质量、施工资质等方面核查了众多分包投标单位,最终确定上海市某装修公司、上海市某设备公司分别作为本次防水工程和电梯工程的分包单位。两家分包单位的现场施工队伍在宏观施工调配上纳入总包管理范畴,具体施工操作则由两家单位各自派技术员现场指导管理,总包单位派遣监督人员保证施工质量和进度要求。

四、施工进度计划

本工程自 2005 年 3 月 1 日开工,到 2006 年 5 月 24 日竣工,历时 450 d。按照合同要求以及前述施工部署和顺序,并根据施工技术要求和工程的实际情况,各分项工程进度计划分别安排如下:

1. 综合楼

桩基工程:40 d(包括施工准备与桩预制)

基坑工程:25 d

地下室结构:20 d(地下室底板混凝土和地下室墙柱顶板混凝土)

主体结构工程施工(含填充墙施工):181 d(包括底层结构和标准层混凝土)

屋面工程:25 d(包括屋面找平层和屋面防水层)

装饰工程:150 d

水电气安装:130 d

设备安装:30 d(从基坑工程施工开始穿插进行)

2. 单层厂房

基础工程:14 d

构件预制:20 d

结构吊装:15 d

砌体工程:15 d(包括 240 围护墙与内墙)

屋面工程:20 d(包括屋面找平层和屋面防水层)

装饰工程:39 d

水电气安装:25 d

设备安装:25 d

施工进度计划横道图见附图 4～附图 7。

3. 其他工程

辅助安装工程:20 d

室外管线:30 d

道路与绿化:100 d

收尾工程:18 d

设备调试与试生产:25 d

竣工验收:8 d

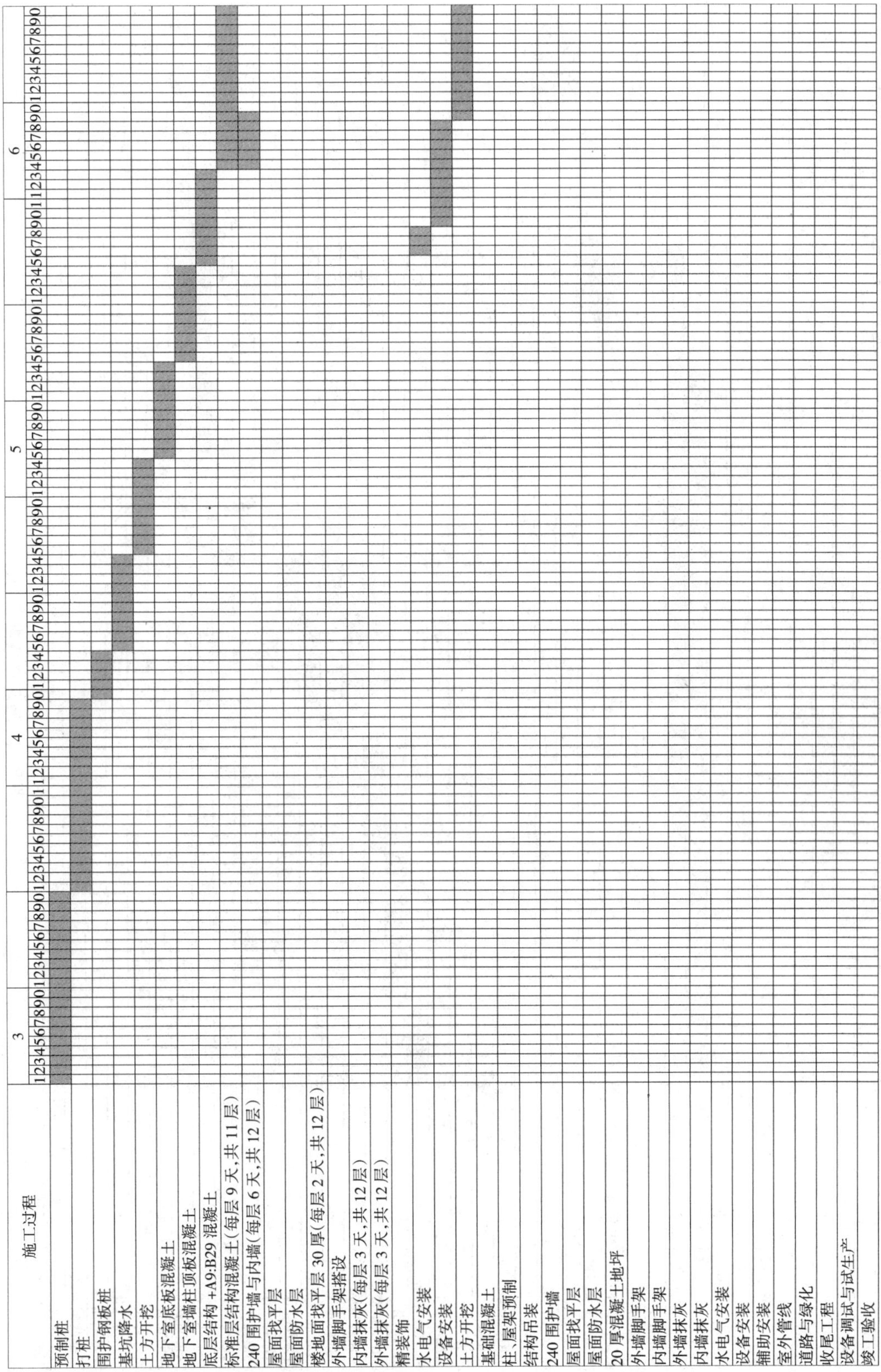

施工过程

- 预制桩
- 打桩
- 围护钢板桩
- 基坑降水
- 土方开挖
- 地下室底板混凝土
- 地下室端柱顶板混凝土
- 底层结构+A9-B29 混凝土
- 标准层结构混凝土（每层 9 天，共 11 层）
- 240 围护墙与内墙（每层 6 天，共 12 层）
- 屋面找平层
- 屋面防水层
- 楼地面找平层 30 厚（每层 2 天，共 12 层）
- 外墙脚手架搭设
- 内墙抹灰（每层 3 天，共 12 层）
- 外墙抹灰（每层 3 天，共 12 层）
- 精装饰
- 水电气安装
- 设备安装
- 土方开挖
- 基础混凝土
- 柱、屋架预制
- 结构吊装
- 240 围护墙
- 屋面找平层
- 屋面防水层
- 20 厚混凝土地坪
- 外墙脚手架
- 内墙脚手架
- 外墙抹灰
- 内墙抹灰
- 水电气安装
- 设备安装
- 辅助安装
- 室外管线
- 道路与绿化
- 收尾工程
- 设备调试与试生产
- 竣工验收

附图 4　施工进度表（一）

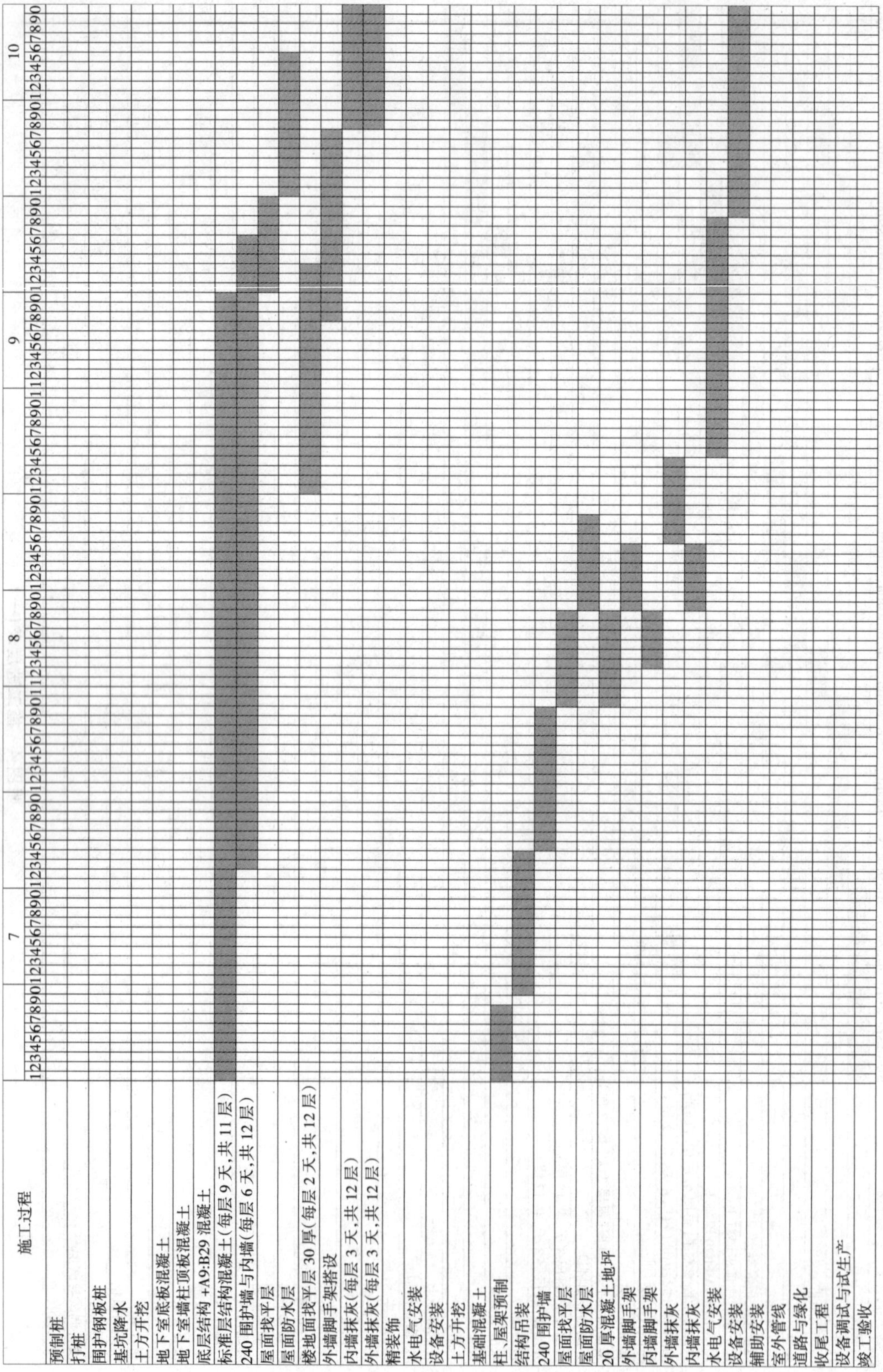
施工过程
7
8
9
10
1234567890
预制桩
打桩
围护钢板桩
基坑降水
土方开挖
地下室底板混凝土
地下室墙柱顶板混凝土
底层结构+A9:B29混凝土
标准层结构混凝土(每层9天,共11层)
240围护墙与内墙(每层6天,共12层)
屋面找平层
屋面防水层
楼地面找平层30厚(每层2天,共12层)
外墙脚手架搭设
内墙抹灰(每层3天,共12层)
外墙抹灰(每层3天,共12层)
精装饰
水电气安装
设备安装
土方开挖
基础混凝土
柱、屋架预制
结构吊装
240围护墙
屋面找平层
屋面防水层
20厚混凝土地坪
外墙脚手架
内墙脚手架
外墙抹灰
内墙抹灰
水电气安装
设备安装
辅助安装
室外管线
道路与绿化
收尾工程
设备调试与试生产
竣工验收

附图5 施工进度表（二）

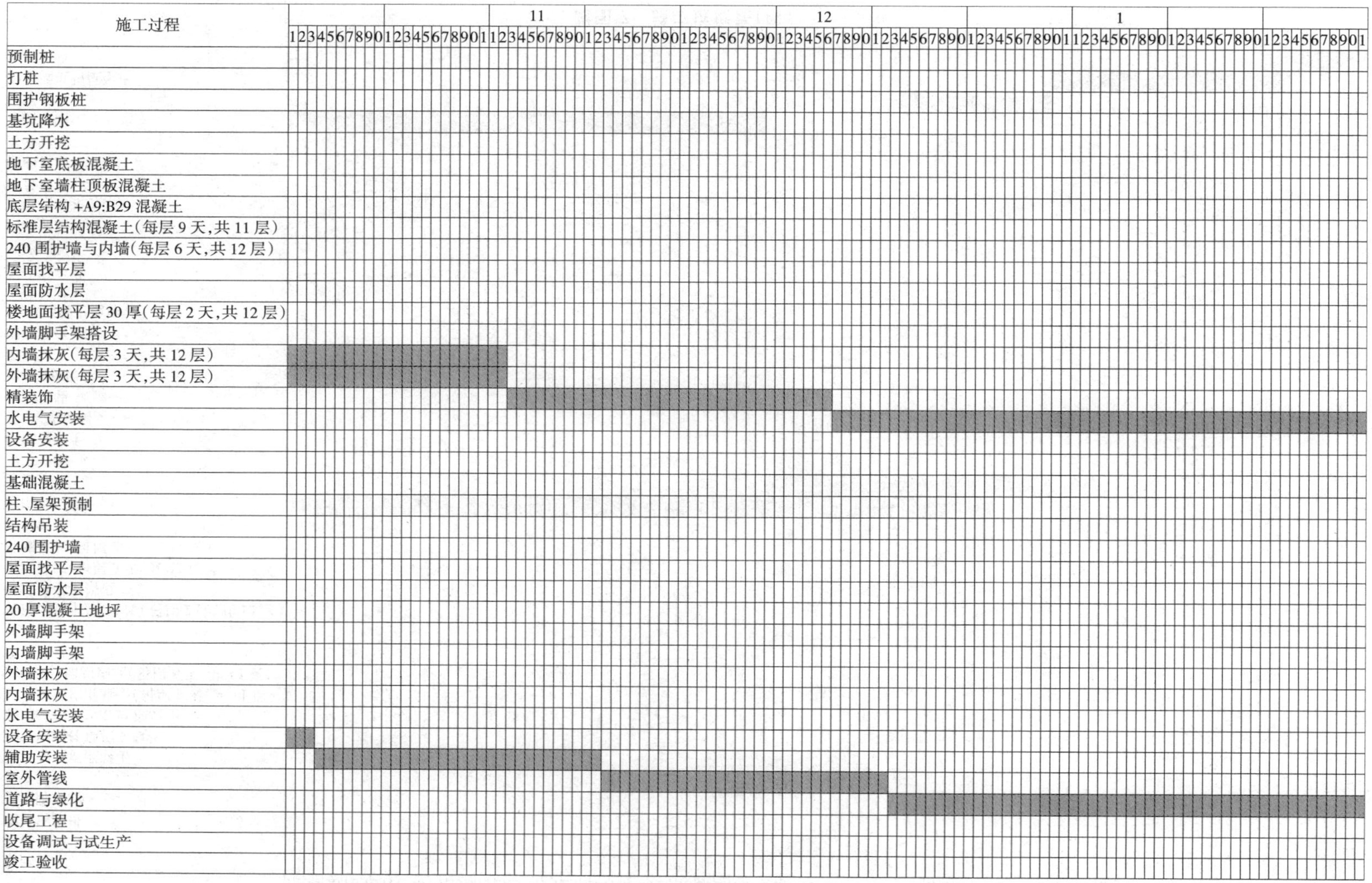
施工过程
11
12
1
1234567890
12345678901
预制桩
打桩
围护钢板桩
基坑降水
土方开挖
地下室底板混凝土
地下室墙柱顶板混凝土
底层结构 +A9:B29 混凝土
标准层结构混凝土(每层 9 天,共 11 层)
240 围护墙与内墙(每层 6 天,共 12 层)
屋面找平层
屋面防水层
楼地面找平层 30 厚(每层 2 天,共 12 层)
外墙脚手架搭设
内墙抹灰(每层 3 天,共 12 层)
外墙抹灰(每层 3 天,共 12 层)
精装饰
水电气安装
设备安装
土方开挖
基础混凝土
柱、屋架预制
结构吊装
240 围护墙
屋面找平层
屋面防水层
20 厚混凝土地坪
外墙脚手架
内墙脚手架
外墙抹灰
内墙抹灰
水电气安装
设备安装
辅助安装
室外管线
道路与绿化
收尾工程
设备调试与试生产
竣工验收

附图 6　施工进度表(三)

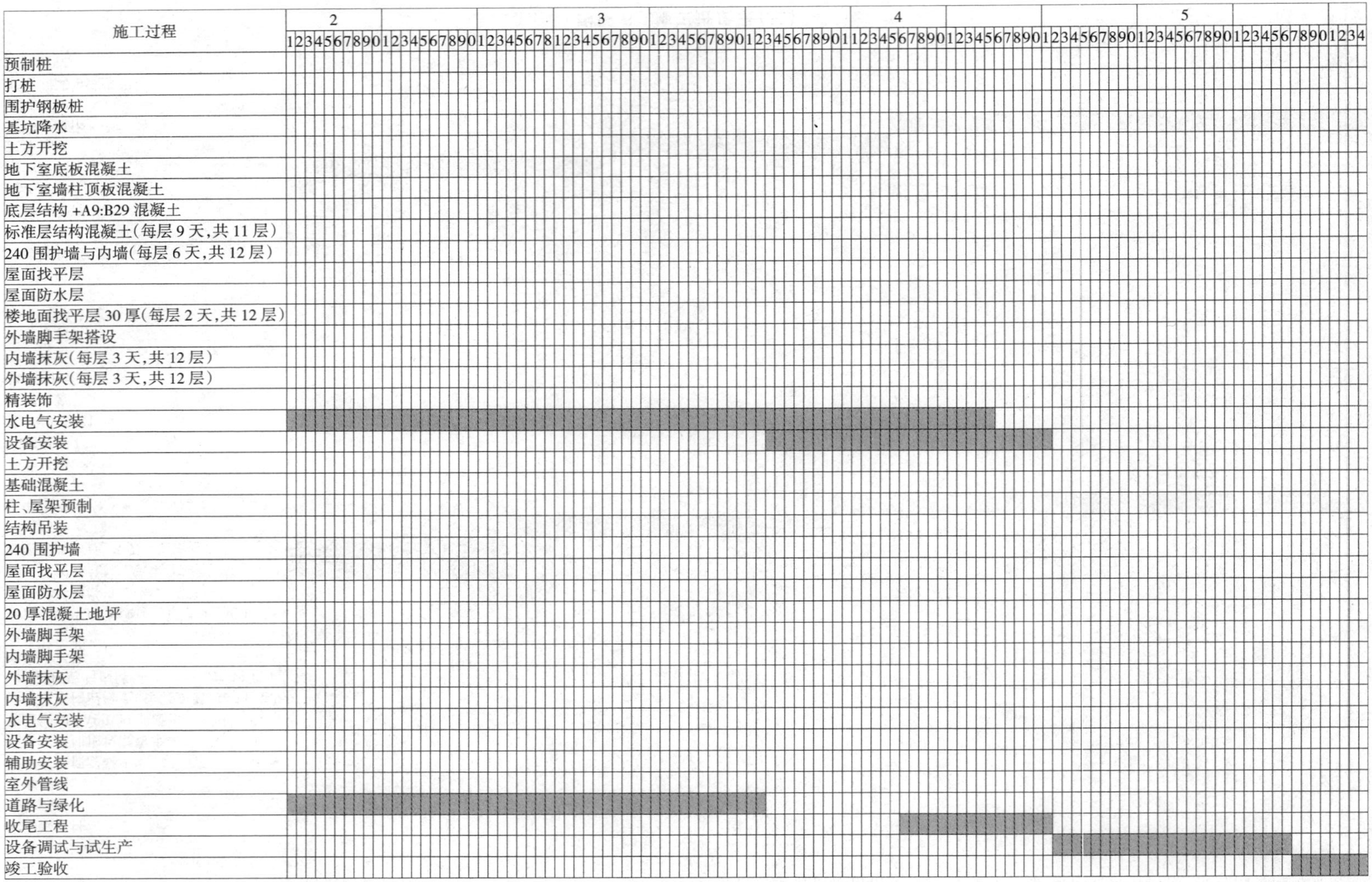
施工过程
2
3
4
5
1234567890123456789012345678123456789012345678901234567890112345678901234567890123456789012345678901234567890123 4
预制桩
打桩
围护钢板桩
基坑降水
土方开挖
地下室底板混凝土
地下室墙柱顶板混凝土
底层结构 +A9:B29 混凝土
标准层结构混凝土(每层 9 天,共 11 层)
240 围护墙与内墙(每层 6 天,共 12 层)
屋面找平层
屋面防水层
楼地面找平层 30 厚(每层 2 天,共 12 层)
外墙脚手架搭设
内墙抹灰(每层 3 天,共 12 层)
外墙抹灰(每层 3 天,共 12 层)
精装饰
水电气安装
设备安装
土方开挖
基础混凝土
柱、屋架预制
结构吊装
240 围护墙
屋面找平层
屋面防水层
20 厚混凝土地坪
外墙脚手架
内墙脚手架
外墙抹灰
内墙抹灰
水电气安装
设备安装
辅助安装
室外管线
道路与绿化
收尾工程
设备调试与试生产
竣工验收

附图 7　施工进度表(四)

五、施工准备与资源配置计划

(一) 施工准备

1. 人员组织准备

根据本工程施工的特点,为优质高效地完成各项施工任务,选派具有一级建造师执业资格的×××同志担任项目经理,并配备具有丰富施工经验的优秀管理人员组成项目班子,以确保本工程的目标完成。

2. 劳动力准备

本工程按立体交叉方式组织施工,同时施工的工作面较多,局部劳动力密集,总体劳动力散布面大,多工种专业配合施工的要求高,各个施工阶段的用工量大。抽调公司内技术水平高、作业能力强的施工队伍,以满足本工程劳动力组织的需要。

3. 周转材料和机械准备

本工程各类施工原材料品种较多,质量要求高,且工期紧,周转材料和机械设备用量较大,应在施工前及时落实材料供应商,拟订材料和机械设备的进场计划。了解好现场的运输路线,可迅速组织材料和机械设备进场施工。

4. 施工技术准备

(1) 根据业主提供的水准点和坐标,了解现场水准和高程引测点,制定测量方案,把水准点和坐标引测至施工现场,设置施工控制轴线网和临时水准点,建立坐标控制网,并进行技术复核。

(2) 组织公司有关技术人员及拟委派的项目部技术人员熟悉工程图纸和技术规范,明确施工技术要求和质量标准,提出有利于工程质量和施工的合理化建议,供建设单位和设计单位参考。

(3) 收集各项与工程施工有关的技术资料,组织相关人员进行分析,针对工程的特点,对主要分部分项工程编制施工方案和施工指导书,对各工种班组长进行施工前的技术交底。

(4) 组织人员勘察施工现场,详细了解周围环境情况,进一步优化施工方案,以节约成本和保证施工质量。

(5) 收到施工图后,立即组织施工技术人员认真研究施工图纸和学习与之相关的规范规程,领会设计意图,做好图纸会审和施工前的各项技术准备工作。

(6) 针对工程特点编制详细的施工组织设计,合理安排施工顺序,优化施工方案,并采取有效的保证质量、安全文明施工措施。

(7) 对重要分项工程采用的新材料、新工艺提早做出试验和培训计划,以确保正确运用。

(8) 做好零配件、预埋件翻样及加工制作计划,编制好成品、半成品、低值易耗品等的用量计划,并由材料供应部门及早做好货源组织工作。

(9) 及时做好施工预算,将各分部分项工程的人工用量和材料消耗进行倒排,确保施工过程中不出现窝工现象。

5. 开工准备

积极配合业主创造开工条件,将施工用水、用电、通信接至现场,布设现场排水设施和办公设施,保证工程准时开工。同时,及时与周边有关单位、部门取得联系,开展协调工作,张贴安民告示,公布监督电话,以保证工程顺利进行。

6. 施工现场准备

(1) 确保施工现场水通、电通、通信畅通,按要求设置临时消火栓。

(2) 道路两侧、办公区及拟建建筑物四周均设置排水明沟,材料堆放场地放坡排水至排水窨井,工地污水经排水沟排至二级沉淀池沉淀后排入城市市政排水干道。

(3) 实行封闭式施工,积极准备施工机械进场和搭设临时设施。

(4) 大门入口处悬挂"七牌二图"等标语牌,建立宣传画廊,营造浓厚的生产气氛。

(二)资源配置计划

1. 劳动力配置计划

根据施工进度计划确定各施工阶段劳动力配置计划如附表 2 所示。

附表 2　劳动力配置计划

序号		主要施工过程名称	工程量		时间定额		总劳动量/工日	持续时间/d	每天劳动量/人
			单位	数量	单位	数量			
综合楼	1	预制桩	m³	1 395	1/m³	0.78	1 088	20	55
	2	打桩	m³	1 395	1/m³	0.51	711	20	36
	3	围护钢板桩	t	143	1/t	1.32	189	5	38
	4	基坑降水(井点管)	套	2	1/套	34	68	10	7
	5	土方开挖	m³	8 500	1/m³	0.04	340	10	34
	6	地下室底板混凝土	m³	1 521	1/m³	4.7	7 149	10	715
	7	地下室墙柱顶板混凝土	m³	922	1/m³	2.47	2 277	10	228
	8	底层结构混凝土	m³	663	1/m³	2.77	1 836	10	184
	9	标准层结构混凝土(每层)	m³	398	1/m³	2.63	1 047	9	116
	10	240 围护墙与内墙(每层)	m²	421	1/m²	0.95	400	6	67
	11	屋面找平层	m²	949	1/m²	0.08	76	10	8
	12	屋面防水层	m²	996	1/m²	0.05	50	15	33
	13	楼地面找平层 30 厚(每层)	m²	759	1/m²	0.07	53	2	27
	14	外墙脚手架搭设	m²	7 840	1/m²	0.18	141	20	71
	15	内墙抹灰(每层)	m²	182	1/m²	0.31	56	3	19
	16	外墙抹灰(每层)	m²	171	1/m²	0.66	113	3	38
	17	精装饰						70	50
	18	水电气安装						130	80
	19	设备安装						30	30

序号		主要施工过程名称	工程量		时间定额		总劳动量/工日	持续时间/d	每天劳动量/人
			单位	数量	单位	数量			
单层厂房	1	土方开挖	m³	146	1/m³	0.03	4	3	5
	2	基础混凝土	m³	54	1/m³	3.66	198	11	18
	3	柱、屋架预制	m³	112	1/m³	3.02	338	20	18
	4	结构吊装	m³	1 255	1/m³	0.06	75	15	6
	5	240 围护墙	m²	1 682	1/m²	0.95	1 600	15	106
	6	屋面找平层	m²	1 426	1/m²	0.09	128	10	13
	7	屋面防水层	m²	1 497	1/m²	0.06	90	10	9
	8	20 厚混凝土地坪	m²	1 189	1/m²	1.6	1 902	10	190
	9	外墙脚手架	m²	2 297	1/m²	0.18	413	7	59
	10	内墙脚手架	m²	2 012	1/m²	0.18	362	7	52
	11	外墙抹灰	m²	2 319	1/m²	0.66	1 530	8	191
	12	内墙抹灰	m²	2 256	1/m²	0.66	1 489	7	212
	13	水电气安装						25	25
	14	设备安装						25	25
总体	1	辅助安装						30	30
	2	室外管线						40	40
	3	道路与绿化						50	50
竣工验收	1	收尾工程						15	15
	2	设备调试与试生产						25	25
	3	竣工验收						8	8

2. 物资配置计划

施工物资配置见附表 3～附表 5。

附表 3　大型机械及性能表

机械名称	型号	数量/台	性能	功率/kW
推土机	T3-100	2	3 030 mm	73
	上海-120	2	3 760 mm	99
液压挖土机	WY-60	3	0.6 m³	62
	WY-100	2	1 m³	103
轻型井点	V_6 型	6	7 m	8.3

机械名称	型号	数量/台	性能	功率/kW
履带式起重机	W50	1		66
	W100	2		88
	国庆1号	1		75
轨道塔式起重机	QT-10A	5	$H=51$ m $Q=4\sim10$ t $R=35\sim20$ m	52
爬升塔式起重机	QT-4	2	起升高度 60 m $Q=3\sim4$ t $R=20\sim15$ m	30
	QT-4/40	2	起升高度 110 m $Q=2\sim4$ t $R=20\sim11$ m	36
	QT-10	3	起升高度 160 m $Q=4.3\sim10$ t $R=35\sim20$ m	52
附着塔式起重机	88HC	3	$Q=2\sim6$ t $R=45\sim18$ m	44
	TN112	3	$Q=3\sim10$ t $R=50\sim15$ m	93
人货电梯	ST100A	3	提升高度 110 m $Q=2\times1$ t	11
	ST150	3	提升高度 60 m $Q=2\times2$ t	2×11
井架		10	提升高度 60 m $Q=0.5$ t	
混凝土搅拌机	JZC350	8	出料容量 350 t	
	JZC500	10	出料容量 500 t	
混凝土泵	HB60	2	最大排量 60 m³/h	55
	HB30	3	最大排量 30 m³/h	45

附表4　小型机械与机具

设备名称	型号	数量/台	规格	功率/kW
混凝土振动器	ZN50	32	插入式	1.1
	ZN70	20	插入式	1.5
	ZF11	25	平板式	1.1
	ZF15	21	平板式	1.5
钢筋切断机	GQ40	8	$\Phi6\sim40$	
	GW40	10	$\Phi6\sim40$	

设备名称	型号	数量/台	规格	功率/kW
钢筋对焊机	UN1-75	7	$\Phi6\sim28$	
	UN1-100	2	$\Phi6\sim35$	
木工机械	各类	30	锯、刨	$1\sim2$
拉杆式千斤顶	YL60	6		3
灰浆搅拌机	UJ325	10	容量 325 L	3
	UJZ200	18	容量 200 L	3

附表 5　周转材料

名称	型号	数量	规格
拉森板桩	Ⅱ型	大量	$W=874\ cm^3$
	Ⅳ型	大量	$W=2\ 037\ cm^3$
	Ⅴ型	大量	$W=3\ 000\ cm^3$
模板	组合钢模板	大量	各类
	大模板	1 500 m²	$3\times5,3\times4.4$ $3\times4,3\times3.3$ 3×2.8 等多类
	木板	大量	各类
	支模	大量	$\varphi48/3.5$
脚手	钢管	大量	$\varphi48/3.5$
	毛竹	大量	$5\sim6\ m$

六、施工技术方案

(一) 桩基工程

1. 工程概况

主楼基础为预制钢筋混凝土打入方桩,截面为 400 mm×400 mm,桩长 24 m,箱型基础,预制桩柱距 1 600 mm,满堂布置,柱顶标高 -5.800 m。

2. 桩的制作、起吊、运输和堆放

(1) 制桩地面要素土夯实,上铺 100 mm 厚道砟,浇筑 80 mm 厚 C20 混凝土,混凝土表面 20 mm 厚水泥砂浆找平,混凝土表面平整度在 2 m 长度上允许偏差 3 mm。四周有良好的排水措施。必须开暗浜和沟槽。

(2) 在制桩前,应画出每根预制桩的翻样图,并在翻样图上标明桩的型号、制作日期。每次桩浇筑完毕后,应在桩的桩顶处用红漆标明桩的型号、编号、制作日期和桩的主筋。

(3) 根据工期要求配置预制桩模板数量为 6 套。桩身模板采用定型钢模板散装散拆,桩尖模板采用木板,模板支护采用钢管,采用间隔重叠式浇筑,每间隔 750 mm 设置。

(4) 桩混凝土强度等级不低于 C30,粗骨料用 5～40 mm 碎石或卵石,用机械拌制混凝土,坍落度不大于 6 cm。桩混凝土浇筑应由桩头向桩尖方向或由两头向中间连续灌注,不得中断,并用振捣器捣实,接桩的接头处要平整,使上下桩能互相贴合对准。浇灌完毕应进行护盖,洒水养护不少于 7 d。邻桩与上层桩的混凝土浇筑须待邻桩或下层桩的混凝土达到设计强度的 30% 以后进行。混凝土接触面采用纸筋灰作为隔离剂,重叠层数一般不宜超过 4 层。桩预制时,每根桩不能一次性全面铺开,应采用阶梯式浇筑。混凝土浇筑机械选用 15 t 履带吊。

(5) 当桩的混凝土达到设计强度的 75% 后方可起吊吊运,吊点应系于设计规定之处。在吊索与桩间应加衬垫,起吊应平稳提升,避免撞击和振动。

(6) 桩运输时,强度应达到 100%。运输可采用平板拖车、轻轨平板车或载重汽车,装载时应将桩装载稳固并支撑绑牢固。选用 2 台 W1001 履带吊和 4～6 辆混凝土运输车辆,并配备 1 台汽车吊作为机动。

(7) 桩堆放时,应按规格、桩号分层叠置在平实的地面上,支撑点应设在吊点处或附近,上下层垫块应在同一直线上,堆放层数不宜超过 4 层。

3. 打桩

(1) 桩的就位与沉桩

混凝土预制桩达到设计强度标准值的 100% 和龄期达到 28 d 方可就位沉桩。打桩之前将桩吊立定位,一般利用桩架附设的起重钩吊装就位,或配 1 台起重机送桩就位。吊点采用一点吊,自桩顶往下 3 m 处,最大弯矩要小于管桩的允许弯矩值。沉桩时应控制其垂直度,桩身的垂直度由两台在地面上互为 90° 的经纬仪交互控制,精度为桩长的 1%,使桩架与桩身保持平行,即可锤击沉桩,并在沉桩中进行跟踪监测,指挥桩架保持其精度。

(2) 桩机的安装与就位

本工程打桩机械选用两台桩机,桩机选用 60P;桩锤选用 K-25 级,重 6.5 t,并采用 15 t 履带吊配合输送桩。桩机安装应严格按照桩机的使用手册进行,桩机下应铺设路基箱或钢板,桩机就位后检查桩帽、桩锤、桩身必须在同一直线上,确认其符合精度要求后方可施打。

(3) 打桩顺序

考虑到桩对土体的挤压作用,故采用自中间向两个方向对称进行的打桩顺序(附图 8),且要避免打桩影响邻近道路以及向同一个方向挤压,导致邻近道路的破坏及土体挤压不均匀。对同一排桩,采用间隔跳打的方式进行。打桩时注意桩的最后贯入度与沉桩标高满足设计要求,并注意防止桩顶的破碎和桩身出现裂缝。

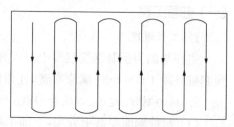

附图 8　打桩顺序

(4) 打桩方法

打桩以重锤轻打为主,打桩时,应用导板夹具或桩箍将桩嵌固在桩架两导柱中,桩位置及垂直度经校正后,可将锤连同桩帽压于柱顶,开始沉桩。桩顶不平,应用厚纸板垫平或用环氧树脂砂浆补抹平整,并要求及时更换,减少桩的损坏。开始沉桩时起锤轻压,并轻击数锤,桩锤行程控制在 2 m 左右以保护桩头,观察桩身、桩架、桩锤等垂直一致,然后可转入正常。打桩应用适合桩头尺寸的桩帽和强性垫层,以缓和打桩时的冲击,桩帽用钢板制成,并用硬木或垫层承托。停锤标准以标高为主,贯入度为辅,若贯入度较大或打不下去,应立即与设计单位联系。送桩完毕后,在桩孔内灌填充料,以防止意外伤亡。

桩须深入土时,应用钢制送桩放于桩头上,锤击送桩将桩送入。在软土地层施工,打桩初始,由于表面太易产生启锤困难,桩在自重与锤重的作用下启动下沉,控制沉桩速度。打桩工程应有专人记录锤击数、锤落度、贯入度、桩顶标高、偏位等。记录要求正确、及时,如实反映情况。

每根桩的打桩作业均在同一作业班次内打到规定标高,防止桩体固结,造成打桩困难。打桩过程中同时对桩的贯入度进行控制,采用标高和贯入度进行打桩质量的双控。如发生贯入度较大或较小,桩身突然倾斜、位移或锤击时有严重回弹、桩顶严重破碎或断柱等情况时应暂停施打,待有关人员研究应对的技术措施后,方可再行施打。

(5)接桩方法

预制钢筋混凝土长桩受运输条件和桩架高度的限制,一般分为数节,分节打入,通常采用硫磺胶泥接桩。当下节桩沉至桩顶离地面 400~600 mm 时,即可进行接桩,一节桩起吊时与下节桩对准,由经纬仪检查垂直度,两名焊工同时对称施焊,要求焊缝饱满,焊缝厚度按设计要求不夹渣。在上下桩连接处有焊缝时,应用铁片嵌实焊牢。

4. 安全注意事项

选用车辆运输桩时,装车堆放要捆牢,避免超高超宽。

所用索具要经常检查,如有问题,应立即更换或妥善处理。机械拆装前,应详细检查各部件是否安全可靠。

吊装时应遵守安全操作规程,环顾四周,不得碰撞,吊物下面不得有人穿行。

工作区严禁非工作人员入内。新工人进场,要进行安全教育。负责安全的工作人员应经常到现场检查,发现有不安全因素及时解决。

(二)降水施工

采用轻型井点降水,根据施工单位现有设备,采用 V_6 轻型井点,平面布置采用环形布置,滤管选用 1 m 长滤管,总管埋设在地下 1.5 m 处,标高 −1.500 m,井点管布置离坑边 0.7 m。位于车辆行驶路线上的井点管上部要采用钢板覆盖,防止井点管被压坏。井点布置如附图 9 所示。

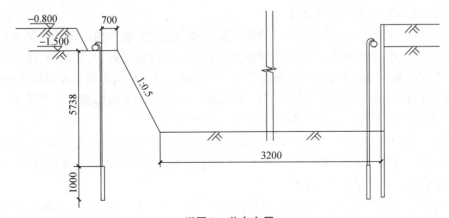

附图 9 井点布置

根据相关资料数据，采用环形布置，由于 $h \geqslant h_1 + \Delta h + iL = 5.2 + 0.5 + 0.1 \times 17.3 = 7.43(\text{m})$，$h_{\text{pmax}} = 7\ \text{m} < 7.43\ \text{m}$ 不满足要求。

因为地下水位离地面较浅，把总管埋在地下水位上，则 $h' = 6.78\ \text{m} < 7\ \text{m}$ 满足要求。

总管及井点降水数量计算，设计成无压非完整井。

$$h \geqslant h_1 + \Delta h + iL = 4.5 + 0.5 + \frac{1}{10} \times \left(0.7 \times 2 + 1 \times 2 + 30 + 4.5 \times \frac{1}{2}\right) \times \frac{1}{2} = 6.78(\text{m})$$

满足机械最大降水深度 7 m 的要求。

$$\frac{S}{S+l} = \frac{7}{7+1} = 0.875$$

$$H_0 \geqslant 1.84(S+l) = 1.84 \times 8 = 14.72(\text{m}), \quad H = 10 - 1.5 = 8.5(\text{m})$$

取 $H_0 = H = 8.5\ \text{m}$

$$X_0 = \sqrt{\frac{F}{\pi}} = \sqrt{\frac{\left(30 + 2 + \frac{5.5}{2} + 0.7 \times 2\right) \times (50 + 2 + 5.5 + 0.7 \times 2)}{3.14}} = 26.03(\text{m})$$

$$R = 1.95S\sqrt{HK} = 1.95 \times 7 \times \sqrt{8.5 \times 5} = 88.99(\text{m})$$

$$Q = 1.364K \frac{(2H_0 - S)S}{\lg(R + X_0) - \lg X_0} = 739.8(\text{m}^3)$$

$$q = 65\pi dl\sqrt[3]{K} = 65 \times 3.14 \times 38 \times 1 \times \sqrt[3]{5} = 13.27(\text{m}^3/\text{d})$$

$$n' = \frac{Q}{q} = \frac{739.8}{13.27} = 56(\text{根})$$

$$D' = \frac{l}{n} = \left(30 + 2 + \frac{5.5}{2} + 0.7 \times 2 + 50 + 2 + 5.5 + 1.4\right) \times \frac{2}{56} = 3.395$$

D 取 3 m，n 为 64 根，$n > 1.1n'$，井点管布置如附图 10 所示。

（三）土方开挖施工

根据工程实际情况以及施工单位拥有的设备，采用 WY-100 液压挖土机，并配合 5 辆运土卡车进行土方外运，开挖顺序为从基坑北面开始向南部推进，多层挖土，正向开挖，进入基坑时，需铺设道板及垫板以保证挖土机运行及工作安全。严禁超挖，局部地方因故超挖不得用松土回填，必须用碎石、黄沙或垫层混凝土填补。

（四）地下室钢筋混凝土工程施工

1. 底板大体积混凝土浇筑方法

由于底板面积较大，采用斜面分层浇筑方法。每台混凝土泵承担一定的浇筑面积，多台混凝土泵协调工作、整体浇筑。每一区域做到"斜面分层、薄层浇捣、自然流淌、循序渐进、一次到顶、连续浇捣"，混凝土浇捣斜面坡度为 1 : 5，混凝土斜面浇筑厚度以振捣器作用深度控制。混凝土浇捣时要均匀布料，覆盖完全。插入振捣间距不大于振捣器作用半径的 1.5 倍，振捣器应垂直插入下层混凝土中，使上下混凝土结合良好。

大体积混凝土施工易产生裂缝，产生的原因很多，如周围环境的湿度、混凝土的均匀性、分段是否妥当、结构形式等，但温度裂缝是重要因素。为了有效地控制有害裂缝的出现和发展，必须结合实际情况采取一定措施。

（1）采用低水化热的水泥（如矿渣硅酸盐水泥、火山灰质硅酸盐水泥、粉煤灰水泥等）配制混凝土。

（2）使用粗骨料，尽量选用粒径较大、级配良好的粗骨料，渗入粉煤灰等掺和料，或掺入相应的减水剂，改善和易性、降低水灰比，以减少水泥用量、降低水化热。

（3）选用较适宜的气温浇筑底板，尽量避开炎热天气，若气温很高（夏季施工）可以采用低温水或冰水搅拌混凝土，可对骨料喷水雾或冷气预冷，对混凝土运输车也应搭设避阳设施。

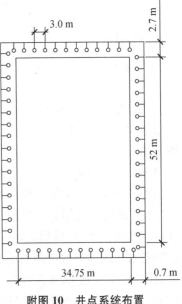

附图 10　井点系统布置

（4）为防止水泥水化热引起混凝土内部升温与外部温差过大而产生裂缝，混凝土应加强养护，待混凝土表面收光后，覆盖一层湿草袋，用 20～30 cm 高的自来水蓄水养护。

（5）在混凝土浇筑后，做好混凝土的保温保湿养护，缓缓降温，充分发挥徐变特性，减低温度应力。夏季要避免曝晒，注意保湿；冬季要采取措施保温，以免产生急剧的温度梯度。

（6）施工中在混凝土底板预留测温孔，采用电子测温计从浇筑 12 h 后开始测温，昼夜 24 h 连续测试，随时掌握混凝土内部温度变化，以指导养护工作顺利进行。

2. 地下室施工缝的留设

施工缝留设的原则：在剪力较小、施工方便处留设施工缝。对于柱留设于基础顶面、梁的底面；连板整浇梁留设在板底面上 20～30 mm 处；当板下有梁托时，留施工缝在梁托下部。单向板留设在平行于短边的任何位置；对于有主次梁的肋梁楼盖应该在次梁方向浇筑，施工缝留设于梁跨中 1/3 长度范围内。

本工程地下室施工缝设于地下室底板与墙体连接处，选用钢板止水带且高出底板顶面 250 mm。

施工缝的处理：待已浇筑的混凝土抗压强度达到 1.2 N/mm^2 时，再进行处理。在继续浇筑混凝土前，先清除垃圾、水泥薄膜及表面上松动砂石和软弱混凝土内与砂浆成分相同的 15～20 mm 厚的水泥砂浆一层即可继续浇混凝土。施工缝处的混凝土应特别注意细致捣实，使新旧混凝土结合紧密。

3. 模板选用与设计

地下室底板、梁、墙、柱等混凝土结构模板均采用组合钢模板。模板支撑采用 Φ48/3.5 钢管组成的排架支撑体系，沿高度范围 800 mm 设一道 Φ48 钢管连杆，确保稳定，墙板由双管围檩并由对拉螺栓固定，螺栓间距控制在横向 600 mm，垂直向 700 mm。

4. 钢筋工程施工

对于大直径钢筋（＞Φ28），采用锥螺纹连接；对于小直径钢筋（＜Φ14），采用绑扎连接；介于二者之间的采用对焊连接。

根据地下室底板钢筋的特点，具体绑扎顺序如下：

钢筋翻样、测量、弹线 → 排放保护层垫块 → 下层钢筋排放、绑扎 → 设置上层钢筋的支撑架→上层钢筋排放、绑扎→墙、柱预留钢筋绑扎。

闪光对焊焊接工艺：

（1）根据钢筋品种、直径和所用对焊机功率大小，可选用连续闪光焊、预热闪光焊、闪光—预热—闪光等对焊工艺。对于可焊性差的钢筋，对焊后宜采用通电热处理措施，以改善接头塑性。

（2）连续闪光焊的工艺过程包括连续闪光和顶锻。施焊时，先闪合一次电路，使两钢筋端面轻微接触，促使钢筋间隙中产生闪光，接着徐徐移动钢筋，使两钢筋端面仍保持轻微接触，形成连续闪光过程。当闪光达到规定程度后（烧平端面，闪掉杂质，热至熔化），即以适当压力迅速进行顶锻挤压，焊接接头即告完成。本工艺适用于对焊直径 18 mm 以下的 Ⅰ～Ⅲ级钢筋（HPB235～HRB400 级）。

（3）预热闪光焊的工艺过程包括一次闪光预热，二次闪光、顶锻。施焊时，先一次闪光，将钢筋端面闪平；然后预热，方法是使两钢筋端面交替地轻微接触和分开，使其间隙发生断续闪光来实现预热或使两钢筋端面一直紧密接触，用脉冲电流或交替地紧密接触与分开，产生电阻热（不闪光）来实现预热。二次闪光与顶锻过程同连续闪光。本工艺适用于对焊直径 20 mm 以上的 Ⅰ～Ⅲ级钢筋（HPB235～HRB400 级）。

（4）闪光—预热—闪光焊。工艺过程包括一次闪光、预热，二次闪光及顶锻。施焊时，首先一次闪光，使钢筋端部闪平，然后预热，使两钢筋端面交替地轻微接触和分开，使其间隙发生断续闪光来实现预热；二次闪光与顶锻过程同连续闪光焊。本工艺适于对焊直径 20 mm 以上的 Ⅰ～Ⅲ级钢筋（HPB235～HRB400 级）及 Ⅳ级钢筋（RRB400 级）。

（5）焊后通电热处理：方法是焊毕松开夹具，放大钳口距，再夹紧钢筋。焊后停歇 30～60 s，待接头温度降至暗黑色时，采取低频脉冲通电加热（频率 0.5～1.5 次/s，通电时间 5～7 s）。当加热至 550～600 ℃ 呈暗红色或橘红色时，通电结束，松开夹具，即告完成。

（6）为保证质量，应选用恰当的焊接参数，可根据钢筋级别、直径、焊机特性、气温高低、实际电压以及所选焊接工艺等进行选择，在试焊后修正。一般闪光速度开始时近于零，而后约 1 mm/s，终止时约 1.5～2 mm/s；顶锻速度开始的 0.1 s 应将钢筋压缩 2～3 mm，而后断电并以 6 mm/s 的速度继续顶锻至结束；顶锻压力应足以将全部的熔化金属从接头内挤出。

（7）焊接前应检查焊机各部件和接地情况，调整变压器级次，开放冷却水，合上电闸。钢筋端头应顺直，150 mm 范围内的铁锈、污物等应清除干净，两钢筋轴线偏差不得超过0.5 mm。

（8）对 Ⅱ级（HRB335 级）钢筋采用预热闪光焊时，应做到一次闪光，闪平为准；预热充分，频率要高；二次闪光，短、稳、强烈；顶锻过程快而有力。对 Ⅳ级（RRB400 级）钢筋，为避免过热和淬硬脆裂，焊接时要做到一次闪光，闪平为准；预热适中，频率中低；二次闪光，短、稳、强烈；顶锻过程，快而得当。

（9）不同直径的钢筋焊接时，其直径差不宜大于 2～3 mm。焊接时，按大直径钢筋选择焊接参数。焊接场地应有防风、防雨措施，焊后避免接头冷淬脆裂。焊接完毕，待接头处由白红色变为黑色，才能松开夹具，平稳取出钢筋，以免产生弯曲，同时趁热将焊缝的毛刺打掉。

5. 混凝土工程施工

（1）地下室墙、柱、梁、板混凝土采用商品混凝土，用混凝土泵车泵送，一次连续浇筑，以减少商品混凝土供应次数,缩短施工周期,加快施工进度。

(2)墙、顶板浇筑时,水平泵管布置在楼面上的钢管支架上。

(3)浇筑方法:墙板、柱混凝土浇筑时,应分层浇筑,每层高度不大于500,分层捣实,严禁一次堆至需要标高,钢筋密集区应采用人工塞锹进行施工。地下室浇筑顺序依次是柱、墙板→梁→楼板。

(4)浇筑混凝土时,原则上不得留设施工缝。凡遇不可避免的客观因素不得不暂停混凝土浇筑施工而留施工缝时,留置位置等均应严格执行施工规范要求。

(5)试块制作及混凝土养护:商品混凝土施工中,应按规范要求制作混凝土抗压强度试块及抗渗试块。为确保混凝土质量,必须对混凝土的坍落度进行测试。开始浇筑时应每车测试,稳定后应定期抽查测试。

6. 混凝土测温

(1)基础底板混凝土浇筑时应设专人配合预埋测温管。测温管的长度分为两种规格。测温线应按测温平面布置图进行预埋,预埋时测温管与钢筋绑扎牢固,以免位移或损坏。每组测温线有两根(即不同长度的测温线),在线的上端用胶带做上标记,便于区分深度。测温线用塑料袋罩好,绑扎牢固,测温端头不得受潮。测温线位置用保护木框作标志,便于保温后查找。

(2)配备专职测温人员,按两班考虑。对测温人员要进行培训和技术交底。测温人员要认真负责,按时按孔测温,不得遗漏或弄虚作假。测温记录要填写清楚、整洁,换班时要进行交底。

(3)测温工作应连续进行,在混凝土强度达到时间、强度要求并经技术部门同意后方可停止测温。

(4)测温时发现混凝土内部最高温度与外部温度之差达到25 ℃或温度异常,应及时通知技术部门和项目技术负责人,以便及时采取措施。

7. 混凝土养护

(1)混凝土浇筑及二次抹面压实后应立即覆盖保温,先在混凝土表面覆盖两层草席,然后在上面覆一层塑料薄膜。

(2)新浇筑的混凝土水化速度比较快,盖上塑料薄膜后可进行保温保养,防止混凝土表面因脱水而产生干缩裂缝,同时可避免草席因吸水受潮而降低保温性能。

(3)柱、墙插筋部位是保温的难点,要特别注意盖严,以防温差较大或受冻。

(4)停止测温的部位经技术部门和项目技术负责人同意后,可将保温层及塑料薄膜逐层掀掉,使混凝土散热。

(五)杯型基础施工

1. 挖土机械及方法

选用一台WY-100反铲挖土机进行杯型基础土方开挖,铲斗容量为1.0 m³,基坑尺寸为2 000 mm×2 000 mm,以便基础开挖。

采用沟端开挖法,反铲停于沟端,后退挖土,向沟一侧弃土或用汽车装运拉走。在机械开工后,基坑边的土由工人及时进行清理。

柱子与基础的连接为刚性连接,插入深度应满足柱纵筋锚固长度要求。为保证柱子吊装时的稳定性,还要使插入深度不小于柱子吊装时长度的5%。杯口底部在柱子吊装就位之前用细石混凝土找平,厚度为 50 mm。

2. 杯型基础模板支撑

杯型基础由于形状复杂,采用组合钢模板支撑。杯芯模板用钢定型模板做成整体的,杯芯模板外包钉薄铁皮一层。支模时,杯芯模板要固定牢固。

支模时,不但要控制基础中心线的位置,还应控制杯口面及杯底的标高;杯口外侧模及杯芯模板均用吊筋固定支撑在基坑两边,并用水平仪控制其上口标高。

杯型基础施工时要进行弹线,即垫层中心线、杯口面中心线和杯口水平线。

杯口混凝土浇筑施工时,应注意以下几点:

(1)混凝土应按台阶分层浇筑。

(2)浇筑杯口混凝土时,应注意杯口模板的位置,由于杯口模板易发生移位,浇筑混凝土时,四侧应对称均匀进行,避免将杯口模板挤向一侧,如附图 11。

(3)浇筑混凝土时,基础上段应防止混凝土从侧面模板底部溢出,形成"吊脚"现象。

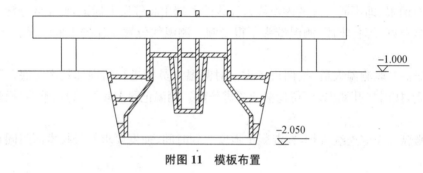

附图 11　模板布置

3. 施工工艺

(1)挖土。人工挖土、人工清土是最简单的方法,但进度慢、劳动强度大。当土方量大时应采用反铲挖土机挖去大部分土方,底下留 20 cm 左右用于人工清土,以保证基底土不受扰动。挖土时以灰线控制尺寸大小,以龙门板控制深度。清土时要按龙门板清出正确尺寸和标底高。

(2)浇筑垫层。四边土质良好的,可以以土壁作为垫层四周的模板,垫层上经抄平钉竹签定出标高,浇筑后按此标高抹平。

(3)放出基础边框线及十字交叉的轴线,并在边框线外支撑柱基第一台的侧模。支好侧模后,清扫内部垫层,绑扎基底钢筋,再支杯口处外周四侧模板,绑好杯口内构造钢筋,再吊杯口芯模,使浇筑混凝土之后形成安插柱子的杯口。钢筋保护层按规定垫好垫块。

(4)浇筑基础混凝土。应注意的是防止杯口芯模上浮,上浮会造成杯口内标高提高,对安装柱子造成困难,如果发生这种情况要凿去高出的部分,再进行找平等。防止芯模上浮必须由专人看模板,必要时在芯模内加压重。

(5)拆模。混凝土浇筑后 8~10 h 即可拆出芯模,并应量一下杯口深度是否足够,万一有上浮的现象,在混凝土强度低时较容易处理。然后拆除侧模,进行覆盖保护,也可在杯口中放水养护。

(6)进行清理后做基坑的回填土。回填土必须按规范规定分层、分次进行夯实,并应抽查土的密实度。在回填土的同时,应复核厂房的轴线、柱子的边线、杯口标高,并用墨线弹出,便于核查和吊装时使用。

(7) 结束工作。因为杯型基础上口标高都低于地坪标高,因此回填土后四周土应拍成坡度。杯口上应盖上木板,防止杂物落入杯口内,也起到安全防护作用。

(六) 土方回填与压实

1. 土料选择

填方土料应符合设计要求,保证填方的强度与稳定性,选择的填料应为强度高、压缩性小、水稳定性好、便于施工的土、石料。

本工程以开挖基坑时所挖的第二层(褐黄色黏土)作为回填土,若土方量不够,可外调。黏土的最优含水量为19%～23%,开挖的褐黄色黏土含水量大于此范围,故开挖土应翻松、晾干,使其含水量接近最优含水量。

2. 压实机械及方法

采用小型打桩机进行压实,在墙根、拐角等打桩机无法施展处用人工补偿进行。填土时应分层进行,并将透水性好的土层置于透水性差的土层下面,防止填方内形成水囊,并且保证填土具有一定的密实度。压实时,应使填土压实后的容重与压实机械在其上所加的功有一定关系,重碾压实;铺土厚度控制在 0.3 m 左右,减少机械的功耗费。

填土的压实性要求:

(1) 填土的压实系数应大于 0.90;

(2) 填土应尽量采用同类土填筑;

(3) 将土初步填平后,打夯要按一定方向进行,一夯压半夯,夯夯相接,行行相连;

(4) 纵横交叉,均匀分布,不留空隙;

(5) 填土时,如有地下水或滞水时,应将水抽干,并清理淤泥;

(6) 已填好的土如遭水浸,应把稀泥铲除后,方能进行下一道工序;

(7) 当天填土,应在当天压实。

(七) 模板工程

1. 柱模板(附图 12)

(1) 单块就位组拼的方法:先将柱子第一节四面模板就位,用连接角模组拼好,角模宜高出平模,校正调好对角线,并用柱箍固定。然后以第一节模板上依附高出的角模连接件为基准,用同样方法组拼第二节模板,直到柱全高。各节组拼时,要用 U 形卡正反交替连接水平接头和竖向接头,在安装到一定高度时,要进行支撑或拉结,以防倾倒,并用支撑或拉杆上的调节螺栓校正模板的垂直度。

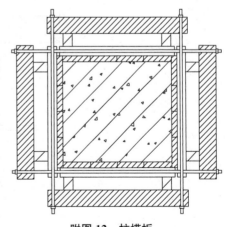

附图 12　柱模板

(2) 单片预组拼的方法:将事先预组拼的单片模板,经检查其对角线、板边平直度和外形尺寸合格后,吊装就位并作临时支撑。随即进行第二片模板吊装就位,用 U 形卡与第一片模板组合成 L 形,同时做好支撑。依次完成第三、第四片模板吊装就位组拼。模板就位组拼后,随即检查其位移垂直度、对角线情况,经校正无误后,立即自下而上地安装柱箍。全面检查合格后,与相邻柱群或四周支架临时拉结固定。

(3)柱模板安装时,应保证柱模的长度符合模数,不符合部分放到节点部位处理,或放到柱根部位处理;柱模设置的拉杆每边两根,与地面成45°夹角,并与预埋在楼板内的钢筋环拉结,钢筋环与柱距离为3/4柱高。

(4)施工要点:

①安装时先在基础面上弹出纵横轴线和四周边线,固定小方盘,在小方盘面调整标高,立柱头板。小方盘一侧要留清扫口。

②对通排柱模板,应先安装两端柱模板,校正固定,拉通长线校正中间各柱模板。

③柱头板可用厚25～50 mm长料木板,门子板一般用厚25～30 mm的短料或定型模板。短料在安装时,要交错伸出柱头板,以便拆模及操作工人上下。由地面起每隔1～2 m留一道施工口,以便灌入混凝土及放入振捣器。

④柱模板宜加柱箍,用四根小方木互相搭接钉牢,或用工具式柱箍。采用50～100方木做立楞的柱模板,每隔50～100 cm加一道柱箍。

2. 梁模板(附图 13)

(1)单块就位组拼:在复核梁底标高校正轴线位置无误后,搭设和调平模板支架,固定钢楞或梁卡具,再在横楞上铺放梁底板,拉线找直,并用钩头螺栓与钢楞固定,拼接角模,在绑扎钢筋后,安装并固定两侧模板,按设计要求起拱。

(2)单片预组拼:在检查预组拼的梁底模和两侧模板的尺寸、对角线、平整度及钢楞连接以后,先把梁底模吊装就位并与支架固定,再分别吊装两侧模板与底模拼接后设斜撑固定,然后按设计要求起拱。

(3)梁模板安装时,应特别注意梁口与柱头模板的连接;由于空调等各种设备管道安装的要求,需要在模板上预留孔洞时,应尽量使穿梁管道分散,穿梁管道孔的位置应设置在梁中,以防削弱梁截面,影响梁的承载能力。

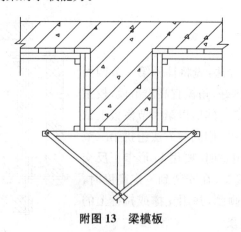

附图 13　梁模板

(4)施工要点:

①梁跨度在大于等于 4 m 时,底板中部应起拱;

②支柱之间应设拉杆,相互拉撑成一整体,离地面设一道。支柱下均垫楔子和通长垫

板,垫板下的土面应拍平夯实。

3. 墙模板(附图 14)

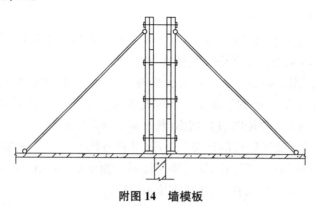

附图 14 墙模板

(1) 按位置线安装门洞口模板,下预埋件或木砖。

(2) 预组拼模板安装时,应边就位边校正,并随即安装各种连接件、支承件或加设临时支撑。必须待模板支撑稳定后才能脱钩。

(3) 组装模板时,要使两侧穿孔的模板对称放置,以使穿墙螺栓与墙模保持垂直。

(4) 相邻模板边肋用 U 形卡连接的间距不得大于 300 mm,预组拼模板接缝处宜满上。

(5) 预留门窗洞口的模板应有刚度,安装要牢固。

(6) 墙模板上预留的小型设备孔洞当遇到钢筋时,应设法确保钢筋位置正确,不得将钢筋移向另一侧。

(7) 墙模板的门子板一般应留设在浇捣的一侧,门子板的水平间距为 2.5 m。

(8) 施工要点:

①先弹出中心线和两边边线,选择一边先装,立竖挡、横挡及斜撑,钉模板;在顶部用线锤吊直,拉线找平,撑牢夯实。

②待钢筋绑扎好后,墙基础清理干净,再竖立另一边模板,程序同上,加撑头或对拉螺栓以保证混凝土墙体的厚度。

(八) 钢筋工程

1. 准备工作

(1) 本工程钢筋用量大,施工中重点抓好钢筋的材质、加工、连接、绑扎等问题,现场设加工车间,进行备料、断料、对焊、冷拉等工作。

(2) 为了保证钢筋位置正确,应预先弹线。

(3) 钢筋连接采用绑扎连接(对小直径钢筋)和电渣压力焊(对大直径钢筋),电渣压力焊适用条件为本工程中墙、柱竖直径≥Φ18 的钢筋接头。

(4) 所有箍筋都做了 135°弯钩,弯钩长度大于 10 d,以保证箍筋可以牢固地固定受力筋。

(5) 扎丝规格、长度要求:扎 Φ10 钢筋用 22 号扎丝,长度 180;扎 Φ20 钢筋用 20 号扎丝,长度 270;扎 Φ25 钢筋用 18 号扎丝,长度 340。

(6) 预制钢丝混凝土垫块,垫块厚度等于保护层厚度,垫块的平面尺寸为 50 mm×

50 mm,每平方米 4 个,柱墙上端加密用来防止浇筑时钢筋位移。预制马凳,每平方米 4 个,保证上下层钢筋各处距离相等。

2. 板与梁钢筋绑扎与安装

(1)顶板钢筋绑扎:顶板模板支设完毕,靠尺寸起拱方向找平后,在顶板模板上弹出顶板钢筋间距控制墨线,钢筋绑扎严格按钢筋放样线进行。

(2)顶板负弯矩钢筋绑扎:在上下筋间加垫钢筋马凳。下筋绑扎验收后,进行水电管线的铺设焊接,设架空马道,上铺脚手板供钢筋绑扎和混凝土浇筑时使用,以加强钢筋成品保护。浇筑混凝土时,钢筋工要随时看护钢筋,及时调整钢筋位置。

(3)板、次梁与主梁交叉处板的钢筋在上,次梁的钢筋居中,主梁钢筋在下。

(4)框架节点处钢筋穿插稠密部位时要保证梁顶面主筋的净距有 30 mm,以利于浇筑混凝土。范围内搭接,下部钢筋在柱、主梁支座附近搭接。

(5)框架梁上部钢筋在 $L/2$ 范围内搭接,下部钢筋在支座进行搭接。次梁钢筋在 $L/2$ 范围内搭接,下部钢筋在柱、主梁支座附近搭接。

3. 柱筋绑扎与安装

(1)对于柱子主筋等用加焊箍筋的措施保证位置正确。

(2)框架梁的钢筋放在柱的纵筋内侧。

(3)纵向钢筋接头处箍筋弯钩要绕过纵筋,且弯钩长度要加长。

(4)柱的接长采用电渣压力焊。

(5)柱上应预留拉结筋以便砌墙。

(6)构造柱的钢筋应该在底部用短钢筋焊在板钢筋上,预防浇筑时位移。

4. 剪力墙钢筋的绑扎与安装

(1)墙体钢筋绑扎:竖向钢筋绑扎时,先绑扎暗柱,主筋采用同定箍定位,然后绑扎几道水平固定钢筋,为了确保水平筋的顺直,需在墙体竖筋上标记出水平筋的位置,然后再进行绑扎。

(2)墙中竖筋接长采用电渣压力焊。

(3)墙筋在顶板处设置固定钢筋与板筋焊接,保证钢筋的位置。

5. 施工要点

(1)钢筋网的绑扎要求四周两行钢筋相交点应每点绑扎,中间部分间隔绑扎。

(2)双排钢筋要垫马凳。

(3)钢筋保护层采用砂浆凹型垫块,各部位保护层厚度见附表6。

附表 6　钢筋保护层厚度　　　　　　　　单位:mm

部位	外墙水平筋	墙体水平筋	梁主筋	楼板、阳台、楼梯	地下室底板
保护层厚度	25	15	25	20	35

(4)柱、梁箍筋转角与纵筋交叉点均应扎牢,以防骨架歪斜。

(5)钢筋焊接前要清除铁锈、熔渣及其他杂质,对氧割钢筋应清除毛刺残渣。

(6)电渣压力焊施焊焊接工艺程序:安装焊接钢筋→安放引弧铁丝球→缠绕石棉绳,装上焊剂盒→装防焊剂→接通电源(造渣工作电压 40～50 V,电渣工作电压 20～25 V)→造渣过程形成渣池→电渣过程钢筋端面融化→切断电源顶压钢筋完成焊接→取出焊剂查拆卸盒→拆除夹具。

（7）搭接钢筋应双面焊，如操作困难才可用单面焊。

（8）所有箍筋都要与受力筋垂直。

（9）受力筋的绑扎要错开，接头数量在同一截面上不超过50％。

（10）所有插入筋的规格、尺寸、间距及锚固长度都要满足设计要求。

（九）混凝土工程

1. 准备工作

（1）混凝土浇筑前应对钢模、预埋件、预留孔进行验收，并要做好隐蔽工程的验收。

（2）各节点部位的横竖向钢筋宜采用电焊进行定位以控制保护层和钢筋间距，对运输管下受泵送冲击较大部位应用拉条牵拉牢固，埋件的架立、固定必须牢固。

（3）模板内杂物、积水要清除干净，接缝要严密。

（4）混凝土泵管要固定牢固，尽量减少弯管。

（5）商品混凝土要保证连续提供，要保证泵车连续工作。

2. 混凝土的泵送

（1）所有结构混凝土原则上采用商品混凝土，能泵送到位的一律泵送，部分难以泵送到位的用塔吊吊至施工部位。

（2）由于本阶段施工混凝土是利用输送立管逐层向上送至操作层的，因此输送立管必须有牢固的固定方式，防止泵管过度移动破坏。

（3）泵送开始前先用适量水泥砂浆湿润管道内壁。夏季施工，在管径外应用湿润草包覆，并经常浇水散热。

（4）泵车进料口要有人负责进料，控制速度，以防吸入空气造成堵管。

（5）为防止堵管，喂料斗上要有人负责将大石块和杂物检出。

（6）混凝土泵车出料口的地面输送管上应附加一个止流阀，如泵送过程中断，可及时阻止立管中的混凝土倒流。泵送过程中管道发生堵塞时应及时清除并用水冲洗干净，泵送间歇时间超过初凝或出现离析现象时，应立即冲洗管道内残留的混凝土。

（7）当泵送困难时不可强行压送，应检查管路，并减慢压送速度或使泵反转。

（8）泵送混凝土施工结束后，应立即清理泵管内的残留混凝土，并及时进行整修保养。

3. 混凝土的浇筑

（1）上部结构柱、墙、梁、板同时浇筑。浇筑时严格按照柱、墙、梁、板的浇筑顺序进行。

（2）浇筑时如发现模板、支架、钢筋、预埋件或预留孔移位时要停止浇筑，并应在已浇混凝土初凝前纠偏。

（3）浇筑竖向结构时应分层布料，用振捣器振捣密实。

（4）振捣器插点要均匀排列，移动间距400 mm，振捣器要快插慢拔，并要控制好振捣时间。

（5）框架柱内应预放振捣器并随混凝土的浇筑提升振捣。

（6）要控制好混凝土的级配和坍落度，确保混凝土的可泵性。在施工过程中，每隔2～4 h检查一次，如发现坍落度有偏差应及时调整。

（7）楼板、梁的混凝土浇筑振捣后应刮平，待初凝后再用铁板压实、扫毛。

（8）混凝土振捣时间为 15～30 s，振捣至砂浆上浮石子下沉，且不再出现气泡。

4．试块留设

（1）每工作台班不少于一组。

（2）连续浇筑混凝土每 100 m³ 不少于一组。

（3）每层留设一组，每组三块。

5．混凝土的养护

（1）当混凝土浇筑完成后，以塑料布或湿草帘覆盖。

（2）浇筑完毕后应在 12 h 内浇水养护。

（3）终凝后洒水养护，每昼夜浇水次数不少于 4 次，保证混凝土表面始终处于湿润状态。

（4）养护不得小于 7 d。

（5）养护到强度达到 1.2 MPa 方可准许人员往来和支模。

6．输送管的布设

（1）布置水平管时，混凝土浇捣方向与泵送方向相反；布置向上垂直管时，混凝土浇捣方向与泵送方向相同。

（2）混凝土泵的位置距垂直管应有一段水平距离，其水平管的长度与垂直管高度的比值大于 1：4。

（3）垂直立管布置在楼内电梯井内，将立管用抱箍固定在柱子或墙上，逐层上升到顶，应保持整根垂直管在同一垂线上。

7．施工缝的留设

（1）施工缝的留设原则是：剪力较小、施工方便处留设施工缝。

（2）主楼结构分层浇筑，每层的施工缝留于楼板顶面处。

（3）柱留设于基础顶面，梁的底面；连板整浇梁留设在板底 20～30 cm 处；单向板留设在平行于短边的任何位置；对于有主次梁的肋梁楼盖应沿次梁方向浇筑，施工缝留设于梁跨中 1/3 长度范围内。

（4）由于主楼与厂房之间的高度差较大，故在两者连接处留一条 50 mm 的沉降缝，并确保两者之间连接的质量。

（十）脚手架工程（附图 15）

1．搭设顺序

摆放扫地杆（贴近地面的大横杆）→逐根竖立立杆，随即与扫地杆扣紧→装扫地小横杆并与立杆或扫地杆扣紧→安装第一步大横杆（与各立杆扣紧）→安装第一步小横杆→安装第二步大横杆→安装第二步小横杆→加设临时斜撑杆（上端与第二步大横杆扣紧，在装设两道连墙杆后可拆除）→安装第三、四步大横杆和小横杆→连墙杆→接立杆→加设剪刀撑→铺脚手板。

2．脚手架搭设措施

脚手架搭设技术要求：总安全系数，按允许应力计算不少于 3；大小横杆的允许拱度不大于杆长的 1/150；立杆的垂直度偏差不大于立杆全长的 1/200。

脚手架搭设标准：横平竖直，连接牢固，底脚着地，层层拉牢，支撑挺直，畅通平坦，安全设施齐全、牢固。

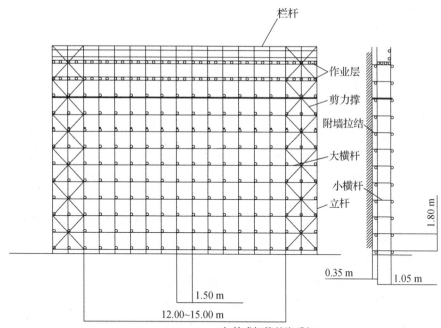

附图 15　脚手架构造

脚手架立杆基础周围回填土必须夯实,整平后铺 20 cm 厚道渣,浇 10 cm C15 素混凝土。用 5 cm 板作垫木,并设扫地杆。做好排水处理。

搭设立杆纵向间距 1.6 m,横向间距 1 m,从第一步起的步高均为 1.6 m,从第二步起脚手架的外侧设 1 m 高的防护栏杆和 40 cm 高梯脚及 18 cm 的踢脚板,并且采用安全网围护。

钢扣件脚手架的底部立杆应采用不同长度的钢管参差布置,使相邻两根立杆上部、接头相互错开,不在同一平面上,以保证脚手架的整体性。扣件的螺栓脚手架的立杆都应垂直立稳,底部都应用牵扣,横楞相互连接。

剪刀撑的设置:在脚手架外侧每不大于 9 m 设一组,斜杆用长钢管与地面成 45°～60°角,剪刀撑钢管的接长接头采用搭接方法,搭接长度不小于 40 cm,并采用两只转向扣件销紧。

脚手架与建筑物通过预埋件连接,确保脚手架的稳定。

脚手架每步搁栅上满铺脚手笆,脚笆四周用 18 号钢丝扎牢。

脚手架搭设顺序:立杆→横楞→牵杆→搁栅→剪刀撑→脚手笆→防护栏杆→踢脚杆→安全网。根据施工需要搭设"之"字形人行斜道。

脚手架拆除前必须设置警戒和派专人监护,不准人员进出。拆除顺序自上而下逐步拆除,拆除顺序为:脚手笆→栏杆→剪刀撑→搁栅→牵杆→横楞→立杆,做到一步一清。

拆下的扣件必须放入容器内,不准往下乱扔,拆杆件应在脚手架上分类堆放整齐并及时吊运下来,严禁高空抛扔。

3. 脚手架的安全措施

作业层距地面高度大于 2.5 m 时,在其外侧缘必须设置挡护高度大于 1.1 m 的栏杆和挡脚板,且栏杆间的净空高度应小于 0.5 m。

临街脚手架,架高大于 25 m 的外脚手架以及在脚手架高空落物影响范围内同时进行其他施工作业或有行人通过的脚手架,应视需要采用外立面全封闭、半封闭以及搭设通道防护棚等适合的防护措施。

架高 9～25 m 的外脚手架,可视需要加设安全立网维护。

挑脚手架、吊篮和悬挂脚手架的外侧面应按防护需要采用立网维护。

架高大于 9 m,未做外侧面封闭、半封闭或立网维护的脚手架应按以下规定设置首层安全网和层间网:第一,首层网应距地面 4 m 设置,悬出宽度应大于 30 m;第二,层间网自首层网每隔三层设一道,悬出高度应大于 3 m。

外墙施工作业采用栏杆或立网围护的吊篮,架设高度小于 6.0 m 的挑脚手架、挂脚手架和附墙升降脚手架时,应于其下 4～6 m 起设置两道相隔 3 m 的随层安全网,其距外墙面的支架宽度应大于 3 m。

上下脚手架的梯道栈桥、斜梯、爬梯等均应设置扶手、栏杆或其他安全防护措施并清除通道中的障碍,确保人员上下的安全。

4. 脚手架的养护措施

脚手架验收:由工地项目经理或安全员组织有关人员进行分层分段按脚手架验收单内容验收,合格后验收人员签字挂牌方可使用。

脚手架必须每月进行定期大检查,每周组织一次小检查。发现隐患要立即进行加固,梅雨季节、台风暴雨期间要加强检查,增加检查次数。

脚手架在一个楼面施工完成后必须清理一次。按建筑面积每 200 m² 配一支灭火器,在过道及转角明显处挂好。

(十一) 单层工业厂房吊装工程

1. 起重机械的确定

(1) 起吊构件重量计算(根据相关资料数据)

①单个屋架重量

$25 \times 2 \times [12 \times 0.24 \times 0.22 + (3.07 + 3.02 \times 3) \times 0.24 \times 0.25 + (1.517 + 2.752 + 2.415) \times 0.12 \times 0.12 + 0.12 \times 0.14 \times (3.035 + 3.636 + 3.380)] = 81.3(kN)$

②单个排架柱的重量

$A = 0.4 \times 0.8 - 2 \times (0.45 + 0.50) \times 0.15 \times 0.5 = 0.1775$

则单个排架柱的重量为:

$25 \times [4.2 \times 0.4 \times 0.5 + 0.75 \times 1.15 \times 0.4 + 0.3 \times 0.4 \times 0.8 + 0.1775 \times 7.2 + 2.15 \times 0.4 \times 0.8] = 81.2(kN)$

其他构件重量在选择起吊时不起决定性作用,无须计算。

(2) 起重高度计算

①最大起重高度

$H = h_1 + h_2 + h_3 + h_4 = 14 + 0.4 + 1.89 + 6 = 22.29(m)$

②最小杆长

$\alpha = \arctan \left(\frac{h}{a+g} \right)^{\frac{1}{3}} = \arctan \left(\frac{14}{3+1} \right)^{\frac{1}{3}} = 56.6°$

$L = l_1 + l_2 = \frac{h}{\sin\alpha} + \frac{a+g}{\cos\alpha} = \frac{14}{\sin 56.6°} + \frac{3+1}{\cos 56.6°} = 24.12(m)$

（3）起重机械的选用

吊装机械采用 W1-W100 型履带式起重机。

技术性能：吊臂长度选用 30 m，最大起重高度 26.5 m，最小幅度 8 m。

主要外形尺寸：$A=4.5$ m，$E=2.1$ m，$F=1.6$ m，$B=3.2$ m。

起重半径：$R=F+L\cos\alpha=15.38$ m。

2. 预制工程

（1）预制构件的制作

排架柱采用两层叠浇，跨外斜向布置。

屋架采用三层叠浇，跨内斜向布置。

（2）柱子的制作

①柱子模型的铺设

柱子成形采用平卧支模，要求模板架空铺设，基底地坪必须夯实。铺板或钢模底的横楞间距不大于 1 m，底模宽度应大于柱的侧面尺寸，牛腿处应更宽些。侧模高度应同柱的宽度尺寸相同，其目的是便于浇筑后抹平表面。模板应支撑牢固，防止浇灌时脱开、胀模、变形，而使构件外形失真不合要求，出现不合格构件。柱长、柱宽等尺寸要准确。

②绑扎柱子钢筋

柱子钢筋应按施工图的配筋进行穿箍绑扎。应注意的是，牛腿处钢筋的绑扎和预埋铁件的安装，以及柱顶部的预埋铁板安装，都要做到钢筋长短、规格、数量，箍筋规格、间距正确无误。最后垫好保护层垫块，并进行隐蔽检查验收。

③浇筑混凝土

浇筑时认真振捣，混凝土水灰比和坍落度应尽可能小。尤其边角处要密实，拆模后棱角清晰美观。浇筑后要拍抹平整，最后用铁抹子压光。

④养护

待表面硬化、手按无痕时，覆盖草帘浇水进行养护。养护要由专人按规范进行，以保证混凝土强度的增长。

⑤拆模

为提高模板周转，2～3 d 后可拆除侧模，拆时应防止棱角损伤。应在混凝土强度达到 70% 以上后，适当抽去横楞（最后间距不大于 4 m）和部分底模。最好的办法是支模时就应考虑拆模，提高模板利用率。最后的柱子支座在若干根横楞上，待吊装后全部撤走剩余模板。

（3）屋架的制作

①模板的制作

屋架制作都采用卧式。由于其形状复杂，因此，为节省模板而采用夯实地坪作为底模，在其上按屋架形状浇筑 5 cm 细石混凝土（仅浇有屋架弦杆部分），然后在其上用 1∶2 水泥砂浆抹平压光。要求所有点均应在同一水平面上，要用水准仪检查校核，误差不超过 2 mm。然后支撑弦杆的侧模板。因为上弦为多边形或近乎拱形，所用模板应用薄板，便于弯曲。侧模下边用木桩加木楔固定，上边用门形铁件卡住，这样浇筑混凝土时，就不会侧移变形。为了节省模板，屋架的腹杆都可以另行预制，在支上下弦屋架模板时，按图对号将杆两头转入节点模板之中即可。由于腹杆及弦杆断面尺寸小，安装时要在杆下垫木方找平。

②钢筋绑扎

钢筋绑扎中主要是要放置好腹杆伸入的锚固筋,尤其拉杆必须充分锚固好。其次是放置预应力埋置管的管架,并让埋置的管子顺利通过。再在屋架上弦预埋铁板,与下弦交会处屋架的支承端节点处有端头铁板、螺旋形钢筋。最后是预埋管与铁板处的连接。这些都是钢筋绑扎时要木工配合协作做好的工序。

③浇筑混凝土

由于屋架弦杆的断面相对较小,因此,振捣棒最好用 Φ30 或用振捣片。混凝土的粗骨料可采用 0.5～2.5 cm 的粒径。水灰比及坍落度要小,能施工操作即可,因为水灰比过大易产生收缩裂缝。节点处振捣必须认真仔细,并振捣密实。尤其是预应力屋架,其支撑处的端节点一定要密实,防止张拉时压水报废。混凝土浇好后,外露面要用抹子抹平和压光,抹压要分两次,可以减少表面收缩裂纹。浇捣时下料,一定要人工用铁锹往内装料,不能用小车直接倒入模板。每榀屋架应有一组试块。

④养护

屋架养护一定要用草袋包裹覆盖,再浇水养护,严禁暴晒和只浇水不覆盖的养护。养护要派专人负责。由于养护不当,表面产生粉化状态而降低强度的质量事故亦是时有发生,因此,不能小视断面较小构件的养护工作。

⑤拆模

当屋架的混凝土强度达到 5 MPa 后,即可拆除侧模,并进行模板清理。在下层屋架表面刷上隔离剂之后(近年也有用塑料薄膜分隔的),即可将侧模移上一层支撑第二榀叠浇的屋架。

⑥注意事项

采用非正式模板作底模的,如前述的混凝土底模或砖底模施工时,地面一定要夯实。施工中包括养护均不能使水泡浸地面,以致造成地坪下沉而引起屋架折断。如施工无把握的,还是用正式模板,用木方或钢管架起支模。

具体布置见附图 16。

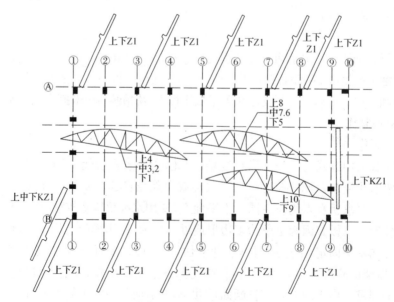

附图 16　预制构件布置图

3. 吊装前构件堆放

屋架采用斜向堆放的方法,屋架间的水平距离为一个柱距。具体堆放方法见附图 17。

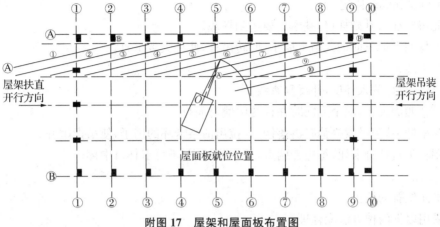

附图 17　屋架和屋面板布置图

4. 构件吊装工艺

1) 柱的吊装(附图 18)

(1) 准备工作:

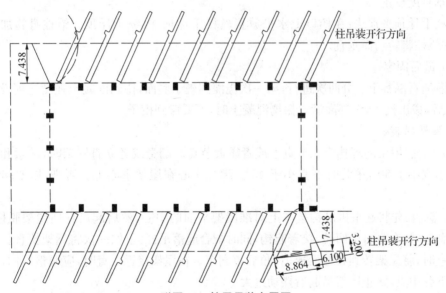

附图 18　柱子吊装布置图

①现场预制钢筋混凝土柱,用起重机将柱身反转 90°角,使小面朝上,并移至吊装位置堆放。现场预制位置尽量在杯口附近位置,使吊装时吊车能直接吊起插入杯口而不用走车。

②检查厂房的轴线和跨距。

③清除基础杯口中的垃圾,在基础杯口的上面、内壁和底面弹出中线。

④在柱身上弹出中线,可弹三面,两个小面和一个大面。

⑤根据各柱牛腿面到柱脚的实际长度,用水泥砂浆或者细石混凝土补抹杯口,调整其标高。

（2）绑扎：柱的绑扎采用一点绑扎法。

（3）起吊：采用单机旋转法。

（4）就位和临时固定

①先将柱插入基础杯口，基本上要送到杯底。

②在柱的上风方向插入两个撬子，回转吊杆，使柱大致垂直。

③对中线。

④落钩，将柱放入杯底，并反复查线。

⑤打紧四周楔子，两个人同时在柱的两侧对面打。

⑥落吊杆，落到吊索松弛时再落钩，并拉出活络卡环的销子，使吊索敞开。

⑦用石头将柱脚卡死，每边卡两点，要卡到杯底，不可卡杯口中部。

（5）校正

①平面位置的校正

可采用以下两种方法配合进行。

钢钎校正法：将钢钎插入基础杯口下部，两边垫以旗形钢板，然后敲打钢钎移动柱脚。

反推法：假定柱偏左，须向右移，先在左边杯口与柱间空隙中部放一大锤，如柱卡住了石子，拔走或打碎，然后在右边的杯口上放丝杆千斤顶推动柱，使之绕大锤旋转以移动柱。

②垂直度校正

丝杠千斤顶平顶法：在杯口上水平放置丝杠千斤顶，操纵千斤顶。给柱身施加一水平力，使柱绕柱脚转动而垂直。

（6）最后固定

浇灌细石混凝土。分两次进行，第一次浇灌到楔子底面，待到混凝土强度达到设计强度的 25%后，拔出楔子，全部灌满。振捣混凝土时，不要碰到楔子。

2）屋架吊装

（1）绑扎：屋架的绑扎应在节点上或者靠近节点。翻身或者立直屋架时，吊索和水平线的夹角不宜小于 60°，吊装时不宜小于 45°。绑扎中心在屋架重心上。否则，屋架起吊时会倾翻。

（2）翻身：先将起重机吊钩基本上对准屋架平面的中心，然后起吊杆使屋架脱模，并松开转向刹车，让车身自由回转，接着起钩，同时配合起落吊杆，争取一次将屋架扶直。做不到一次扶直时，将屋架转到和地面成 70°角后再刹车。在屋架接近立直时，应调整吊钩，使其对准屋架下弦中点，防止屋架吊起后摆动过大。

（3）起吊：现将屋架吊离地面 50 cm 左右，使屋架中心对准安装位置中心，然后徐徐升钩，将屋架吊至柱顶以上，再用溜绳旋转屋架使其对准柱顶，以便落钩就位。落钩应缓慢进行，并在屋架刚接触柱顶时即刹车进行对线工作，对好线后，做临时固定，并同时进行垂直度校正和最后固定工作。

（4）临时固定、校正和最后固定

第一榀屋架就位后，一般在其两侧各设置两道缆风绳作临时固定，并用缆风绳来校正垂直度。以后的各榀屋架，可用屋架校正器临时固定和校正，用两根校正器。为消除屋架旁弯对垂直度的影响，可用挂线卡子在屋架下弦一侧外伸一段距离拉线，并在上弦用同样的距离挂线锤检查。

屋架经过校正后,就可上紧螺栓或者用电焊做最后固定。用电焊做最后固定时,不能同时在屋架的同一侧施焊,以免因焊缝收缩使屋架倾斜。施焊后即可卸钩。

5. 单层厂房结构吊装方法

结构吊装采用分件吊装法,分三次开行吊装完所有构件。

第一次开行,吊装全部柱子,经校正,最后固定,杯口灌注混凝土,待强度达到70％设计强度后,即可进行下一个工序施工。起重机沿跨外开行。

第二次开行,吊装全部吊车梁、连系梁及柱间支撑。起重机沿跨中开行。

第三次开行,吊装屋架、屋面板及屋面支撑,吊装抗风柱。起重机沿跨中开行。

另外,其中的抗风柱在最后起重机吊完所有的构件退出车间时吊装。

(十二) 屋面防水工程

本工程屋面采用4厚SBS改性油毡页岩片,热熔全粘,基层处理剂全涂刷,30厚1∶3水泥砂浆找平。

1. 准备工作

(1) 卷材:按设计规定要求优选高聚物改性沥青防水卷材,其外观、质量、规格、型号及物理性能应符合要求。

(2) 基层底涂料:基层底涂料呈黑褐色,易于涂刷,涂液能渗入基层毛细孔隙,隔绝基层水汽上升和增强卷材与基层的黏结力。

(3) 接缝密封剂:用于搭接缝口的密封。

(4) 浅色涂料:用作外露防水施工时防水层的保护层。

(5) 汽油、金属压条、水泥钢钉、金属箍等材料:用于稀释底涂料、末端卷材收头、伸出屋面管道卷材末端收头固定等。

(6) 施工机具及防护用品:热熔法施工所用机具;热熔法施工所用防护用品。

2. 基层要求

热熔法施工的基层应符合规范要求,突出屋面结构的连接处以及转角处的圆弧半径等构造应符合要求。

3. 涂刷底涂料

将底涂料搅拌均匀,用长把滚刷均匀有序地涂刷在找平层表面,如采用单层卷材做防水层,底涂料应采用橡胶沥青防水涂料或改性沥青冷胶粘剂,在找平层表面形成一层厚度为1～2 mm的整体涂膜防水层。

4. 细部构造、防水节点复杂部位增强处理

底涂料干燥后,点燃手持单头喷枪,烘烤附加卷材,对阴阳角、水落口、天沟、伸出屋面的管道等细部构造、防水节点进行增强处理。

5. 弹基准线

弹基准线前,先确认卷材的铺贴方法、方向、顺序和搭接宽度,然后根据铺贴方向和搭接宽度在铺贴起始位置弹基准线,边铺边弹,直至铺完。

6. 铺贴卷材

卷材铺贴时,先由一定数量的操作工打开卷材的端头,拉至有女儿墙立面的凹槽上口,

或对准弹好的位置线,再将卷材卷退到离女儿墙 1 m 左右的平面处,然后将拉出的卷材端头倒卷回来经过加热烘烤铺贴到女儿墙的根部。调转方向,向前继续铺贴。铺贴紧密配合加热的速度和卷材的热熔情况,缓缓地将卷材沿所弹的边线向前推滚。

铺贴复杂部位及基层表面不平整处,要扩大烘烤基层面,加热卷材面,使卷材处于柔软状态,也使卷材与基层粘贴平整、严实、牢固。

7. 施工注意事项

热熔法施工时,加热器离卷材面距离应适中,加热应均匀、充分和适度,这是保证防水层质量的关键。因此,要有一名技术熟练、责任心强的操作工负责,手持加热器,或用液化气多头火焰喷枪、汽油喷灯等,点燃后将火焰调到蓝色,将加热器火焰喷头对准卷材与基层的交接面。持枪人要注意喷枪头位置、火焰方向和操作手势。喷枪头与卷材面保持 50～100 mm距离,与基层成 30°或 45°角为宜。切忌慢火烘烤或用强火在一处久烤不动。所以,应随时调整喷灯、喷枪的移动速度和火焰大小,应随时注意观察卷材底面沥青层的融化状态,当出现发亮发黑的沥青熔融层而不流淌时,即可迅速推展卷材进行滚铺,并用压辊用力滚压,以排除卷材与基层间的空气,使之黏结牢固、平展服帖。加热和推滚要默契配合,这是热熔粘贴卷材的关键之一。

热熔法施工时,卷材边缘应有热胶溢出,这是防止卷材起鼓的技术措施。同时将溢出的熔胶用刮板刮到接缝处,收边密封是确保防水层质量的关键。

采用热熔法施工时,碰到雨天、雪天严禁施工;露水、霜未干燥前不宜铺贴;五级风以上不得施工;气温低于－10 ℃不宜施工。

(十三) 装饰工程

1. 一般抹灰工程

(1) 工艺程序:清理基层→确定粉刷部位尺寸→抹底层水泥石灰砂浆→抹面层水泥石灰砂浆→收尾→护角线。

(2) 清理基层,凿除凸出部分,修补凹陷部分,对墙面上的浮灰、碎渣以及过线的水泥砂浆粉刷进行清理。对过于光滑的混凝土墙面,可采用墙面凿毛或先抹一道混凝土界面剂或刷内掺 3％的 108 胶水素水泥浆一道的方法处理后,再进行底层抹灰作业,以增强底层灰与墙体的附着力。

(3) 确定粉刷部位尺寸,如门窗三线、台口、压顶出线、勒脚、踏步等,用拉麻线、弹线、拉直尺等方法确定平直度、垂直度。

(4) 抹底层水泥石灰砂浆。先将墙面浇水湿润,在混凝土墙面上先刷一道内掺 3％的108 胶水素水泥浆,要控制范围,在砖基层上必须将砂浆压入砖缝内。底层用 1∶1∶6 的水泥石灰砂浆刮糙,厚度 15 mm,粉好后用刮尺刮平,木抹搓平,并用铁皮将砂浆表面刮毛。

(5) 抹面层水泥石灰砂浆,在抹底层砂浆一天以后,用 1∶0.3∶3 的水泥石灰砂浆抹面层,刮平抹平,木抹搓平,再用铁板压光。

(6) 收尾:面层水泥砂浆粉刷完毕。处理阴阳及上口,用粉袋弹出高度尺寸线,把直尺靠在线上,用铁板切去,再用直尺靠住踢脚线上口,用铁板油光上口。

(7) 护角线:按照设计要求,所有阳角做 15 mm 厚 1∶2.5 水泥砂浆,每边宽 40 mm、2 000 mm护角线。

2. 外墙面砖施工

(1) 施工顺序

基层(找平层)湿水→作面砖灰饼→抹纯水泥浆结合层→铺贴瓷砖并以面砖灰饼为基准检查平整度→勾缝。

(2) 施工操作

①按设计要求挑选规格、颜色一致的瓷砖,使用前应在清水中浸泡2～3 h(以瓷砖吸足水不冒泡为止),阴干备用。

②底子灰抹后一般养护1～2天方可进行镶贴。

③镶贴前要找好规矩。用水平尺找平,校核方正,算好纵横皮数和镶贴块数,划出皮数杆,定出水平标准,进行预排。

④在有脸盆镜箱的墙面,应按脸盆下水管部位分中,往两边排砖。肥皂盆可按预定尺寸和砖数排砖。

⑤先用废瓷砖按黏结层厚度用混合砂浆贴灰饼。贴灰饼时,将砖的棱角翘出,以楞间作为标准,上下用托线板挂直,横向用长的靠尺板或小线拉平。灰饼间距1.5 m左右。在门口或阳角处的灰饼除正面外,靠阳角的侧面也要挂直,称为两面挂直。如墙面已抹完灰的瓷砖墙裙应比墙面突出5 mm。

⑥铺贴瓷砖时,先浇水湿润墙面,再根据已弹好的水平线(或皮数杆)在最下面一皮砖的下口放好垫尺板(平尺板),并注意地漏标高和位置,然后用水平尺检验,作为贴第一皮砖的依据。贴时一般由下往上逐层粘贴。

⑦除采用掺108胶水泥浆作黏结层,可以抹一行(或数行)贴一行(或数行)外,其他均将黏结砂浆铺满瓷砖背面,逐块进行粘贴。108胶水泥浆要随调随用,在15 ℃环境下操作时,从涂抹108胶水泥浆到镶贴瓷砖和修整缝隙止,全部工作最好在3 h内完成,要注意随时用棉丝或干布将缝隙中挤出的浆液擦净。

⑧镶贴后的每块瓷砖,当采用混合砂浆黏结层时,可用小铲把轻轻敲击;当采用108胶水泥浆黏结层时,可用手轻压,并用橡皮锤轻轻敲击,使其与基层黏结密实牢固,并要用靠尺随时检查平正方直情况,修正缝隙。

⑨铺贴时一般从阳角开始,使不成整块的留在阴角。如有水池、镜框者,应以水池镜框为中心往两面分贴。总之,先贴大面,后贴阴阳角、凹槽等难度较大的部位。

⑩如墙面有孔洞,应先用瓷砖上下左右对准孔洞划好位置,然后将瓷砖用裁切釉面砖的切砖刀裁切,或用胡桃钳钳去局部,亦可将瓷砖放在一块平整的硬物体上,用小锤轻轻敲打合金钢钻,先凿开面层,再凿内层。切、钳、凿均应符合要求。

3. 内墙涂料施工

(1) 基层清理:抹灰墙柱面应将灰尘、疙瘩等物清扫干净,除掉油污。

(2) 满刮两遍白水泥腻子:刮腻子要往返刮平,注意上下左右接槎,两刮板间要刮净,不能留浮腻子。每遍腻子干燥后要磨一遍砂纸,要磨平磨光,要慢磨慢打,线角分明,磨完后应将浮尘扫净。

(3) 第一遍刷涂料:刷涂料要求墙柱面充分干燥,抹灰面内碱质全部消化后才能施工。涂料配好后不能随意加水,排笔要刷得清、刷得快,接头处不得有重叠现象。

（4）刷第二遍涂料：刷第二遍涂料的用料与方法同第一遍。第一遍涂料干燥后，可先用细砂纸将浮粉轻轻磨掉并清扫干净，然后刷第二遍。

4. 铝合金门窗施工

本工程外门窗采用铝合金门窗。铝合金窗施工时应严格按《建筑装饰装修工程质量验收规范》（GB 50210—2018）及《建筑工程施工质量验收统一标准》（GB 50300—2013）进行。

（1）材料

①铝合金门窗加工时应符合设计要求，各种附件配套齐全，并且有产品出厂合格证。

②防腐材料、填缝材料、保护材料、清洁材料等应符合设计要求和有关标准的规定。

（2）施工准备

①施工前，门窗洞口已按设计要求施工完毕，并已画好门窗安装位置墨线。

②检查门窗洞口尺寸是否符合设计要求，如有预埋件的门窗洞口还应检查预埋件的数量、位置及埋设方法是否符合设计要求，如有影响门窗安装的问题应及时进行处理。

③检查铝合金门窗，如有表面损伤、变形及松动等问题，应及时进行修理、校正等处理，合格后才能进行安装。

（3）施工方法

①防腐处理：门窗框四周侧面防腐处理按设计要求执行。如设计无专门要求时，在门窗框四周侧面涂刷防腐沥青漆。

②就位和临时固定：根据门窗安装位置墨线，将铝合金门窗装入洞口就位，将木楔塞入门窗框与四周墙体间的安装缝隙，调整好门窗框的水平、垂直、对角线等位置，形状偏差符合检验标准，用木楔或用其他器具临时固定。

③门窗框与墙体的连接固定：采用射钉连接铁件或焊接固定预埋件。

④门窗框与墙体安装缝隙的密封：铝门窗安装固定后，应先进行隐蔽工程验收，检查合格后再进行门窗框与墙体安装缝隙的密封处理。门窗框与墙体安装缝隙处理，如设计有规定，按设计规定执行。

⑤安装五金配件齐全，并保证其使用灵活。

⑥安装门窗扇及门窗玻璃：门窗扇及门窗玻璃的安装在洞口墙体表面装饰工程完工后进行。

（4）保证质量的措施

①铝合金门窗的附件质量必须符合设计要求和有关标准的规定。

②铝合金门窗的开启方向、安装位置必须符合设计要求。

③门窗安装必须牢固，防腐处理和预埋件的数量、位置、埋设连接方法等必须符合设计要求，框与墙体安装缝隙填嵌饱满密实。

④把好铝合金窗及附件的质量关，所有铝合金窗及附件质量必须符合设计要求和有关标准规定，且应有产品质保书。

⑤严格按照铝合金窗安装的质量要求施工，做到关闭严密、间隙均匀、开关灵活门窗符合要求、附件齐全、填嵌饱满密实、表面平整、外现洁净、密封性能好。

⑥铝合金窗的安装位置、开启方向必须符合设计要求。

⑦安装必须牢固，预埋件的数量、位置、埋设连接方法必须符合规范及设计要求。

⑧窗框与非不锈钢紧面件接触面之间必须做防腐处理,严禁用水泥砂浆作窗框与墙体间的填实材料。

⑨铝合金窗及附件的表面保护膜在安装时及安装后均不得损坏。

(十四) 楼地面施工

1. 厂房细石混凝土地面施工

(1) 清理基层:基层表面的浮土、砂浆块等杂物应清理干净;楼板表面有油污,应用 5%~10%浓度的火碱溶液清洗干净。

(2) 洒水湿润:提前一天对楼板表面进行洒水湿润。

(3) 刷素水泥浆:浇灌细石混凝土前应先在已湿润的基层表面刷一道 1:(0.4~0.45)(水泥:水)的素水泥浆,并进行随刷随铺,如基层表面为光滑面还应在刷浆前先将表面凿毛。

(4) 冲筋贴灰饼:小房间在房间四周根据标高线做出灰饼,大房间还应冲筋(间距1.5 m);有地漏的房间要在地漏四周做出 0.5%的泛水坡度;冲筋和灰饼均应采用细石混凝土制作(俗称软筋),随后铺细石混凝土。

(5) 铺水泥地坪后用长刮杠刮平,振捣密实,表面塌陷处应补平,再用长刮杠刮一次,用木抹子搓平。

(6) 撒水泥砂子干面灰:砂子先过 3 mm 筛子后,用铁锹拌干面(水泥:砂子=1:1),均匀地撒在细石混凝土面层上,待灰面吸水后用长刮杠刮平,随即用木抹子搓平。

(7) 第一遍抹压:用铁抹轻轻抹压面层,把脚印压平。

(8) 第二遍抹压:当面层开始凝结,地面面层上有脚印但不下陷时,用铁抹进行第二遍抹压,注意不得漏压,并将面层的凹坑、砂眼和脚印压平。

(9) 第三遍抹压:当地面面层上稍有脚印,而抹压无抹子纹时,用铁抹子进行第三遍抹压,第三遍抹压要用力稍大,将抹纹抹平压光,压光应控制在终凝前完成。

(10) 养护:地面交活 24 h 后,及时满铺湿润锯末养护,以后每天浇水两次,至少连续养护 7 d 后,方准上人。

(11) 若为分格缝地面,在撒水泥砂子干灰面、过杆和木抹搓平以后,应在地面上弹线,用铁抹在弹线两侧各 20 cm 宽范围内抹压一遍,再用溜缝抹划缝;以后随大面压光时沿分格缝用溜缝抹抹压两遍,然后交活。

2. 花岗岩地面的施工

(1) 工艺流程:基层清理→弹线→试排→试拼→扫浆、铺水泥砂浆结合层→铺板→灌缝→擦缝→养护。

(2) 根据墙面水平基准线,在四周墙面上弹出面层标高线和水泥砂浆结合层线。同时按照板材大小尺寸、纹理、图案、缝隙在干净的找平层上弹控制线,由房间中心向四周进行。

(3) 试拼、试排:根据施工大样图拉线较正并排列好。核对板块与墙边、柱边门洞口的相对位置,检查接缝宽度不得大于 1 mm。有拼花图案的应编号。对于较复杂部位的整块面板,应确定相应尺寸,以便于切割。

(4) 砂浆应采用干硬性的,相应的砂浆强度不低于 M15。

先洒水湿润基层,然后刷水灰比为 0.5 的水泥素浆一遍,刷铺砂浆结合层,用刮尺压实赶平,再用木抹子搓揉找平,铺完一段结合层即安装一段面板,结合层与板块应分段同时铺砌。

(5)铺板:镶贴面板一般从中间向边缘展开退至门口,当有镶边和大厅独立柱之间的面板时则应先铺,必须将预拼、预排、对花和已编号的板材对号入座。

铺镶时,板块应预先用水浸湿,晾干无明水方可铺设。

拉通线将板块跟线平稳铺下,用木槌或橡皮锤垫木块轻击,使砂浆振实,缝隙平整满足要求后,揭开板块,进行找平,再浇一层水灰比为 0.45 的水泥素浆正式铺贴,轻轻锤击,找直找平。铺好一条及时用靠尺或拉线检查各项实测数据。如不符合要求,应揭开重铺。

(6)灌缝、擦缝:板块铺完养护 2 天后,在缝隙内灌水泥砂浆擦缝,有颜色要求的应用白水泥加颜料调制,灌浆 1~2 h 后,用棉纱蘸色浆擦缝,黏附在板面上的浆液随手用湿纱头擦拭干净。铺上干净湿润的锯末养护。喷水养护不少于 7 天(3 天内不得上人)。

(7)材料:水泥强度等级不低 32.5 级;块材的技术等级、光泽度、外观等质量符合现行国家标准《天然大理石建筑板材》《天然花岗岩建筑板材》等有关规定,并应同时符合块料允许偏差。

3. 木地板施工

本工程采用铺钉法施工木地板。

(1)拼花木地板面层的树种应按设计要求选用。做成企口、截口或平头接缝的形式。

(2)在毛地板上的木地板应铺钉紧密,所用钉的长度应为面层板厚的 2~2.5 倍,在侧面斜向钉入毛地板中,钉头不应露出。

(3)拼花木地板面层的缝隙不应大于 0.3 mm。面层与墙之间的缝隙应以踢脚板或踢脚条封盖。

(4)拼花木地板面层应予刨光,刨去的厚度不宜大于 1.5 mm,并应无刨痕。

(5)拼花木地板面层的踢脚板或踢脚条等应在拼花木地板刨光后再行装置。面层的涂油、磨光、上蜡工作,应在房间所有装饰工程完工后进行。

七、绿色质量安全措施

(一)质量保证措施

1. 施工前认真熟悉审查图纸,研究施工组织设计,明确施工方法和施工工艺,做好技术交底;施工中认真做好隐检、预检和结构验收;施工作业班组要实行自检、互检、交接检和产品挂牌制。

2. 原材料、成品、半成品、构件都应当按规定取样试验并取得出厂合格证明;焊接部位应有焊接试件,砂浆及混凝土应按规定做试块。

3. 基槽应逐个检查验收,不符合设计要求的要处理好。杯形基础在吊装前要弹出轴线和标高线。

4. 吊装工程应严格按规范要求控制轴线位置和垂直度偏差,做好每一构件的吊装偏差记录,柱位确定后应当随即浇筑混凝土,以防碰动造成偏差。

5. 本工程作业面大,工期紧,施工人员多,应强调统一材料,统一做法,统一配合比,统一颜色等,单项工艺一般都应先做样板,经有关人员鉴定后才能大面积施工;在可能情况下组织一些专业作业队,如成立喷涂专业队,负责全面喷涂施工,以利于提高质量。

6. 组织防水工程攻关,除严格要求按设计和施工工艺规定做好防水节点外,还要严格管理各工种之间的搭接配合,防止完成防水层后又凿洞安装管道等颠倒工序情况的发生。

(二)安全消防措施

1. 进入施工现场的人员应严格遵守安全生产规章制度、安全操作规程和各项安全措施规定,做好各级安全交底,加强安全教育和安全检查,做好对新工人、外包工人员、零散作业人员的安全培训交底。

2. 各类架子及活动架车应按规定搭设,搭好后须经安全人员验收合格后使用,使用过程中作业人员不许擅自改动。

3. 各种孔洞凡直径超过 20 cm 的一律用钢筋网或安全网封闭;各出入口要设防护棚;室内及架子上作业不许往外扔东西;高空作业挂安全带;进入现场人员一律要戴安全帽。

4. 施工操作地点应有足够的亮度。

5. 非机电人员不许擅自动机电设备,非司机不许擅自开各种机动车辆。

6. 凡施工用火及电气焊,一律须向消防保卫人员申请或备案。

7. 施工现场按规定设置消火栓和其他消防设备。现场道路要保持通畅。易燃材料、油库等设置应遵守消防规定,并与消防人员研究确定。

8. 施工作业地点设吸烟室。

(三)节约措施

1. 钢筋集中下料,合理利用钢筋,节约钢筋 3%。

2. 杯形基础及预制柱、预制陶粒混凝土板采用工具式模板,以节约模板材料。

3. 混凝土掺加外加剂,节约水泥 10%以上。

4. 采用工具式钢平台架、桥式架、门式架以及搭设活动架车,节省了搭设临时结构的钢材。

5. 屋面找平层等次要部位掺加粉煤灰等调整配合比,节省水泥 10%以上。

6. 回收塔吊路基石子和砂,可用于管道及化粪池垫层等施工。

7. 土方挖填合理调配,减少土方运输费用。

8. 尽量利用工程的正式水电外线;充分利用厂房内正式天车,以节约临时外线及减少架子搭设。

9. 油漆集中配制,节省油漆 2%。

10. 构件就位堆放,减少二次搬运,可节约运费 2%。

(四)雨期施工

1. 混凝土捣应尽量避免大雨天,故在浇捣混凝土施工前应注意收听天气预报,对施工时遇大雨天视雨量大小用草包、尼龙薄膜覆盖,同时可适当减小坍落度。

2. 雨天浇混凝土时振捣器操作者必须带好绝缘手套,下雷雨时应停止绑扎钢筋,以防雷击伤人。

3. 雨天不准搭拆井架,脚手架上施工时应做好防滑工作,进入雨期后,应加强对机械电器设备的检查工作。

(五) 冬期施工

1. 当室外平均温度连续 5 天低于 5 ℃ 时,按冬期施工规范采取相应措施。

2. 认真执行公司冬期施工的有关规定,检查现场冬期施工的所用物资准备情况和各项措施落实工作。

3. 冬期施工期间,混凝土应优先选用硅酸盐水泥或普通硅酸盐水泥,水灰比控制在小于 0.6,混凝土浇捣后其表面加盖草包养护,出现负温度时应覆盖三层草包。

4. 在砂浆搅拌前应清除砂石中的冻块,砖墙砌筑前应扫清砖面上的霜雪。

5. 存放石灰膏的池子搭设防冻棚,冻结的石灰膏经融化后方能使用,但受冻脱水风化的严禁使用。

6. 钢筋预埋件、钢管等在负温条件下,运输应轻搬轻放,不准大堆重压,并要采取防滑措施。

7. 遇阵雪后必须将道路、脚手架和工作面上的积雪扫除,并做好防滑工作。

8. 应加强对现场变电间的管理,落实专人对电器设备进行定期检查,防止漏电,确保安全用电。

(六) 安全技术措施

1. 对新到工地的工人必须进行安全生产交底,工人上岗前须经过三级安全教育,增强班组安全生产意识和自觉性,严禁违章作业,杜绝各类事故发生。

2. 夜间施工必须有足够的照明灯光。

3. 施工现场醒目之处设置安全生产表牌和标语,提醒人们时刻注意安全生产,进入现场必须戴好安全帽,扣好帽带。

4. 绑扎钢筋和浇捣混凝土时,对所有电线,必须严格检查有否破损,以防漏电发生意外。

5. 电动工具、电动机械应严格按一机一闸制连线。

6. 电器线路修理必须断电并挂上警告牌。

7. 严禁机电设备"带病运转"。一切机电设备的安全防护装置都要齐全、灵敏、有效。

8. 车辆在场内调头、进出现场必须有专人指挥。

9. 机电设备必须专人操作,操作时必须遵守操作规程,特殊工种(电工、电焊工等)必须持证上岗,非专业人员严禁乱动电器,电器控制必须有防雨淋设施。

10. 现场电缆必须架空或埋设,各种电器控制设立三级漏电保护装置,每周检查一次电缆外层磨损情况。

11. 振动机操作者操作时必须带好绝缘手套。

12. 在上部结构施工时,脚手架须及时同步跟上,脚手架的拉接点每水平间距不大于 5 m、高度不大于 3.6 m 设一道,拉接点严禁拆除,如特殊情况,并经施工员和安全员同意后方可拆除。

13. 特殊工种均需持证上岗,严整无证上岗。

14. 塔吊司机应严格遵守"十不吊"等有关规定,司机必须持证上岗,并应有专职指挥工持证指挥。

15. 塔吊夜间作业必须有充足的照明。

16. 塔吊必须有可靠的接地,所有电气设备外壳都应与机体妥善连接。工作前应检查传动部分润滑油量、钢丝绳磨损情况及各种限位和保险装置等,如不符要求的应及时修整。经试运转正常后方可正式施工。司机必须得到指挥信号后,方可进行操作,操作前司机必须按电铃,发信号。

17. 塔吊工作休息或下班时,不得将重物悬挂在空中,工作完毕,起重机应开到轨道中部位置停放,并用夹轨钳夹在轨道上,吊钩上升到限位,起重臂应转到平行于轨道的方向,所有控制器必须扳到停止位,拉开电源总开关。

18. 井架的底座必须安置在混凝土地基上,井架应设缆风绳一组(4～8根),缆风绳上端要用吊耳和卸甲连接,并用3只以上的钢丝绳夹紧固,井架搭至11 m高度时必须设临时缆风,待固定或缆风设置后,方可拆除,缆风绳与地面的夹角应为45°～60°。地锚或桩头必须牢固连接,地锚和桩头要安全可靠。井架的立柱应垂直稳定,其垂直偏差应不超过千分之一,接头应相互错开,同一平面上的接头不应超过2个,井架导向滑轮与卷扬机绳筒的距离应大于卷筒长度的15倍,无槽光筒应大于卷筒长度的20倍。

19. 井架运输通道宽度不少于1 m,搁置点必须牢靠,通道两端必须装设防护栏杆,并装有安全门或安全栅栏,井架吊篮必须装有防堕装置、冲顶限位器和安全门,吊篮两侧装有安全挡板或网片,高度不得低于1 m,防止手推车等物件滑落,吊篮的焊接必须符合规范。

20. 井架底层和四周应搭设双层隔离棚,井架必须装设可靠的避雷和接地装置;卷扬机应单独接地并装设防雨罩,卷扬机应采用点动开关;井架和吊篮于每层楼面应有醒目的信号或标志,井架吊篮内严禁乘人,井架进行保养维修工作时必须停止使用,井架的平撑、斜撑、缆风等严禁随意拆除,拆除井架时,应先设置临时缆风方可拆除顶层缆风绳,拆除井架要设置警戒区并指定专人负责,操作人员必须佩戴安全带。

(七) 防火安全措施

1. 必须严格执行动火审批制度,无动火证严禁动用明火作业。施工现场的焊割作业必须严遵守"十不烧"的规定,在动火现场一定要配备防火监护员。

2. 在施工焊割现场必须配备消防器材(每处至少两只"1211"灭火器)。在重点防火部位,如木工间、危险品仓库等处,必须要有防火制度牌和明显的禁火标志和固定安置好灭火器。

(八) 降低成本的措施

1. 实行限额领料制度,节约材料。

2. 加强管理,降低各种材料的周转周期。

3. 对原材料、成品、制成品、预制件等严格把好质量关和数量关,做到优质量足,合理使用,合理堆放,注意保护。

4. 钢筋接头采用对焊和定向电渣压力焊,节约钢材用量。

5. 混凝土构件堆放场地平整压实,尽可能堆放在塔吊的回转半径内,减少场内二次搬运。

6. 结构施工时,严格按施工组织中划分的流水段竖向流水,不得乱裁乱模,以节约木材。

7. 适当选用与施工对象相适的技术组织合理维修,加强机具管理,这样可以大大减少器具的供应量和损耗量。

八、施工总平面图

施工总平面图是施工组织总设计的一个重要组成部分,本工程总平面图布置见附图19。

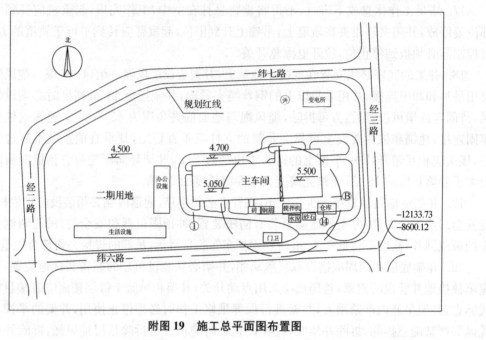

附图19 施工总平面图布置图

参考文献

[1] 中华人民共和国住房和城乡建设部. 建筑工程绿色施工规范：GB/T 50905—2014[S]. 北京：中国建筑工业出版社，2014.

[2] 中华人民共和国住房和城乡建设部. 建筑工程绿色施工评价标准：GB/T 50640—2010[S]. 北京：中国计划出版社，2010.

[3] 中国建筑学会建筑统筹管理分会. 工程网络计划技术规程：JGJ/T 121—2015[S]. 北京：中国建筑工业出版社，1999.

[4] 中华人民共和国住房和城乡建设部. 建筑施工组织设计规范：GB/T 50502—2019[S]. 北京：中国建筑工业出版社，2020.

[5] 中华人民共和国住房和城乡建设部. 施工现场临时建筑物技术规范：JGJ/T 188—2009[S]. 北京：中国建筑工业出版社，2010.

[6] 曹吉鸣. 工程施工组织与管理[M]. 上海：同济大学出版社，2011.

[7] 曹吉鸣. 工程施工组织与管理[M]. 2版. 上海：同济大学出版社，2016.

[8] 徐伟，李劼辉，王旭峰. 施工组织设计计算（第二版）[M]. 北京：中国建筑工业出版社，2015.

[9] 李源清. 建筑施工组织设计与实训[M]. 北京：北京大学出版社，2014.

[10] 杨太华，汪洋，张双甜. 电力工程项目管理[M]. 北京：清华大学出版社，2017.

[11] 陈建国，高显义. 工程计量与造价管理[M]. 2版. 上海：同济大学出版社，2007.

[12] 杨太华，汪洋，王素芳. 基于BIM技术的建筑安装工程施工阶段精细化管理[J]. 武汉大学学报，2013,46(S1):429-433.

[13] 上海虹桥综合交通枢纽工程建设指挥部. 虹桥综合交通枢纽工程建设和管理创新研究与实践[M]. 上海：上海科学技术出版社，2011.

[14] 杨太华，汪洋，赖小玲. 基于BIM技术的工程管理综合实验虚拟教学平台的构建[J]. 实验室研究与探索，2017,36(8):108-111.

[15] 张建平，范喆，王阳利，等. 基于4D-BIM的施工资源动态管理与成本实时监控[J]. 施工技术，2011,40(4):37-40.

[16] 王广斌，张洋，谭丹. 基于BIM的工程项目成本核算理论及实现方法研究[J]. 科技进步与对策，2009,26(21):47-49.

[17] 孙婷. 基于BIM的建筑施工方案可视化模拟优化与实践[J]. 建筑施工，2017,39(5):711-713.

[18] 葛清，张强，吴彦俊. 上海中心大厦运用BIM信息技术进行精益化管理的研究[J]. 时代建筑，2013(2):52-55.

[19] 吴念祖. 以运营为导向的浦东国际机场建设管理[M]. 上海：上海科学技术出版

社,2008.

[20] 张淑朝,杨宝珠.绿色施工组织设计编制内容的分析与研究[J].天津建设科技,2018,
     28(6):5-9.

[21] 段春伟.建筑项目绿色施工评价体系的建立与研究[J].建筑科学,2009,25(10):35-39.

[22] 郁超.实施性施工组织设计及施工方案编制技巧[M].北京:中国建筑工业出版
     社,2009.